차세대 자동차 냉난방공학

차세대 자동차 냉난방공학

초판 인쇄 2020년 8월 24일
초판 발행 2020년 8월 31일

지은이 김철수, 이원섭
펴낸이 최국주
펴낸곳 동명사
출판등록 1950년 11월 1일(제1-76호)
주소 (우 10881) 경기도 파주시 회동길 50(문발동)
전화 031-955-7200(대표)~2, 7203(편집부), 7204(물류)
팩스 031-955-7205
전자우편 webmaster@dmsbook.com
홈페이지 www.dmsbook.com

ISBN 978-89-411-8214-6 93550
값 25,000원

머리말

1834년 퍼킨스에 의해 디에틸에테르를 처음으로 냉매로 사용한 후, 1850년대에 상업적으로 증기압축 냉동기의 냉매로 에테르를 사용하였다. 암모니아 냉매가 독성이 있음에도 불구하고 산업과 제빙 분야에서 활발히 사용되어 왔다. 초기에 사용된 냉매는 인화성과 독성이 강하여 안전한 냉매의 개발은 큰 과제였다. 1928년 미국의 GE사는 R12냉매의 개발을 시작으로 1930년에 개발을 성공한 후, 1931년 듀폰과 GE사가 공동으로 Freon 11, Freon 12의 상표로 판매를 시작하였다. 1970년대, Roland에 의해 CFC 물질에 의한 오존층의 파괴 문제의 심각성이 알려지고, 1987년, 오존층을 파괴하는 물질에 관한 몬트리올 의정서가 채택되어 CFC 냉매는 1996년 선진국, 2010년 개발도상국에서 사용과 생산이 금지되었다. HCFC 냉매도 온실가스이기 때문에 2030년까지 사용이 금지될 예정이다. 이 책은 차세대 자동차 냉난방의 기본적인 사항들을 쉽게 표현하여 자동차 냉난방을 처음 공부하는 학생들이 이해하기 쉽도록 이론과 내용을 구성하였다. 차세대 자동차 냉난방공학은 미래의 자동차 냉난방의 근간을 이루는 분야이며, 차세대 자동차 개발과 발걸음을 같이 하고 있다. 특히 차세대 자동차 공업의 발달은 자동차 기술자를 비롯하여 여러 분야에서 많은 유능한 기술 인력을 필요로 하게 되었다. 이에 따라 자동차 냉난방 기술의 기본이 되는 학문의 전반에 관한 기초 지식의 이해와 그 응용이 다른 무엇보다도 선행되어야 할 중요한 과제로 되고 있다.

이 책은 2020년 처음으로 출간하는 책으로 자동차 냉난방공학을 전공하는 이는 물론 전공하지 않는 사람이라도 자동차 냉난방의 전반적인 개요를 공부할 수 있도록 주요 내용을 평이하게 서술하고, 각 장마다 그림 및 해설을 넣어 학습효과를 높이도록 하였다.

이 책의 순서는 다음과 같다.

제1장 개론

제2장 기초 열전달

제3장 냉매와 차세대 냉매

제4장 냉동 사이클

제5장 냉동 구성 기기

제6장 차세대 냉매 기술

제7장 자동차 에어컨 시스템

제8장 차세대 자동차 냉난방 시스템

제9장 차세대 전자 냉동기술

제10장 차세대 자동차와 희토류

차세대 자동차 냉난방공학은 꾸준히 공부하고 체계적으로 해야 원하는 목표가 이루어진다는 신념을 가지고 이 책을 독파한다면 독자 여러분에게 큰 도움이 될 것으로 확신한다. 차세대 자동차 냉난방공학을 출간하면서 나름대로 최선을 다하여 집필한다고 노력하였으나 아직도 부족한 부분이 많이 있으리라 생각되며 독자들의 아낌없는 충고와 제언으로 계속해서 수정, 보완해 나갈 것을 약속드린다. 끝으로 본 교재의 출간을 맡아주신 출판사 동명사 관계자의 여러분의 적극적인 협조와 아낌없는 노고에 깊은 감사를 드리는 바이다.

2020년 7월

저자

목차

CAHPTER 3.

냉매와 차세대 냉매

CAHPTER 4.

냉동 사이클

CAHPTER 5.

냉동 구성 기기

CAHPTER 6.

냉동 냉매 기술

CAHPTER 9.

차세대 전자 냉동기술

CAHPTER 10.

차세대 자동차와 희토류

CAHPTER 1.

개론

1.1 지구온난화

1.1.1 개요

세계 기온의 변화는 1900년부터 2010년까지 1℃ 상승하였다. 이러한 기후 변화는 온실효과로 이어지고 온실효과는 계속 지구의 온도를 높이고 있다. 이산화탄소 배출과 지구온난화를 연관시켜 최초로 논의한 사람은 아레니우스이다. 그는 1897년에 대기 중의 이산화탄소 농도가 2배로 증가하면 지구는 2~4.5℃ 더워진다고 예측하였다. 태양 광선이 대기를 통과하면 일부는 지구와 대기에서 반사되고 일부는 지표면에 흡수되어 지구를 따뜻하게 한다. 그리고 지표면에서 적외선이 방출된다. 적외선의 일부는 대기를 통과하여 방출되고 나머지 일부는 온실가스(GHG, greenhouse gas)에 흡수되어 복사에너지로 방출되는데 이 때문에 대기와 지표면이 더워진다. 온실가스는 지구온난화(global warming)와 기후변화(climate change)에 영향을 주는 기체들의 집합이다. 1985년 세계기상기구(WMO)와 국제연합환경계획(UNEP)에서 이산화탄소가 온난화의 주범이라고 공식으로 선언하였다. 지구온난화란 지구 표면의 평균 온도가 상승하는 현상을 말하며, 지구온난화에 의한 기온 상승으로 해수면이 상승하는 등 많은 문제가 발생하고 있다. 1997년, 일본 교토에서 열린 기후 변화에 관한 UN 규약의 교토 의정서(Kyoto Protocol)가 채택되었고 2005년 발효되었다. 여기에서 6개의 온실가스인 이산화탄소(CO_2), 아산화질소(N_2O), 메탄(CH_4), 수소불화탄소(HFC), 과불화탄소(PFC), 육불화황(SF_6)의 배출량 감소 목표값을 정하였다. 이들 중 온실 효과에 가장 크게 영향을 미치는 물질은 수증기로 60%, 이산화탄소는 25%를 차지한다. 2013년, 대기 중의 이산화탄소 농도는 380ppm(part per million) 정도이고 불소 화합물은 에어컨 냉매의 주성분이다. 인간의 활동에 의해 온실가스 배출이 증가하여 대기 중 온실가스의 농도가 높아지면 대기 온도가 상승한다. 온실가스는 지구 대기에서 머물러 대기 온도는 15℃

그림 1.1 사라져가는 투발루

전후로 유지되고 있다. 산업 혁명과 2차 대전 이후 석유 소비가 늘어나면서 빠르게 대기 중 이산화탄소 농도가 높아지고 대기 온도도 점진적으로 상승하는 추세에 있는 것으로 관측되고 있다.

아시아 선진국으로 분류되는 우리나라는 2020년까지 온실가스 배출량을 2005년 대비 4% 줄이겠다는 목표를 설정하였다. 이산화탄소 배출은 발전소, 자동차, 가정 및 산업용 등에서의 배출이 거의 90%를 차지한다. 남태평양의 작은 섬나라인 투발루는 지구온난화로 인한 해수면 상승으로 전 국토가 물에 잠길 위기에 놓여 있다. 2050년에 자동차가 석유 사용의 90%를 차지한다고 가정하면 이 석유 연료를 바이오연료, 저탄소 전기, 수소 등의 다른 연료로 50% 정도 대체해야 이산화탄소 농도가 적정하게 유지된다고 한다. 현재는 사탕수수로 만드는 에탄올이 사용량이 크게 증가하고 있고 이는 가장 좋은 저가의 바이오연료이다. 바이오연료의 원재료를 바이오매스라 한다. 이로부터 만드는 목재－셀룰로즈 에탄올(ligno－cellulose ethanol), 해조류로 만드는 바이오디젤은 차세대 바이오연료로 라이프사이클 이산화탄소($LCCO_2$)가 낮은 연료로 전망이 밝은 연료이다.

1.1.2 이산화탄소 변화량

화석연료를 사용하면 대기의 CO_2는 증가한다. 대기의 CO_2는 **그림 1.2**처럼 1960년대 315ppm에서 2010년 380ppm까지 증가하였다. 대기의 CO_2가 증가하면 지구 온도도 증가한다. 2000년을 0℃로 보면 조사기관에 따라 다르지만 2050년에는 2~3℃ 더 증가할 전망이다. 이는 화석 연료의 사용 때문이며 석탄을 사용하는 화력 발전소와 석유를 사용하는 자동차가 주된 원인이다. 자동차 연료로 화석 에너지로만 계속 사용하면 CO_2는 550ppm까지 증가할 수 있고 이 수치는 인체의 건강에 영향을 미치는 수치이다. 화석 에너지를 대체할 수 있는 것은 신재생에너지, 대체에너지, 내연기관 연비향상, 저탄소 전기에너지가 있지만 전망이 밝은 편은 아니다. 바이오연료인 바이오디젤, 에탄올 등은 식량으로 만드는 에너지이고 내연기관 연비를 향상시키는 기술은 그렇게 쉬운 기술은 아니다.

내연기관 자동차를 전기자동차로의 전환은 차량의 크기와 주행거리 제한이 가장 문제가 된다. 자동차의 문제점은 화석 연료에 있는 것이 아니고 내연기관이 석유만을 사용해야 한다는 것이다. 파워트레인(powertrain)을 내연기관이 아니고 외연기관에서 얻을 수 있다면 가스, 액체, 고체, 바이오매스, 대체에너지 등 모든 종류의 에너지를 사용할 수 있지만 현재의 내연기관은 액체상태의 연료만 사용할 수 있는 제약이 있다. 외연기관을 개발하던지 기체, 고체 연료를 내연기관에 사용할 수 있도록 하는 전환 기술이 개발되어야 한다. 이산화탄소의 농도를 현 수준으로 유지하기 위해서는 현재 30%에 이르는 자동차의 석유연료의 소비를 줄이고 현재 0~10%를 사용하는 대체에너지의 사용을 점차적으로 늘여야 한다.

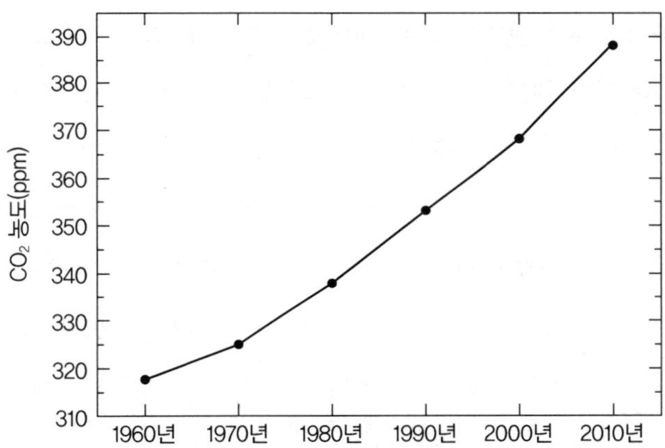

그림 1.2 이산화탄소 증가량(출처: Mauna Loa Lab.)

1.2 온실가스와 이산화탄소

화석 연료(fossil fuel)가 완전 연소할 때 CO_2가 발생하고 불완전 연소 시 CO를 발생한다. 이런 의미에서 CO_2를 화석 연료 족적(fossil footprint)이라 한다. 대기의 CO_2 농도를 550ppm 이하로 유지하고 좀 더 안전한 상태로 대기를 보존하려면 현재 사용량보다 50%의 CO_2를 줄여야 하고 자동차는 CO_2를 30% 이상 줄여야 한다.

지구온난화지수(GWP)를 CO_2를 1로 하면 NOx는 300, CH_4(메탄)은 21이어서 NOx는 CO_2보다 온실 효과가 300배 강하고 NOx 1톤은 CO_2 300톤에 해당한다. 이러한 방법으로 다른 모든 온실가스도 CO_2를 기준으로 환산한 양을 CO_2 환산톤(CO_2eq, equivalent ton)이라 한다. CO_2 환산의 단위는 gram이나 ton이다. 경유는 비교적 CO_2는 적게 배출하지만 NOx는 가솔린보다 많이 나오고 에탄올은 비교적 깨끗한 연료로 CO_2는 적지만 SO_2를 많이 발생한다. **그림 1.3**에서 2009년, CO_2 배출은 발전소 38%, 산업시설 26%, 건물 9%의 순서이고 이들 중 자동차는 20%의 배출을 차지한다. 최근 세계적인 화석 연료 사용량의 증가로 인하여 배출되는 CO_2를 줄이기 위해서는 에너지 사용량을 줄이거나 다른 대체에너지가 필요하다. 우리나라의 현재 이산화탄소 배출량은 세계 9위이며, 기후 변화 대응 방안은 원자력 발전을 30%까지 확대하는 것이지만 이 또한 적절한 대응책은 아니다.

2009년 12월, 덴마크 코펜하겐에서 열린 제15차 기후변화 당사국 총회(COP15)에서 지구평균기온 상승폭을 산업화 이전 대비 2℃ 이내로 제한하고 선진국은 2020년까지 감축 목표를 제시하고, 개발 도상국은 감축 계획을 제출해야 하는 협정을 합의하였다. 우리나라는 여기에서 의무 감축 국가가 아닌 개발도상국으로 분류되었다. 우리나라는 온실가스(GHG)를 1990년 대비 25%를 삭감한다는 목표를 마련하였고 자동차 부문에서 TTWCO_2 배출량은 전체의 약 30%를 차지하고 있어 연비 향상과 석유 의존도 저감을 위한 기술개발이 필요하다.

2013년 EU집행위원회는 2025년부터 신규 자동차에 의한 이산화탄소 배출량을 105~120gCO_2

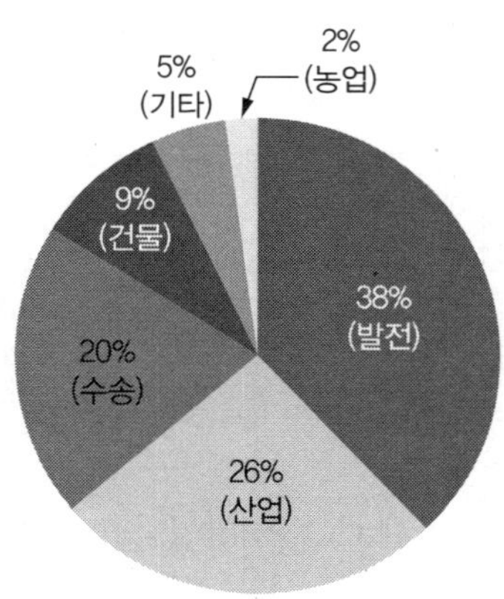

그림 1.3 CO_2 **배출비율(2009, 출처: iea)**

로 제한한다고 발표하였다. EU 집행위원회는 2017년까지 동 규제에 대한 구체적인 수치를 발표할 예정이며, 현 집행위의 규제 계획에 따르면 2020년까지 자동차의 이산화탄소 배출량은 147gCO_2/km으로 제한된다. 2020년 이후에는 이산화탄소 배출량은 147gCO_2/km보다 약 18~28% 감축될 것으로 전망되고 있다. 자동차 속도도 시속 120km로 제한한다는 보고가 있고 이와 같은 자동차 속도 제한은 저비용으로 이산화탄소를 감축하는데 기여하고 이로 인하여 평균 약 6%의 이산화탄소가 저감될 것으로 분석하였다. 유럽의 T&E에 의하면 2015년 EU의 목표치 128.8gCO_2/km을 2012년에 달성한 회사는 푸조, 도요타, 볼보, 르노이고 유럽 평균은 132gCO_2/km, 현대는 131gCO_2/km이라고 발표를 하였다. 한편, 세계 전체의 CO_2 배출 상황을 보면, 미래에는 개발도상국에서 CO_2 배출량이 급증할 전망이다. 중국의 CO_2 배출량은 이미 2007년에 미국을 능가하여 가장 많고, 지구 온난화의 해결을 위해서는 개발도상국의 CO_2 저감대책도 필요하다.

1.3 냉매 규제

(1) 몬트리올 의정서

오존층을 파괴하는 물질에 관한 몬트리올 의정서로 1985년 오존층 보호에 관한 빈 조약에 따라 오존층 파괴 물질의 구체적인 감축 방법 등에 대하여 정한 것이다. 1987년에 채택되어 1990, 1992, 1995, 1997, 1999년 규제 강화 등을 내용으로 하는 개정이 이루어졌다. 의정서를 통보받은 선진국에서는 1988년경부터 나라별로 오존층 보호법을 제정하고 이에 따라 오존층 파괴 물질의 생산, 사용, 폐기 등의 규제가 진행되었다.

(2) 교토 의정서

교토 의정서는 세계 130여 개국이 공동으로 지구 온난화 대책을 추진해 나가기 위한 국제적인 규정을 정한 것으로, 1997년 12월 교토에서 개최된 제3차 당사국 총회에서 채택되었다. 그리고 7년이 지난 2004년 2월 16일 교토 의정서는 국제법으로 발효되었다. 교토의정서는 지구 온난화의 원인이 되고 있는 온실가스라고 부르는 6개의 온실가스인 이산화탄소(CO_2), 아산화질소(N_2O), 메탄(CH_4), 수화불화탄소(HFC), 과불화탄소(PFC), 육불화황(SF_6)의 6가지 가스를 많이 배출한 선진국에 대하여 전체적으로 1990년 HFC, PFC(SF_6는 1995년)의 배출량을 5.2% 삭감하는 것을 의무화하고 있다.

(3) EU와 북미 규제 법규

표 1.1 EU의 규제

분류	규제
1단계	에어컨 냉매 누설량 규제(싱글: 40g/yr, 듀얼: 60g/yr) · 신차: 2008년 6월 21일 이후 인증 차량 적용 · 판매차: 2009년 6월 21일 이후 판매 차량 적용
2단계	지구온난화지수 150 이하 냉매 사용 · 신차: 2011년 1월 1일 이후 인증 차량 적용 · 판매차: 2017년 1월 1일 이후 판매 차량 적용
적용국가	· EU 27개국, EFTA 4개국, 터키

표 1.2 북미의 규제

분류	규제
EPA	에어컨 작동 시 발생하는 CO_2 배출량 규제 · Credit 부여 – leakage(누설) – efficiency – off-cycle
CARB	지구온난화지수 150 이하 냉매 사용(100% for 2017MY) · 차량군(fleet) 평균냉매 누설량 9g/yr 이하 · Indirect emission standard – 에어컨 작동 시 CO_2 배출량 평가에 따른 CO_2 배출 기준을 만족할 것

1.4 용어 설명

① CFC(프레온)

CFC(Chloro Fluoro Carbon)는 염화불화탄소로 오존층 보호를 위해 제조의 규제가 정해진 89종의 화합물 중 15종의 불화탄소(FC)에 대한 통칭이다. 분자에 포함된 염소가 오존층을 파괴하고 성층권의 오존량을 감소시킨다. 오존의 감소는 지표에 도달하는 유해 자외선을 증가시킨다.

② HCFC

HCFC(Hydro Chloro Fluoro Carbon)는 수화불화탄소로 CFC의 규제에 따라 대체품으로 개발된 불화탄소에 대한 통칭이다. CFC를 대신하여 다른 대안이나 대체 기술을 얻기 힘든 곳에 사용되고 있다.

③ HFC

HFC(Hydro Fluoro Carbons)는 수화불화탄소로 탄소에 불소와 수소가 붙은 화합물이다. 오존층을 파괴하는 염소는 포함하지 않는다. 오존층 파괴 물질인 CFCs, HCFCs 등의 대체물질로 개발되었다. 오존층 파괴 물질인 CFC에 비하여 지구 온난화 지수(GWP)가 낮은 물질이다.

④ 온실가스(GHG)

온실가스는 대기를 통과하는 광선과 열선에 의해 일시적으로 에너지를 흡수할 수 있는 물질이다. 이러한 가스는 대기에 섞여 있으면 대기를 통과하는 에너지를 흡수한다. 흡수된 에너지는 다른 파장의 열선으로 방사되지만 방사 방향은 정해져 있지 않기 때문에 지구에서 방출된 에너지의 일부가 지상으로 반환된다. 온실가스로 인하여 대기보다 열선의 투과 방사 비율이 낮아져 결과적으로 지구 온도가 높아진다. 이것을 온실 효과라고 한다.

⑤ 오존층 파괴지수(ODP, ozone depletion potential)

대기 중에 방출된 CFC는 대류권에서는 분해되지 않고 성층권까지 상승한다. 태양의 자외선에 의해 생성된 염소 원자가 오존과 촉매 연쇄 반응을 하여 오존층을 파괴한다. HCFC는 수소원자가 있어 대부분은 대류권에서 분해가 되지만 염소 원자로 인하여 일부는 성층권의 오존층에 도달하여 오존층을 파괴한다. HFC는 염소 원자가 없어 성층권에 도달해도 오존층을 파괴하지 않으며 오존층 파괴지수는 오존층의 파괴에 관여하는 정도를 나타낸다. 이 값은 같은 질량의 가스가 대기 중에 방출되는 경우, 오존에 미치는 영향을 CFC-11(R11)가스와 나눈 값을 나타낸다. CFC의 ODP는 0.5~1.0이고, HCFC는 CFC의 약 1/50이다. HFC는 염소가 없어 ODP는 0이다. 대기 중의 CFC 농도는 규제가 시작된 1989년 이후 점차 증가가 둔화되어 최근에는 거의 농도가 일정하다.

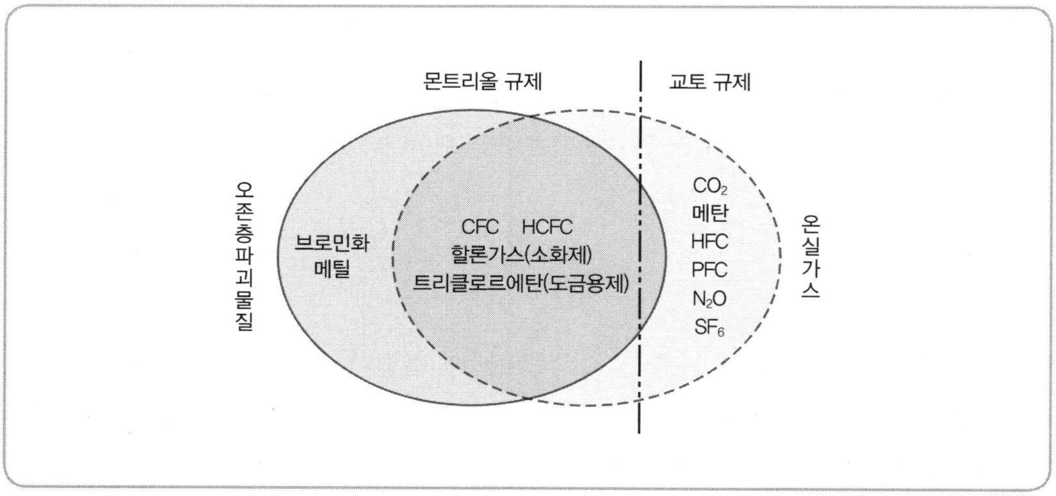

그림 1.4 오존층 파괴 물질과 온실가스

⑥ 지구 온난화지수(GWP, global warming potential)

지구를 온난화시키는 에너지는 태양열이다. 태양 에너지는 가시광선으로 대기를 통과하여 지면에 도달한다. 대기권을 통과한 후 에너지는 흡수되어 열에너지로 전환된다.

태양 에너지는 연간 평균 $1m^2$ 당 342W 정도로 그중 168W가 지면에 도달한다. 이 입사 에너지와 균형을 이루기 위해서는 같은 양의 에너지를 지구에서 대기 밖으로 보내야 한다. 그러나 대부분의 복사열은 대기에 의해 방해되어 흡수된 후, 상하 방향으로 다시 복사된다. 이 열복사를 흡수하는 것은 지면에 있는 수증기, 이산화탄소와 대기 중에 있는 소량의 가스 등이다. 지면에서 방출되는 되는 열에너지가 대기에 흡수되면 지구 온난화가 발생하고 이를 온실 효과라고 하며 이런 열을 흡수하는 가스를 온실가스라고 한다. 온실가스의 농도가 증가하면 지구에서 방출되는 열에너지가 온실가스에 흡수되어 지구는 더워진다. 각 온실가스가 지구 온난화에 미치는 크기를 나타내는 지표가 지구온난화지수(GWP)이다. GWP는 예전에는 R11 냉매가 기준이었으나 현재에는 이산화탄소 기준으로 되어 있다. GWP의 계산에는 가스의 온실 효과를 고려하는 기간이 필요하고 보통 100년을 시용한다. 이산화탄소 기준의 GWP는 지구 온난화의 계산에 직접 기여하는 온실가스 영향의 크기는 대기 모델을 이용하여 방출된 가스의 양이나 가스의 대기 중 수명, 가스의 적외선 에너지 흡수 특성 등을 이용하여 구한다. 온실가스의 GWP는 다음의 식으로 계산한다.

$$가스의\ GWP = \frac{가스의\ GWP}{CO_2\ 가스의\ GWP} \tag{1.1}$$

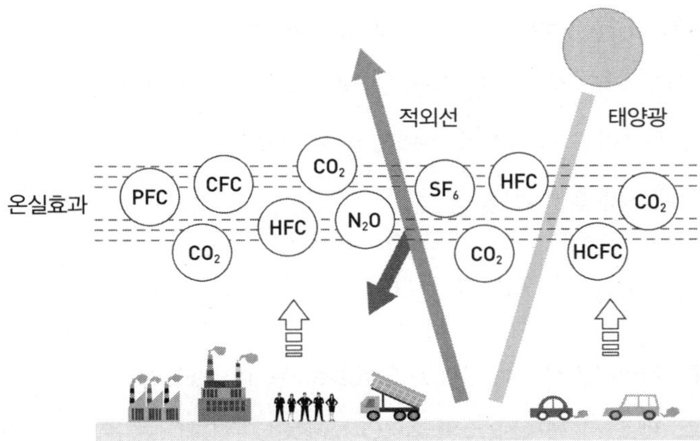

그림 1.5 HFC, PFC에 의한 온실 효과

⑦ 총등가 온난화지수(TEWI, Total Equivalent Warming Impact)

온실가스를 사용하는 시스템은 가동하는 기간 동안 전기 소비에 의해 발생하는 CO_2가 간접적으로 지구 온난화에 영향을 미친다. 직접적인 영향과 간접적인 영향을 종합적으로 지구 온난화에 미치는 영향을 평가하는 것이 TEWI이다. 냉동기와 건축물의 단열 등의 대표적인 예에서의 TEWI의 계산식은 다음과 같다.

$$\text{TEWI} = 직접\ 영향 + 간접\ 영향 \tag{1.2}$$

$$간접\ 영향 = \text{GWP} \times \text{L} \times \text{N} \times \text{GWP} \times \text{M} \times (1-\alpha) \tag{1.3}$$

$$간접\ 영향 = \text{N} \times \text{E} \times \beta \tag{1.4}$$

GWP: 1kg당 CO_2 기준의 지구 온난화지수, 기간 100년(kg−CO_2/kg)

L: 기기에서의 연간 누설량(kg/년)

N: 기기의 운전 년수

M: 냉매의 충전량(kg)

α: 기기 폐기 시 회수율

E: 기기의 연간 에너지 소비량(kWh / 년)

β: 1kWh의 발전에 필요한 CO_2 발생량(kg − CO_2 / kWh)

⑧ 년간 에너지 효율(APF, Annual Performance Factor)

APF는 1년 동안 쉬지 않고 에어컨을 사용할 때, 외기 온도의 변화와 운전 시간을 고려한, 필요 냉난방 능력의 합을 1년간 에어컨이 소비하는 전력량으로 나눈 값이며 다음 식으로 표시된다. 이 값이 클수록 에너지 효율이 높다.

$$APF = \text{1년에 필요한 냉난방 부하의 총계/기간 소비 전력량} \tag{1.5}$$

⑨ 제품 수명 기후 부하(LCCP, Life Cycle Climate Performance)

TEWI에 온실가스 제조 시 에너지 소비와 CO_2 유출을 추가한 수치이다. 단위는 kg − CO_2이다.

⑩ 라이프 사이클 평가(LCA, Life Cycle Assessment)

$LCCO_2$는 제품의 에너지 소비, 정비 시의 온실가스 누설, 제품 제조 시, 소재, 생산 시, 제품 폐기 시, 대기로 배출되는 온실가스와 발생하는 폐기물의 처리에 소요되는 에너지의 환경 영향의 크기를 배출 CO_2량으로 환산한 양이다. 이 수치로 자동차, 철도, 항공기의 환경 영향의 크기를 비교할 수 있다.

1.5 차세대 냉매의 개발 동향

오존층 파괴, 지구 온난화 방지라는 지구 환경을 지키기 위해 냉매의 교체가 필요하다. 냉매는 기체와 액체의 상변화 시의 열량 이동을 하는 것이므로, 상온에서 가스상태이며, 압력을 가하면 액화된다. 냉매를 구성하는 원소는 수소, 탄소, 질소, 산소, 불소 등이고 염소와 브롬은 오존층 파괴 문제로 배제되었다.

몬트리올 의정서에서 오존층 보호를 위해 선진국에서는 1996년에 CFC 계열의 R11, R12 냉매를 폐기하였고, 2020년까지 HCFC 계열의 R22, R123 냉매의 사용을 금지할 예정이며 이들 냉매는 염소를 포함하고 있어 오존층을 파괴한다. 처음 문제가 된 물질은 북극의 오존층이 파괴되어 자외선이 많아져 피부암이 우려되고, 1931년에 미국의 듀폰과 제너럴 일렉트릭(GE)이 공동으로 개발한 한 프레온(CFC)이었다. 프레온은 자연계에서는 존재하지 않고 제조된 화합물이다. 이 물질은 화학적으로 안정하고 무색, 무취, 불연성 등 다양한 면에서 우수한 물질로 기적의 화합물이라고 순식간에 확산되었다. 명칭은 불화탄소(Fluorocarbon, 플루오르카본), 상품명은 프레온(Freon)이었다.

프레온(CFC)의 오존층을 파괴로 수화염화불화탄소(HCFC)라는 ODP가 작은 냉매가 대체되었다. 이것은 CFC의 일부 염소를 수소로 치환한 것이었고, 전부 치환한 수화불화탄소(HFC)가 개발되었고 이를 대체냉매라 한다. 이는 ODP는 0이지만 GWP는 높다. 몬트리올 의정서는 오존층 보호 규제로 CFC, HCFC 냉매에 대한 규제이다. 개발도상국에서는 2014년부터 단계적으로 2년에 10%씩 사용량을 감소해야 하고 CFC, HCFC를 R410A, R32, 탄화수소(HC) 냉매로 변경해야 한다.

1997년, 교토에서 열린 기상변화 협약 3차 당사국 총회(COP3)에서는 교토 의정서를 채택하였다. 교토 의정서는 오존층 보호가 아닌 지구 온난화 방지를 위해 HFC 계열의 R32, R125, R134a, R404A 냉매와 혼합냉매인 R407C, R410A 냉매의 규제를 의결하였다. 이는 지구 온난화

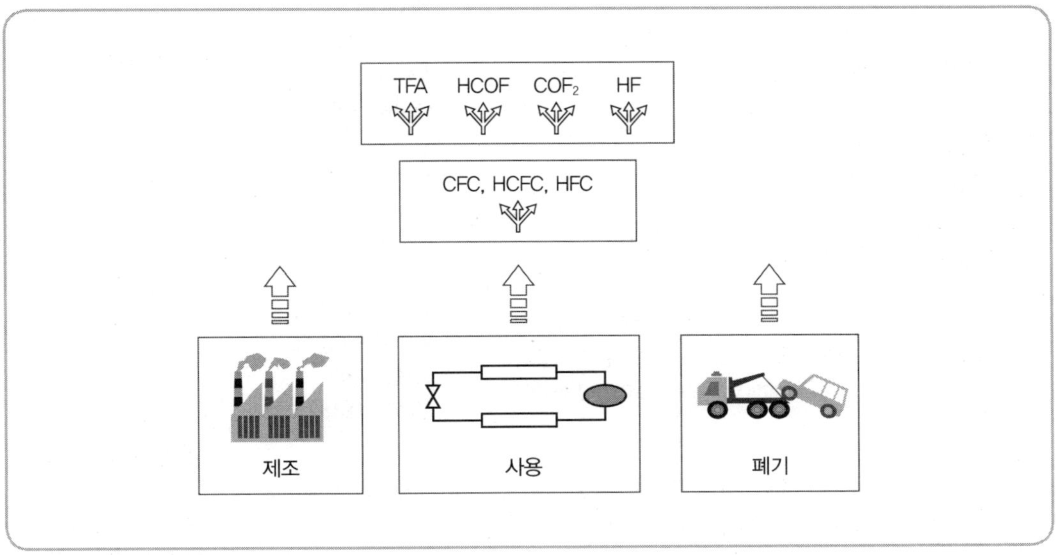

그림 1.6 냉매가 대기에 미치는 영향

규제로 HFC 계열 냉매에 대한 규제이다. 단계적으로 사용량을 삭감(phase down)해야 하고 여기에는 자동차 에어컨용으로 많이 사용되는 R134a 냉매도 포함되어 있다.

CFC는 R12, HCFC는 R22, HFC는 R125, R134a, 혼합냉매로는 R407C, R404A, R410A가 대표적인 냉매이다. 현재 사용되고 있는 HFC계 냉매는 ODP가 0이지만 GWP가 높아 교토 의정서에 의해 규제의 대상이고, 자동차용 에어컨용으로 사용되는 HFC계 냉매인 R134a는 GWP가 1430으로 지구온난화에 미치는 영향이 크기 때문에 유럽에서는 2011년부터 GWP 150 이하의 냉매를 단계적으로 사용하여 2017년에 전면 사용이 금지되었다. 이를 F(플루오르) 가스규제라고 한다. 현재는 당장 CFC, HFC 냉매를 사용하지 않을 수 없기 때문에 이들 냉매의 책임 있는 사용과 회수를 해야 하고 저 GWP 냉매와 자연냉매 개발 등 새로운 전환점에 놓여 있다.

온실가스인 CO_2 배출을 줄이기 위해 자동차는 하이브리드 자동차, 전기자동차, 연료 전지 자동차 등으로 이동이 되고 있다. 차세대 자동차로의 전환은 배터리 용량 부족 문제의 해결과 동시에 효율 높은 전기모터, 전동 압축기의 개발이 중요하고, 냉매도 에어컨 사용 시 CO_2 발생이 없어야 하고, GWP가 적은 냉매가 필요하다. 올레핀을 부분적으로 불소화한 R1234yf 냉매와 R1234ze(E)냉매는 HFO(Hydro Fluoro olefin)계 냉매로 ODP가 0이고 GWP가 4로 낮아서

표 1.3 냉매의 역사와 발전(선진국 기준)

년도	1931~1987	1987~1997	1997~2017	2017 이후
냉매	CFC (R11, R12)	HCFC (R22, R123)	HFC (R125, R134a) (R407C, R404A, R410A)	차세대 냉매
오존층파괴지수 (ODP)	1.0	0.05	0	0
지구온난화지수 (GWP)	10,900	1,810	2,090	저, 0
규제	1996년 폐기	몬트리올규제(1987), 오존층파괴방지, (2020년 폐기)	교토규제(1997), 지구온난화방지, (유럽 자동차 2017년 폐기)	
비고	염소를 함유하여 오존층 파괴하고 프레온임	프레온규제에 의한 대체프레온 냉매임	대체프레온 규제에 의한 HCFC 대체냉매임	인체에 무해할 것, 폭발성이 없을 것, GWP가 적을 것, ODP가 0일 것, HFC 대체냉매임

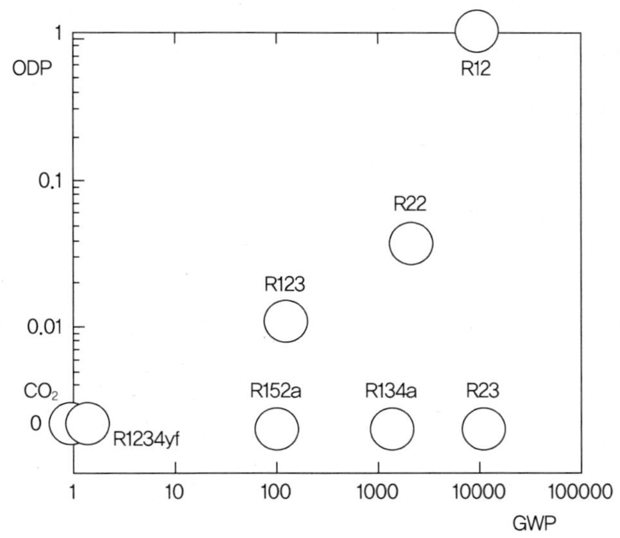

그림 1.7 ODP, GWP와 냉매

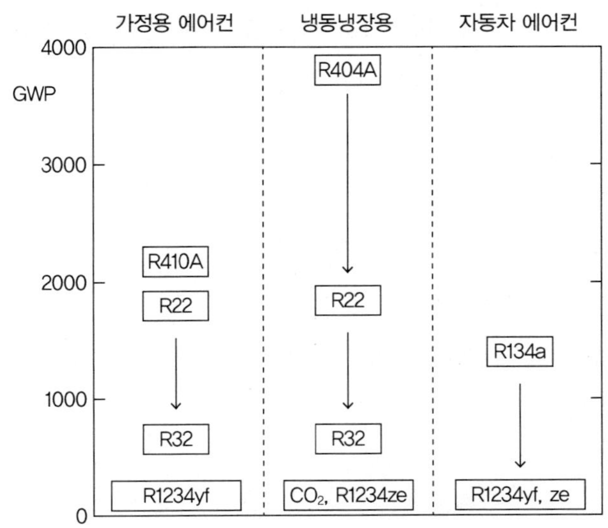

그림 1.8 GWP와 차세대 냉매

새로운 차세대 냉매들이라고 할 수 있다.

처음에는 CO_2 냉매를 사용하는 자동차 에어컨 시스템이 먼저 개발이 되었지만, 성능, 냉매의 압력 등의 문제로 인하여, 올레핀계 대체냉매인 R1234yf($CF_3CF=CH_2$: 2, 3, 3, 3-Tetra-fluoropropene)냉매가 자동차에 적용이 되었고 이 냉매는 GWP가 4이다.

2008년 11월, 미국의 듀폰과 하니웰이 개발한 R1234yf 냉매는 낮은 GWP와 R134a 냉매와는 적은 비용과 약간의 부품변경으로 현재의 자동차에 그대로 사용할 수 있다.

가정용과 업무용 공조기기에 관해서는 일부 CO_2와 HC 냉매를 이용한 시스템의 개발이 시도되고 있지만, 실용화에는 이르지 않고, R32는 GWP가 675로 낮고, 냉매물성이 우수하여 현재 사용 중인 R22와 R407C(GWP 2090)의 대체냉매로 기기가 개발 중에 있다. 에어컨 업계의 당면과제로는 부품의 에너지 효율 개선, 냉매의 회수와 재사용, 대체냉매 개발 등이다. 냉매 개발은 많은 대체냉매 속에서 HFC 계열 냉매보다 낮은 GWP를 갖는 R1234yf, R1234ze(E)의 HFO계열 냉매가 개발되었고, CO_2, HC 등의 자연냉매의 개발도 진행이 되고 있다. 지구온난화 방지를 위한 차세대 공조기기와 냉매에 대한 개발 기본원칙은 다음과 같다.

- 공조기

① 기기의 에너지 절약: 에너지에서 발생하는 CO_2 배출 억제

② 냉매의 대기 방출 억제: 냉매 회수, 사용 시 배출 제어, 냉매 관리제의 도입

③ 냉매의 개발: 자연냉매, 저 GWP 냉매의 개발

- 냉매

① 안정성: 독성이 없고 가연성 위험이 적어야 함

② 환경성: ODP는 0, 낮은 GWP를 가져야 함

③ 성능: LCCP가 우수하고 냉방 성능이 현재와 동등 이상이어야 함

④ 경제성: 가격이 적당해야 함

연습문제

01 지구 온난화와 냉매 기술개발의 관련성에 대하여 알아보자.

02 냉매 물질이 발전해 온 과정을 알아보자.

03 몬트리올 규제와 교토 규제를 설명하시오.

04 자동차에 대한 유럽의 F가스 규제란 무엇인가.

05 오존층 파괴지수와 지구 온난화지수에 대하여 알아보자.

CAHPTER 2.

기초 열전달

2.1 개요

(1) **전도 열전달**(conductive heat transfer)

고체, 정지유체, 정지기체에서 열이 고온에서 저온으로 이동하는 현상을 열전도라고 한다. 금속의 한 면을 가열하면 다른 면이 따뜻해진다.

(2) **대류 열전달**(convective heat transfer)

유동이 있는 열전달의 경우, 유체에서 고체벽 혹은 고체벽에서 유체로 열이 전달되는 현상을 대류 열전달이라 한다.

(3) **복사 열전달**(radiative heat transfer)

물체의 온도에 따라 다양한 전자파가 물체 표면에서 방출된다. 방출된 전자파를 다른 물체가 받으면(irradiation) 전자파는 표면에 흡수되어 열로 변한다. 이러한 열전달을 복사 열전달이라 한다.

2.2 전도 열전달

열전달은 2물체 사이의 온도 차이에 의해 전달되는 에너지로 전도, 대류, 복사의 형태로 전달된다. 이 3가지 형태의 열전달은 온도차이가 있어야 발생하며 고온물체에서 저온물체로 열전달이 일어난다.

전도는 입자들의 상호작용에 의하여 활동적인 입자에서 비활동적인 입자로의 에너지의 전달이며, 기체나 액체 전도는 분자의 불규칙적인 운동에 의한 충돌과 확산에 의해 발생한다. 전도 열전달은 온도차이와 열전달 면적에 비례하고, 재료 층의 두께에 반비례한다. Fourier법칙은 고체에서의 전도를 나타내며 단위 면적당 열 플럭스(heat flux)는 그 지점에서의 온도구배에 비례한다. 그림 2.1은 온도구배를 나타낸다.

$$\frac{Q}{A} \propto \frac{\partial T}{\partial x} \tag{2.1}$$

$$dQ = -k \frac{\partial T}{\partial x} dA \tag{2.2}$$

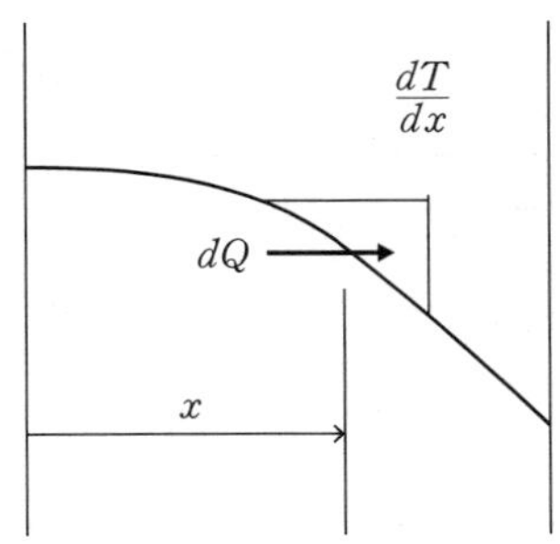

그림 2.1　Fourier법칙

dQ는 단위시간 동안 dA를 통과하는 열량으로 항상 (+)의 값을 가지고, k는 비례상수인 열전도도(W/m℃), $\frac{dT}{dx}$는 온도구배이다. 열은 고온에서 저온으로 전달되므로 $\frac{dT}{dx}$는 (−)의 값을 가지므로, dQ가 (+)가 되기 위해서는 식에 (−)를 붙여야 한다. 단위시간, 단위면적을 통과하는 열량을 열유속이라 하고 식 (2.3)과 같다.

$$q_x = \frac{dQ_x}{dA} = -k \frac{\partial T}{\partial x} = -k \frac{T_2 - T_1}{x_2 - x_1} = k \frac{T_1 - T_2}{x_2 - x_1} = k \frac{\Delta T}{l} \tag{2.3}$$

$$\vec{q} = -k \nabla T$$

여기서 1은 처음 상태, 2는 최종상태이고 T는 온도, x는 거리, ∇는 gradient를 나타낸다.

2.2.1 열전도 방정식

온도가 시간에 따라 변하는 과도상태(unsteady state)이고, 열원(heat source)이 있고, 물체 두께가 dx이면 **그림 2.2**와 같은 시스템에서 에너지 균형은 다음과 같다.

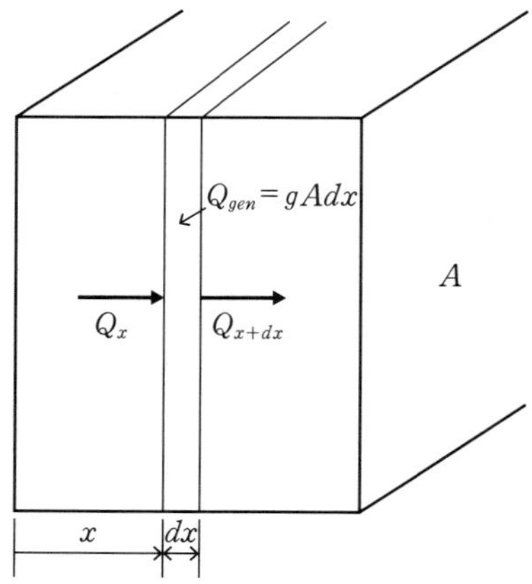

그림 2.2 1차원 열전도 방정식

① 왼쪽 면으로 전도되어 들어오는 에너지－② 오른쪽으로 전도되어 나가는 에너지 ＋③ 물체 안에서 발생한 열＝④ 내부에너지 변화

① 왼쪽에서 들어오는 전도 에너지: $Q_x = -kA\dfrac{\partial T}{\partial x}$ (2.4)

② 오른쪽으로 나가는 전도 에너지: Tayor 시리즈에서 $f(x+dx) = f(x)+\dfrac{dx}{1!}f'(x)$이므로 식 (2.5)가 성립하고 $A = dydz$이다.

$$\begin{aligned} Q_{x+dx} &= -kA\frac{\partial T}{\partial x}\Big|_{x+dx} = -A\left[k\frac{\partial T}{\partial x}+\frac{\partial}{\partial x}\left(k\frac{\partial T}{\partial x}\right)dx\right] \\ &= Q_x+\Delta Q_x = Q_x+\frac{\partial Q_x}{\partial x}\Delta x \end{aligned} \tag{2.5}$$

③ 에너지 발생율 (2.6)

에너지 발생율은 $gAdx$이고 여기서 g(W/m^3)는 단위 체적당 에너지 발생율이다.

④ 내부에너지 증가율: $\rho c_p A\dfrac{\partial T}{\partial t}dx$ (2.7)

식 (2.5)에서 식 (2.4)를 빼면 전도에 의해 얻은 열이 얻어진다.

$$Q_x - Q_{x+dx} = -kA\frac{\partial T}{\partial x} + A\left[k\frac{\partial T}{\partial x} + \frac{\partial}{\partial x}\left(k\frac{\partial T}{\partial x}\right)dx\right]$$

$$= A\frac{\partial}{\partial x}\left(k\frac{\partial T}{\partial x}\right)dx \tag{2.8}$$

내부에너지 증가율은 $\rho c_p AT$를 시간에 대하여 미분한 것이다. ρ는 밀도(kg/m^3), c_p는 비열(J/kg℃)이다.

$$\rho c_p A\frac{\partial T}{\partial t}dx \tag{2.9}$$

에너지 균형에 의해 다음 식이 성립한다.

$$A\frac{\partial}{\partial x}\left(k\frac{\partial T}{\partial x}\right)dx + gAdx = \rho c_p\frac{\partial T}{\partial t}Adx \tag{2.10}$$

면적이 상수이면 1차원 과도 열전도 방정식은

$$\frac{\partial}{\partial x}\left(k\frac{\partial T}{\partial x}\right) + g = \rho c_p\frac{\partial T}{\partial t} \tag{2.11}$$

면적이 변수이면 1차원 과도 열전도 방정식은

$$\frac{1}{A}\frac{\partial}{\partial x}\left(kA\frac{\partial T}{\partial x}\right) + g = \rho c_p\frac{\partial T}{\partial t} \tag{2.12}$$

면적이 일정할 때 3차원 과도 열전도 방정식은 식 (2.14)와 같다.

$$-\left(\frac{\partial q_x}{\partial x} + \frac{\partial q_y}{\partial y} + \frac{\partial q_z}{\partial z}\right) + g = \rho c_p\frac{\partial T}{\partial t} \tag{2.13}$$

$$q_x = -k\frac{\partial T}{\partial x}, \quad q_y = -k\frac{\partial T}{\partial y}, \quad q_z = -k\frac{\partial T}{\partial z}$$

$$\frac{\partial}{\partial x}\left(k\frac{\partial T}{\partial x}\right) + \frac{\partial}{\partial y}\left(k\frac{\partial T}{\partial y}\right) + \frac{\partial}{\partial z}\left(k\frac{\partial T}{\partial z}\right) + g = \rho c_p\frac{\partial T}{\partial t} \tag{2.14}$$

열전도도가 일정한 경우, 3차원 과도 열전도 방정식은 다음과 같다.

$$\frac{\partial^2 T}{\partial x^2} + \frac{\partial^2 T}{\partial y^2} + \frac{\partial^2 T}{\partial z^2} + \frac{g}{k} = \frac{\rho c_p}{k}\frac{\partial T}{\partial t} \tag{2.15}$$

$$\nabla^2 T + \frac{g}{k} = \frac{1}{\alpha}\frac{\partial T}{\partial t} \tag{2.16}$$

여기서 $\nabla^2 = \dfrac{\partial^2 T}{\partial x^2} + \dfrac{\partial^2 T}{\partial y^2} + \dfrac{\partial^2 T}{\partial z^2}$은 Laplacian operator 혹은 Nabla, Div·Grad이고, α(m²/sec)는 열확산율로 온도가 퍼져나가는 정도를 나타낸다. 열전도율이 일정하고 열발생율이 0이면

$$\nabla^2 T = \frac{1}{\alpha}\frac{\partial T}{\partial t} \tag{2.17}$$

이 식은 열전도 Fourier 방정식인 확산 방정식이다. 정상상태이면 다음 식으로 된다.

$$\nabla^2 T = 0 \tag{2.18}$$

이 식은 열전도 Laplacian 방정식이다. 식 (2.18)이 1차원이면

$$\frac{\partial^2 T}{\partial x^2} = 0 \tag{2.19}$$

이 미분방정식의 해는 선형이므로 온도는 거리에 비례한다.

(1) 평판 전도 열전달

x방향인 두께방향으로만 온도가 변하는 1차원 정상상태, 면적 A일 때 통과하는 열 플럭스 q를 구해보자.

$$\text{지배방정식: } \frac{\partial^2 T}{\partial x^2} = 0 \tag{2.20}$$

여기서 경계조건은 $x = 0$에서 $T = T_1$, $x = l$에서 $T = T_2$이다. 식 (2.20)을 1번 적분하면 $T = C_1 x + C_2$, 여기서 적분상수를 구하면 경계조건이 $x = 0$이면 $C_2 = T_1$이고 $x = l$이면 $C_1 = \dfrac{T_2 - T_1}{l}$이다. 따라서 온도분포는 식 (2.21)이 된다.

$$\frac{T - T_1}{T_2 - T_1} = \frac{x}{l} \tag{2.21}$$

식 (2.21)을 미분하면 온도구배는 다음과 같다.

$$\frac{dT}{dx} = \frac{T_2 - T_1}{l}$$

열유속은 다음과 같다.

$$q = -k\frac{T_2 - T_1}{l}$$

총 열전달량은 다음과 같다.

$$Q_x = -kA\frac{T_2 - T_1}{l} = kA\frac{T_1 - T_2}{l} \tag{2.22}$$

(2) 원통 전도 열전달

r 두께 방향으로만 온도가 변하는 1차원 정상상태인 경우, 열플럭스를 구해보자. 원통의 반경은 r_2이다.

① 원통(solid cylinder)

$$\text{열전도방정식: } \frac{1}{r}\frac{d}{dr}\left(r\frac{dT}{dr}\right) + \frac{g_0}{k} = 0 \tag{2.23}$$

여기서 경계조건은 $0 \leq r \leq r_2$이고, $r = 0$에서 $T = \infty$, $r = r_2$에서 $T = T_2$이다. 온도 분포를 구하기 위해 식 (2.23)를 적분하고 경계조건으로 적분상수를 구한다.

$$\frac{\partial}{\partial r} r\frac{\partial T}{\partial r} = -\frac{g_0}{k} r$$

$$\int d\left(r\frac{\partial T}{\partial r}\right) = \int -\frac{g_0}{k} r dr$$

$$r\frac{\partial T}{\partial r} = -\frac{g_0}{2k} r^2 + C_1$$

$$\frac{\partial T}{\partial r} = -\frac{g_0}{2k} r + \frac{C_1}{r} \tag{2.24}$$

$$\int \partial T = \int -\frac{g_0}{2k} r dr + \int \frac{C_1}{r} dr$$

$$T = -\frac{g_0}{4k} r^2 + C_1 \ln r + C_2 \tag{2.25}$$

경계조건을 대입하여 상수 C_1, C_2를 구한다. $r = 0$에서 $T = \infty$이므로, $\ln 0$은 없으므로

$C_1 = 0$이 되어야 한다. $r = r_2$에서 $T = T_2$이면 식 (2.25)에서 $T_2 = -\frac{g_0}{4k} r_2^2 + C_2$이다.

$$C_2 = T_2 + \frac{g_0}{4k} r_2^2 \tag{2.26}$$

C_1, C_2를 식 (2.25)에 대입하면 온도방정식은 식 (2.27)과 같다.

$$T = -\frac{g_0}{4k} r^2 + T_2 + \frac{g_0}{4k} r_2^2$$

$$T = T_2 + \frac{g_0}{4k}(r_2^2 - r^2) \tag{2.27}$$

열플럭스 q_r은 다음 식으로 구한다.

$$q_r = -k \frac{\partial T}{\partial r} \tag{2.28}$$

식 (2.27)을 r에 대하여 미분을 하면

$$\frac{dT}{dr} = -\frac{g_0 r}{2k}$$

식 (2.28)에 대입하면

$$q = -k \frac{dT}{dr} = \frac{g_0}{2} r \tag{2.29}$$

총 열전달량 Q는 면적이 $A = 2\pi rl$, $V = \pi r^2 l$이므로 다음과 같다.

$$Q = -kA \frac{dT}{dr} \tag{2.30}$$

$$Q = \frac{g_0}{2} r 2\pi rl = g_0 \pi r^2 l = g_0 V \tag{2.31}$$

② 중공원통(hollow cylinder)

1차원 정상상태이고 열에너지 발생이 없는 경우, **그림 2.3**과 같은 중공구형에서 온도분포와 열플럭스를 구해보자.

$$\text{열전도방정식: } \frac{1}{r}\frac{d}{dr}\left(r\frac{dT}{dr}\right) = 0 \tag{2.32}$$

여기서 경계조건은 $r = r_1$에서 $T = T_1$, $r = r_2$에서 $T = T_2$이다. 식 (2.32)를 2번 적분하고

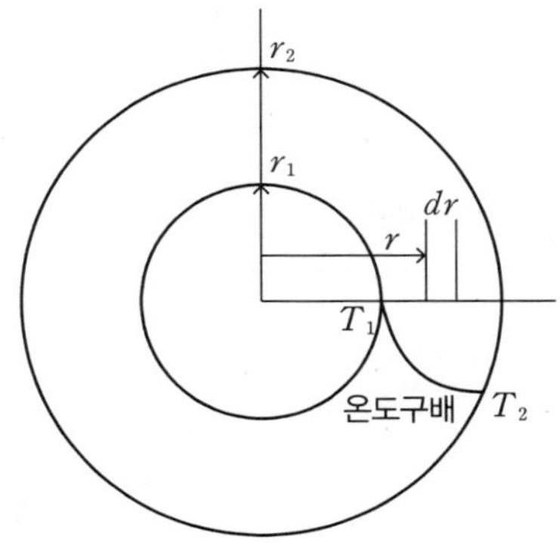

그림 2.3 중공구형

경계조건으로 적분상수를 구한다.

$$d\int r\frac{dT}{dr} = \int 0dr,\quad r\frac{dT}{dr} = C_1,\quad \frac{dT}{dr} = \frac{C_1}{r},\quad \int dT = \int \frac{C_1}{r}dr$$

온도분포는 다음과 같다.

$$T = C_1 \ln r + C_2 \tag{2.33}$$

경계조건을 대입하고 연립 방정식을 풀어 적분상수를 구한다.

$$r = r_1\text{에서 } T_1 = C_1 \ln r_1 + C_2 \tag{2.34}$$

$$r = r_2\text{에서 } T_2 = C_1 \ln r_2 + C_2 \tag{2.35}$$

식 (2.35)에서 식 (2.34)를 빼면

$$T_2 - T_1 = C_1(\ln r_2 - \ln r_1),\ C_1 = \frac{T_2 - T_1}{\ln r_2 - \ln r_1}$$

$$C_2 = T_1 - (T_2 - T_1)\frac{\ln r_1}{\ln \frac{r_2}{r_1}}$$

$$T = \frac{T_2 - T_1}{\ln \frac{r_2}{r_1}}\ln r + T_1 - (T_2 - T_1)\frac{\ln r_1}{\ln \frac{r_2}{r_1}} \tag{2.36}$$

이 식을 정리하면 온도분포는 다음과 같다.

$$\frac{T-T_1}{T_2-T_1} = \frac{\ln \frac{r}{r_1}}{\ln \frac{r_2}{r_1}} \tag{2.37}$$

열플럭스는 식 (2.37)을 미분하여 얻어진다.

$$\frac{dT}{dr} = \frac{1}{r} \frac{T_2-T_1}{\ln \frac{r_2}{r_1}}$$

$$q = -k \frac{dT}{dr}$$

$$q = -k \frac{dT}{dr} = -\frac{k}{r} \frac{(T_2-T_1)}{\ln \frac{r_2}{r_1}} \tag{2.38}$$

총 열전달량은 원통길이 l, 반경 r이면 열전달 면적 A는 $2\pi rl$이므로 다음과 같다.

$$Q = -kA \frac{dT}{dr} = -2\pi kl \frac{(T_2-T_1)}{\ln \frac{r_2}{r_1}} \tag{2.39}$$

2.2.2 열전도 저항

(1) 평판

열전도 저항은 다음과 같이 표현할 수 있다.

$$Q = \frac{\Delta T}{R} \tag{2.40}$$

여기서 R은 열전도 저항이다. 온도가 $x = 0$에서 $T = T_1$, $x = l$에서 $T = T_2$이면

$$Q = Ak \frac{T_1-T_2}{l} = \frac{T_1-T_2}{\frac{l}{Ak}} = \frac{T_1-T_2}{R} \tag{2.41}$$

평판의 열전도 저항은 $R = \frac{l}{Ak}$이다.

(2) 중공원통

총 열전달량은

$$Q = \frac{2\pi kl}{\ln\left(\frac{r_2}{r_1}\right)}(T_1 - T_2) \tag{2.42}$$

식 (2.40)의 형태로 표현하면 다음과 같다.

$$Q = \frac{T_1 - T_2}{\frac{\ln\left(\frac{r_2}{r_1}\right)}{2\pi kl}} = \frac{T_1 - T_2}{R} \tag{2.43}$$

여기서 중공원통의 열전도 저항은 다음과 같다.

$$R = \frac{\ln\left(\frac{r_2}{r_1}\right)}{2\pi kl} \tag{2.44}$$

(3) 단일 평면벽의 열전달

고체벽의 양쪽에 유체가 흐르는 열전달은 유체에서 고체벽으로의 열전달, 고체 내부의 열전달, 고체벽에서 유체로의 열전달로 구성된다.

고온유체 열전달 $q_1 = h_1(T_{f1} - T_{w1})$, 고체벽 열전도, $q_2 = \frac{k}{l}(T_{w1} - T_{w2})$, 저온유체 열전달, $q_3 = h_2(T_{w2} - T_{f2})$이면 유체의 유속이 다르기 때문에 열전달계수 h_1과 h_2는 같지 않다. 고온유체 열전달은 $(T_{f1} - T_{w1}) = \frac{q_1}{h_1}$, 고체벽 열전도는 $(T_{w1} - T_{w2}) = \frac{l}{k}q_2$, 저온유체 열전달은 $(T_{w2} - T_{f2}) = \frac{q_3}{h_2}$ 이 된다. 이 식들을 합하면 다음과 같다.

$$T_{f1} - T_{f2} = \frac{q_1}{h_1} + \frac{l}{k}q_2 + \frac{q_3}{h_2}$$

정상상태인 경우는 $q = q_1 = q_2 = q_3$이므로

$$T_{f1} - T_{f2} = q\left(\frac{1}{h_1} + \frac{l}{k} + \frac{1}{h_2}\right) \tag{2.45}$$

그러므로

$$q = \frac{1}{\frac{1}{h_1} + \frac{l}{k} + \frac{1}{h_2}}(T_{f1} - T_{f2}) \tag{2.46}$$

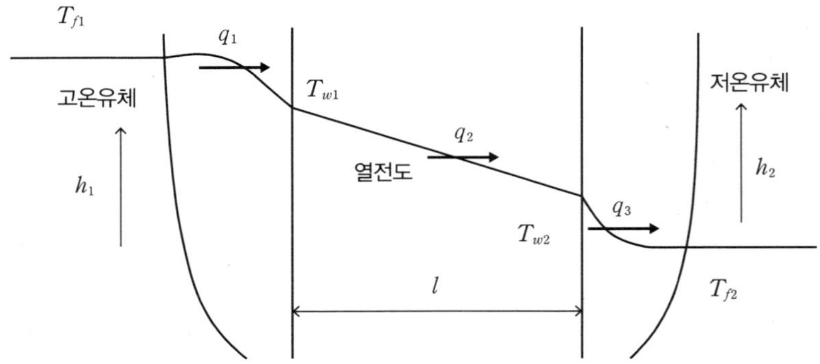

그림 2.4 평면 벽의 열전달

$$K = \frac{1}{\frac{1}{h_1}+\frac{l}{k}+\frac{1}{h_2}} W/(m^2K) \tag{2.47}$$

$$q = K(T_{f1}-T_{f2}) \tag{2.48}$$

여기서 K는 열통과율이라 한다. 평판의 총 열전달량은

$$Q = KA(T_{f1}-T_{f2}) = \frac{T_{f1}-T_{f2}}{R} \tag{2.49}$$

열통과 저항은 다음과 같다.

$$R = \frac{1}{AK} = \frac{1}{A}\left(\frac{1}{h_1}+\frac{l}{k}+\frac{1}{h_2}\right) [\mathrm{K/W}] \tag{2.50}$$

열전달 저항 $R_{conv1} = \frac{1}{Ah_1}$, 열전도 저항 $R_{cond} = \frac{l}{Ak}$, 열전달 저항 $R_{conv2} = \frac{1}{Ah_2}$이면 열통과 저항은 다음과 같다.

$$R = R_{conv1}+R_{cond}+R_{conv2}$$

(4) 복합평면 열전달

그림 2.5와 같이 3개의 서로 다른 물질이 있을 때 열전도 저항은 열전도 계수, 두께와 단면적으로, 유체의 열저항은 열전달 계수, 단면적으로 정의된다.

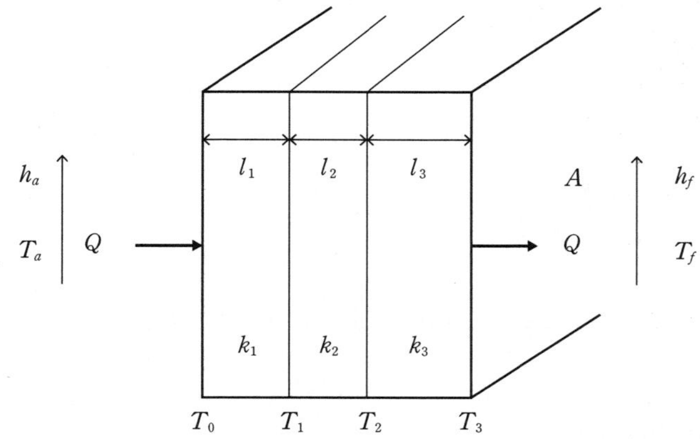

그림 2.5 복합평면 열저항

각 물체 면에서 열전달량은 같으므로 다음이 성립한다.

$$Q = h_aA(T_a - T_0) = \frac{k_1A}{l_1}(T_0 - T_1) = \frac{k_2A}{l_2}(T_1 - T_2) = \frac{k_3A}{l_3}(T_2 - T_3)$$
$$= h_fA(T_3 - T_f) \tag{2.51}$$

식 (2.51)을 변형하면

$$Q = \frac{T_a - T_0}{\frac{1}{h_aA}} = \frac{T_0 - T_1}{\frac{l_1}{k_1A}} = \frac{T_1 - T_2}{\frac{l_2}{k_2A}} = \frac{T_2 - T_3}{\frac{l_3}{k_3A}} = \frac{T_3 - T_f}{\frac{1}{h_fA}}$$

각 항을 더하면

$$Q = \frac{T_a - T_f}{\frac{1}{h_aA} + \frac{l_1}{k_1A} + \frac{l_2}{k_2A} + \frac{l_3}{k_3A} + \frac{1}{h_fA}} = \frac{T_a - T_f}{R} = AK(T_a - T_f) \tag{2.52}$$

열전도 저항은 다음과 같다.

$$R = \frac{1}{AK} = \frac{1}{h_aA} + \frac{l_1}{k_1A} + \frac{l_2}{k_2A} + \frac{l_3}{k_3A} + \frac{1}{h_fA} \tag{2.53}$$

이 식은 다층의 형태로 다음과 같이 표현할 수 있다.

$$R=\frac{1}{AK}=\frac{1}{A}\left(\frac{1}{h_a}+\sum_{i=1}^{n}\frac{l_i}{k_i}+\frac{1}{h_f}\right)\ (K/W) \tag{2.54}$$

$$\frac{1}{K}=\frac{1}{h_a}+\sum_{i=1}^{n}\frac{l_i}{k_i}+\frac{1}{h_f}$$

$$K=\frac{1}{\frac{1}{h_a}+\sum_{i=1}^{n}\frac{l_i}{k_i}+\frac{1}{h_f}} \tag{2.55}$$

식 (2.55)를 열관류율(Overall heat transfer coefficient)이라고 한다.

2.2.3 사각 핀의 열전달

(1) 핀(Fin)의 온도분포

그림 2.6과 같은 미소체적의 에너지 균형을 고려하자.

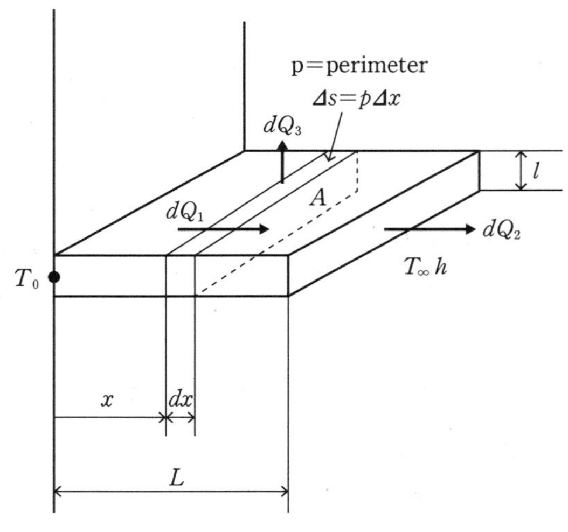

그림 2.6 사각 핀의 열전달

x방향 전도에 의해 $A\Delta x$로 들어오는 열 플럭스

= 열표면을 통하여 $A\Delta x$로 대류로 나가는 열 플럭스

① x방향의 전도에 의해 $A\varDelta x$로 들어오는 열 플럭스

$$dQ_1 = Aq \tag{2.56}$$

$$dQ_2 = \left[Aq + \frac{d(Aq)}{dx} \varDelta x \right]$$

② 열표면을 통하여 대류에 의해 나가는 열 플럭스

$$dQ_3 = h\varDelta s(T(x) - T_\infty) = hP\varDelta x[T(x) - T_\infty] \tag{2.57}$$

여기서 A는 핀의 횡단면 면적이고 $\varDelta s$는 표면적, $\varDelta s = P\varDelta x$이다. 미소체적의 에너지 균형에 의해

$$dQ_1 - dQ_2 = dQ_3$$

$$-\frac{d(Aq)}{dx} \varDelta x = h\varDelta s[(T(x) - T_\infty] \tag{2.58}$$

Fourier 법칙인 $q = -k\dfrac{dT}{dx}$을 대입하면

$$k\left[\frac{d}{dx} A \frac{dT(x)}{dx} \right] \varDelta x = h\varDelta s[T(x) - T_\infty]$$

$$\frac{d}{dx}\left[A \frac{dT(x)}{dx} \right] = \frac{h\varDelta s}{k\varDelta x}[T(x) - T_\infty] \tag{2.59}$$

식 (2.59)에서 $\lim\limits_{\varDelta x \to 0} \varDelta x = dx$, $\lim\limits_{\varDelta s \to 0} \varDelta s = ds$이므로

$$\frac{d}{dx}\left[A \frac{dT(x)}{dx} \right] - \frac{hds}{kdx}[T(x) - T_\infty] = 0 \tag{2.60}$$

여기서 핀의 둘레 $P = \dfrac{ds}{dx}$로 정의되고 식 (2.60)을 θ로 무차원시키면

$$\theta(x) = T(x) - T_\infty$$

$$\frac{d}{dx}\left[A \frac{d\theta(x)}{dx} \right] - \frac{hP}{k}\theta(x) = 0 \tag{2.61}$$

면적이 일정하다고 가정하면

$$\frac{d^2\theta(x)}{d^2x} - \frac{hP}{kA}\theta(x) = 0 \tag{2.62}$$

$m^2 = \dfrac{hP}{kA}$로 정의하면

$$\frac{d^2\theta(x)}{d^2x} - m^2\theta(x) = 0 \tag{2.63}$$

이 방정식은 균일한 단면을 갖는 1차원 핀 방정식이다. 핀의 양단에서의 경계조건을 이용하여 상미분 방정식의 해를 구하면 핀의 온도분포를 구할 수 있다. 핀의 길이는 길고 핀의 끝단의 온도는 주위 유체온도와 같다고 가정하면 경계조건은 다음과 같다.

$$\theta(x) = T(x) - T_\infty \tag{2.64}$$

$$x = 0,\ T = T_0 \rightarrow \theta(0) = T_0 - T_\infty = \theta_0$$

$$x = \infty,\ T = T_\infty \rightarrow \theta(\infty) = T_\infty - T_\infty = 0$$

식 (2.63)의 2계 상미분 방정식의 일반해를 $e^{\lambda x}$로 가정하면 $\dfrac{d^2\theta(x)}{dx^2} - m^2\theta(x) = 0$를 만족해야 한다.

$$\theta = e^{\lambda x},\quad \frac{d\theta}{dx} = \lambda e^{\lambda x},\quad \frac{d^2\theta}{dx^2} = \lambda^2 e^{\lambda x}$$

$$\lambda^2 e^{\lambda x} - m^2 e^{\lambda x} = 0$$

$$(\lambda^2 - m^2)e^{\lambda x} = 0$$

$$\lambda^2 = m^2$$

$$\lambda = \pm m$$

따라서 식 (2.63)의 일반해는

$$\theta = C_1 e^{mx} + C_2 e^{-mx} \tag{2.65}$$

식 (2.64)의 경계조건을 이용하여 식 (2.65)의 적분상수를 구하면

$$x = 0\text{이면}\ \ \theta_0 = C_1 e^{m0} + C_2 e^{-m0} = C_1 + C_2 \tag{2.66}$$

$$x = \infty \text{이면 } 0 = C_1 e^{m\infty} + C_2 e^{-m\infty} \tag{2.67}$$

식 (2.67)에서 $e^{-m\infty} = 0$, $e^{m\infty} \neq 0$이므로 $C_1 = 0$이 되고 $C_2 = \theta_0$이다. 식 (2.65)는 다음과 같다.

$$\theta = \theta_0 e^{-mx} \tag{2.68}$$

$$T - T_\infty = (T_0 - T_\infty) e^{-mx}$$

온도분포는 다음과 같다.

$$\frac{\theta}{\theta_0} = \frac{T - T_\infty}{T_0 - T_\infty} = e^{-mx} \tag{2.69}$$

(2) 핀의 대류 열전달

핀을 통한 대류 열전달은

$$dQ = hPdx(T - T_\infty)$$

적분하면

$$Q = \int dQ = \int_0^\infty hP(T - T_\infty)dx = \int_0^\infty hP\theta dx \tag{2.70}$$

$\theta = \theta_0 e^{-mx}$이므로 식 (2.70)에 대입하면

$$Q = hP\theta_0 \int_0^\infty e^{-mx} dx, \quad Q = \frac{hP\theta_0}{m} \tag{2.71}$$

여기서 $\int_0^\infty e^{f(x)} dx = \frac{e^{f(x)}}{f'(x)}$이므로,

$$\int_0^\infty e^{-mx} dx = \frac{e^{-mx}}{-m}\Big|_0^\infty = \frac{e^{-m\infty}}{-m} - \frac{e^{-m0}}{-m} = \frac{1}{m}$$

식 (2.71)에 $m = \sqrt{\frac{hP}{kA}}$ 를 대입하여 정리하면 핀을 통한 대류 열전달은 다음과 같다.

$$Q = \theta_0 \sqrt{kAhP} \tag{2.72}$$

$x = 0$에서의 열플럭스는

$$q = -k\frac{dT}{dx}|_{x=0} \tag{2.73}$$

식 (2.69)를 미분하면

$$\frac{\theta}{\theta_0} = \frac{T-T_\infty}{T_0-T_\infty} = e^{-mx}, \quad \frac{dT}{dx}|_{x=0} = \theta_0(-m)e^{-mx}$$

이식을 식 (2.73)에 대입하여 정리하면 열 플럭스는 다음과 같다.

$$q = -k\theta_0(-m)e^{-mx}|_{x=0} = k\sqrt{\frac{hP}{kA}}\theta_0 = \sqrt{\frac{khP}{A}}\theta_0 \tag{2.74}$$

2.2.4 원형핀의 열전달

(1) 원형핀(Fin)의 온도분포

그림과 같은 미소체적의 에너지 균형을 고려하자.

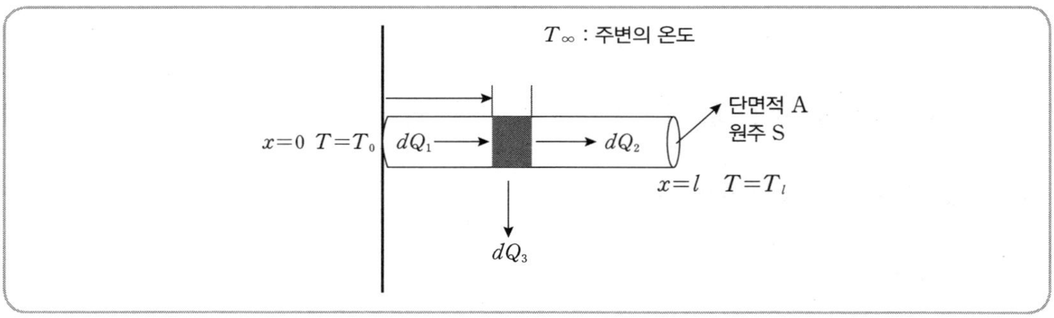

그림 2.7 원형 핀의 열전달

x방향 전도에 의해 단면적 A, 원주 P로 들어오는 열 플럭스=x방향 대류에 의해 단면적 A, 원주 S에서 나가는 열 플럭스+열표면을 통하여 대류에 의해 나가는 열 플럭스

$$dQ_1 = dQ_2 + dQ_3 \tag{2.75}$$

① x방향의 전도에 의해 들어오는 열 플럭스

$$dQ_1 = -kA\frac{dT}{dx} \tag{2.76}$$

② x방향 대류에 의해 단면적 A, 원주 S에서 나가는 열 플럭스

$$dQ_2 = \left[Aq + \frac{d(Aq)}{dx} \Delta x \right] = -kA \frac{d}{dx} \left(T + \frac{dT}{dx} dx \right) \tag{2.77}$$

③ 열표면을 통하여 대류에 의해 나가는 열 플럭스

$$dQ_3 = -kA \frac{dT}{dx} - (-)kA \frac{d}{dx} \left(T + \frac{dT}{dx} dx \right)$$

$$= kA \frac{d}{dx} \left(\frac{dT}{dx} dx \right) = kA \frac{d^2T}{dx^2} dx \tag{2.78}$$

$$dQ_3 = h(T(x) - T_\infty) S dx \tag{2.79}$$

여기서 S는 핀의 원주이고, Δx는 핀의 미소길이다. 미소체적의 에너지 균형에 의해

$$dQ_1 - dQ_2 = dQ_3$$

$$kA \frac{d^2T}{dx^2} dx = h(T(x) - T_\infty) S dx \tag{2.80}$$

변형하면

$$\frac{d^2T}{dx^2} dx = \frac{hP}{kA} (T(x) - T_\infty) dx$$

$$\frac{d^2T}{dx^2} dx = \frac{hP}{kA} (T(x) - T_\infty) \tag{2.81}$$

식을 θ로 무차원시키면

$$\theta(x) = T(x) - T_\infty \tag{2.82}$$

미분하면

$$\frac{dT(x)}{dx^2} = \frac{d\theta}{dx}$$

$$\frac{d^2T(x)}{dx^2} = \frac{d^2\theta}{dx^2}$$

$$\frac{d^2T}{dx^2} = \frac{hP}{kA}(T(x) - T_\infty) \rightarrow \frac{d^2\theta}{dx^2} = \frac{hP}{kA}\theta$$

$$\frac{d^2\theta(x)}{d^2x} - \frac{hP}{kA}\theta(x) = 0 \tag{2.83}$$

$m^2 = \dfrac{hP}{kA}$로 정의하면

$$\frac{d^2\theta(x)}{d^2x} - m^2\theta(x) = 0 \tag{2.84}$$

이 방정식은 균일한 단면을 갖는 1차원 핀 방정식이다. 핀의 경계조건을 이용하여 상미분 방정식의 해를 구하면 핀의 온도분포를 구할 수 있다.

$\dfrac{d^2y}{dx^2} = m^2y$의 일반해는 $y = C_1e^{mx} + C_2e^{-mx}$이다.

2계 상미분 방정식의 일반해를 $e^{\lambda x}$로 가정하면 $\dfrac{d^2\theta(x)}{dx^2} - m^2\theta(x) = 0$를 만족해야 한다.

$$\theta = e^{\lambda x},\ \frac{d\theta}{dx} = \lambda e^{\lambda x},\ \frac{d^2\theta}{dx^2} = \lambda^2 e^{\lambda x},\ y = e^{f(x)},\ y' = f'(x)e^{f(x)}$$

$$\lambda^2 e^{\lambda x} - m^2 e^{\lambda x} = 0$$

$$(\lambda^2 - m^2)e^{\lambda x} = 0$$

$$\lambda^2 = m^2$$

$$\lambda^2 = \pm m$$

따라서 일반해는

$$\theta = C_1e^{mx} + C_2e^{-mx} \tag{2.85}$$

$$\theta = C_1 \cos hmx + C_2 \sin hmx \tag{2.86}$$

경계조건은 다음과 같다.

[경계조건의 종류]

- A) 핀 끝의 온도가 주위 유체 온도에 접근할 때

$$x = 0,\ T = T_0,\ x = l,\ T = T_\infty \rightarrow \text{사각핀 해석} \tag{2.87}$$

$$x = 0, \theta = \theta_0,\ x = l,\ \theta = \theta_l$$

• B) 핀 끝에서의 열손실을 무시할 때

$$x = 0,\ T = T_0,\ x = l,\ \frac{dT}{dx} = 0 \tag{2.88}$$

$$x = 0, \theta = \theta_0,\ x = l,\ \frac{d\theta}{dx} = 0$$

• C) 핀 끝에서 주위 유체와 대류가 일어날 때 → 원통핀 해석

$$x = 0,\ \theta = T_0 - T_\infty = \theta_0 \tag{2.89}$$

$$x = l,\ -k\left(\frac{dT}{dx}\right)_{x=l} = h(T_l - T_\infty)$$

$$x = l,\ k\left(\frac{d\theta}{dx}\right)_{x=l} + h\theta_l = 0, \left(\frac{d\theta}{dx}\right)_{x=l} = -\frac{h}{k}\theta_l$$

$\theta = C_1e^{mx} + C_2e^{-mx}$를 x에 대하여 미분하면 $\dfrac{d\theta}{dx} = C_1me^{mx} - C_2me^{-mx}$

앞에서 $\theta_l = C_1e^{ml} + C_2e^{-ml}$, $x=l$이면

$$\theta_l = C_1e^{ml} + C_2e^{-ml} \tag{2.90}$$

$$\left(\frac{d\theta}{dx}\right)_{x=l} = C_1me^{ml} - C_2me^{-ml} = -\frac{h}{k}\theta_l = -\frac{h}{k}(C_1e^{ml} + C_2e^{-ml}) \tag{2.91}$$

$$C_1me^{ml} - C_2me^{-ml} = -\frac{h}{k}(C_1e^{ml} + C_2e^{-ml})$$

정리하면

$$C_1e^{ml}\left[m + \frac{h}{k}\right] - C_2e^{-ml}\left[m - \frac{h}{k}\right] = 0 \tag{2.92}$$

$\theta = C_1 e^{mx} + C_2 e^{-mx}$식에 $x = 0$을 대입하면 $\theta(x) = T(x) - T_\infty$

$$\theta_0 = C_1 + C_2,\ \theta_0 = T_0 - T_\infty$$

$$C_1 + C_2 = T_0 - T_\infty$$

$$C_2 = T_0 - T_\infty - C_1$$

$$C_1 e^{ml}\left[m + \frac{h}{k}\right] - (T_0 - T_\infty - C_1)e^{-ml}\left[m - \frac{h}{k}\right] = 0$$

여기에서 C_1은

$$C_1 = (T_0 - T_\infty)\frac{e^{-ml}\left[1 - \frac{h}{mk}\right]}{e^{ml} + e^{-ml} + \frac{h}{mk}\left[e^{ml} - e^{-ml}\right]} \tag{2.93}$$

$C_2 = T_0 - T_\infty - C_1$에서

$$C_2 = (T_0 - T_\infty)\left[\frac{e^{ml}\left[1 + \frac{h}{mk}\right]}{e^{ml} + e^{-ml} + \frac{h}{mk}\left[e^{ml} - e^{-ml}\right]}\right] \tag{2.94}$$

$T = T_\infty + \theta$이므로 $T = T_\infty + C_1 e^{mx} + C_2 e^{-mx}$에 다음을 대입하여 정리하면 온도분포 방정식이 얻어진다. 그러므로 온도분포는

$$T = T_\infty + (T_0 - T_\infty)\frac{e^{-ml}\left[1 - \frac{h}{mk}\right]}{e^{ml} + e^{-ml} + \frac{h}{mk}\left[e^{ml} - e^{-ml}\right]}e^{mx}$$

$$+ (T_0 - T_\infty)\frac{e^{ml}\left[1 + \frac{h}{mk}\right]}{e^{ml} + e^{-ml} + \frac{h}{mk}\left[e^{ml} - e^{-ml}\right]}e^{-mx}$$

$$T = T_\infty + (T_0 - T_\infty)\left[\frac{e^{m(l-m)} + e^{-m(l-x)} + \frac{h}{mk}\left(e^{m(l-x)} - e^{-m(l-x)}\right)}{e^{ml} + e^{-ml} + \frac{h}{mk}\left[e^{ml} - e^{-ml}\right]}\right] \tag{2.95}$$

$$\frac{\theta}{\theta_0} = \frac{\cos hm(l-x) + \dfrac{h}{mk}\sin hm(l-x)}{\cos hml + \dfrac{h}{mk}\sin hml} \tag{2.96}$$

[참조]

$$\cos hx = \frac{e^x + e^{-x}}{2},\ \sin hx = \frac{e^x - e^{-x}}{2}$$

$$\frac{d}{dx}\cos hf(x) = f'(x)\sin hf(x),\ \ \frac{d}{dx}\sin hf(x) = -f'(x)\cos hf(x)$$

$$\frac{d}{dx}\cos hm(l-x) = \sin hm(l-x)[m(l-x)]' = (-m)\sin hm(l-x)$$

$$\frac{d}{dx}\sin hm(l-x) = -\cos hm(l-x)[m(l-x)]' = -(-m)\cos hm(l-x)$$

(2) 핀의 열전달량

$Q = -k(\dfrac{dT}{dx})_{x=0} A$이므로 온도분포에서

$$T = T_\infty + (T_0 - T_\infty)\left[\frac{e^{m(l-m)} + e^{-m(l-x)} + \dfrac{h}{mk}(e^{m(l-x)} - e^{-m(l-x)})}{e^{ml} + e^{-ml} + \dfrac{h}{mk}[e^{ml} - e^{-ml}]}\right]$$

$$\frac{\theta}{\theta_0} = \frac{\cos hm(l-x) + \dfrac{h}{mk}\sin hm(l-x)}{\cos hml + \dfrac{h}{mk}\sin hml} \tag{2.97}$$

미분하고 $x=0$을 대입하면

$$\theta = \theta_0 \frac{\cos hm(l-x) + \dfrac{h}{mk}\sin hm(l-x)}{\cos hml + \dfrac{h}{mk}\sin hml}$$

$$\frac{d\theta}{dx}\Big|_{x=0} = \theta_0(-m)\frac{\sin hml + \dfrac{h}{mk}\cos hml}{\cos hml + \dfrac{h}{mk}\sin hml}$$

$$q = -k\frac{dT}{dx}\Big|_{x=0} = km\theta_0 \frac{\sin hml + \frac{h}{mk}\cos hml}{\cos hml + \frac{h}{mk}\sin hml} \tag{2.98}$$

$$Q = -k\frac{dT}{dx}\Big|_{x=0} A = \theta_0\sqrt{PhkA}\ \frac{\sin hml + \frac{h}{mk}\cos hml}{\cos hml + \frac{h}{mk}\sin hml} \tag{2.99}$$

- A)의 경계조건의 풀이

핀 끝의 온도가 주위 유체 온도에 접근할 때

온도: $x=0,\ \theta=\theta_0,\ x=l,\ \theta=\theta_l(x=0,\ T=T_0,\ x=l,\ T=T_\infty)$

$$\frac{\theta}{\theta_0} = \frac{T-T_\infty}{T_0-T_\infty} = e^{-mx}$$

$$Q = k\sqrt{\frac{hP}{kA}}A\theta_0 = \theta_0\sqrt{PhkA} \tag{2.100}$$

- B)의 경계조건의 풀이

$$x=0,\ T=T_0,\ x=l,\ \frac{dT}{dx}=0$$

$$x=0,\ \theta=\theta_0,\ x=l,\ \frac{d\theta}{dx}=0$$

$x=0$이면 $\theta_0 = C_1e^{m0}+C_2e^{-m0} = C_1+C_2$

$x=l$이면 $\left(\frac{d\theta}{dx}\right)_{x=1} = C_1me^{ml}-C_2me^{-ml} = 0$

$$C_1me^{ml} = C_2me^{-ml},\ C_1\frac{e^{ml}}{e^{-ml}} = C_2,\ \theta_0 = C_1\left(1+\frac{e^{ml}}{e^{-ml}}\right)$$

$$C_1 = \frac{\theta_0}{1+\frac{e^{ml}}{e^{-ml}}} = \frac{\theta_0}{\frac{e^{ml}+e^{-ml}}{e^{-ml}}} = \frac{\theta_0e^{-ml}}{e^{ml}+e^{-ml}}$$

$$C_2 = \theta_0 - \frac{\theta_0e^{-ml}}{e^{ml}+e^{-ml}},$$

$$C_2 = \theta_0\left(1-\frac{e^{-ml}}{e^{ml}+e^{-ml}}\right) = \theta_0\left(\frac{e^{ml}+e^{-ml}}{e^{ml}+e^{-ml}} - \frac{e^{-ml}}{e^{ml}+e^{-ml}}\right) = \frac{\theta_0e^{ml}}{e^{ml}+e^{-ml}}$$

$$\theta = \frac{\theta_0 e^{-ml}}{e^{ml}+e^{-ml}} e^{mx} + \frac{\theta_0 e^{ml}}{e^{ml}+e^{-ml}} e^{-mx} = \theta_0 \frac{e^{-ml}e^{mx}+e^{ml}e^{-mx}}{e^{ml}+e^{-ml}}$$

$$\theta = \theta_0 \frac{e^{m(l-x)}+e^{-m(l-x)}}{e^{ml}+e^{-ml}} = \theta_0 \frac{\cos hm(l-x)}{\cos hml}$$

$$\frac{d\theta}{dx}\Big|_{x=0} = -m\theta_0 \tan hm(l-x)$$

$$Q = -k\frac{dT}{dx}\Big|_{x=0} A = -k(-m)\theta_0 A = kAm\theta_0 \tan hm(l-x)$$

$$Q = kA\sqrt{\frac{hP}{kA}}\, m\theta_0 = \sqrt{PhkA}\ \theta_0 \tan hm(l-x) \tag{2.101}$$

예제 2.1 (원형핀) 지름이 D = 2cm이고 길이 L = 25cm이며 열전도계수가 k = 50W/(m.℃) 인 강봉이 T_∞= 20℃인 주위 공기에 열전달계수 h = 64W/(m^2.℃)로 노출되어 있다. 만약 한쪽 끝이 12℃로 유지된다면 열손실은 얼마인가?

풀이) $Q = \theta_0\sqrt{PhkA} = (20-12)\sqrt{\pi\times0.02\times64\times50\times\frac{\pi}{4}\times0.02^2} = 8\times0.25 = 2W$

예제 2.2 (사각핀) 사각 핀의 벽면의 온도가 700℃, 대기의 온도 20℃이다. 이 핀의 열전달량은 얼마인가? 열전도도는 k = 45W/(mK), 열전달계수는 h = 20W/(m^2K)이다. 면적과 페리미터는 다음과 같다. 핀의 길이는 0.5m이다.

$$A = 0.005\times0.04 = 0.0002\text{m}^2$$

$$P = 2\times(0.005+0.04) = 0.09\text{m}$$

풀이) $m^2 = \frac{hP}{kA} = \frac{20\times0.09}{45\times0.0002} = 200,\ m = \sqrt{200} = 14.14$

$$e^{ml} = e^{14.14\times0.5} = 1176$$

$$e^{ml}+e^{-ml} = 1176+\frac{1}{1176} = 1176+0.0008 = 1176$$

$$e^{ml}-e^{-ml} = 1176-\frac{1}{1176} = 1176$$

$$\frac{e^{ml}-e^{-ml}+\frac{h}{mk}[e^{ml}+e^{-ml}]}{e^{ml}+e^{-ml}+\frac{h}{mk}[e^{ml}-e^{-ml}]} = \frac{1176+\frac{20}{14.14\times45}1176}{1176+\frac{20}{14.14\times45}1176} = 1$$

$$Q = mk(T_0 - T_\infty)A \frac{e^{ml} - e^{-ml} + \frac{h}{mk}[e^{ml} + e^{-ml}]}{e^{ml} + e^{-ml} + \frac{h}{mk}[e^{m1} - e^{-ml}]} = 45 \times 14.14 \times 0.0002$$

$$\times (700 - 20) \times 1 = 86.53W$$

혹은

$$Q = \theta_0 \sqrt{PhkA} = (700 - 20)\sqrt{0.09 \times 45 \times 20 \times 0.0002} = 86W$$

2.3 대류 열전달

대류(Convection)는 고체표면과 움직이는 액체 또는 기체와의 열전달이다. 유체의 속도가 크면 대류 열전달은 커진다. 팬 등에 의해 표면 위의 유동이 강제적으로 생길 때의 대류를 강제대류(forced convection)라고 하고, 유체의 밀도차이에 의해 발생하는 부력으로 유동이 발생할 때 자연대류(normal convection)라고 한다.

유체와 고체벽 사이의 대류 열전달은 온도차에 비례하고, 다음과 같은 Newton의 냉각법칙(Newton's law of cooling)으로 표현된다.

$$Q = hA(T_w - T_f) \tag{2.102}$$

여기서 h는 열전달 계수(W/m^2℃), T_w는 고체표면의 온도, T_f은 고체표면 위를 흐르는 유체의 평균온도이다. 열전달 계수는 Nu수라는 무차원 실험식으로 정의된다. 단위면적, 단위시간당 고체표면을 통과하는 열량인 열 플럭스는

$$q = h(T_w - T_f)$$

(1) 열전달계수

전도 열전달이 존재하면 유체 내부의 온도분포는 유동에 의하여 분자 접촉이 활발하게 되고 에너지 전파가 촉진되기 때문에 유속에 따라 변한다. 평판에 접촉하여 유체가 흐르면 벽면에서 멀리 떨어진 위치에서는 온도가 같지만 벽면 부근의 온도는 그림과 같이 급격히 변한다. 평면부근에서의 온도분포는 직선이 아닌 곡선으로 되고 유속이 증가하면 벽면부근의

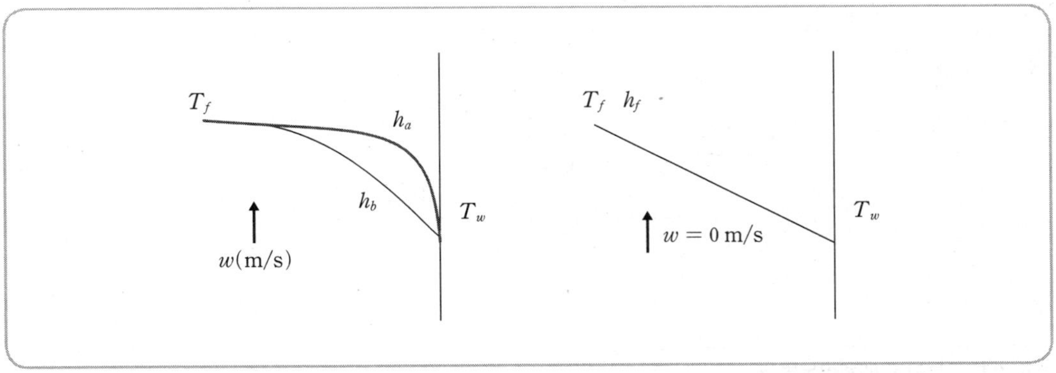

그림 2.8 유속과 열전달 계수

온도분포는 그림 2.8의 h_b에서 h_a모양으로 변한다. 이 경우 a가 b보다 열전달계수가 크다.

(2) 무차원수

1) 레이놀즈(Reynolds)수

유체의 유동특성을 표시하는 무차원수인 레이놀즈수가 같으면 유체의 유동모양도 같게 된다. 이를 상사법칙이라고 한다.

$$Re = \frac{wL\rho}{\mu} = \frac{uL}{\nu} = \frac{\text{유속}\times\text{대표길이}}{\text{동점성계수}}$$

$$Re = \frac{\text{관성력}}{\text{점성력}} = \frac{\text{질량}(\rho V)\times\text{가속도}}{\text{전단응력}\times\text{면적}} = \frac{\rho L^3 \times \frac{u^2}{L}}{\mu \frac{du}{dy}\times L^2} = \frac{\rho L^3 \times \frac{u^2}{L}}{\mu \frac{u}{L}\times L^2} = \frac{\rho u L}{\mu} \quad (2.103)$$

Re수가 적으면 관성력이 적고 점성력이 커져 층류로 되고, Re수가 크면 관성력이 크고 점성력이 작아져 난류로 되기 쉽다. Re수는 점성의 영향을 받는 흐름의 상태를 표시하는 수이다.

① 평판 레이놀즈수

거리 x에서 레이놀즈수는

$$Re = \frac{u_\infty x}{\nu}$$

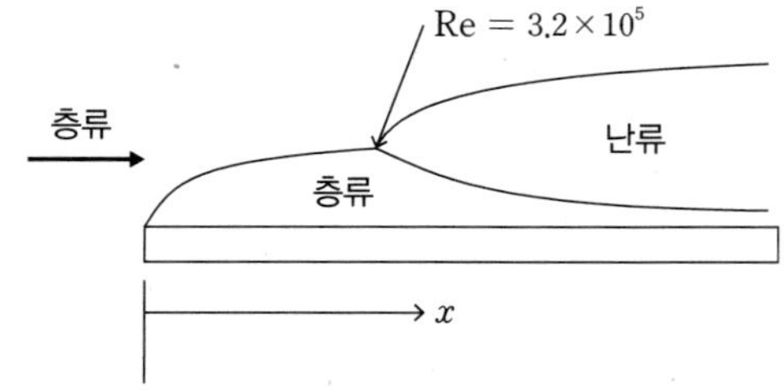

그림 2.9 평판 임계레이놀즈수

u_∞은 속도, x 입구에서의 거리, $\nu(\mathrm{m}^2/\mathrm{s})$ 동점성계수, $\mu(Pa \cdot s)$점성계수이며 층류와 난류의 경계 레이놀즈수는 3.2×10^5이다.

$$\text{층류: } Nu = 0.664 Re^{0.5} Pr^{1/3}$$

$$\text{난류: } Nu = 0.037 Re^{0.8} Pr^{1/3}$$

② 원관 임계 레이놀즈수

내경 d(m)의 관 내에서의 레이놀즈수는 다음과 같다.

$$Re = \frac{u_\infty x}{\nu}$$

층류와 난류의 경계 레이놀즈수는 2,300이며 관의 단면이 원이 아닌 경우, 상당길이 d_e를 사용한다.

$$Re = \frac{u_\infty d_e}{\nu}, \quad d_e = \frac{4S}{L}$$

여기서 $S(\mathrm{m}^2)$는 유로의 단면적, L(m)는 거리이다.

$$\text{층류: } Nu = 4.36$$

$$\text{난류: } Nu = 0.023 Re^{0.8} Pr^n$$

레이놀즈수가 2,300보다 적으면 열전달계수가 작은 층류상태, 2,300보다 크면 열전달계수는 커지고 난류상태가 된다. 임계 레이놀즈수는 층류에서 난류를 시작하는 레이놀즈수이다.

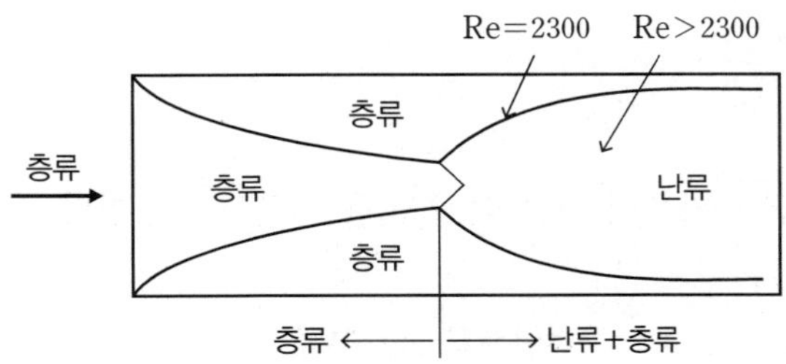

그림 2.10 원관 임계레이놀즈수

2) 누셀트(Nusselt)수

열전달의 크기를 표시하는 무차원수로 다음으로 정의된다.

$$Nu = \frac{hL}{k} = \frac{\text{열전단율} \times \text{대표길이}}{\text{열전도율}} \tag{2.104}$$

그림 2.11과 같이 유속이 존재하면, 벽면 근처의 온도분포는 변화를 한다.

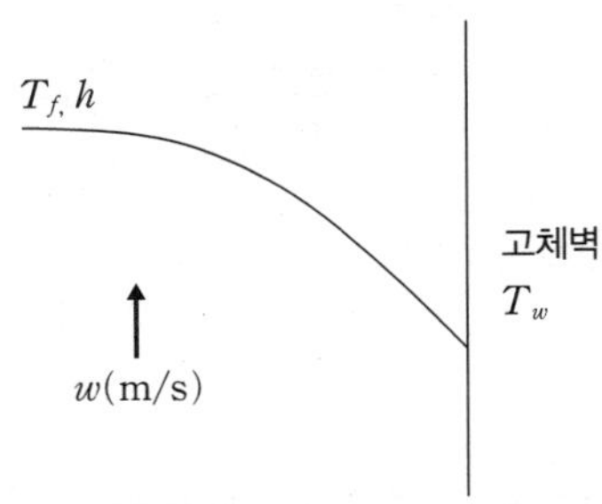

그림 2.11 유체 흐름시 열전달

대류 열전달량: $Q = hA(T_f - T_w)$ (2.105)

벽면 열전도율: $Q = -kA\frac{dT}{dx}\big|_{x=0}$ (2.106)

대류 열전달량과 벽면 열전도량이 같아야 하므로

$$h(T_f - T_w) = -k\frac{dT}{dx}\Big|_{x=0}$$

$$\frac{h}{k}=\frac{-\frac{dT}{dx}\Big|_{x=0}}{T_f - T_w} \tag{2.107}$$

이 식에 길이를 곱하면 무차원이 되고 식 (2.81)을 누셀트수라 한다.

$$\frac{hL}{k}=\frac{-\frac{dT}{dx}\Big|_{x=0}}{\frac{T_f - T_w}{L}}=\frac{\text{벽면에서 온도구배}}{\text{기존 온도구배}} \tag{2.108}$$

3) 프란틀(Prantle)수

유체의 열 이동의 상관관계를 표시하는 무차원수이다.

$$Pr=\frac{c_p\mu}{k}=\frac{\nu}{\alpha}=\frac{\text{동점성계수}}{\text{열확산율(온도전도율)}} \tag{2.109}$$

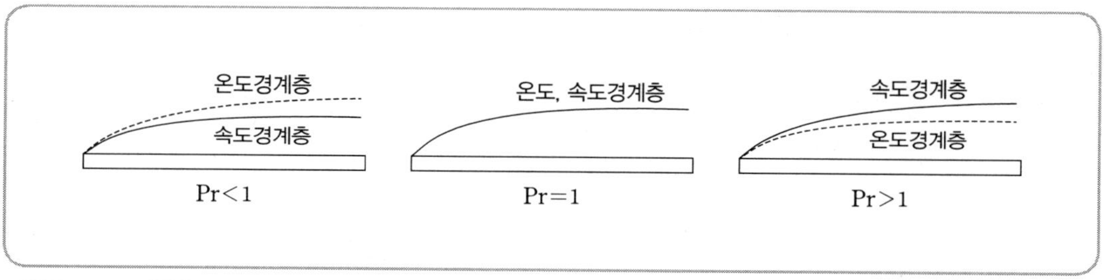

그림 2.12 프란틀수

Pr수는 유체의 동점성 계수 ν, 온도 전도율 a의 비를 나타내는 무치원수이며 Re수와 Pr의 곱은 Nu수가 된다.

$$Nu=f(Re,\ Pr) \tag{2.110}$$

층류이고 열전달이 벽면 수직방향으로만 이동하면 누셀트수는 다음과 같이 정의된다.

$$Nu=Re^{0.5}f(Pr) \tag{2.111}$$

4) 그라스호프(Gr)수

자연대류의 강도를 나타내는 무차원수이다. 자연대류의 경우에는 온도차이에 의해 발생하는 힘인 부력으로 흐름이 발생한다. 부력 F_b는 다음과 같다.

$$F_b = g(\rho_\infty - \rho_w) = \rho g \beta (T_w - T_\infty) \tag{2.112}$$

g, ρ, β는 중력 가속도, 유체밀도, 부피 팽창비율이며, 첨자 w, ∞는 벽면에서 충분히 먼 곳을 각각 나타낸다. 자연대류의 경우, h에 영향을 미치는 인자는 속도 w 대신 부력 F_b를 사용한다.

$$\frac{hL}{k} = f\left(\frac{F_b \rho L^3}{\mu^2}, \frac{c_p \mu}{k}\right) \tag{2.113}$$

그라스호프(Grashof)수는 다음과 같다.

$$Gr = \frac{F_b \rho L^3}{\mu^2} = \frac{\rho g(\rho_\infty - p_w)L^3}{\mu^2} = \frac{\rho\beta(T_w - T_\infty)L^3}{\nu^2} \tag{2.114}$$

$$Gr = \frac{g\beta(T_w - T_\infty)L^3}{\nu^2} = \frac{\text{중력가속도}\times\text{팽창계수}\times\text{온도차}\times\text{대표길이}}{\text{동점성계수}} \tag{2.115}$$

CAHPTER 3.

냉매와 차세대 냉매

3.1 냉매

3.1.1 냉매의 역사

냉동공조에 관련된 역사는 매우 오래되어 기원전으로 거슬러 올라간다. 중국 주나라 시대에 산의 눈으로 빙수를 만들어 마셨다는 기록이 있는데, 이는 인류 최고의 냉열 이용 기록 사례이다. 고대 이집트 등의 사막지대에서는 초벌구이 병에 물을 담아 야간에 야외에 내다 놓고 증발잠열를 이용하여 냉각한 것으로 기록되어 있다. 이러한 냉각방법은 현재의 냉동공조의 원리와 같은 이치이다. 우리나라에서도 자연의 얼음을 빙실에 저장하려고, 여름에 사용했다는 기록이 있다. 냉동공조의 역사는 1800년대에 빠르게 발전을 하였다. 자연의 얼음이나 눈을 이용하지 않고, 계절에 관계없이 인공적으로 차가운 열을 만들어내는 것은 중요한 기술이었고 그 이전에는 천연 얼음이나 눈, 혹은 자연 증발기화열을 이용하여 차가운 열을 만들었다. 1824년, 프랑스의 카르노의 냉동 사이클 이론에 의해서 인공적으로 얼음이 만들어 졌고 카르노의 이론은 열역학 제2법칙을 이용한 것으로 이상적 열기관 사이클로 카르노 사이클, 그 역사이클을 역카르노 사이클이라 하며 히트펌프의 기본 사이클이 되었다.

냉동공조 산업은, 주로 미국이 중심이었다. 인구증가와 생활수준 향상에 의한 식품 저장 등으로 1800년경의 얼음의 수요는 상당하였다. 얼음은 천연 얼음이었으며 18세기 후반기에는 얼음 냉장고의 보급이 진행되었고, 얼음의 수요는 확대되어 1880년에는 미국의 빙하 소비량이 500만톤을 넘었다고 전해지고 있다. 냉동기에 의한 인공얼음의 제조는 1855년경에 시작되어 1920년경 냉동기의 사용이 활발해 졌다. 암모니아 냉매는 독성이 있음에도 불구하고 산업과 제빙 분야에서 활발히 사용되어 왔다. 초기 냉동기에 사용된 냉매는 인화성과 독성이 강하여 안전한 냉매의 개발은 큰 과제였다.

1930년에 들어서 미국의 GE사는 CFC−12(R12) 가스를 개발하였고 SO_2를 이용한 가정용 에어컨도 개발이 되었다. 1931년 듀폰과 GE사가 공동으로 Freon 11, Freon 12의 상표로 판매를 시작하였다. 이는 당시 기적의 발명이었다. 냉매, 에어로졸 분사제, 발포제, 정밀기기용 세정제, 소화제 등으로 사용이 되었다.

1970년대 초반에 롤랜드(Roland)는 CFC 물질은 오존층을 파괴한다는 것을 알았고 1985년 오존층 보호에 관한 빈 조약, 1987년 몬트리올 의정서, 1997년의 COP3 교토 의정서, 2015년 프레온 배출 억제, 2016년 COP24 몬트리올 의정서 등이 채택되어 합의되어 있다. 이에 따라 5종의 CFC(염화불화탄소, R11, R12, R113, R114, R115)는 1996년 선진국, 2010년 개발도상국에서 사용과 생산이 금지되었다.

HCFC(수화염화불화탄소)는 수소를 포함하여 대기에서 분해되어 성층권까지 도달하기 어려워 오존층을 파괴하는 힘은 CFC보다 약하지만 오존층에 영향을 미치기 때문에 2030년까지 사용이 금지될 예정이며 HFC(수화불화탄소)는 수소와 불소와 탄소의 화합물로 염소와 브롬을 제거라였기 때문에 오존층은 파괴하지는 않지만 지구온난화지수가 높고 대기에서 분해되기 어렵고 수명도 길다. 오존층을 파괴하지 않고 지구온난화에 영향이 없는 GWP가 거의 0인 냉매와 자연냉매가 냉동기에 필요하다.

3.1.2 냉매의 종류

냉매는 시스템을 순환하면서 액체와 기체 상태로 상변화를 하여 대기의 열을 흡수하고, 응축기에서 대기로 열을 방출하면서, 냉동을 수행하는 물질이다. 냉매는 저온, 저압의 증발과정에서 열을 흡수하고 고온, 고압의 응축과정에서 열을 방출한다. 냉매의 종류에는 플루오르계와 자연냉매가 있다.

(1) 플루오르계 냉매

탄소(Carbon)와 불소(Fluoro)의 결합은 불화탄소를 만든다. 이는 탄소와 수소의 결합인 탄화수소 다음으로 많은 화합물이다. 이는 불소의 원자반경이 수소와 가까워 강한 CF결합을 하며 4불화탄소인 CF_4가 처음으로 합성되었다. 탄소와 염소의 결합(CCl)은 불소처럼 다양한 화합물을 만들지 못하고 CH 결합과 CF 결합보다는 약하다. 브롬과 탄소(CBr)결합은 브롬의 원자반경이 염소보다 커서 약하며 CBr_4, C_2Br_6의 2가지 4브롬화 탄소가 있다. 요오드와 탄소(Cl) 결합은 요오드의 원자반경이 커서 화합물도 제한되어 4요오드화 탄소인 Cl_4만 존재한다. 수소, 불소, 염소, 탄소의 존재여부에 따라 표 3.1과 같이 분류한다.

표 3.1 할로겐 화합물 냉매의 분류

분류	종류		규제
CFC (염화불화탄소)	R11, R12, R113, R114, R115(5종류) R502(R115와 HCFC 22의 혼합물)	오존층의 파괴 정도가 높은 화합물	1996년 폐기
HCFC	R22, R123, R124	오존층의 파괴 정도가 비교적 작은 화합물	2020년 폐기 예정, 1987년, 오존층보호: 몬트리올 의정서,(HCFC 규제)
HFC (대체 프레온)	R32, R125, R134a, R143a R152a R410A(R32 50%+R125 50%) R407C(R32 23%+R125 25+R134a 52%) R404A(R125 33%+R143a 52%+R134a 4%)	오존층의 파괴가 없는 대체 물질. 그러나 온실가스로 지구 온난화에 영향.	1997년, 지구온난화방지: 교토의정서, (HFC 규제)
저GWP냉매	HFO: R1234yf, R1234ze, R32, R152a 자연냉매 : R601, R717, R744, R290(HC)		2017년 유럽 자동차 GWP 150 이하 냉매 적용, (F-가스 규제)

1) CFC(염화불화탄소, Chloro Fluoro Carbon) 냉매

CFC 냉매(프레온)는 탄소에 염소와 불소가 결합한 화합물로 이들 중 염소가 오존층을 파괴하여 1996년부터 사용이 금지되었다. 종류에는 R11(CFC-11), R12(CFC-12), R113(CFC-113), R114(CFC-114) 등이 있다. CFC 냉매는 성층권에 도달하여 자외선에 의해 분해되면 이때 염소 원자가 방출되어 오존을 연쇄적으로 분해한다. CFC 냉매는 GWP도 높고 대기 중 평균수명도 길어 장기간에 걸쳐 오존층을 파괴한다. 냉매는 일반적으로 프레온의 구조에 따라 R에 번호를 부여한다.

오존은 지표에서 대기까지 폭넓게 분포하는 기체로 그림 3.1과 같이 성층권인 고도 30km 부근에서 농도가 높으며 이를 오존층이라 한다. 오존층은 태양이 만드는 유해한 단파장인 자외선을 흡수하여 지표면에 도달하는 것을 방지하는 역할을 한다. 지표에서 발생된 CFC 냉매가 성층권으로 상승하고 자외선과 반응하여 오존을 분해한다. 이때 프레온이 오존과 직접 반응하는 것이 아니라 프레온이 분해되어 발생하는 염소 원자가 오존과 반응한다. 염소 원자 1개로, 약 10만개의 오존을 파괴할 수 있으며 오존층이 파괴되면 대기의 오존농도는 감소한다.

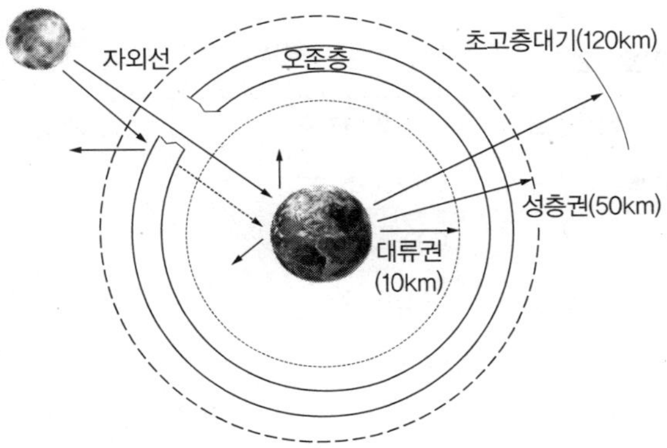

그림 3.1 오존층 파괴 원리

표 3.2 냉매번호와 화학기호-1

종류	냉매번호	화학기호	조성비	대체냉매
CFC(ODP 0.5~1)	R11	$CFCl_3$		
	R12	CF_2Cl_2		
	R113	$C_2F_3Cl_3$		
	R114	$C_2F_4Cl_2$		
	R115	C_2F_5Cl		
	R13	CF_3Cl		
	R500		R12/R152a	
	R501		R22/R12	
	R502		R22/R115	
	R503		R23/R13	
	R505		R12/R31	
	R506		R31/R114	

2) HCFC(수화염화불화탄소, Hydro Chloro Fluoro Carbon) 냉매

이는 금지된 CFC 냉매의 임시 대체냉매로 수소, 불소, 탄소, 염소로 구성된다. 염소도 있지만 수소를 포함한다. 수소가 있어 대기권에서 분해되어 성층권까지 도달하기 어려워 오존층 파괴가 CFC 냉매보다 적다. 개발도상국에서 2020년까지 폐지하도록 규정되어 있으며

R22(HCFC-22), R123(HCFC-123), R124(HCFC-124)냉매 등이 있다.

표 3.3 냉매번호와 화학기호-2

종류	냉매번호	화학기호	조성비	대체냉매
HCFC (CFC의 1/10~1/50)	R123	$C_2HF_3CL_2$		
	R124	C_2HF_4Cl		
	R141b	CCL_2F-CH_3		
	R22	C_2HF_2C		
	R401A		R22/R152a/R124	R12
	R402A		R125/R290/R22	R502
	R403A		R290/R22/R218	R502
	R405A		R22/R152a/R142B	R12
	R406A		R22/R600a/R142b	R12 R502
	R409A		R1252/R143a/R22	R502
	R411A		R1270/R22/R152a	R12
	R412A		R22/R218/R142b	R12
	R509A		R22/R218	R500

3) HFC(수화불화탄소, Hydro Fluoro Carbon)냉매

HCFC 냉매에서 염소를 완전히 제거한 냉매로 HFC냉매(대체 프레온)이다. 수소, 불소, 탄소 등으로 구성되고 염소가 없어 오존층을 파괴하지 않는다. 종류에는 R125(HFC-125), R134a(HFC-134a), R152a(HFC-152a) 등이 있으며 자동차 에어컨, 업무용 냉동고 및 가정용 에어컨 등 광범위하게 사용된다. HFC 냉매는 CFC, HCFC의 대체냉매로 개발되었고 ODP는 0이지만 온실효과는 최대 이산화탄소의 4,470배나 된다. 이러한 이유로 교토 의정서에서 규제대상 물질이 되었다.

R134a(1,1,1,2-테트라 플루오르 에탄) 냉매는 ODP가 0이고 CFC보다 대기 수명시간이 짧고 냉각 설비, 공조 설비, 발포제, 의료용 에어로졸 스프레이 분무제 등의 분야에서 사용되지만 폐기 대상의 냉매이다. HFC계열 중 GWP가 낮은 R32와 R152a 냉매는 다른 냉매와 혼합하여 차세대 냉매로 사용될 가능성도 있고, R152a는 R134a 냉매와 물성치가 비슷하여 에어로졸 분사제인 R134a 냉매의 대체 물질로 사용되기도 한다. 현재 가정용 에어컨, 냉장고 등에서의 R22와

같은 HFC계열 냉매의 사용은 시스템에서 냉매가 완전히 밀폐되어 있기 때문에, 유출은 없는 것으로 취급하고, 폐기시에는 가전제품 재활용법에 따라 냉매를 회수 처리해야 한다.

표 3.4 냉매번호와 화학기호-3

종류	냉매번호	화학기호	조성비	대체냉매
HFC (ODP=0)	R23	CHF_3		
	R32	CH_2F_2		
	R125	C_2HF_3		
	R134a	CH_2FCF_3		
	R143a	CF_3FCH_3		
	R152a	CHF_2FCH_3		
	R245fa	$CHF_2CH_2CF_3$		
	R404A-R508A		혼합냉매	

4) HFO(Hydro Fluoro Olefin, 수화불화올레핀)

HFO계 냉매는 압력손실이 HFC 냉매보다 크지만 R1234yf 냉매는 단독냉매로 현재의 HFC 냉매와 비교하여도 작동압력, 냉동성능의 저하가 거의 없고 일부의 기기를 제외하고는 부품의 개발도 필요하지 않는 장점이 있다.

표 3.5 냉매번호와 화학기호-4

종류	냉매번호	화학기호	조성비	대체냉매
HFO (ODP=0)	R1123	$CF_2=CHF$		
	R1224yd	$CF_3-CF=CHCl$		
	R1234yf	$CF_3CF=CH_2$		
	R1234ze	$CHF=CHCF_3$		
	R1233zd	$CF_3CH=CClH$		
	R1336mzz	$CF_3CH=CHCF_3$		

5) 기타

자연냉매에는 물(R718), 공기, 이산화탄소(R744), 암모니아(R717) 등의 냉매와 무기 화합물 냉매가 있다. R718은 독성이 없고 안전하며, 실리카 겔인 고체 흡착제, 리치움(lithium) 흡착제와 같이 흡수식 냉매로 사용된다. 흡수식 냉동장치는 냉매로는 물, 태양광, 공장 폐열 등의 열에너지를 사용할 수 있기 때문에 효율이 높은 장치이다.

일반적으로 탄소 화합물은 유기물이고 기체 등은 무기물이다. 프로판, 이소부탄, 탄화수소 등의 냉매이다. 가연성이 있지만 오존층을 파괴하지 않고, 지구온난화 지수가 낮고, 에너지 효율도 높은 편이다. 유럽에서 소형 가정용 냉장고에 보급이 급속히 진행되고 있다. 메탄(R50), 에탄(R170), 프로판(R290), 부탄(R600), 이소부탄(R600a), 프로필렌(R1270) 등이 있고 유기 화합물의 냉매특성은 표 3.6과 같다.

표 3.6 유기 화합물 냉매의 특성

종류	냉매번호	화학기호	용도
프로판(Propane)	R290	C_3H_8	가스흡수식냉동기, 냉장고
프로필렌(propylene)	R1270	C_3H_6	에어컨, 냉장고
부탄(butane)	R600	C_4H_{10}	에어컨, 냉장고
이소부탄(isobutane)	R600a	$CH(CH_3)_3$	에어컨, 냉장고

① 탄화수소(HC)

탄화수소는 탄소와 수소만으로 구성된 냉매로서 메탄(R50), 프로판(R290), 부탄(R600), 이소부탄(R600a) 등이 있으며 열역학적 특성이 우수하고, 비체적이 커서 냉매 주입량도 적은 장점이 있다. 탄화수소(LPG) 냉매는 독성이 없고, 화학적으로 안정되며, 오일과 적절한 용해를 한다. HC냉매는 ODP가 0.0이며 GWP도 낮아, CO_2의 GWP가 1이면, R12 냉매는 7,100, R134a 냉매는 1,200, 프로판(R290)은 3이다. HC 단일냉매로 냉동능력이 적은 경우에는 탄화수소계 혼합냉매인 R290/ R600, R290/R600a 냉매로 대체가 가능하고 탄화수소 냉매는 가연성이 있는 것이 단점이다.

② 암모니아(R717)

R717 냉매는 효율이 높아서 제빙, 냉동, 냉장 등 산업 분야의 증기 압축식과 흡수식 냉동기의 냉매로 오랜 전 부터 사용되어 왔다. 작동압력이 다소 높고 인체에 해로운 독성이 있는 단점이 있으나 산업용 냉동장치에 많이 사용된다. 최근에는 CFC, HCFC, HFC 냉매의 규제로 인

하여 암모니아 냉매에 대한 연구가 많이 수행되고 있다.

암모니아(R717)는 프레온이 보급되기 전부터 냉매로 사용이 되어 왔다. 독성과 냄새가 있고 인체에 손상이 있지만, 프레온의 퇴보로 다시 암모니아는 개발이 진행되고 있다. 암모니아는 독성을 가지고 있어 간접냉각 방식을 사용하기 때문에 에너지 효율이 나쁘다. 이를 현재는 CO_2 냉매와 조합하여 효율을 높게 하기도 하고, 직접냉각 방식도 개발이 되고 있다. 프레온 냉매보다 열전달율이 높아서 냉매의 양이 적어도 되고 COP도 높다. 냉동기의 에너지 효율은 냉동능력과 소비전력과의 비를 나타내는 COP를 사용한다. 이 성능계수가 크면 효율이 좋고 열의 팽창정도가 큰 것이다.

③ 이산화탄소(CO_2)

CO_2는 온실가스 중 하나이지만 GWP가 1이다. 이산화탄소 냉매는 할로카본(Halocarbon, CFC, HFC)냉매가 사용되기 이전에는 R717 냉매와 더불어 선박용 냉동, 사무실의 냉방을 위한 냉매로 사용되기도 하였다. 그러나 할로카본의 등장과 함께 이산화탄소 냉매의 사용은 감소되어, 특수한 용도로만 사용한다. 이산화탄소 냉매는 안전하고, 무취, 무독, 부식성이 없고, 연소, 폭발성이 없는 물질로서 냉매회수가 필요 없으며, 일반 윤활유와도 같이 사용할 수 있다. 다른 냉매에 비하여 가스의 비체적이 작고, 체적 유량이 적어 냉동장치를 소형으로 만들 수 있지만 냉매의 임계온도(31℃)가 높아 가스 냉각기에서 강제 액화시켜야 하고 포화압력도 높아 내압성 재료를 사용해야 한다.

R744(이산화탄소)는 공기에서 열을 흡수하여 온수를 만드는 이산화탄소 냉매 히트펌프가 개발되어 있고, −25℃의 추운지방에서도 온수와 난방을 하는 기술이 선진국에서 개발되어 있다. 냉장, 냉동에도 이를 응용한 CO_2 냉동기가 개발되고 있어 에너지 절약 측면에서 유용한 냉매이다.

유럽, 일본을 중심으로 이산화탄소 냉매를 사용하는 자동차 에어컨의 개발이 완료되었으나 R1234yf 냉매의 적용으로 밀려난 상태이다. 현재는 자동판매기, 음료용 냉장고 등에 많이 사용하고 가정용 냉동기에서도 곧 실용화가 될 예정이다.

④ 물(R718)

R718 냉매는 환경에 무해하며 무취, 무미한 냉매로 비점이 높고 비체적이 커서 체적 유량이

크다. 압축기가 이를 처리하려면 큰 압축비가 필요하여 증기를 압축하는 방식인 증기 압축식 냉동기에는 사용이 되지 않고 흡수식 냉동기의 냉매로 사용한다.

⑤ 공기(R729)

R729 냉매는 물과 같이 투명하고 무해, 무취, 무미한 냉매로서 효율이 낮아서 안전이 중요한 항공기 내부의 공기조화나 공기액화 등에 사용된다.

⑥ 2차 냉매

저열원에서 상변화를 하지 않고 감열 열전달을 통하여 열을 흡수하여 1차냉매와 열교환하는 냉매를 2차냉매라고 한다. 대용량 냉동기의 경우 브라인 등을 제2냉매로 사용하여 간접적으로 열을 흡수한다. 브라인은 바닷물을 농축하여 식염 농도를 높인 불포화 용액을 의미하나, 냉동에서는 프레온 등의 1차냉매와 상변화가 없이 저온의 열을 전달하는 물, 공기, 소금물 등을 의미한다. 브라인은 응고점이 낮은 염류를 물에 녹여 만들며, 용액의 농도에 따라 특정한 온도에서 용액의 응고점이 최저로 되는 농도가 존재하며 그에 따라 응고온도가 달라진다.

그림 3.2에서 D점은 공융점으로 공융 농도, 공융 온도점이다. 용액의 응고가 없는 최저 온도

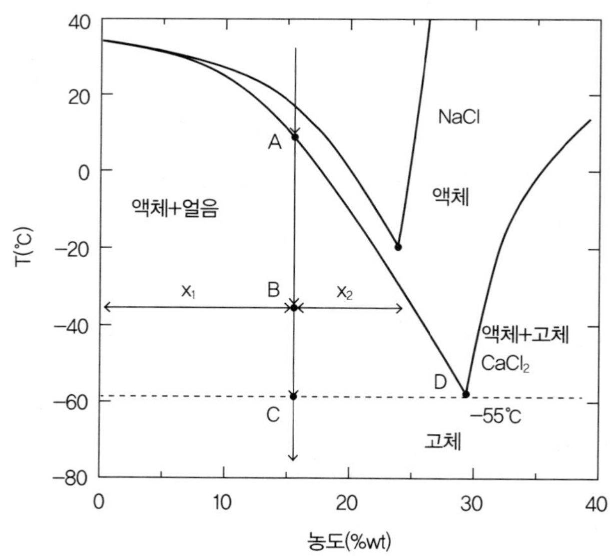

그림 3.2 2차냉매의 조성

이다. 공융농도보다 냉매의 농도가 묽은 경우, 액체 용액상태에서 온도를 내리면 A점까지 액체 상태로 유지되고 더 내리면 B점의 얼음과 액체의 혼합물이 되고 C점이 되면 응고한다. 공융농도보다 용액의 농도가 진한 경우에는, 액체 용액상태에서 온도를 내리면 소금이 석출되며 온도가 공융온도 이하가 되면 응고한다.

공융온도(Eutectic temperature)

- 염화칼슘 용액: −55 ℃
- 염화나트륨 용액: −21.2 ℃
- 에틸렌글리콜: −33℃
- 물: 0 ℃

(2) 플루오르 냉매 명명법

냉매 번호는 ISO817(국제 표준화기구)에서 정한 냉매의 종류를 나타내는 R로 시작하는 번호이다. 냉매 번호는 R 다음에 3~4자리 숫자와 영어 첨자로 표시된다.

R○○○부가 기호

R은 냉매(Refrigerant)의 머리글자이며 CFC−○○○○, HCFC−○○○○, HFC−○○○○로 표기하기도 한다.

- 1000단위: 불포화 탄화수소(탄소 골격의 탄소−탄소 결합으로 이중결합 또는 삼중 결합을 포함하는 탄화수소 화합물의 총칭)에 대한 불포화 탄소 결합의 수, 고리 화합물의 경우 대문자 C
- 100단위: 탄소원자의 수−1
- 10단위: 수소원자의 수+1
- 1단위: 불소원자의 수
- 부가기호: 구조 이성질체(식은 동일하지만 원자사이의 결합관계가 다른 분자의 수), 또는 혼합물의 성분을 구별하기 위한 것

100단위의 숫자는 다음을 나타낸다.

- 0~3: 탄소수 4이하인 냉매로 염화불화탄소와 할로겐 탄화수소 화합물
- 4: 비공비 혼합냉매
- 5: 공비 혼합냉매
- 6: 단일성분의 유기 화합물 냉매
- 7: 단일성분의 무기 화합물 냉매

① 100 단위가 0~3이면 4 이하로 할로겐계의 냉매($C_kH_lCl_mF_n$)를 나타내고 할로겐 화합물의 화학식을 이용하여 첫째 자리수($k-1$), 둘째 자리수($l+1$), 셋째 자리수(n)을 $x = k-1$, $y = l+1$, $z = n$으로 하여 냉매번호 R$-xyz$를 구성한다. 화학식이 $CHClF_2$이면 x(탄소수) = 0, y(수소수) = 2, z(불소수) = 2로 R22 냉매가 된다. 부가 기호는 이성체 기호를 나타내며, 조성식은 동일하지만 원자사이의 결합이 다르거나 혼합물의 조성을 구별하기 위하여 사용한다.

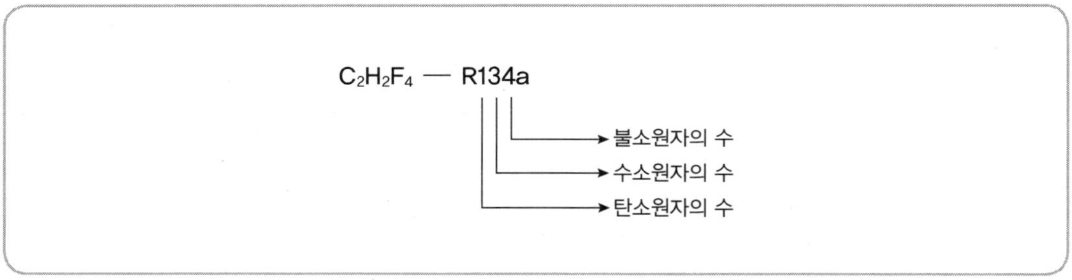

그림 3.3 냉매의 명명법

② 공비, 비공비 혼합냉매: R－4○○, R－5○○으로 개발된 순서로 명명한다. R401A~R403A, R500, R501, R502, R505, R506 등이 있다.

③ 단일성분의 유기 화합물 냉매: R－6○○으로 개발된 순서로 명명한다.

④ 단일성분의 무기 화합물 냉매: R－7○○으로 ○○에는 분자량을 적는다. 암모니아는 분자량 17이므로 R717, 물은 분자량이 18이므로 R718, 이산화탄소는 분자량이 44이므로 R744이다.

3.1.3 냉매의 특성

(1) 플루오르계 냉매

할로카본은 포화 탄화수소를 할로겐족 원소인 불소, 브롬, 염소, 요오드 등으로 치환한 냉매이다. 이는 CFC, HCFC, HFC로 분류되고 이들 중 CFC는 사용이 규제되었고 HCFC, HFC 냉매도 자연냉매, HFO 등의 냉매로 대체될 전망이다.

(2) 비공비 화합물(Azeotrope)

1) 비공비 혼합냉매(non-Azeotropic, Zeotropic)

단일냉매로는 원하는 특성을 얻을 수 없는 경우, 2개 이상의 단일성분을 일정한 비율로 혼합하여, 노점(이슬점)과 비점(끓는점)이 다르고, 상변화에 따라 온도도 변하는 냉매를 얻을 수 있는데 이를 비공비 혼합냉매라 한다. 원하는 특성을 얻기 위하여 2가지 이상의 단일냉매를 혼합한 냉매이다.

비공비 혼합냉매는 증발과 응축 과정시 조성비가 변하고, 온도도 증가 또는 감소하는 냉매로, 냉매의 누설이 있으면 처음의 혼합비율과는 다른 조성으로 된다. 대표적인 것이 R407C이다. 공비냉매와 단일냉매는 응축과 증발과정에서 온도가 일정하지만 비공비 혼합 냉매는 온도가 변한다.

이 냉매는 로렌츠 사이클에서 서로 다른 온도구배를 이용하여 비가역 손실을 줄이는 것이 가능하여 효율을 높일 수 있다. 비공비 혼합냉매 중에서 상변화 온도가 공비냉매와 단일냉매에 가까워, 공비 혼합냉매로 취급이 가능한 것을 의사 공비냉매라고 하고, R410A 냉매가 이에 속한다. 비공비 혼합냉매는 상변화가 일어날 때, 온도가 변하기 때문에 수냉식 열교환기를 사용해야 하고 또한 냉매가스가 누설되면, 냉매조성이 변하기 때문에 추가 충전할 수 없는 단점이 있다. 비공비 혼합냉매는 R404A, R407A, R410B 등의 400대의 번호를 사용한다.

전체 조성 범위에 걸쳐 노점과 비점이 분리된 단순한 혼합물로서의 성질을 가지는 냉매를 비공비 혼합냉매라고 한다. 비공비 혼합냉매는 냉동 사이클에 사용하는 경우 항상 조성이 변화하고 냉매 누설이 있을 때 처음의 혼합비율과 조성도 변화한다. 비 공비 혼합냉매는 R404A, R407C 등 냉매번호가 400번대 것이 해당한다. 비공비 혼합냉매 중 구성 성분의 냉매 특성이 근사하기 때문에 기액의 조성 변화가 작은 R410A 같은 혼합 냉매는 의사 공비 혼합 냉매로 불리며, 실용적으로는 공비 혼합 냉매 마찬가지로 취급할 수 있다.

R123, R134a 등 2개 이상의 냉매가 혼합된 냉매이다. 일정한 압력에서 증발, 응축을 할 때 성분이 변하고, 온도가 증가, 감소되는 온도 구배를 갖는 냉매이다. **그림 3.4**는 2 성분으로 이루어진 비공비 혼합냉매인 R134a/R123의 특성을 나타낸다. 그림에서 초기 상태가 A인 과냉액체의 온도를 상승시키면 상태 B에 이를 때까지 액상은 일정한 조성비를 나타낸다. 상태 B에 이르면 처음으로 기포가 발생하기 시작하며 이를 기포점(bubble point)이라고 한다. 온도를 기포점 이상으로 증가시키면 증발온도가 상대적으로 낮은 성분이 더 많이 증발하여 기체가 더 많이 존재하며, 액체상태에서는 증발성이 약한 성분이 상대적으로 더 많이 남아 있게 된다. 상태 D에 도달하면 기체의 성분은 상태 A와 같아지며 그 이상 온도를 증가시키면 성분이 일정한 증기상태가 된다. 상태 D는 과열 기체상태인 점 E에서 냉각시킬 경우 처음 응축되기 시작하는 점으로 이슬점(노점, dew point)이라고 한다.

- A: 초기상태는 과냉액체
- B: 기포발생(bubble point)하고 포화액체
- C: 1－액상(R－123 〉 R－134a), 2－기상(R－134a 〉 R－123)

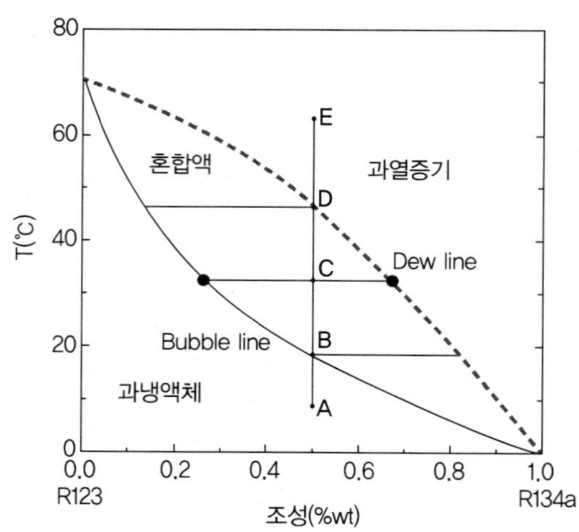

그림 3.4 비공비 화합물

- D: 노점(dew point) －E에서 냉각시키면 D에서 응축을 시작
- E: 과열증기 상태

순수물의 경우 상변화시 온도는 100℃로 일정하지만 비공비 화합물은 상변화시 온도 구배가 발생한다. 비공비 냉매는 증발이 발생할 때 온도가 상승하고 응축이 될 때 온도가 하강한다. 이 원리를 이용하면 열교환기 효율을 개선할 수 있다.

비공비 혼합 냉매의 문제점은 2상 상태에서 냉매가 누설되는 경우, 시스템에 남아 있는 혼합 냉매의 성분이 변하는 것이다. 2상 상태의 냉매는 증기압이 높은 성분이 먼저 누설되어, 시스템에 남은 냉매는 새로운 성분비를 갖는 다른 냉매가 된다. 따라서 냉매의 누설이 발생하여 재충전을 하는 경우에는 시스템에 남아있는 냉매를 전량 회수한 후 냉매를 다시 주입하여야 한다. R22, R502의 대체냉매로 선진국에서는 비공비 혼합냉매인 R404A, R407C, R410A 등의 냉매를 사용한다.

(3) 공비 화합물

1) 공비 혼합 냉매(Azeotropic)

서로 다른 2개 이상의 단일냉매를 일정한 비율로 혼합한 냉매로 증발, 응축과정 동안 기체와 액체의 조성성분이 변하지 않으며 온도도 변하지 않는 냉매이다. 여러 성분의 냉매를 일정한 비율로 혼합하면 비등점은 일정하고 기상, 액상의 조성이 같아 2성분이 1성분인 것 같은 상변화를 하면서 결점은 보완되는 냉매를 공비 혼합냉매라고 한다. 단일 냉매와 물리적 특성이 같으며, R500, R501, R502 등이 있다. 공비 혼합냉매는 2냉매의 비등점보다 낮은 온도에서 공비가 일어나는 최소공비와 2냉매의 비등점보다 높은 온도에서 공비가 일어나는 최고공비가 있다.

냉매는 단일 성분의 냉매와 여러 냉매를 혼합한 혼합냉매가 있다. 혼합냉매 중 일부는 여러 가지 성분의 냉매를 일정한 비율로 혼합하면 일정한 끓는점을 가지며, 기상, 액상의 조성이 동일하게 같은 상 변화를 하는 것이 있다. 이러한 혼합냉매를 공비 혼합냉매라고 한다.

공비 혼합냉매는 R502, R507A 등 ASHRAE의 냉매 번호 500번대 것이 해당한다. 공비는 2냉매의 끓는점보다 낮은 온도에서 공비가 일어나는 최소공비와 2냉매의 끓는점보다 높은 온도에서 공비가 일어나는 최대공비가 있다.

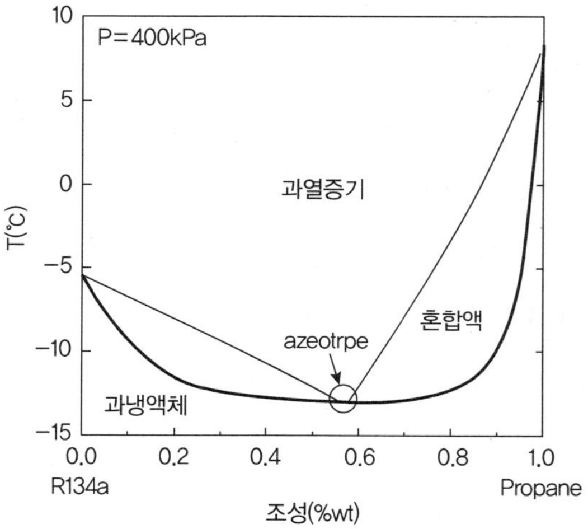

그림 3.5 공비 화합물 성분(출처: 차세대 엔진공학)

그림 3.5와 같이 2개 이상의 단일냉매를 특정한 비율로 혼합하여 증발, 응축과정 중에서도 기체와 액체의 성분과 온도구배가 변하지 않는 혼합냉매이다. 혼합냉매이지만 단일냉매의 특성을 갖는다. 상변화시 온도 구배가 없고 임의의 성분비에서 노점선과 기포선이 만나는 점은 기상과 액상성분이 같아 단일 물질처럼 작용한다. 증발, 응축온도는 단일냉매에 비하면 낮으며 증발, 압축 압력은 각각의 성분의 압력과 비교하여 높다.

공비 혼합냉매는 그림의 프로판과 R134a와 같이 특정한 성분비에서 노점과 기포선이 서로 만나게 되어 기상과 액상에서의 성분이 같은 냉매이다. 공비 혼합냉매의 증발과 응축온도는 혼합냉매를 구성하는 2개의 단일냉매보다 낮은 경우가 대부분이다. 주요 공비 혼합냉매로는 R500, R501, R502, R503, R505, R506, R507 등이 있다.

(4) 임계점(임계온도와 임계압력)

물은 주어진 포화온도와 포화압력에서 비등하고 비체적은 커지고 포화증기의 비체적은 작아지며, 계속 압력이 증가시켜 임계압력인 22.06Mpa에 도달하면 하나의 점이 된다. 이 점을 임계점(critical pont)이라 하고 이때의 온도와 압력을 임계온도와 임계압력이라 한다. 포화액의 상태와 포화증기의 상태가 일치하고 그 이상인 초임계 상태에서는 비등과 상변화 과정은 없고 항상

표 3.7 냉매물질의 임계점

냉매	분자식	임계온도	임계압력	비점(대기압)
R12(CFC)	CCl_2F_2	112℃	4.1Mpa	−30℃
R22(HCFC)	$CHClF_2$	96.1℃	4.9Mpa	−41℃
R32(HFC)	CH_2F_2	78℃	5.8Mpa	−52℃
R134a(HFC)	CH_2FCF_3	101℃	4.1Mpa	−26.1℃
R152a(HFC)	CH_3CHF_2	113℃	4.5Mpa	−25℃
R1234yf(HFO)	$CH_2{=}CFCF_3$	94.8℃	3.4Mpa	−26.4℃
R1234ze(HFO)	$CHF{=}CHFCF_3$	79℃	3.6Mpa	−19℃
R717(암모니아)	NH_3	132℃	11.27Mpa	−33℃
R290(프로판, HC)	C_3H_8	97℃	4.25Mpa	−42℃
R744(이산화탄소)	CO_2	32℃	7.34Mpa	대기압에서 액체상태가 아님
R718(물)	H_2O	374℃	22Mpa	100℃
R729(공기)	$N_2/O_2/Ar$(78/21/1%)	−140℃	3.8Mpa	−194℃

1개의 상만이 존재한다. 임계온도 이상의 온도에 있는 물질은 과열증기, 임계온도 이하에 있는 물질은 압축액체라고 한다.

3.2 차세대 냉매

냉동 공조기기의 냉매로 사용된 염화불화탄소(CFC)와 하이드로 클로로 플루오로 카본(HCFC)등의 프레온은 대체 프레온인 수화불화탄소(HFC)로의 전환이 진행되고 있다. HFC는 지구온난화에 미치는 영향이 CO_2의 수십 배에서 일만 배 이상으로 알려져 있으며 지구 온난화를 촉진한다는 문제점이 있다. 현재 냉동 공조기기에 사용되는 HFC의 전체량의 증가로 대기 중으로의 배출도 증가하여 지구온난화라는 환경문제가 되고 있다.

온실가스 배출을 억제하는 관점에서 HFC는 파리 협약의 규제 대상이 되는 동시에 개정된 몬트리올 의정서에서도 HFC의 생산량과 소비량의 점진적 감소의무가 국가에 부과되었다. 오존층 보호법에 따라 제조와 사용 규제를 시작하고 있고 추후 현재 사용하는 HFC냉매를 사용할 수 없게 되고, 오존층을 파괴하지 않고 지구온난화지수가 낮은 냉매인 차세대 냉매와 기기의 개발이 필요하다.

2018년부터 차세대 냉매에 대응하기 위해 개발기반을 마련하는 연구 개발을 시작하였고, 냉동, 냉장 쇼케이스 등 차세대 냉매의 보급이 미치지 않는 영역에 대해서도 기기 성능의 향상과 적용 범위의 확대 등 기술 과제의 극복을 해야 한다.

이러한 노력을 통하여 몬트리올 의정서의 HFC 생산, 소비 감축 목표, 파리 협정에서 HFC 배출량 감축 목표를 달성해야 한다

그림 1에 제품별 차세대 냉매 후보를 나타낸다. 공조용 냉매의 저GWP 냉매후보는 많이 거론되고 있는데, 미래에 어느 냉매가 주류가 될지는 미지수이다. 미국에서는 미국 공조난방냉동공업회(AHRI)가 제품별로 유망한 대체냉매를 평가하기 위해 업계 전체의 공동 연구 프로그램으로서 저GWP의 대체냉매 평가 프로그램(Low-GWP AREP II)을 실시하고 있다.

1931년, 미국에서 듀폰과 제너럴 일렉트릭이 공동으로 프레온을 발명한 후 1980년대 들어 프레온(CFC, HCFC)이 1987년 몬트리올 의정서에 의해 오존층 파괴의 원인 물질이 됨에 따라 대체냉매인 수화불화탄소(HFC), 과불화탄소(PFC), 육불화황(SF6)의 3가지의 냉매가 개발되었다. 그러나 이 3가지의 대체냉매도 CO_2, N_2O, CH_4와 더불어 1997년, 교토 의정서(지구온난화 방지, HFC규제)에서 지구온난화 문제를 발생하는 기체로 지정이 되었다. 1987년, 몬트리올 의정서(오존층 보호, HCFC규제)에 따라 개발 도상국에서는 2014년부터 2년에 10%씩 단계적으로 수화염화불화탄소(HCFC)의 사용량을 감소하여 2020년까지 폐기를 해야 한다. 선진국에서는 R22냉매를 R32, R410A 냉매로 변경하였고, 개발도상국에서도 폐기를 준비하고 있다. 그리고 교토 의정서에 따라 선진국에서는 HFC(R32, R134a, R404A, R407C, R410A)도 단계적으로 삭감(phase down)하고 더불어 유럽 F-가스규제에 따라 자동차 냉매는 GWP가 150 이하인 냉매를 사용해야 한다. HFC 냉매는 염소가 없어 오존층은 파괴하지 않지만 GWP가 높아 지구온난화에 영향을 미치는 온실가스이고, 자연냉매는 자연계에 존재하는 물질로 지구온난화의 영향은 없지만 냉동성능이 약한 문제가 있다. 최근에 HCFC, HFC의 대체 냉매로 HFO(Hydro Fluoro Olefin, 수화불화올레핀)계열이 개발되었지만 이는 미국의 독점이 문제로, 자연 냉매의 연구도 활발하게 진행되고 있다.

냉매는 GWP, APF(Annual Performance Factor), TEWI(Total Equivalent Warming Impact), LCA(Life Cycle Assessment), LCCP(Life Cycle Climate Performance), 냉매 안정성 등을 동시에 고려하여 차세대 냉매를 선정하거나 개발한다.

현재 개발도상국에서 사용하는 R22의 GWP는 1,700, 선진국에서 사용되는 R407C와 R410A

표 3.8 현재 냉매와 차세대 냉매의 특성(출처: 다이킨)

구분	현 냉매		차세대 냉매					
분류	HCFC (개발도상국)	HFC (선진국)	HFC	HFC	HFO	자연냉매		
냉매	HCFC22 (단일냉매)	HFC410A (혼합냉매)	HFC32 (단일냉매)	HFC152a (혼합냉매)	HFO 1234yf	CO_2	NH_3	HC
오존층파괴지수	0.05	0	0	0	0	0	0	0
지구온난화지수	1810	2090	675	124	4	1	0	3
응축 압력(Mpa)	1.73	2.73	2.79		1.15	10	1.78	1.53
냉방 능력	100(기준)	141	160	154	56	256	115	83
COP	100(기준)	91	96	110	92	41	105	97
독성	저	저	저	저	저	저	고	저
가연성	불연	불연	미연	미연	미연	불연	미연	강

냉매의 GWP는 1,770~2,090이다. GWP가 낮은 차세대 냉매들은 R32, R152a, R1234yf, R1234ze, CO_2, R717, R290(HC) 등이 있고, 표 3.8은 현재 사용하는 냉매와 차세대 냉매의 특성을 나타낸다. 표에서 보면 R32 혼합냉매, R1234yf, CO_2 냉매가 가장 유망한 차세대 냉매이고 현재까지 2017년의 EU의 자동차 F가스 규제를 만족하는 냉매는 R152a, R1234yf, CO_2냉매의 3종류 뿐이다.

R32 냉매는 에너지 효율이 높고, 단일 냉매로 회수와 재생이 용이하고, 단위 중량당 냉동능력이 크다. 비슷한 냉매인 R410A보다 소량으로 비슷한 성능을 나타내고 GWP는 75% 낮지만 약간의 연소 가능성이 있는 단점이 있다.

CO_2 냉매는 R134a냉매와 비교하면 증발온도 0℃에서 단위 부피당 냉방능력은 CO_2 냉매가 약 8배 크다. CO_2 냉매는 압축기의 토출 냉매량을 R134a 냉매의 약 1/8로 할 수 있지만 CO_2 냉매의 운전압력이 R134a 냉매보다 약 10배 높아 열교환기, 압축기, 증발기, 배관 등의 부품을 개발해야 한다.

가정, 업무용 에어컨에는 R32 냉매, 대형 터보냉동기에는 R32, R1234yf, R1234ze 냉매, 냉동냉장용에는 CO_2, HFO, R32, 암모니아 냉매, 자동차에는 R1234yf, CO_2 냉매 등이 차세대 냉매로 유력하다. 표 3.9는 용도별 현재의 냉매와 미래의 차세대 냉매를 나타낸다.

표 3.9 용도별 현재 냉매와 예측 차세대 냉매

구분	현재	차세대(예측)
가정업무용 에어컨	HFC410A(선진국) HCFC22(개발도상국)	HFC32, HFO1234yf R290, CO_2
가정용 냉장고	R22, R410A, R600a	R600a, CO_2
대형 터보 냉동기	HFC134a R123	HFC32, HFO1234ze, HFO1234zd
냉장냉동용 쇼케이스	HFC404A(선진국) HCFC22(개발도상국), HFC134a	R410A, R1234yf CO_2 HC, R32
자동차용 냉매	HFC134a, HFO1234yf(선진국)	HFO1234yf, R744
업무용 패캐지 에어컨	R410A, R407C	R32
업무용 초저온 냉동기	R22	공기
냉장냉동용 창고	R22	암모니아, CO_2
빌딩	R410A, R407C	R32
스프레이	HFC	LPG, DME
반도체(노트북)	PFC	COF
가정용냉장고	HFC	HC
건물단열재의 발포제	HFC	HC
의류 세척제	SF_6	SO_2
전자부품 세정제	HCFC	HC
소화기	Halon	Air, N_2

표 3.10 용도와 냉매의 특성

용도	냉매	화학식	GWP< 150(자동차)	대기에서 수명
가정용 냉매	R410A	혼합냉매	650	5년
		혼합냉매	2,800	29년
냉장냉동용 냉매	R404A	혼합냉매	3,920	14년
터보냉동기(대형)냉매	R134a	CF_3CH_2F	1,430	14년
자동차용 냉매	R134a	CF_3CH_2F	1,430	14년
차세대 냉매	R32	CH_2F_2	675	4.9년
	R152a	CH_3CHF_2	124	1.5년
	R1234yf	$CF_3CF=CH_2$	4	12일
	R1234ze	$CF_3CH=CFH$	6	12일
	R744(CO_2)	CO_2	1	영구

연습문제

01 현재에 사용하는 냉매와 차세대 냉매의 특성을 알아보자.

02 프레온계 냉매의 종류와 특성을 나열해 보자.

03 단일냉매, 공비 혼합냉매, 비공비 혼합냉매의 특성에 대하여 알아보자.

04 자연냉매의 종류와 특성에 대하여 알아보자.

05 "냉매는 GWP, APF, TEWI, LCA, LCCP, 냉매 안정성 등을 동시에 고려하여 차세대 냉매를 선정하거나 개발한다."에서 약어의 내용을 작성해보자.

CAHPTER 4.

냉동 사이클

4.1 개요

작동유체로 공기를 사용하는 기체동력 사이클과 사이클의 도중에 기상과 액상으로 상변화를 하는 냉매나 물을 사용하는 증기동력 사이클로 분류한다. 기체동력 사이클에는 오토사이클, 디젤사이클, 사바테사이클, 스털링사이클, 에릭슨사이클, 브레이튼 사이클, 역브레이튼 사이클 등이 있고, 증기동력 사이클에는 증기동력 사이클, 증기압축 냉동사이클 등이 있다. 카르노사이클을 현실화한 것이 증기동력 사이클(랭킨사이클)이고 역카르노사이클을 현실화한 것이 증기압축 냉동사이클이다. 가스터빈 사이클(브레이튼 사이클)의 역사이클은 가스냉동 사이클(역브레이튼 사이클)이고 증기동력 사이클(랭킨사이클)의 역사이클은 증기압축 냉동사이클이다. 표 4.1은 사이클의 종류를 나타낸다.

표 4.1 사이클의 종류

분류	종류
기체(가스)동력 사이클	오토사이클, 디젤사이클, 사바테사이클, 스털링사이클, 에릭슨사이클, 브레이튼 사이클, 역브레이튼 사이클, 공기표준 냉동사이클
증기동력 사이클	카르노사이클, 역카르노사이클, 랭킨사이클, 재생, 재열 랭킨사이클, 증기압축 냉동사이클, 흡수식 냉동사이클

4.2 카르노 사이클(Carnot cycle)

열역학적 사이클에 관한 이론은 열기관과 냉동장치의 성능과 열효율의 개선에 많이 사용된다. 사이클에 사용되는 작동유체의 열적인 물성치는 작동유체의 조성과 온도에 따라 다르지만 사이클의 열역학적인 성질을 알고 있는 경우에는 물성치를 단순화하여 사용한다. 본 장에서는 냉동장치의 기초 사이클에 대하여 알아본다.

가장 잘 알려진 가역 사이클인 카르노사이클로 작동하는 이론적인 열기관을 카르노 열기관이라 한다. 카르노 사이클은 2개의 등온과정과 2개의 단열과정으로 이루어지며 **그림 4.1**은 카르노 사이클의 P−v선도와 T−s선도를 나타낸다. 등온과정과 정압과정으로 구성되고 일은 단열

표 4.2 이상기체에 대한 일과 열

상태변화	P, V, T $\frac{P_1V_1}{T_1}=\frac{P_2V_2}{T_2}$	Work W_{12}	Shaft work W_{sf}	Internal energy C_vdT	Enthalpy C_pdT	Heat $dq = du+pdv$ $dq = dh-vdp$
Isochoric $n=\infty$	$\frac{P_1}{T_1}=\frac{P_2}{T_2}$	0	$V(P_1-P_2)$	$C_v(T_2-T_1)$		u_2-u_1
isobaric $n=0$	$\frac{V_1}{T_1}=\frac{V_2}{T_2}$	$P(V_2-V_1)$	0		$C_p(T_2-T_1)$	h_2-h_1
Isothermal $n=1$	$P_1V_1=P_2V_2$	$P_1V_1 \ln\frac{V_2}{V_1}$	$P_1V_1 \ln\frac{V_2}{V_1}$	0	0	W_{12}
Adiabatic $n=k$	$PV^k=C$ $TV^{k-1}=C$ $T^kP^{1-k}=C$	$\frac{P_2V_2-P_1V_1}{1-k}$	$k\,W_{12}$	$-W_{12}$	$-W_{sf}$	0
polytropic $n=n$	$PV^n=C$ $TV^{n-1}=C$ $T^nP^{1-n}=C$	$\frac{P_2V_2-P_1V_1}{1-n}$	$n\,W_{12}$	$-W_{12}$	$-W_{sf}$	$C_n(T_2-T_1)$

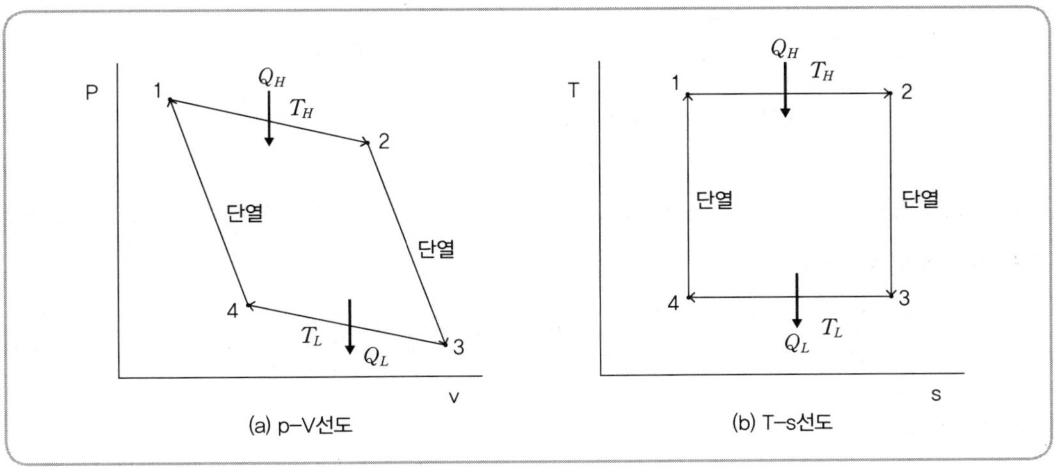

그림 4.1 카르노 사이클

과정, 열은 정압과정에 발생한다. 단열과정의 기기는 펌프, 터빈, 압축기이며 정압과정의 기기는 보일러, 콘덴서, 증발기이고, 등엔탈피 과정 기기는 팽창밸브이다.

① **가역 등온팽창**(reversible isothermal process): 온도는 T_H로 일정한 등온과정이고 액체에 전달된 총열량은 Q_H이며 액체가 기체로 바뀌는 과정이다. 과정 1→2의 등온팽창 과정 동안 일정한 온도 하에서 다음의 열을 받는다.

$$\delta q = du + \delta w = C_{v0}dT + \frac{RT}{v}dv \tag{4.1}$$

$$q_H = \int_{v_1}^{v_2}\left(C_{v0}dT + \frac{RT}{V}dv\right) = \int_{v_1}^{v_2}\left(\frac{RT}{V}dv\right) = RT_H \ln\frac{v_2}{v_1} \tag{4.2}$$

② **가역 단열팽창**(reversible adiabatic process): 온도는 낮아지고 서서히 팽창한다. 기체에 전달되는 열량은 0이다. 과정 2→3은 단열팽창 과정으로 $q = 0$이다.

$$\delta q = \frac{C_{v0}}{T}dT + \frac{R}{v}dv = 0 \tag{4.3}$$

$$\int_{T_H}^{T_L}\frac{C_{v0}}{T}dT + \int_{v_2}^{v_3}\frac{R}{v}dv = \int_{T_H}^{T_L}\frac{C_{v0}}{T}dT + R\ln\frac{v_3}{v_2} = 0 \tag{4.4}$$

③ **가역 등온압축**(reversible isothermal process, 3→4): 온도는 T_L로 일정하고 기체에서 방출된 총 열량은 q_L이다.

$$\begin{aligned} q_L &= -\int_{v_3}^{v_4}\left(C_{v0}dT + \frac{RT}{V}dv\right) = -\int_{v_3}^{v_4}\left(\frac{RT}{V}dv\right) \\ &= -RT_L\ln\frac{v_4}{v_3} = RT_L\ln\frac{v_3}{v_4} \end{aligned} \tag{4.5}$$

④ **가역 단열압축**(reversible adiabatic process, 4→1): 온도는 높아지고 서서히 압축된다. 기체에 전달되는 열량은 0이다.

$$\int_{T_L}^{T_H}\frac{C_{v0}}{T}dT + \int_{v_4}^{v_1}\frac{R}{v}dv = \int_{T_H}^{T_L}\frac{C_{v0}}{T}dT + R\ln\frac{v_1}{v_4} = 0 \tag{4.6}$$

⑤ **열기관의 열효율**

열기관의 정미 출력(net work output)은 출력과 입력의 차이로 나타낸다. 열기관은 질량의 유출입이 없으므로 밀폐계로 생각할 수 있고, 밀폐계는 내부 에너지의 변화가 0이므로 시스템의 정미출력은 정미 열전달과 같다.

$$W_{net,\,out} = W_{out} - W_{in} = Q_{out} - Q_{in} \tag{4.7}$$

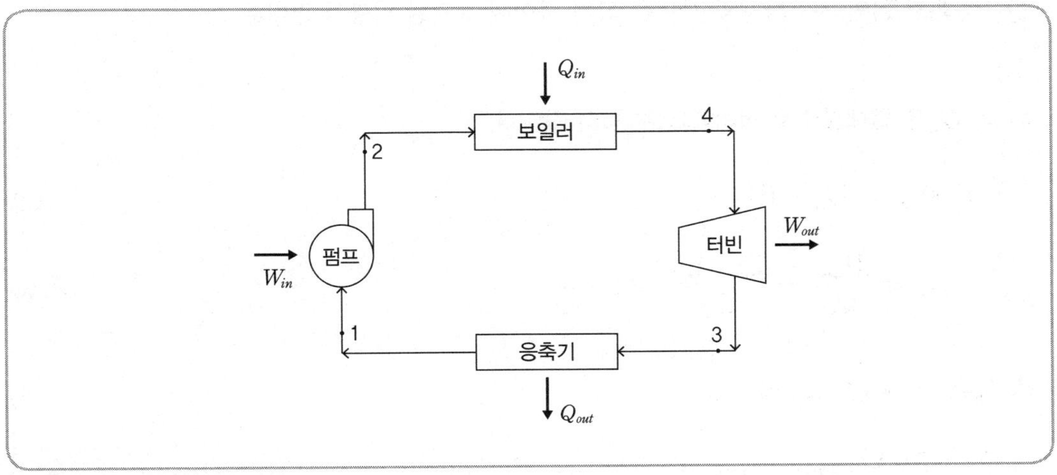

그림 4.2 열기관(heat engine)

효율은 출력과 입력 에너지의 비로 표시되며 Q_{out}은 0이 아니므로 열기관의 정미출력은 언제나 입력보다 작다. 즉 열기관에 전달된 열의 일부만이 일로 변환된다. 일로 변환된 입력비율은 열기관의 성능을 나타내는 척도가 되며 이 비율을 열효율이라 한다.

$$\eta_{th} = \frac{W_{net,\,out}}{Q_{in}} \tag{4.8}$$

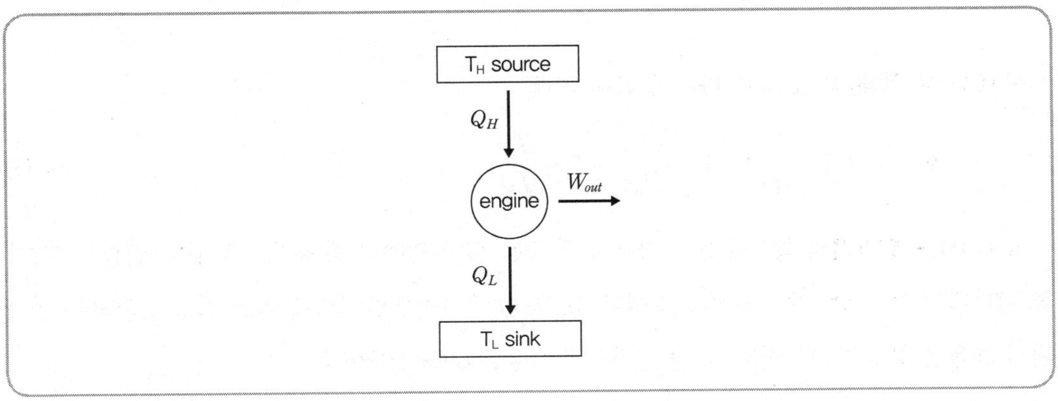

그림 4.3 열기관의 효율

실제로 열기관, 냉동기, 열펌프와 같은 사이클 장치는 온도 T_H인 고온의 물체와 온도 T_L인 저온물체 사이에서 작동하고 다음과 같이 정의한다.

Q_H = 온도 T_H인 고온물체와 사이클 장치 사이에 전달된 열량의 절대값
Q_L = 온도 T_L인 저온물체와 사이클 장치 사이에 전달된 열량의 절대값

Q_H와 Q_L은 절대값으로 정의되므로 (+)의 값이다.

$$W_{out} = Q_H - W_L \tag{4.9}$$

$$\eta_{th} = \frac{W_{out}}{Q_H} = \frac{Q_H - Q_L}{Q_H} = 1 - \frac{Q_L}{Q_H} \tag{4.10}$$

식 (4.4), 식 (4.6)으로부터

$$\int_{T_L}^{T_H} \frac{C_{v0}}{T}\, dT = R \ln \frac{v_3}{v_2} = -R \ln \frac{v_1}{v_4} \tag{4.11}$$

$$\int_{T_L}^{T_H} \frac{C_{v0}}{T}\, dT = R \ln \frac{v_3}{v_2} = +R \ln \frac{v_4}{v_1} \tag{4.12}$$

$$\frac{v_3}{v_2} = \frac{v_4}{v_1}, \quad \frac{v_3}{v_4} = \frac{v_2}{v_1} \tag{4.13}$$

$$\frac{q_H}{q_L} = \frac{RT_H \ln \dfrac{v_2}{v_1}}{RT_L \ln \dfrac{v_3}{v_4}} = \frac{T_H}{T_L} \tag{4.14}$$

식 (4.14)에 의해 식 (4.10)은 다음과 같이 된다.

$$\eta_{carnot} = 1 - \frac{q_L}{q_H} = 1 - \frac{Q_L}{Q_H} = 1 - \frac{T_L}{T_H} \tag{4.15}$$

식 (4.15)는 열기관의 열효율을 나타내고 공급된 열이 얼마나 효율적으로 일로 변환되었는가를 나타내는 척도이며 온도만의 함수이다. Q_H와 Q_L은 (+)의 값이므로 열을 일로 변환하는 열기관의 효율은 항상 1보다 적고, 대형 열기관의 효율은 60% 정도이다.

예제 4.1 열기관에 100Mw의 열이 공급된다. 주위로 배열된 열이 50Mw이면 이 열기관의 열효율은 얼마인가?

풀이) 일은 공급된 열과 버려진 열의 차이인 $Q_H - Q_L$이고, 열효율은 공급된 열 중에서 일로 변환된 비율이기 때문에 다음과 같다.

$$\eta = \frac{\dot{W}}{\dot{Q}_H} = \frac{50}{100} = 0.5$$

예제 4.2 가솔린 엔진이 연료를 연소하여 얻은 40kW의 열을 이용하여 25hp의 동력을 만든다. 열기관의 열효율은 얼마이며 버려지는 동력은 얼마인가?

풀이) $\eta = \frac{\dot{W}}{\dot{Q}_H} = \frac{25 \times 0.7457}{40} = 0.466$

$$\dot{Q}_L = \dot{Q}_H - \dot{W}_{out} = 40 - 25 \times 0.7457 = 21.36\ \mathrm{kW}$$

예제 4.3 열기관에서 1000K의 고온조에서 400kJ의 열을 받고 500K의 저온조로 100kJ의 열을 버리면서 사이클당 250kJ의 일을 생산한다. 이 사이클의 카르노 효율, 열기관의 효율은 얼마이며 이 열기관은 실현 가능한 상태인가?

풀이) $\eta_{carnot} = 1 - \frac{T_L}{T_H} = 1 - \frac{500}{1000} = 0.5$

$$\eta_{HE} = \frac{W}{Q_H} = \frac{250}{400} = 0.625$$

열기관의 효율은 카르노 기관 효율보다 적어야 하는데 더 크므로 실현 불가능한 열기관이다.

4.3 카르노 냉동사이클(역카르노 사이클)

카르노 사이클은 2개의 정해진 온도에서 작동할 때 최대의 효율을 얻을 수 있는 이상적인 열기관 가역 사이클로 고온의 열원에서 에너지를 받아 일부는 일로 변환되고 나머지는 저온의 열원으로 방출하는 동력 사이클이다.

역카르노 사이클은 냉동기와 열펌프의 기본 사이클로 저온의 열원에서 열을 흡수하여 고온으로 열을 전달하는데 일이 필요로 하며, 2개의 등온과정과 2개의 단열과정으로 구성된다.

열은 온도가 높은 물체에서 온도가 낮은 물체로 흐르므로 물체의 온도가 감소하는 방향으로 전달된다. 낮은 온도에서 높은 온도로 열을 전달하기 위하여 냉동기가 필요하다. 냉동장치의 기본이 되는 사이클은 역카르노 사이클이고 카르노 냉동사이클이라고도 한다.

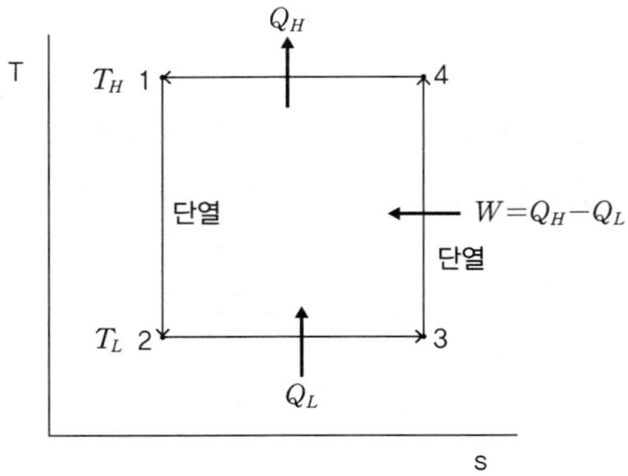

그림 4.4 카르노 냉동사이클의 T-s선도

① **가역 단열팽창**(1→2): 등엔트로피 과정($ds = 0$)이고 **그림 4.4**에서 종축에 평행한 직선으로 등온선이다.

② **가역 등온팽창**(2→3): 저온의 증발온도 Q_L에서 열을 흡수한다. 냉매의 상태가 등온팽창으로 2→3으로 변할 때 냉매에 가해진 열량 즉, 주위로부터 빼앗은 열량은 다음과 같다.

$$Q_L = \int_2^3 dQ = \int_{S_2}^{S_3} Tds \tag{4.16}$$

$$Q_L = T_L(s_3 - s_2) \tag{4.17}$$

③ **가역 단열압축**(3→4): 압축기는 단열압축을 한다. 압축기의 일은 다음과 같다.

$$W = Q_H - Q_L \tag{4.18}$$

④ **가역 등온압축**(4→1): 고온의 응축온도 T_H에서 열을 방출한다. 외부로 방출한 열량은 다음과 같다.

$$Q_H = \int_4^1 dQ = \int_{S_4}^{S_1} Tds \tag{4.19}$$

$$Q_H = T_H(s_1 - s_4) \tag{4.20}$$

⑤ **냉동 성능계수**: 냉동기는 등엔트로피 압축과 팽창으로 이루어지고 성능계수는 증발기와 응축기의 온도(K)만의 함수로 표현된다. 냉매에 가해진 외부에서 한 일은 **그림 4.4**에서 면적 1, 2, 3, 4이며 역카르노 사이클의 효율은 냉방 COP 혹은 성능계수라 하고 다음과 같다.

$$COP_{carnot} = \frac{Q_L}{W} = \frac{Q_L}{Q_H - Q_L} = \frac{T_L}{T_H - T_L} \tag{4.21}$$

여기서 T_H는 응축기에서 냉매의 응축 온도, T_L은 증발기에서 냉매의 증발 온도이다.

⑥ **히트펌프 성능계수**: 히트펌프는 난방을 위한 장치로 겨울철에 대기의 낮은 온도의 소스(source, 지열)에서 열을 흡수하여 실내로 열을 공급한다. 냉동 사이클을 역으로 돌리면 히트펌프 사이클이 된다.

$$COP_{HP} = \frac{Q_H}{W} = \frac{Q_H}{Q_H - Q_L} = \frac{T_H}{T_H - T_L} \tag{4.22}$$

식 (4.21)과 식 (4.22)의 관계는 다음과 같다.

$$COP_{carnot} = 1 + COP_{HP} \tag{4.23}$$

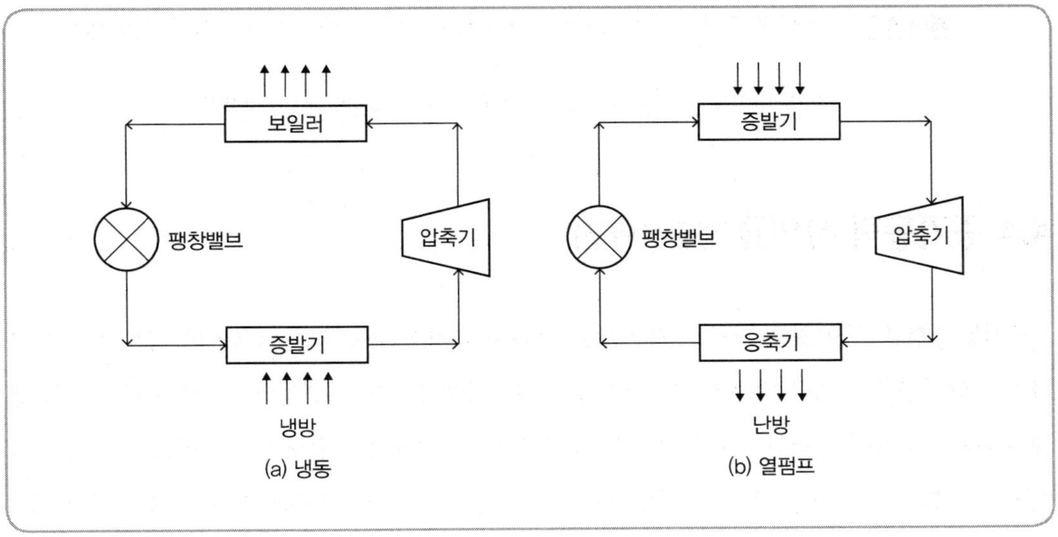

그림 4.5 냉동 사이클과 히트펌프 사이클

예제 4.4 냉동 카르노 사이클에서 저온영역에서 일은 수열량의 30%가 필요하다. 고온 영역의 온도가 35℃일 때 이 카르노 냉동기의 성능계수를 구하라.

풀이) $W = \eta Q_L$이므로 냉동 카르노 사이클의 성능계수는

$$COP_{HP} = \frac{Q_L}{W} = \frac{Q_L}{\eta Q_L} = \frac{1}{0.3} = 3.33$$

예제 4.5 냉동기의 냉동실에서 1시간에 70MJ의 열을 빼앗아 얼음을 만들고 25℃의 외기로 열을 버리고 있다. 냉동기의 동력이 3.5kW일 때 냉동기가 카르노 사이클이라고 가정하고 냉동기의 COP를 구하라.

풀이) 냉동실에서 수열량 Q_L, 압축기 동력 W, 응축기 방열량 Q_H이면

$$COP_R = \frac{Q_L}{W} = \frac{7{,}000/3{,}600}{3.5} = 0.556$$

예제 4.6 냉장고가 1kJ의 전기를 사용하여 2kJ의 열을 냉동공간에서 제거한다. 성능계수와 대기로 전달되는 에너지는 얼마인가?

풀이) $COP_R = \frac{Q_L}{W} = \frac{2}{1} = 2$

$$Q_H = Q_L + W = 2+1 = 3\text{kJ}$$

예제 4.7 에어컨의 COP는 2이고 800W의 전기를 사용한다. 에어컨의 냉방용량은 얼마인가?

풀이) $COP_R = \frac{Q_L}{W}$에서 $Q_L = COP_R \times W = 2 \times 800 = 1{,}600\text{W}$

4.4 증기동력 사이클(랭킨사이클)

증기동력(랭킨) 사이클은 카르노 사이클을 실용화한 사이클로, 카르노 사이클에서 펌프 압축 과정을 액체상태로 하고 터빈의 팽창과정을 기체상태에서 하도록 변경한 사이클이다. 열기관은 에너지를 이용하여 동력인 전기를 만드는 장치이며 보일러에서 만들어진 수증기는 배관을 통해 터빈으로 들어간다. 이곳에서 전기를 만들고 증기는 응축기에서 응축되고 펌프에 의해 보일러로 들어간다. 펌프의 압축을 고밀도 액체 상태로 할 수 있고 가스동력 사이클과는 다르게 대부

분 정압에서 비등하고, 등온으로 열의 이동을 할 수 있는 것이 증기동력 사이클의 가장 큰 특징이다. 이상적인 랭킨 사이클은 다음의 4개의 가역과정으로 이루어진다.

① **펌프의 단열압축**(1→2): 등엔트로피 과정으로 물은 상태 1의 포화용액으로 펌프에 들어가 보일러의 운전압력까지 가압된다. 물은 수축하고 약간 따뜻하게 된다.

② **보일러의 가열**(2→3): 열원으로 물을 가열하는 정압과정이다. 증기가 된 후에도 더욱 가열된다. **그림 4.6**(b)의 면적 a22′3′34b가 전달되는 열량이다.

③ **터빈의 단열팽창**(3→4): 등엔트로피 과정으로 수증기는 단열팽창하면서 일을 하고 온도가 내려가며, 4의 응축기(복수기)에 들어갈 때는 건조도가 높은 습증기 상태이다. **그림 4.6**의 면적 122′3′34는 사이클이 생산하는 일의 양이다.

④ **응축기의 방열**(4→1): 정압과정으로 응축기는 냉각수와 대기에 의해 냉각되는 배관을 통과하면서 일정한 압력하에서 응축되어 포화액이 된다. **그림 4.6**(b)에서 면적 a14b는 응축기에서 방출하는 열량이다. 이상적인 사이클에서는 보일러와 응축기는 일을 하지 않고 펌프와 터빈은 등엔트로피 과정으로 열교환을 하지 않는다.

$$q - w = h_2 - h_1 \tag{4.24}$$

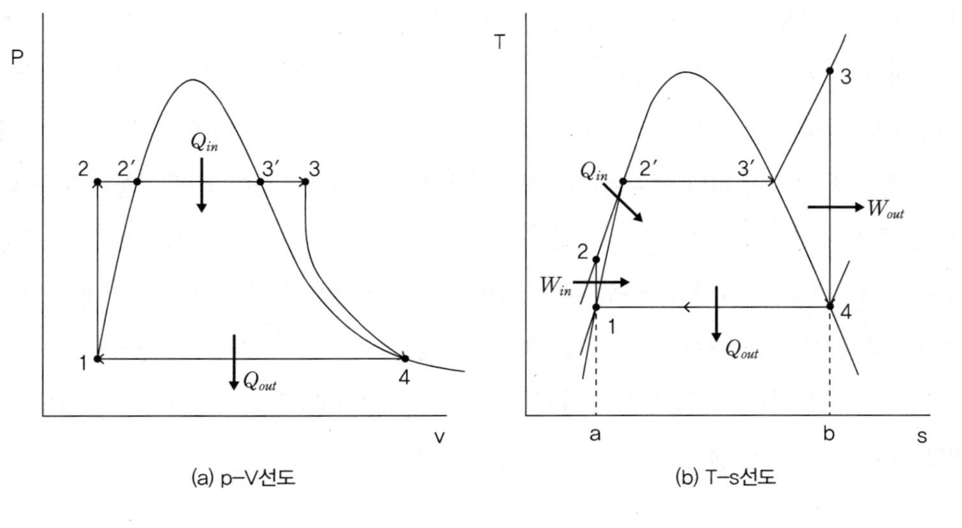

그림 4.6　랭킨 사이클

- 펌프($q=0$) : $w_{in} = h_2 - h_1 = v_1(p_2 - p_1)$
- 보일러($w=0$) : $q_{in} = h_3 - h_2$
- 터빈($q=0$) : $w_{out} = h_3 - h_4$
- 응축기($w=0$) : $q_{out} = h_4 - h_1$
- 정미일 : $w_{net} = q_{in} - q_{out} = w_{out} - w_{in}$

열효율은 다음과 같다.

$$\eta_{ran\,kine} = 1 - \frac{q_{out}}{q_{in}} = 1 - \frac{T_L}{T_H} = 1 - \frac{h_4 - h_1}{h_3 - h_2} \tag{4.25}$$

4.5 증기압축 냉동사이클(vapor-compression refrigeration cycle)

증기의 의미는 기체상태로 되어 있는 물, 액체나 고체가 증발 또는 승화하여 생긴 기체의 2가지 의미가 있다. 여기서는 후자를 의미하며 증기를 압축하는 사이클이다. 낮은 온도에서 높은 온도의 물체로 열을 전달하기 위해서는 냉동기가 필요하며 열을 전달하는 작동유체를 냉매라 한다. 대기압에 가까운 압력으로 쉽게 증발하는 냉매의 증발과 응축을 반복하여 냉동을 하는 방법이다. 1834년 퍼킨슨은 에테르를 냉매로 사용하는 증기 압축식 냉동기를 처음으로 고안하였다. 액체와 기체의 상변화를 이용하는 증기압축 냉동사이클의 장점은 압력을 제어하여 2상변화를 하고, 고온과정과 저온과정을 모두 등온 과정으로 할 수 있는 것이다. 카르노 사이클에서 단열팽창 과정의 터빈과 단열압축 과정의 압축기를 만드는 것은 어렵다. 그 이유는 액체와 기체의 2상으로 인하여 터빈 블레이드의 부식문제가 발생하기 때문이다. 단열팽창 터빈을 팽창밸브로, 펌프는 압축기로 바꾸고 사이클을 반대로 돌리면 역카르노 사이클이 된다. 역카르노 사이클에서도 2상의 혼합물을 압축시키는 압축기는 존재하지 않는다. 따라서 냉매가 압축되기 전에 냉매를 완전히 증발시켜 기체로 만들고, 터빈을 교축장치로 대체하면 역카르노 사이클의 비현실성은 제거되면서 증기압축식 냉동사이클이 된다. **그림** 4.7은 증기압축식 냉동사이클을 나타내고 압축기, 응축기, 팽창 밸브, 증발기로 구성된다.

① **압축기 압축**(1→2): 냉매는 상태 1에서 포화증기로 압축기에 들어가 응축기 압력까지 단열

압축된다. 이 과정에서 냉매의 온도는 고온 측의 온도보다 훨씬 높아지고 압축전 상태는 반드시 기체상태이다.

② **응축기 응축**(2→3): 상태 2의 과열증기는 응축기에 들어가서 열을 방열하고 3의 포화액체가 된다. 이 상태의 냉매의 온도도 외부의 대기온도보다 높다.

③ **팽창기 팽창**(3→4): 상태 3의 포화액체 냉매는 팽창밸브에 의해 증발기 압력까지 감압된다. 주울-톰슨 효과로 포화액체는 일부 증발하여 발생하는 기화열과 기화한 기체가 팽창할 때의 압력강하로 냉매의 온도는 급격히 떨어져 냉방 실내온도보다 아래로 떨어진다. 상태 4는 건도가 낮은 습증기의 상태로 3→4 과정은 마찰 등 비가역성으로 인하여 엔트로피는 증가한다. 엔트로피가 일정하면서 팽창되는 기기는 만들 수 없으므로 3→4 과정은 교축과정이 비가역 과정인 가상적인 선이다. 이 과정으로 인하여 비가역 사이클이 되며 비가역 과정은 되돌릴 수 없는 과정이다. 가역 단열과정이면 직선으로 내려오겠지만 유체마찰이나 주울 열이 발생하여 비가역 과정이 되고 오른쪽으로 기울어져 엔트로피가 증가한다. T-s 선도 상의 모양은 카르노 사이클과 같은 직사각형은 아니지만 직사각형에 가까운 모양의 사이클을 만들면 높은 성능계수를 얻을 수 있다.

④ **증발기 증발**(4→1): 상태 4의 습증기 상태의 냉매는 증발기에 들어가고, 냉방공간에서 증발하면서 열을 빼앗아 상태 1에 도달하면 완전한 포화증기로 증발기를 나오고 압축기에 들어가면 1 사이클이 완료된다.

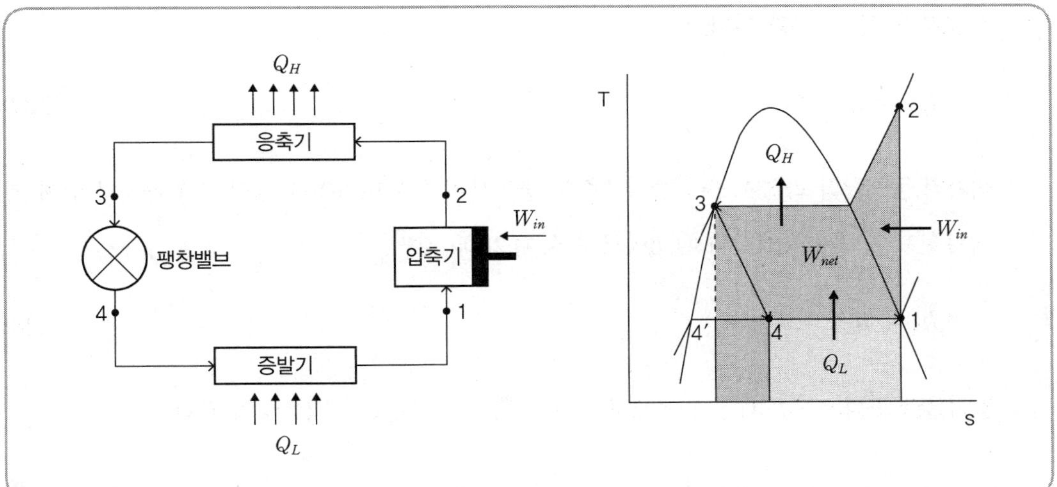

그림 4.7 증기압축식 냉동사이클

일반적으로 냉매 암모니아는 1.04Mpa, 27℃에서 응축, 0.1MPa, −33℃에서 기화하고 냉매 R134a는 1.3Mpa, 50℃에서 응축, 0.3Mpa, 0℃에서 기화한다. 응축과 증발을 모두 대기압보다는 높게 하여 공기가 침투되지 않도록 하는 것이 중요하다.

- 압축기(compressor): 증발기 출구에서의 저온, 저압의 냉매기체를 압축기로 압축하여 고온, 고압의 냉매기체로 만들어 액화되기 쉽도록 하여 응축기로 보낸다.
- 응축기(condenser): 응축기에서 냉매는 열을 주위 물체로 방출하여 액화된다.
- 팽창밸브(expansion valve): 등엔탈피 과정으로 냉매가 팽창밸브를 통과하면 교축효과로 냉매는 팽창되어 압력과 온도가 떨어진다. 증발기에서 증발하기 쉽도록 하기 위하여 고온, 고압의 액체냉매를 저온, 저압의 혼합액으로 팽창시킨다.
- 증발기(evaporator): 저온, 저압상태의 냉매는 증발하면서 공기로부터 기화열을 흡수하여 저온, 저압의 기체가 된다.

① **단열압축 과정**(1→2): 단열압축 과정이므로 압축기 소요동력은 엔탈피 변화로 표시할 수 있다.

$$w_{in} = h_2 - h_1 \tag{4.26}$$

② **정압방열 과정**(2→3): 정압상태에서 응축기에서 주위로의 방열량은 유동의 에너지 방정식으로부터 식 (4.27)과 같다.

$$q_H = h_3 - h_2 \tag{4.27}$$

③ **비가역 등엔탈피 과정**(3→4): 증기압축식 냉동사이클은 비가역 과정인 교축과정이 있어 가역과정이 아니며 등엔탈피 과정이므로 식 (4.28)과 같다.

$$h_3 = h_4 \tag{4.28}$$

④ **정압흡열 과정**(4→1): 과정 4−1에서 냉매가 흡수한 열량은 식 (4.29)와 같다.

$$q_L = h_1 - h_4 = h_1 - h_3 \tag{4.29}$$

그림 4.7에서 Q_L은 온도가 T_L인 냉각실에서 제거된 열(source)의 절대값, Q_H는 온도가 T_H인 주위환경에 방출된 열(sink)의 절대값을 나타내고, W_{in}은 냉동기에 수행한 정미일을 나타낸다. Q_H와 Q_L은 절대값이므로 (+)의 값이다.

⑤ **성능계수**: 증기압축식 냉동사이클에서 성능계수(COP)는 유효 냉동용량을 압축기 소요동력으로 나누면 된다.

- 냉동기 성능계수

$$COP_R = \frac{h_1 - h_4}{h_2 - h_1} \tag{4.30}$$

- 히트펌프 성능계수

$$COP_{HP} = \frac{h_2 - h_3}{h_2 - h_1} \tag{4.31}$$

예제 4.8 작업유체로서 냉매 R134a를 사용한다. 0.14MPa과 0.8MPa 사이에서 운전되는 이상적인 증기압축 냉동사이클일 때, 냉매의 질량 유량이 0.05kg/s인 경우 성능계수를 구하라. (단, h_1 = 236kJ/kg, h_2 = 272kJ/kg, h_3 = h_4 = 93kJ/kg이다.)

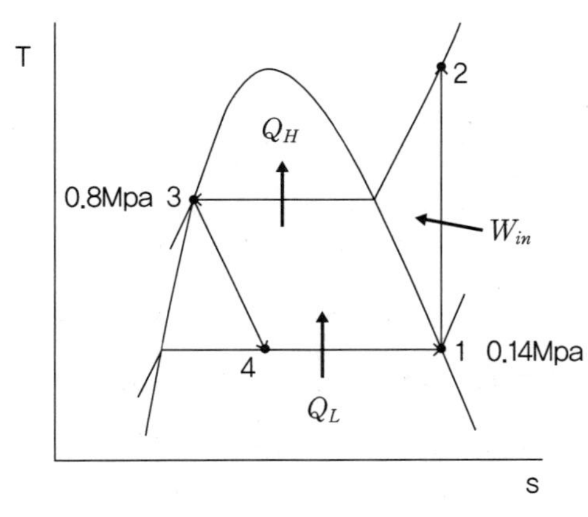

그림 4.8 증기압축식 냉동사이클

풀이) $\dot{Q}_L = \dot{m}(h_1 - h_4) = 0.05 \times (236 - 93) = 7.15\text{kW}$

$\dot{W}_{in} = \dot{m}(h_2 - h_1) = 0.05 \times (272 - 236) = 1.8\text{kW}$

$$\dot{Q}_H = 7.12 + 1.8 = 8.92\text{kW}$$

$$COP_R = \frac{\dot{Q}_L}{\dot{W}_{in}} = \frac{7.15}{1.8} = 3.97$$

예제 4.9 R134a를 사용하는 에어컨이 운전을 할 때 증발온도가 0℃이고 응축온도가 40℃이면 COP는 얼마인가? 단, 증발온도가 0℃인 경우 증발기 출구의 비엔탈피는 400kJ/kg, 압축기 출구 비엔탈피는 450kJ/kg, 응축기 출구의 비엔탈피는 250kJ/kg이다.

풀이) $COP_R = \dfrac{h_1 - h_4}{h_2 - h_1} = \dfrac{400 - 250}{450 - 400} = 3$

⑥ **COP 향상법:** COP는 응축온도와 증발온도에 의해 결정되며 증발온도가 감소하면 W는 증가하고 Q_L는 감소한다. 최대의 COP는 가장 낮은 응축온도와 가장 높은 증발온도에서 발생하며 증발온도 T_L은 높이고 응축온도 T_H를 낮추면 정미일은 적어지고 COP는 커진다.

$$COP_R = \frac{Q_L}{W} = \frac{Q_L}{Q_H - Q_L} \tag{4.32}$$

그림 4.9에서 2－3 이하의 면적은 응축기 방열량, 4－1 이하의 면적은 냉동용량, 1, 2, 3, 4 면적은 압축기의 일을 나타내며 다음의 식이 성립한다.

$$Q_H = W + Q_L \tag{4.33}$$

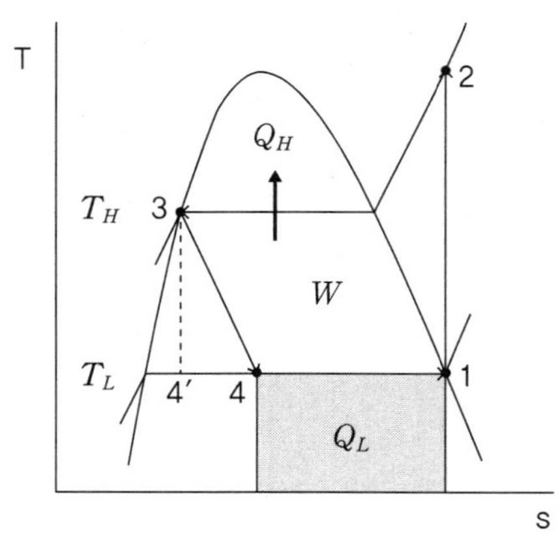

그림 4.9 COP 향상법

예제 4.10 R-134a를 사용하는 히트펌프로 냉방운전을 하는 경우, 증발온도는 10℃, 응축온도는 50℃, 난방운전을 하는 경우, 증발온도는 0℃, 응축온도는 40℃이다. 냉방 성능계수와 난방 성능계수를 구하라? 단, (a) 냉매 10℃일 때 포화증기의 비엔탈피 $h_1 = 400kJ/kg$, 50℃에서 $h_2 = 430kJ/kg$, $h_3 = 270kJ/kg$이다. (b) 냉매 0℃일 때 포화증기의 비엔탈피 $h_1 = 400kJ/kg$이다. 40℃ 포화압력에서 $h_2 = 420kJ/kg$, $h_3 = 260kJ/kg$이다.

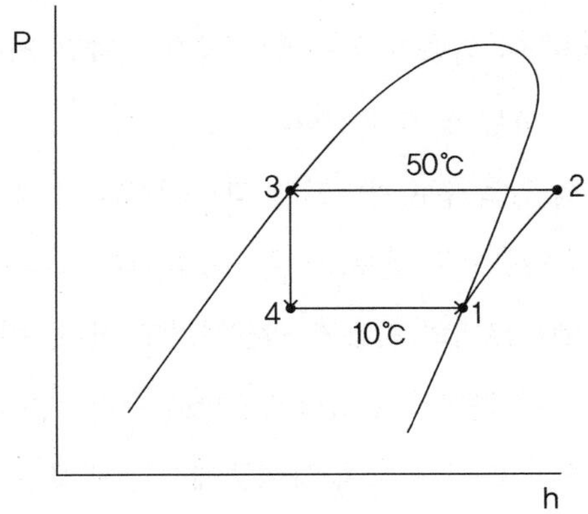

풀이) $COP_R = \dfrac{h_1 - h_4}{h_2 - h_1} = \dfrac{400-270}{430-400} = 4.3$

$$COP_{HP} = \frac{h_2 - h_3}{h_2 - h_1} = \frac{420-260}{420-400} = 8$$

예제 4.11 저압 140kPa과 고압 800kPa로 작동하는 증기압축 냉동사이클에서 R134a 냉매의 질량 유량을 0.07kg/s로 할 때, 성능계수와 압축기 일을 구하라? 단 비엔탈피는 각각의 압축기 입구에서 $h_1 = 240kJ/kg$, 출구에서 $h_2 = 270kJ/kg$, 응축기 출구에서 $h_3 = 90kJ/kg$이다.

풀이) $COP_R = \dfrac{h_1 - h_4}{h_2 - h_1} = \dfrac{240-90}{270-240} = 5$

$$\dot{W}_{in} = \dot{m}(h_2 - h_1) = 0.07 \times (270-240) = 2.1\text{kW}$$

4.6 실제 증기압축식 냉동사이클

증기압축식 냉동사이클에서 등엔탈피, 등엔트로피, 정압과정은 이론적으로만 가능하며 실제의 사이클에서는 유체마찰, 압력강하, 주위와의 열전달 등이 원인이 되어 비가역성이 되어 이상적인 경우와는 차이가 난다. 이상적인 사이클의 경우, 냉매는 포화증기 상태로 압축기를 들어가지만 실제 사이클에서는 냉매를 포화증기 상태로 만들기가 어렵고, 냉방공간의 온도와 외기의 온도의 변화를 고려하여 압축기 입구에서 냉매가 약간 과열되도록 하면 냉매가 압축기에 들어갈 때 항상 완전히 기화된 상태가 된다.

이상적인 사이클의 압축기는 가역단열 과정이지만, 실제 압축기는 마찰로 인하여 비가역과정으로 되고 비가역의 영향으로 엔트로피는 증가한다. 그리고 압축에 따라 온도가 상승하면 외부로 열이 전달되어 엔트로피의 감소가 발생하기도 한다. 이상적인 사이클에서는 냉매는 압축기 출구압력을 그대로 유지하면서 포화액체상태로 응축기를 나와야 하는데 이는 운전상태가 변하기 때문에 불가능하다. 따라서 실제 사이클에서는 냉매는 교축밸브를 들어가기 전에 약간 과냉각인 액체상태로 만들면 이 문제는 해결되며 과냉 액체로 하면 냉매의 엔탈피는 낮아지고 증발기에서 더 많은 열을 흡수할 수 있다.

실제의 경우 증발기와 압축기 사이의 배관이 길어서 유체마찰, 압력강하, 대기에서 냉매로의 열전달이 많이 발생한다. 이것은 냉매의 비체적과 필요 동력의 증가를 가져온다. 압축기와 팽창밸브 사이에는 응축기가 설치되고 이를 연결하는 배관은 길어서 유체마찰에 의한 압력강하가 발생한다. 배관의 압력강하는 증기의 비체적을 증가시키고 일은 비체적에 비례하여 증가하기 때문에, 동시에 압축기의 필요 동력도 증가한다. 또한 응축기의 실제 열전달도 등온과정이 아닌 응축기 출구로 갈수록 온도가 낮아지고 압력도 떨어진다.

증발기에서도 응축기와 마찬가지로 유체마찰에 의한 압력감소와 온도강하가 발생한다. 이상적인 사이클은 가역단열인 등엔트로피 과정이지만 실제 사이클은 엔트로피가 증가하고 열전달을 동반하여 그 방향에 따라 엔트로피는 증가하거나 감소한다.

이상 사이클에서 냉매는 포화증기 상태로 증발기를 떠나 압축기로 들어가지만 그러나 실제로는 그렇게 제어하는 것은 불가능하다. 따라서 압축기 입구에서 냉매가 약간 과열된 증기가 되도록 한다. 증발기와 압축기 사이의 배관이 길면 유체마찰로 인한 압력강하와 대기에서 냉매로의 열전달이 많아진다.

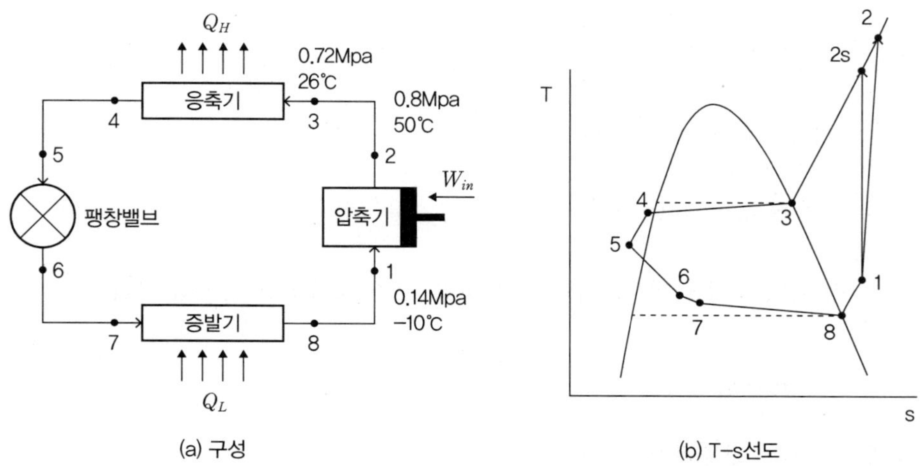

그림 4.10 실제 증기압축식 냉동사이클

(1) 성능계수

그림 4.11과 같은 실제 증기압축식 냉동사이클의 냉동용량, 압축기 필요동력, 압축기 단열효율, 냉동기 성능계수는 다음과 같다.

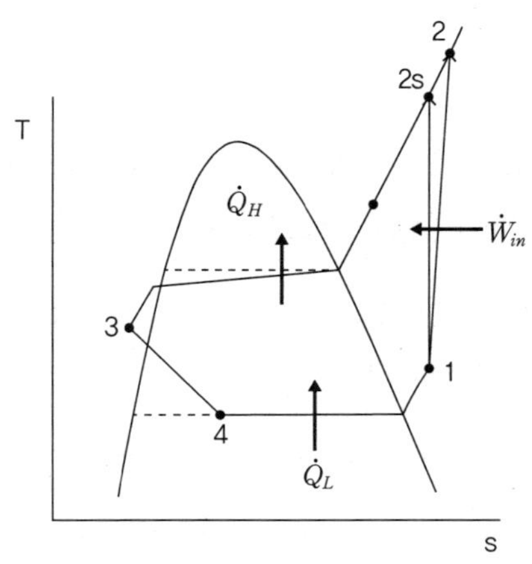

그림 4.11 실제 증기압축식 냉동사이클의 T−s선도

① 증발기(4→1)의 냉동용량은 다음과 같다.

$$\dot{Q}_L = \dot{m}q_{41} = \dot{m}(h_1 - h_4) \tag{4.34}$$

② 압축기(1→2)의 필요 동력은 다음과 같다.

$$\dot{W}_{in} = \dot{m}q_{12} = \dot{m}(h_2 - h_1) \tag{4.35}$$

이론은 1→2s이므로 실제 엔탈피와의 비로 정의되는 단열효율은 다음과 같다.

$$\eta_{ad} = \frac{h_{2s}-h_1}{h_2-h_1} \tag{4.36}$$

1→2s 과정은 가역 단열과정이므로

$$T_1^k P_1^{1-k} = T_{2s}^k P_{2s}^{1-k}$$

$$T_{2s}^k = T_1^k \left(\frac{P_1}{P_{2s}}\right)^{1-k}$$

$$T_{2s} = T_1\left(\frac{P_1}{P_{2s}}\right)^{\frac{1-k}{k}} = T_1\left(\frac{P_{2s}}{P_1}\right)^{\frac{k}{1-k}} = T_1(P_R)^{\frac{k}{1-k}} = T_1(P_R)^{\frac{R}{C_p}} \tag{4.37}$$

③ 냉동기의 성능계수

$$COP_R = \frac{\dot{Q}_L}{\dot{W}_{in}} = \frac{h_1-h_4}{h_2-h_1} \tag{4.38}$$

예제 4.12 압축기 입구온도 350℃, 압축기 출구온도 866℃, 압력비 7.5일 때 단열효율을 구하라. 냉매가스의 정압비열은 1.03kJ/kgK, 가스정수는 0.298kJ/kgK이다.

풀이) 압축기 입구온도 T_1, 압축기 출구온도 T_2, 압력비 P_R이면 가역 단열과정에서 $T_{2s} = T_1 P_R^{R/c_p}$이고 단열효율은

$$T_{2s} = (273.15+350)7.5^{0.298/1.03} = 1116.26\text{K}$$

$$\eta_{ad} = \frac{T_{2s}-T_1}{T_2-T_1} = \frac{1116-(350+273.15)}{(870+273.15)-(350+273.15)} = 0.947$$

(2) 비가역성

열기관은 열을 일로 변경하는 동력기관과 일을 가하여 열을 이동시키는 냉동기, 히트펌프로 나누어지며 이들을 구성하는 부품은 압축기, 실린더와 피스톤, 터빈, 연소기, 보일러, 응축기, 증발기 등이 있다. 이상적인 사이클에서는 동력장치는 마찰이 없이 작동하고, 유체가 배관을 흐를 때 벽 마찰, 점성마찰이 없는 것으로 가정한다. 마찰이 없으므로 부품에서의 압력강하도 없고 배관은 모두 단열되어 있어, 배관에서의 열전달도 없다.

압축기의 피스톤에 가해지는 힘과 그때의 기체의 압력과 차이가 적으면, 단열적인 변화가 이루어지는 가역과정으로 간주할 수 있다. 그 이유는 부분적으로 발생한 압축현상이 즉시 전체에 퍼져 계는 전체적으로 평형상태를 유지한다고 가정하기 때문이다. 이러한 과정을 가역 준정적 과정이라고도 한다.

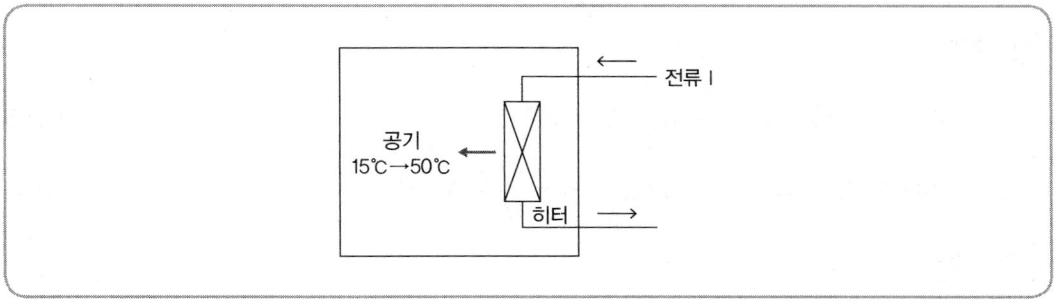

그림 4.12 가역성과 비가역성

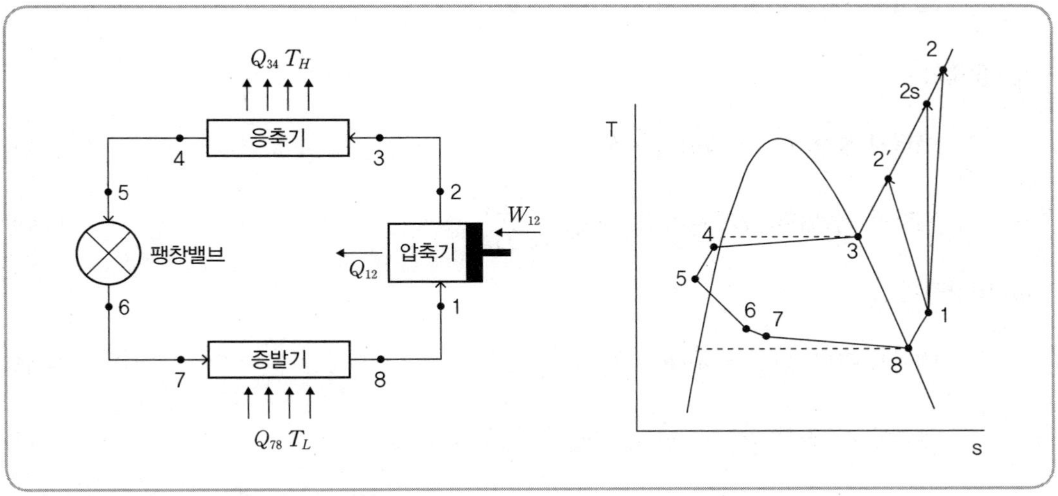

그림 4.13 실제 증기압축식 냉동사이클

그러나 피스톤이 급격하게 움직이면 피스톤의 압력이 계의 전체에 퍼지는 것이 지연되므로 이때는 준정적 압축과정보다 추가적인 일이 더 필요하고, 팽창 시에는 기체의 빠른 확산이 발생하여 준정적 과정보다 작은 일이 필요하여 실제로는 비가역성이 존재하게 된다.

반드시 비가역성으로 해석해야 하는 것은 팽창밸브이고, 그외 터빈과 압축기 등 모든 부품은 작동조건에 따라 가역성과 비가역성이 공존하게 된다. 그리고 시스템에는 항상 마찰이 존재하므로 비가역 과정이 되고 엔트로피는 증가한다.

그림 4.12에서 전류로 히터를 가하면 공기는 가열되지만 역으로 히터를 가열해도 전기는 발생하지 않는다. 이는 비가역성이 존재하기 때문이다.

그림 4.13과 같은 실제 증기 압축식 냉동사이클의 성능계수, 카르노 일량, 비가역성을 고려한 압축기 실제 동력을 구해보자.

① 증발기

에너지 평형: $\dot{Q}_{78} = \dot{m}(h_8 - h_7)$ (kW) (4.39)

열역학 제2법칙: $\dot{h}_{78} = \dot{m}(s_8 - s_7) - \dfrac{\dot{Q}_{78}}{T_L}$ (W/K) (4.40)

② 압축기

에너지 평형: $\dot{Q}_{12} = \dot{m}(h_2 - h_1) + \dot{W}_{12}$ (4.41)

열역학 제2법칙: $\dot{h}_{12} = \dot{m}(s_2 - s_1) - \dfrac{\dot{Q}_{12}}{T_H}$ (4.42)

③ 응축기

에너지 평형: $\dot{Q}_{24} = \dot{m}(h_4 - h_2)$ (4.43)

열역학 제2법칙: $\dot{h}_{24} = \dot{m}(s_4 - s_2) - \dfrac{\dot{Q}_{24}}{T_H}$ (4.44)

④ 팽창장치

에너지 평형: $\dot{Q}_{56} = \dot{m}(h_6 - h_5) = 0$ (4.45)

열역학 제2법칙: $\dot{h}_{56} = \dot{m}(s_6 - s_5) - \dfrac{\dot{Q}_{56}}{T_H} = \dot{m}(s_6 - s_5)$ (4.46)

⑤ 성능계수

$$COP_R = \frac{T_L}{T_H - T_L} \tag{4.47}$$

⑥ 카르노 일량

$$\dot{W}_{car\ not} = \frac{\dot{Q}_H}{COP_R} \tag{4.48}$$

⑦ 압축기 실제 필요 일량

$$\dot{h}_{total} = \dot{h}_{78} + \dot{h}_{12} + \dot{h}_{24} + \dot{h}_{56} \tag{4.49}$$

$$\dot{W} = \dot{W}_{car\ not} + \dot{h}_{total} T_H \tag{4.50}$$

예제 4.13 0.14MPa, −10℃의 과열증기로 냉매 R134a냉매 냉동기의 압축기에 들어가서 0.8MPa, 50℃까지 압축되고, 응축기 내에서 26℃, 0.72MPa까지 냉각된 후 팽창밸브에서 0.15MPa로 압력이 떨어진다. 냉매의 질량유량이 0.05kg/s이고, 배관의 마찰, 열전달, 압력강하를 무시할 때 냉동기의 성능계수를 구하라? 단 0.14MPa, −10℃에서 h_1 = 243kJ/kg, h_4 = 86kJ/kg, 0.72MPa, 26℃에서 h_2 = 284kJ/kg이다.

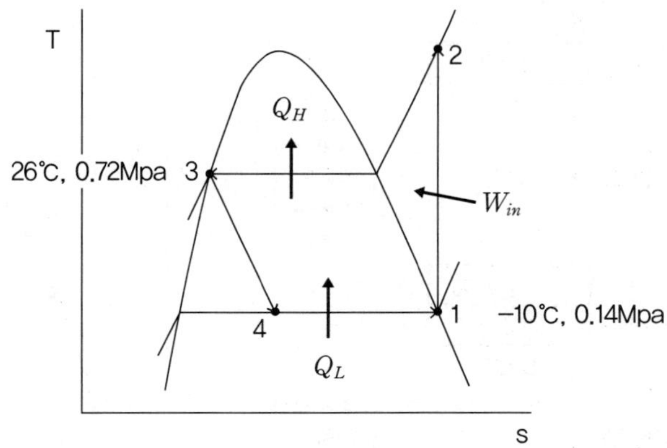

풀이) $\dot{Q}_L = \dot{m}(h_1 - h_4) = 0.05 \times (243 - 86) = 7.85\text{kW}$

$\dot{W}_{in} = \dot{m}(h_2 - h_1) = 0.05 \times (284 - 243) = 2.05\text{kW}$

$\dot{Q}_H = 7.85 + 2.05 = 9.9\text{kW}$

$$COP_R = \frac{7.85}{2.05} = 3.83$$

4.7 다단 증기압축 냉동사이클

냉동온도가 매우 낮은 냉동장치의 경우, 단단 증기압축 냉동사이클로는 불가능하고 다단 증기압축 냉동사이클이 필요하다.

4.7.1 캐스케이드 냉동시스템

산업용으로 매우 낮은 온도의 냉동이 필요할 때는 온도차이가 너무 커서 단단 증기압축 냉동사이클로는 시스템의 효율이 나빠진다. 이런 경우 냉동사이클을 다단으로 하고 중간에 열교환기로 연결하는 캐스케이드 냉동사이클(cascade refrigeration cycle)을 사용한다.

그림 4.14는 열교환기를 통해 연결된 2단 냉동사이클을 나타낸다. 열교환기는 상단 사이클은 증발기로, 하단 사이클은 응축기로 작동한다. 상단 사이클의 응축기가 방열한 열은 그대로 하단 사이클의 증발기가 흡수한다고 가정하면 각 사이클을 흐르는 유체의 질량 유량비는 다음과 같다.

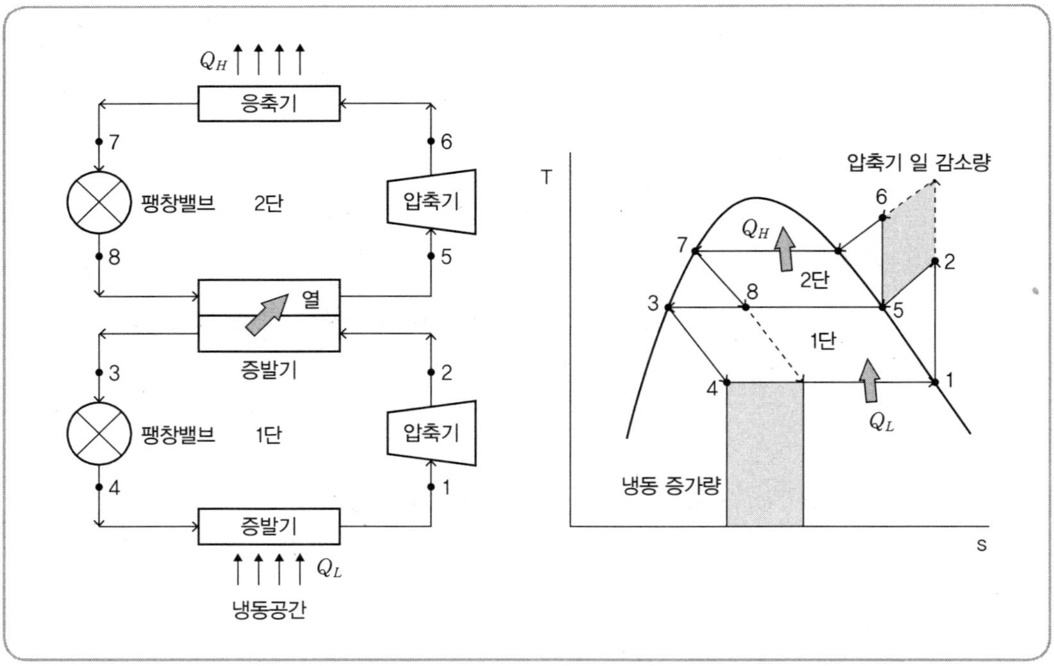

그림 4.14 캐스케이드 증기압축식 냉동사이클

$$\frac{\dot{m}_2}{\dot{m}_1} = \frac{h_2 - h_3}{h_5 - h_8} \tag{4.51}$$

성능계수는 다음과 같다.

$$COP_{R,cas} = \frac{\dot{Q}_L}{\dot{W}_{in}} = \frac{\dot{m}_{1단}(h_1 - h_4)}{\dot{m}_{2단}(h_6 - h_5) + \dot{m}_{1단}(h_2 - h_1)} \tag{4.52}$$

예제 4.14 그림 4.14와 같은 사이클에서 냉매 R134a를 사용하여 0.14MPa과 0.8MPa의 압력범위에서 운전되는 2단 캐스케이드 냉동시스템에서 열교환은 0.32MPa 압력에서 향류식으로 이루어진다. 이때 2단 쪽은 0.32MPa보다 조금 낮고, 1단 쪽은 약간 높은 압력이다. 포화증기로 압축기에 들어가 응축기 압력의 포화액으로 응축기를 나온다. 상단 사이클의 질량유량은 0.05kg/s일 때 냉동공간에서 단위 시간에 제거되는 열량과 캐스케이드 냉동기의 성능계수를 구하라? 단 h_1 = 236kJ/kg, h_2 = 252kJ/kg, h_3 = 53kJ/kg, h_4 = 533kJ/kg, h_5 = 248kJ/kg, h_6 = 267kJ/kg, h_7 = 93kJ/kg, h_8 = 93kJ/kg이다.

풀이) $\dot{m}_2 = \dot{m}_1 \frac{h_2 - h_3}{h_5 - h_8} = 0.05 \times \frac{252 - 53}{248 - 93} = 0.064\text{kg/s}$

$\dot{Q}_L = \dot{m}_1(h_1 - h_4) = 0.05 \times (236 - 53) = 9.15\text{kW}$

$\dot{W}_{in} = \dot{m}_1(h_2 - h_1) + \dot{m}_2(h_6 - h_5)$

$= 0.05 \times (252 - 236) + 0.064 \times (267 - 248) = 2.016$

$COP_{R,cas} = \frac{\dot{Q}_L}{\dot{W}_{in}} = \frac{9.15}{2.016} = 4.54$

4.7.2 다단 압축 냉동시스템

캐스케이드 냉동시스템에서 1단과 2단 사이클에 같은 냉매를 사용하면, 단을 연결하는 열교환기를 열전달이 우수한 중간 냉각기(이코노마이저, 플래시실)로 대체하여 사용할 수 있다. 압축기의 출구온도가 과도하게 높은 것을 방지하고, 2개 이상의 증발온도가 필요할 때는 다단 압축 냉동시스템(multistage compression refrigeration system)을 사용한다.

그림 4.15에서 상태 6의 액체냉매가 팽창밸브에서 중간 냉각기의 압력까지 감압팽창하고, p_6압력은 2단 압축기의 출구압력인 p_5와 같다. 상태 3의 과열증기는 냉각기에서 온도가 낮아지고 중간 냉각기를 거쳐 상태 4의 포화증기로 되어 2단 압축기로 들어간다. 이는 재생과정이다. 상태

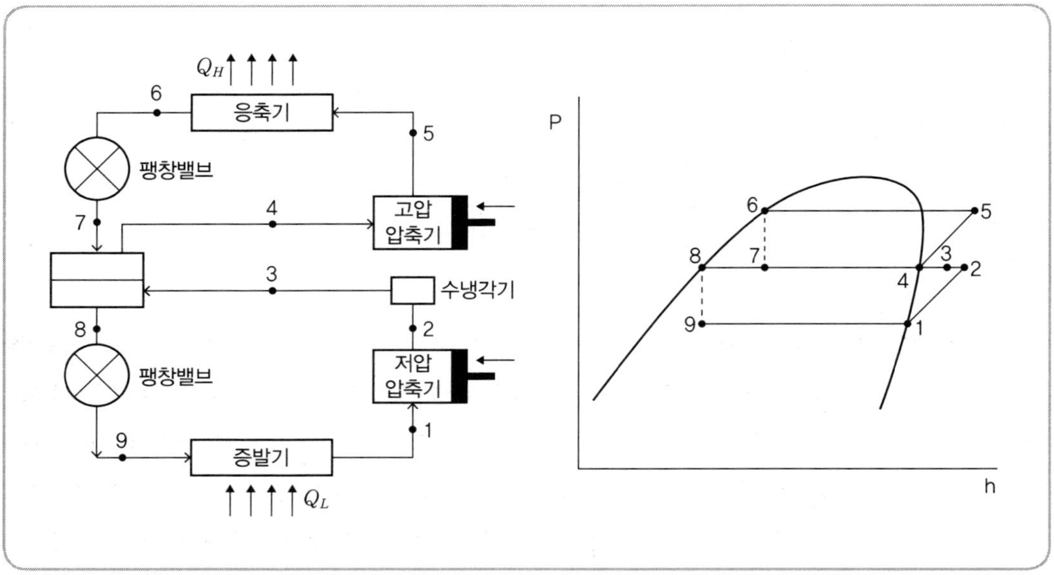

그림 4.15 다단 증기압축식 냉동사이클

8의 포화액은 저압 팽창밸브를 통해서 증발기의 압력인 p_9까지 감압되어 증발기에 들어가며 증발기에서는 열을 흡수하여 상태 1의 포화증기가 된다. 압축과정은 중간 냉각기를 가지는 2단 압축과 비슷하여 압축기의 소비동력은 감소한다. 중간 냉각기는 교축과정에서 발생한 플래시 가스를 분리하여 상태 4로 공급하며 2의 과열증기는 냉각기를 통하여 상태 4의 포화증기 상태로 된다.

냉동기의 2단 압축의 경우, **그림 4.15**와 같이 2단 압축기 입구에 중간 냉각기를 설치하여 중간 냉각기에서 분리한 냉각된 기체를 2단 압축기에서 압축시켜 압축기 일량을 감소시킨다. 2단 압축일 때, 저단 압축기 출구 기체의 과열도를 낮추는 냉각기와 고압측 압축기의 흡입냉매 중의 액체를 분리시키는 플래시 중간 냉각기를 저단 압축기의 출구에 설치한다.

① 7상태의 건도

$$x_7 = \frac{h_7 - h_f}{h_{fg}} \tag{4.53}$$

② 냉동 용량

$$q_L = (1 - x_7)(h_1 - h_9) \tag{4.54}$$

③ 압축기 일

$$w_{in} = w_{in,1} + w_{in,2} = (1-x_7)(h_2-h_1)+(h_5-h_4) \tag{4.55}$$

④ COP

$$COP_{ms} = \frac{q_L}{w_{in}} = \frac{(1-x_7)(h_1-h_9)}{(1-x_7)(h_2-h_1)+(h_5-h_4)} \tag{4.56}$$

표 4.3 냉동조건

저단 압축기 흡입증기의 비엔탈피, h_1 = 358kJ/kg
저단 단열압축 압축기 후 비엔탈피, h_2 = 384kJ/kg
고단 압축기 흡입증기의 비엔탈피, h_3 = 361kJ/kg
고단 단열 압축 압축기 후 비엔탈피, h_4 = 390kJ/kg
중간 냉각기용 팽창밸브 직전의 비엔탈피, h_5 = 240kJ/kg
증발기용 팽창밸브 직전의 비엔탈피, h_7 = 220kJ/kg
저단 압축기의 단열효율, η_{c1} = 0.70
고단 압축기의 단열효율, η_{c2} = 0.75
저단 압축기의 기계효율, η_{m1} = 0.85
고단 압축기의 기계효율, η_{m2} = 0.85
설계 냉동능력, Q_L = 90kW

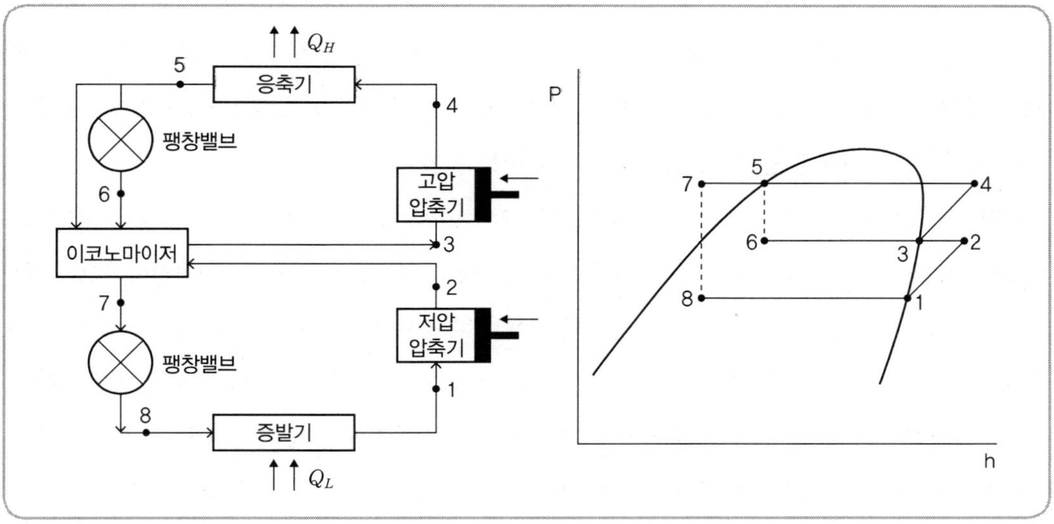

그림 4.16 예제 4.15

예제 4.15 R404A를 냉매로 하는 2단 압축 1단 팽창 냉동장치에서 표 4.3의 조건에서 설계할 때 다음을 구하라.

(a) 저단 측 냉매 순환량, $\dot{m}_1$(kg/s)

(b) 실제 중간냉각기의 필요 냉각능력

풀이) ① $\dot{m}_1 = \dfrac{Q_L}{h_1 - h_8} = \dfrac{90}{358-220} = 0.652\text{kg/}s$

② 중간냉각기 필요 냉각능력

$$\dot{Q}_L = \dot{m}_1((h_5 - h_7) + (h_1 + \frac{h_2 - h_1}{\eta_{c1}\eta_{m1}} - h_3))$$

$$= 0.652 \times ((240 - 220) + (358 + \frac{384 - 358}{0.7 \times 0.85} - 361))$$

$$= 0.652 \times (20 + 40.7) = 39.6\text{kW}$$

4.8 흡수식 냉동사이클

증기압축 사이클은 증기를 압축하기 때문에 큰 동력을 필요로 한다. 증기압축을 액체압축으로 대체하면 동력의 사용을 줄일 수 있다. 흡수식 냉동기는 냉매증기를 흡수제로 흡수하고 흡수제를 고압으로 압축하는 장치인 발생기(재생기)를 사용하면 증기압축 사이클의 압축기가 필요가 없다. 흡수식 냉동사이클의 구성은 증기압축 사이클의 압축기에 해당하는 발생기, 흡수기, 냉매와 흡수제의 혼합 용액이 순환하는 펌프, 냉매만 순환하는 응축기, 팽창밸브, 증발기 등으로 구성된다. 흡수식 냉동사이클은 실제로는 많은 부수적인 장치가 필요하고, 고급 에너지인 전기가 아닌 폐열, 태양광 등을 사용하여 쉽게 효율을 높일 수 있다.

현재 실용화되어 있는 냉매와 흡수제로는 물(흡수제)+암모니아 냉매(NH_3), 리튬 브로마이드(Lithium Bromide, 흡수제)+물 냉매의 2종류이고 물+암모니아 냉매는 독성, 가연성이 있고, 발생기에서 가해지는 열로 증발하는 암모니아 증기에는 수증기가 포함되어 있어 정류기, 분류기도 필요하다. 열교환기와 정류기 등이 없는 간단한 장치를 단순 흡수식 냉동사이클이라고 한다. 리튬 브로마이드+물 냉매는 부식 발생이 많고, 0℃ 이하의 온도는 얻지 못하며 증발기가 높은 진공상태를 유지해야 하기 때문에 관리가 어렵다. 그러나 암모니아는 독성과 가연성이 있어 리튬 브로마이드 시스템을 더 많이 사용한다.

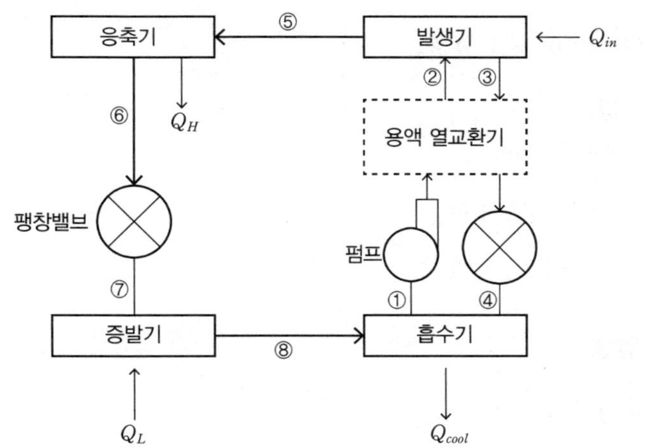

그림 4.17 흡수식 냉동사이클

흡수식 냉동사이클에 사용되는 혼합물은 순수 물질과 다르게 각각의 압력에서 하나의 포화 온도를 갖지 않고, 농도에 따라 서도 다른 온도를 갖는 특성이 있다. 암모니아-물 시스템에서는 엔탈피-농도(h-x)곡선, 온도-농도(T-x)선도를 사용하여 시스템을 해석한다.

(1) 발생기

$$\dot{m}_2 x_2 = \dot{m}_3 x_3 + \dot{m}_5 x_5 \tag{4.57}$$

순환비는 발생기로 들어오는 용액의 유량과 발생기에서 응축기로 나가는 증기유량과의 비를 의미한다.

$$f = \frac{\dot{m}_2}{\dot{m}_5} = \frac{x_5 - x_3}{x_2 - x_3}$$

(2) 흡수기로 돌아가는 희박 용액량

$$f - 1 = \frac{\dot{m}_3}{\dot{m}_5} = \frac{x_5 - x_2}{x_2 - x_3}$$

(3) 발생기 가열량

$$\dot{m}_2 h_2 + Q_{in} = \dot{m}_3 h_3 + \dot{m}_5 h_5 \tag{4.58}$$

$$\frac{\dot{m}_2}{\dot{m}_5} h_2 + \frac{Q_{in}}{\dot{m}_5} = \frac{\dot{m}_3}{\dot{m}_5} h_3 + h_5$$

$$f h_2 + q_{in} = (f-1) h_3 + h_5$$

$$q_{in} = h_5 + (f-1) h_3 - f h_2$$

(4) 흡수기 냉각열량

$$\dot{m}_3 h_4 + \dot{m}_5 h_8 = \dot{m}_2 h_1 + Q_{cool} \tag{4.59}$$

$$q_{cool} = h_8 + (f-1) h_4 - f h_1$$

(5) 교축과정

$$h_3 = h_4$$

(6) 응축열량

$$q_H = h_5 - h_6$$

(7) 냉동열량

$$q_L = h_8 - h_7$$

(8) 성능계수

$$COP_{ap} = \frac{q_L}{q_{in}} = \frac{Q_L}{Q_{in}} \tag{4.60}$$

4.8.1 물과 암모니아 흡수식 냉동장치

냉매가 암모니아이고 물이 흡수제인 냉동기는 1859년, 프랑스의 카레(Ferdinand Carre)에 의해 고안되었으며 암모니아 – 물 흡수식 냉동장치는 1960년대 가정용 공조용으로 사용되었다. 물과 암모니아는 비등점이 비교적 비슷하여 발생기에서 나오는 암모니아 증기 중에는 많은 수증기가 포함되므로 암모니아 증기와 수증기를 분리해야 한다. 물의 비등점은 0.87kPa, 5℃, 암모니아 비등점은 101kPa, −33.3℃이다.

그림 4.18에서 파선으로 둘러싸인 부분이 저온의 냉매증기인 암모니아를 압축하여 고압, 고온 상태로 만드는 압축기의 역할을 한다. 증발기를 나온 암모니아의 포화증기는 흡수기에 들어가서 물과 화학반응을 하여 NH_4OH가 되며, 이것은 발열반응으로 열이 발생하는데 이는 냉각탑의 냉각수로 냉각된다.

물에 용해되는 암모니아의 양은 온도에 반비례하기 때문에, 많이 녹이기 위해서는 흡수기의 냉각도 필요하다. 암모니아가 용해된 암모니아수(NH_3+H_2O)는 펌프에 의해 열교환기를 거쳐 발생기로 보내지고 이 발생기에 들어간 암모니아수는 150~200℃의 열에너지에 의해 가열되면 암모니아수는 증기로 변하고 암모니아를 함유한 증기는 정류기를 통과하면 암모니아와 물로 분리되고 물은 발생기에 되돌아간다. 고압의 순수한 암모니아 증기는 응축기, 팽창밸브, 증발기로 거치면, 증기압축 냉동사이클과 같은 방법으로 냉각 공간을 냉각한다. 발생기의 암모니아의 량이 줄어든 뜨거운 암모니아수는 열교환기를 통과하면서 펌프에서 나온 암모니아수에 열을 전한 후, 팽창밸브를 거쳐 흡수기로 다시 들어간다. 팽창밸브에서 증발기의 압력과 동일한 흡수기의

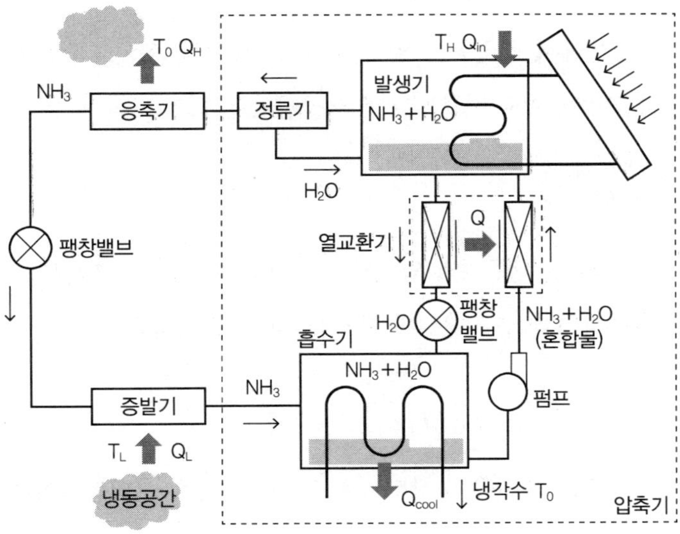

그림 4.18 암모니아 흡수식 냉동기의 구성

압력까지 감압된 후, 흡수기에 들어가서 다음 과정의 암모니아 흡수를 준비한다.

(1) 작동 원리

① **증발**: 암모니아는 증발하면서 증발열로 물을 냉각시키고 냉각수를 얻는다. 증발된 암모니아는 흡수기로 들어간다.

② **흡수**: 물 흡수액이 암모니아 증기를 흡수한다. 그리고 암모니아 증기는 냉각탑으로 냉각이 되어 물에 의해 흡수되어 흡수액의 농도는 약해진다. 암모니아 증기를 흡수한 희박해진 물-암모니아는 하부에 모이고 펌프에 의해 재생기로 들어간다.

③ **발생**: 열을 받은 희박해진 물-암모니아는 태양광 등 에너지로 가열되어, 암모니아 증기는 응축기로 들어가고, 물은 열교환기를 거쳐 흡수기로 되돌아간다.

④ **응축**: 가열된 암모니아 증기는 응축기에서 냉각탑에 의해 냉각되어 암모니아 액체로 되어 증발기로 들어간다.

(2) COP 해석

흡수식 냉동시스템의 성능계수는 다음과 같다.

$$COP_{ar} = \frac{Q_L}{Q_{in}} \tag{4.61}$$

카르노기관에서 고열원에서 공급되는 열 Q_{in}, 온도 T_H에서 W_{carnot}의 일을 한 후 저온 열원 T_0에 Q_{cool}의 열을 방출한다. 이때 카르노 기관의 효율은

$$\eta_{carnot} = \frac{W_{carnot}}{Q_{in}} = 1 - \frac{T_0}{T_H} \tag{4.62}$$

W_{carnot}는 역카르노 사이클 냉동기의 압축기에 그대로 공급되고, 역카르노 기관은 냉동공간 T_L에서 Q_L의 열을 흡수하여 외부 고온열원 T_0에 Q_H의 열을 방출한다.

$$COP_{re,\,carnot} = \frac{Q_L}{W_{carnot}} = \frac{T_L}{T_0 - T_L} \tag{4.63}$$

이러한 카르노와 역카르노 기관을 이상적으로 조합하면 흡수식 냉동사이클이 된다.

$$Q_L = \frac{T_L}{T_0 - T_L} W_{carnot}$$

$$Q_L = \left(\frac{T_L}{T_0 - T_L}\right)\left(1 - \frac{T_0}{T_H}\right)Q_{in} \tag{4.64}$$

$$COP_{ar} = \frac{Q_L}{Q_{in}}\left(1 - \frac{T_0}{T_H}\right)\left(\frac{T_L}{T_0 - T_L}\right) \tag{4.65}$$

열원에서 공급된 Q_{in}으로 카르노 열기관을 구동하여 그때의 출력으로 역카르노 냉동기에 이용하며 식 (4.60)은 흡수식 냉동시스템의 최대효율을 나타낸다. 이는 이상적인 경우이며 정상적인 흡수 냉동시스템의 성능계수는 1보다 작다.

$$COP_{re,\,car\,not} = \frac{Q_L}{W_{carnot}} = \frac{T_L}{T_0 - T_L}$$

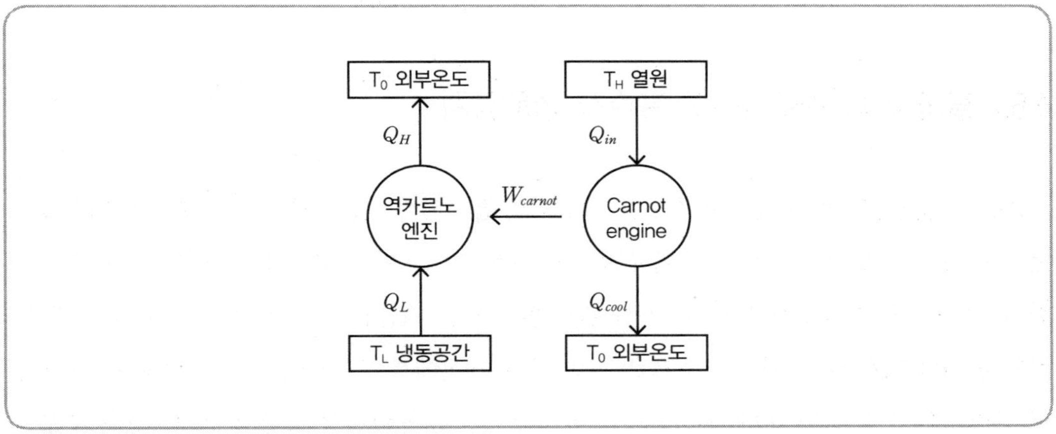

그림 4.19 암모니아 흡수식 냉동기의 이론 COP

예제 4.16 흡수식 냉동기에서 열원의 온도 T_H, 393K(120℃), 냉동공간의 온도가 T_L, 263K(−10℃), 외부온도가 T_0 = 298K(25℃)인 경우 성능계수는 얼마인가?

풀이) $COP_{ar} = \left(1 - \frac{298}{393}\right)\left(\frac{263}{298 - 263}\right) = 1.8$

예제 4.17 증기 압축식 냉동사이클과 흡수식 냉동사이클의 차이점에 대하여 알아보자.

풀이) 저온 열원에서 흡열과 고온 열원에서 방열이 냉매의 증발과 응축에 의해 이루어지며, 차이점은 고온 열원에서 방열을 위한 압력과 온도를 상승시키는 방법에 차이가 있으며 증기압축 냉동사이클은 온도와 압력을 압축기를 이용하여 높이고 흡수식 냉동사이클은 압력은 펌프로, 온도는 지열, 태양열 에너지를 이용한다. 150~200℃의 열원의 에너지를 이용하는 측면에서는 경제적이다. 흡수식 냉동법은 압축 행정이 기체가 아닌 액체에 대하여 이루어지고 정상상태 유동일은 비체적에 비례하므로 흡수식 냉동기 입력일은 작아져 발생기에 공급되는 열에너지의 1% 정도이다.

예제 4.18 흡수식 냉동시스템에 130℃의 지열에서 100,000kJ/h의 열이 공급된다. 주변 온도는 25℃, 냉동공간은 -30℃이면 시스템이 냉동 공간에서 제거하는 최대 열량은 얼마인가?

풀이) $Q_L = \left(1-\frac{T_0}{T_H}\right)\left(\frac{T_L}{T_0-T_L}\right)Q_{in} = \left(1-\frac{298.15}{403.15}\right)\left(\frac{243.15}{298.15-243.15}\right)\times 100{,}000$

$= 0.26\times 4.42\times 100{,}000 = 114{,}920\text{kJ/h}$

4.8.2 물과 리튬 브로마이드 흡수식 냉동장치

흡수식 냉동기는 물을 흡수력이 높은 흡수제로 흡수시켜 저압에서 물을 기화시켜 저온을 얻는 냉동기이다. 냉매를 흡수하는 흡수제에는 리튬 브로마이드(LiBR, Lithium Bromide)를 사용한다. 냉매인 물을 증발시키면 흡수제가 흡수한다. 또한 저압상태에서는 물은 100℃이하에서도 비등을 하기 때문에, 압력을 진공으로 하면 물은 저온에서 증발한다. 진공압력 6Torr에서 물이 증발하는 온도는 5℃이다. 저압하의 진공실에 튜브를 설치하여 물을 통과시키고 진공실 안의 냉매인 물을 펌프로 튜브의 위에서 분사하면 물은 5℃에서 비등하고 튜브 내의 물은 기화열에 의해 냉각된다. 실 안에 물을 넣은 것을 증발기, 브롬화 리튬 등의 흡수제를 넣은 것을 흡수기라고 하고 이들을 연결하면 증발기 내에서 증발한 물은 흡수기의 흡수제에 흡수된다. 또한 농도가 저하된 흡수제는 효율이 떨어지므로 흡수제를 재생기 열원으로 가열하여 흡수제를 농축한다. 태양열, 지열, 열병합 발전, 폐열과 같이 버려지는 100~200℃ 정도의 열원이 있는 경우 아주 효과적인 냉동법이다. 증기압축 냉동시스템처럼 압축기의 작동을 전기가 아닌 태양열과 같이 자연에 풍부하게 존재하거나 버려지는 에너지를 재사용하면 경제적이다.

(1) 작동원리

① **증발기**(evaporator): 물을 넣고 압력을 6Torr 진공으로 하면 물은 5℃에서 증발하여 이 곳을

지나는 관내의 높은 물은 냉각되고 냉각된 냉수는 냉방을 수행한다. 증발기에서 물이 증발하여 발생한 수증기로 차면 진공이 없어지고, 증발온도는 높게 되므로 수증기를 제거해야 한다. 7℃의 물로 냉방을 하고 12℃가 되어 돌아온다.

② **흡수기**(absorber): 수증기를 신속하게 제거하기 위하여 수증기를 잘 흡수하는 흡수액(LiBr)이 들어 있다. 증발기에서 발생하는 수증기를 빨리 흡수하여 증발기의 진공을 유지하고 흡수기의 흡수용액이 포화상태가 되면 수증기를 흡수하지 못한다. 흡수기가 수증기를 흡수하면 흡수열이 발생하여 이 열을 냉각탑에서 공급되는 32℃ 물로 제거하여야 흡수를 계속할 수 있다.

③ **발생기**(재생기, generator): 흡수기의 포화된 수증기를 분리하여 제거한다. 흡수용액에 버너로 열을 가하면 수증기를 증발시키면 흡수용액을 다시 사용할 수 있어 재생기라 한다. 여기서 발생한 수증기는 응축기로 들어간다. 수증기를 제거한 흡수용액은 다시 흡수기로 돌아가서 증발기의 수증기를 흡수한다.

④ **응축기**(condenser): 발생기에서 온 수증기를 냉각탑에서 순환되는 냉각수로 응축시켜 물로

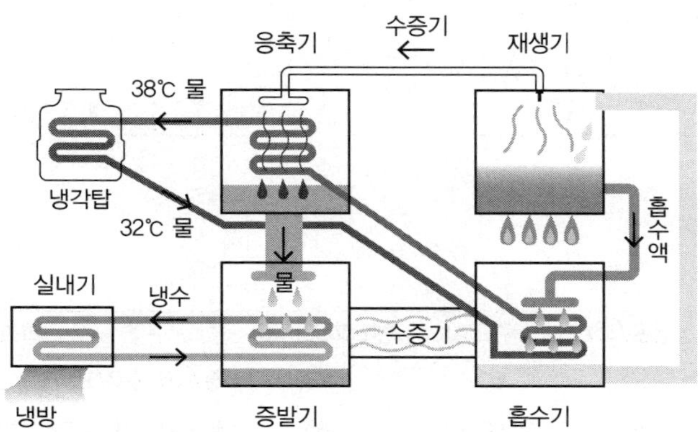

① 증발: 증발기 내는 6Torr의 진공상태로 물을 5℃에서 증발시킨다. 증발열로 물을 냉각시키고 냉수를 얻는다. 발생한 수증기는 흡수기로 들어간다.
② 흡수: 리튬 브로마이드 흡수액이 수증기를 흡수한다. 그리고 흡수열은 냉각탑의 냉수로 제거되면서 흡수액에 흡수되어 흡수액의 농도는 희박해진다. 수증기를 흡수한 희박해진 흡수제는 재생기로 들어간다.
③ 재생: 물을 흡수한 흡수제를 가열하여 수증기를 증발시키면 원래 농도의 흡수액으로 되어 흡수기로 들어가고 가열되어 증발된 수증기는 응축기로 들어간다.
④ 응축: 수증기는 응축기에서 냉각탑에 의해 냉각되어 물로 된다. 물은 다시 증발기로 들어간다.

그림 4.20 물과 리튬 브로마이드 흡수식 냉동기의 구성

만들어 다시 증발기로 들어간다.

⑤ 냉각탑(cooling tower): 흡수기의 흡수열을 제거하고 응축기의 수증기를 물로 응축시킨다.

예제 4.19 다음과 같은 냉동기가 있다. 발생기 공급 열원은 80℃의 가스, 용액 출구온도 74℃, 냉각수 입구온도는 25℃, 응축온도 30℃(4.2kPa), 증발온도 5℃(0.87kPa), 흡수기의 용액 출구온도는 28℃, 흡수기 압력은 0.8kPa이다. 성능계수는 얼마인가? 각 점에서의 상태량은 표와 같고 순환비(f)는 7kg/kg이다.

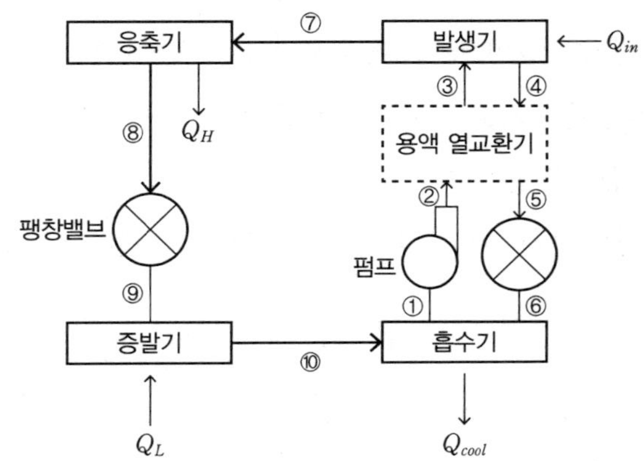

그림 4.21 예제 4.19

표 4.4 예제 4.19

위치	압력(kPa)	온도(℃)	농도(%)	엔탈피(kJ/kg)	비고
1	0.55	30	60.4	238	흡수기 출구(포화액)
3	4.2	56.5	60.4	207	열교환기출구(과냉), 발생기입구
4	4.2	74	51.2	316	열교환기입구(포화액)
5	4.2	46	51.2	272	열교환기출구(과냉액)
6	0.8	44.2	51.2	272	흡수기입구(혼합액)
7				3027	발생기출구(과열증기), 응축기입구
8	4.2	30		542	응축기출구(포화액)
9				542	팽창밸브 출구(혼합액), 증발기입구
10	0.87	5		2940	증발기출구(포화증기)

① 열교환기 열교환량

$$q_{HE} = (f-1)(h_4 - h_5) = (7-1)(316-272) = 264 \text{ kJ/kg}$$

② 발생기가 받는 열량

$$q_{in} = h_7 + (f-1)h_4 - fh_3 = 3027 + 6 \times 316 - 7 \times 207 = 3474 \text{ kJ/kg}$$

③ 응축기 방출열량

$$q_H = h_7 - h_8 = 3027 - 542 = 2485 \text{ kJ/kg}$$

④ 증발기 흡열 열량

$$q_L = h_{10} - h_9 = 2919 - 542 = 2377 \text{ kJ/kg}$$

⑤ 흡수기 방출열량

$$q_{cool} = h_{10} + (f-1)h_6 - fh_1 = 2940 + 7 \times 272 - 7 \times 238 = 3178 \text{ kJ/kg}$$

⑥ 성능계수

$$COP_{ap} = \frac{q_L}{q_{in}} = \frac{2377}{3474} = 0.684$$

4.9 가스냉동사이클(역브레이튼 사이클)

4.9.1 가스동력사이클(브레이튼 사이클)

브레이튼 사이클은 1870년경 브레이튼(George Brayton)이 처음으로 제안한 사이클이다. 오늘날 가스터빈 엔진에만 이용되고 있다. 가스터빈 엔진은 대기에서 공기를 흡입하여 압축기로 단열압축시켜 일정한 압력 하에서 연료가 연소되는 연소실로 유입된다. 연소 공기는 고온의 연소가스가 되고, 가스터빈을 회전시키면서 단열적으로 팽창 냉각하여 일을 하고 압축기를

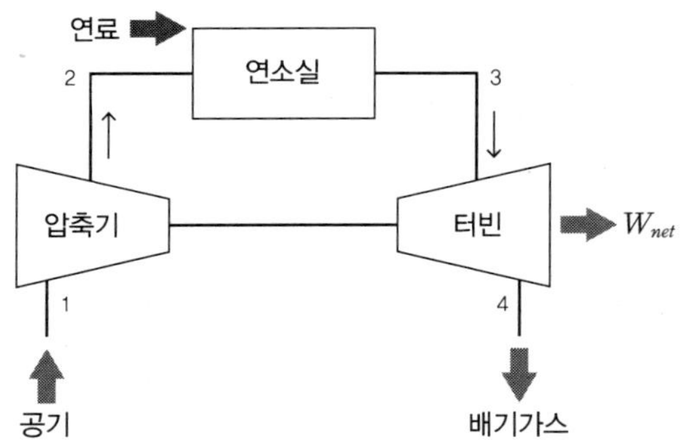

그림 4.22 가스터빈 엔진

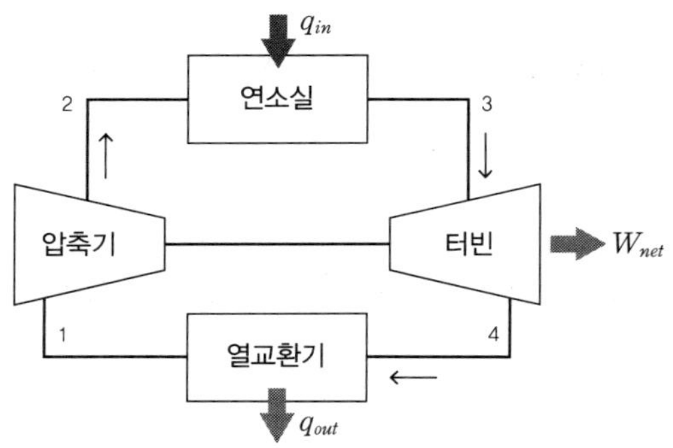

그림 4.23 가스터빈 엔진 사이클

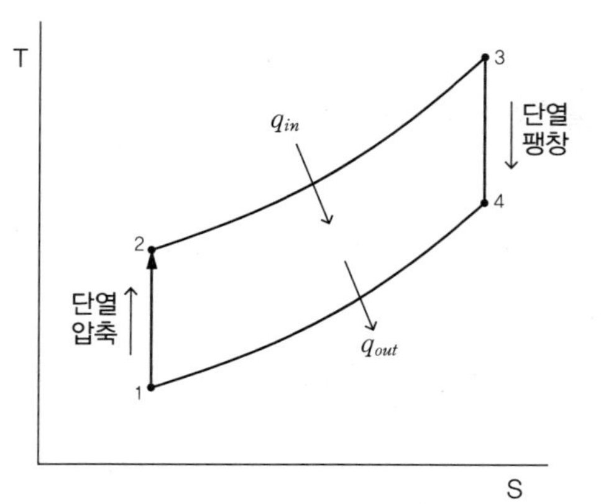

그림 4.24 브레이튼 사이클

구동한 후 대기로 배출된다.

압축기와 터빈의 단열압축 과정과 단열팽창 과정, 외부 열원에 의한 연소과정은 등압가열과정, 배열과정은 대기압 하에서 등압방열 과정이 된다. 이러한 4가지 가역과정으로 이루어진 이상 사이클을 브레이튼 사이클(Brayton cycle)이라고 한다.

4.9.2 가스냉동사이클(역브레이튼 사이클)

외기의 온도를 T_H, 냉방공간의 온도 T_L이면 기체는 1→2의 등엔트로피 과정에서 입력 일로 압축된다. 상태 2의 고온, 고압의 기체는 외부로 일정한 압력 하에서 열을 방출하면서 $T_3 = T_H$까지 냉각되고 그리고 터빈에서 등엔트로피 과정으로 외부로 일을 하면서 팽창하여 상태 4까지 냉각된다. 냉각된 기체는 냉동공간에서 열을 흡수하여 온도가 $T_1 = T_L$이 되면 사이클을 완료한다. 실제 사이클에서는 압축, 팽창과정은 등엔트로피 과정이 아니며 온도차이가 있어야 열전달이 되므로 $T_3 > T_H$, $T_1 < T_L$이 되어야 한다.

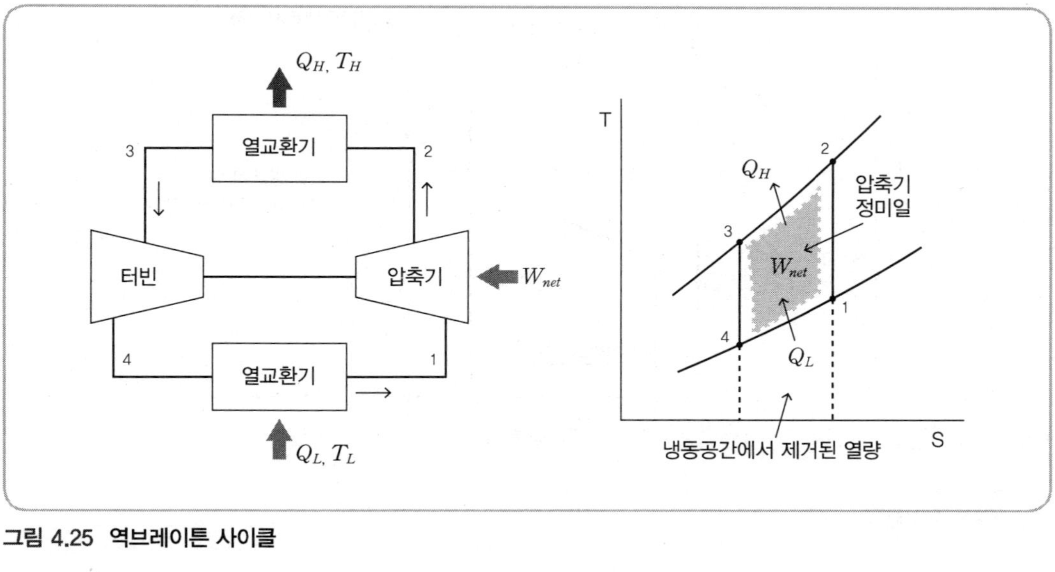

그림 4.25 역브레이튼 사이클

$$COP_{r,Bryton} = \frac{Q_L}{W_{in}} = \frac{h_1 - h_4}{(h_1 - h_2) - (h_3 - h_4)} \tag{4.66}$$

① **장점:** 공기를 이용하는 냉동기, 히트펌프는 냉매가 안전하고 독성이 없다. 공기, 수소,

헬륨 등의 기체를 사용하면 이 기체는 상온에서 저온까지 액화하지 않고 기체상태로 존재하기 때문에 기체의 액화와 초저온 냉동장치에 이용이 가능하다.

② **단점**: 카르노 기관이나 증기압축 냉동사이클과는 다르게 등온과정의 열전달이 없다. 이는 COP를 낮게 하여 경제성이 없어 가스냉동 사이클은 거의 사용되지 않는다.

가스냉동 사이클은 등압과정으로 열교환을 위해서는 냉매의 온도는 냉각하려고 하는 물체보다 낮고, 방열시에는 외부보다 온도가 높아야 한다. 그러면 열전달의 비가역성이 크게 되어, 가스냉동 사이클은 역 카르노기관이나 증기압축 냉동사이클보다 효율이 떨어진다. **그림 4.26**은 역 카르노 사이클, 가스냉동 사이클, 증기압축 냉동사이클을 비교한 그림이다.

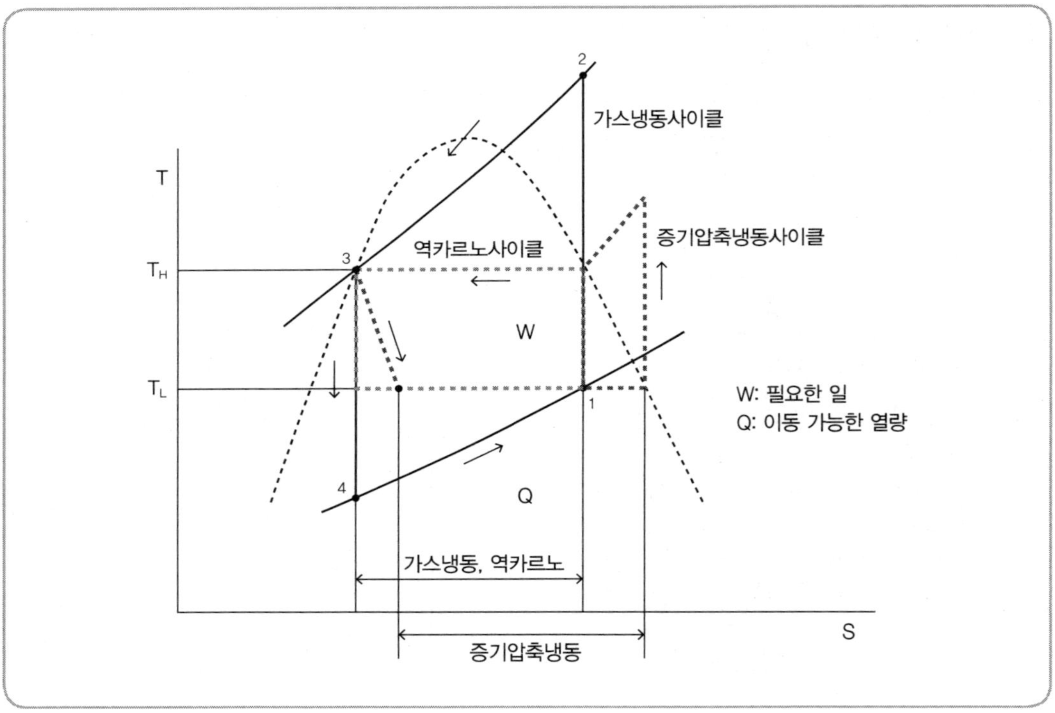

그림 4.26 사이클의 비교

4.10 히트펌프 사이클

물에 잉크를 떨어뜨리면 퍼지고, 다시 잉크를 모을 수는 없는 현상은 돌이킬 수 없는 자연현상이다. 열에 관한 자연현상은 열은 고온부에서 저온부로 흐르고, 반대로 저온의 열이 고온으로 이동하는 현상은 일어나지 않는다. 비가역 현상의 존재를 나타내는 현상을 열역학 2법칙이라 한다. 열역학 2법칙은 돌이킬 수 없는 변화를 설명한 것으로, 열전달이 어떤 방향으로 진행되는지를 나타내는 법칙이다. 히트펌프는 열을 저온에서 고온부로 이동시키는 장치이다. 겨울 철, 기온이 낮은 외부 공기에서 열을 추출하여 집안으로 이동시킬 수 있다. 히트펌프에 의한 난방능력은 약 6배 에너지 효율이 우수하고 다양한 에너지를 사용하여 열을 이동시킬 수 있다. 열역학 1법칙은 열과 일은 모두 에너지의 한 형태이기 때문에 에너지 보존의 법칙이 성립하고, 서로 동일하게 저장될 수 있음을 나타내고, 저온의 열을 고온으로 이동시키는 것은 열역학 2법칙에 위배되므로 외부 에너지를 사용해야 가능한 일이다. **그림 4.27**은 히트펌프의 열 흐름을 나타낸다. 저온의 열을 고온으로 이동시키는 것으로, 저온의 열원은 대기, 대기온도 부근의 물, 지열 등이다. 열을 대기에서 얻어 고온으로 이동시키면 대기의 온도는 내려가지만 대기의 열원은 매우 커서 대기온도의 변화는 없다.

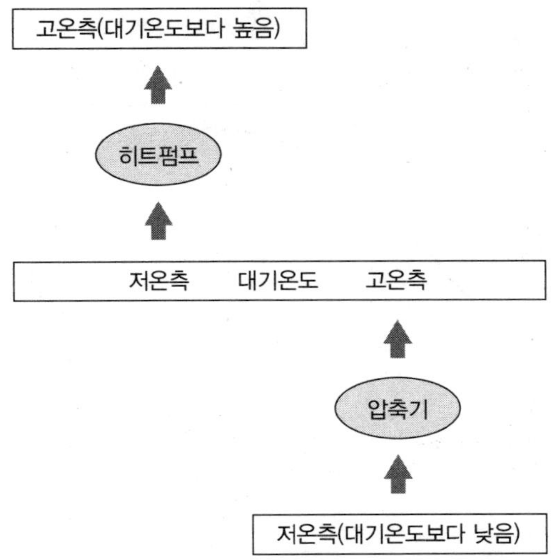

그림 4.27 히트펌프와 냉동기의 원리

히트펌프는 대기 온도를 저온열원으로 하고, 냉동기는 대기 온도를 고온열원으로 한다. 히트펌프와 냉동기는 이용하는 온도영역, 작동온도만 다르고 근본적으로 같은 구조이다.

냉동기와 히트펌프의 공통점은 저온에서 고온으로 열을 이동시키는 것으로, 증발기와 응축기가 있다. 이 2개의 열교환기 사이를 냉매가 순환하고 냉매를 압축하는 압축기가 필요하다. 이러한 기기를 연결하는 배관, 각종 안전장치, 제어장치 등으로 구성된다. **그림 4.28**은 히트펌프를 나타낸다. 압축기, 응축기, 팽창밸브, 증발기의 장치와 배관, 봉입된 냉매로 구성되고 다음과 같은 과정을 반복한다.

① **압축과정**: 압축기는 냉매를 고온, 고압으로 만든다.
② **응축과정**: 응축기에서 공기와 열교환을 하여 액화하면서 액화열이 발생한다.
③ **팽창과정**: 팽창밸브로 팽창하여 냉매는 저온, 저압이 된다.
④ **증발과정**: 증발기에서 공기와 열교환을 하여 증발하면서 기화열이 발생한다.

히트펌프는 증발기에서 열을 흡수하고 응축기에서 열을 방출한다. 응축기 내에서 냉매가 방

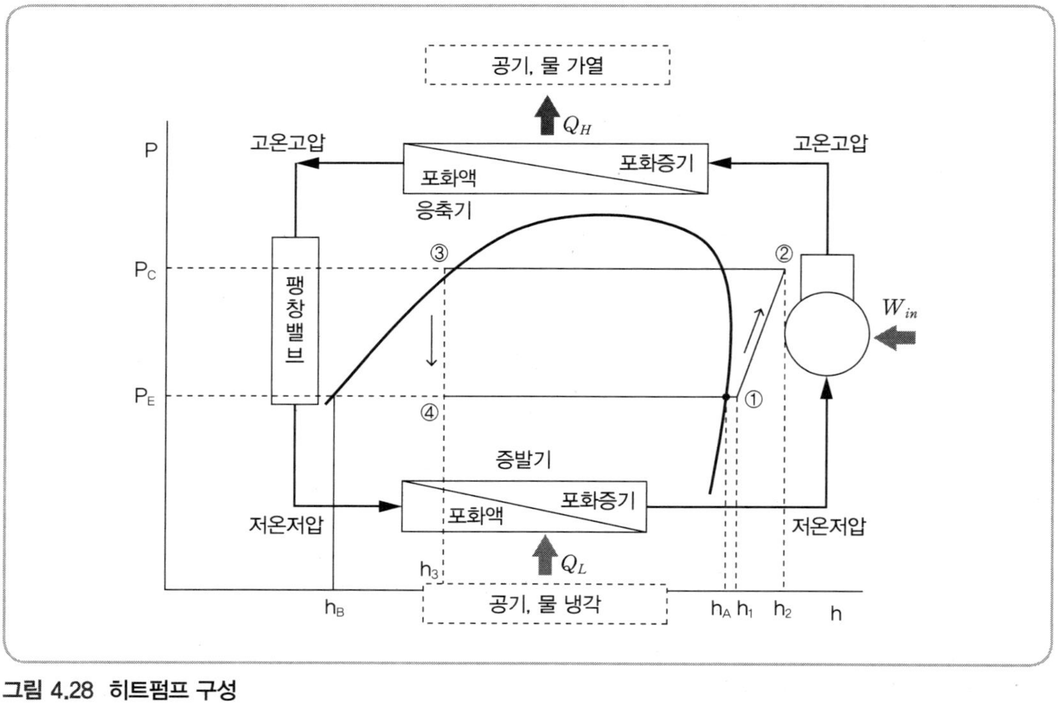

그림 4.28 히트펌프 구성

출하는 응축열(가열능력)을 Q_H, 증발기내에서 냉매가 흡열하는 증발열(냉각 능력)을 Q_L, 압축기의 소비전력을 W_{in}이라 하면

$$Q_H = Q_L + W_{in} \tag{4.67}$$

증발기에서 발생하는 냉각 증발열 Q_L과 압축기의 소비전력 W_{in}의 합은 응축기에서 발생하는 가열 응축열 Q_H와 같아 에너지가 보존된다.

$$COP_{HP} = \frac{Q_H}{W_{in}} = \frac{Q_H}{Q_H - Q_L} = \frac{T_H}{T_H - T_L} \tag{4.68}$$

이 식에서 고온과 저온의 온도차이가 작으면 성능계수는 높아지고 반대이면 낮아서, 히트펌프는 온도차이가 작을 때 사용한다. COP는 반드시 1보다 큰 3~7 정도이지만 10 이상도 가능하다. 히트펌프는 실내 난방에 사용을 하고, 냉매의 흐르는 방향을 반대로 하면 냉방이 되므로 편리하다. 온수와 같이 비교적 저온의 열에너지가 필요할 때 사용하면 연료를 직접 연소하여 열을 얻는 보일러식에 비하여 효율이 높다.

히트펌프의 1차측 작동유체는 공기 또는 물이고, 2차측 작동유체도 공기 또는 물이다. 예를 들어 가정용 에어컨은 1차측 작동유체는 공기이고 2차측의 작동유체도 공기이다. 1차측 작동유체가 공기인 히트펌프는 2차측 작동유체에 관계없이 공기 열원 히트펌프라고 한다. 그리고 1차측 작동유체가 물이면 물열원 히트펌프라 한다.

표 4.5 가정용 히트펌프의 종류

작동유체	공기(1차)	물(브라인)(1차)
공기(2차)	에어컨	에어컨
물(2차)	온수히트펌프	지중열 히트펌프

예제 4.20 1800W의 전열기와 COP가 2인 히트펌프를 사용하여 난방을 할 때 어느 쪽이 에너지가 절약되는가?

풀이) $COP_{HP} = \frac{Q_H}{W}$에서 $W = \frac{Q_H}{COP_{HP}} = \frac{1800}{2} = 900\text{W}$

히트펌프 절약 에너지 $= 1800\text{W} - 900\text{W} = 900\text{W}$

예제 4.21 냉매 R12가 95℃, 건도 10% 상태에서 2.5kg/s의 유량으로 열교환기에 유입되고 포화증기로 변경된다. 성능계수가 3인 히트펌프로 에너지를 공급할 때 히트펌프를 구동하는데 필요한 동력은 얼마인가? 단 1상태에서 h_f= 140kJ/kg, h_{fg}= 70kJ/kg, 2상태에서 h_g= 200kJ/kg이다.

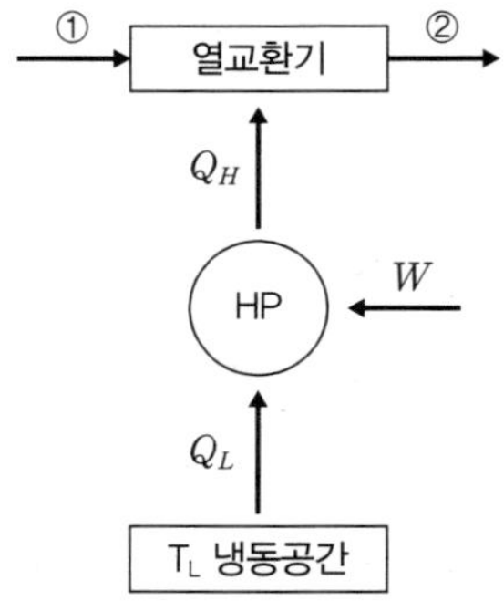

풀이) $h_1 = 140+0.1\times70 = 147$ kJ/kg

$$h_2 = 200 \text{ kJ/kg}$$

$$\dot{Q}_H = \dot{m}(h_2-h_1) = 2.5\times(200-147) = 132.5\text{kW}$$

$$\dot{W} = \frac{\dot{Q}_H}{COP_{HP}} = \frac{132.5}{3} = 44.17\text{W}$$

예제 4.22 히트 펌프와 냉동기에 관한 설명 중 ( ) 안에 적당한 말을 넣으시오.

외부에서 일을 공급하여 (ⓐ) 열원에서 (ⓑ) 열원으로 열을 이동시키는 장치를 펌프 및 냉동기라 한다. 고온 열원으로 열 방출을 목적으로 하는 것이 (ⓒ)이고, 저온 열원에서 열의 흡수를 목적으로 하는 것이 (ⓓ)이다.

풀이) ⓐ 저온 ⓑ 저온 ⓒ 히트 펌프 ⓓ 냉동기

예제 4.23 냉방 COP가 5.8인 냉난방 에어컨의 난방 COP는 얼마인가? 단 압축기의 각종 손실 및 열교환기의 압력손실은 무시하는 이상적인 사이클이라고 가정한다.

풀이) $COP_{HP} = COP_R+1 = 5.8+1 = 6.8$

연습문제

01 이상적인 사이클인 역카르노 사이클과 실제 증기압축 냉동사이클의 COP가 다른 이유는 무엇인가?

02 저온열원에서 열을 흡수하고 고온열원에서 열을 방출하는 사이클에서는 고온, 고압으로 된 냉매를 저온, 저압으로 만들어야 사이클이 형성된다. 고온 고압의 냉매를 저온 저압으로 만드는 방법은 무엇인가?

03 $\eta_{carnot} = 1 - \frac{Q_L}{Q_H} = 1 - \frac{T_L}{T_H}$임을 증명하시오.

04 $COP_{carnot} = 1 + COP_{HP}$임을 증명하시오.

05 캐스케이드 냉동시스템과 다단 압축 냉동시스템의 차이점을 설명하시오.

CAHPTER 5.

냉동 구성 기기

5.1 압축기 이론

냉매는 증발과 응축시의 온도와 압력 사이에는 일정한 관계가 있고, 그때의 온도와 압력을 각각 포화온도와 포화압력이라고 한다. 임의의 압력에서 그 압력에 대응하는 포화 온도보다 높은 온도로 가열하면 냉매는 증발하고, 반대로 포화온도보다 낮은 온도까지 열을 방출하면 냉매는 응축된다. 냉동 사이클에서 증기냉매를 응축기에서 액체로 만들기 위해서는 응축기 압력에 대응하는 포화온도 이하로 열을 방출하면 된다. 냉매의 포화온도는 압력이 높을수록 높게 되기 때문에 냉매의 압력을 높여 포화온도를 공기와 물의 온도보다 높게 하면, 공기와 물을 이용하여 냉매를 응축시킬 수 있다. 예를 들어 소형 가정용 냉장고에 사용되는 이소부탄의 압력이 0.53MPa이면 포화온도는 40℃가 되고, 25℃ 실내 공기로 열을 방출하여 냉매가 응축된다. 이와 같이, 증기냉매를 응축하기 위해서는 포화온도와 포화압력을 높여야 하므로 이때 압축기를 사용한다. 압축기는 증발기의 압력과 증발온도를 필요한 수준으로 유지하기 위해서도 필요하다.

5.1.1 왕복식 압축기 압축 원리

물질은 온도와 압력에 따라 액체, 기체상태로 상태량이 변하고, 온도가 일정한 상태에서 물질의 상태를 변화시키려면 열이 필요하다. 이 열에는 융해열(고체→액체), 증발열(액체→기체), 승화열(고체→기체)이 있고 이러한 열을 잠열이라고 한다. 잠열 중에서도 증발온도가 낮은 물질의 증발열을 사용하여 냉동한다.

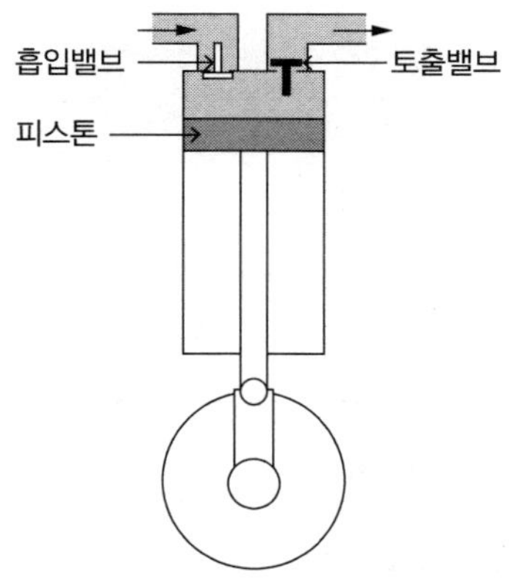

그림 5.1 왕복동 압축기

5.1.2 압축기 이론 일

(1) 간극체적이 없을 때의 도시일

왕복식 압축기의 모터의 회전운동을 크랭크축과 커넥팅 로드를 통하여 피스톤을 왕복 직선 운동으로 전환시켜 실린더 내에 흡입된 기체를 압축한다. 피스톤의 왕복운동에 의한 사이클은 일반적인 P－V선도로 나타낼 수 있고, 흡입, 압축, 토출의 사이클을 반복한다. 압축기는 전기 모터 또는 엔진 등에서 동력을 받아 증기냉매를 압축하여 외부로 토출한다. **그림 5.2**은 압축기 P－V선도를 나타내고 간극체적은 0인 조건이다.

D→A 흡입행정(P = 일정, V = 팽창)
A→B 압축행정(폴리트로픽 과정)
B→C 토출행정(P = 일정, V = 감소)

그림 5.2에서 흡입행정의 일은 D, A, X_2, 0의 면적이며 압축행정의 일은 A, B, X_1, X_2의 면적, 토출행정의 일은 B, C, 0, X_1의 면적이다. 흡입행정의 일은 압축기가 증기냉매로부터 받는 (－)일로 압축기의 도시일은 다음과 같다.

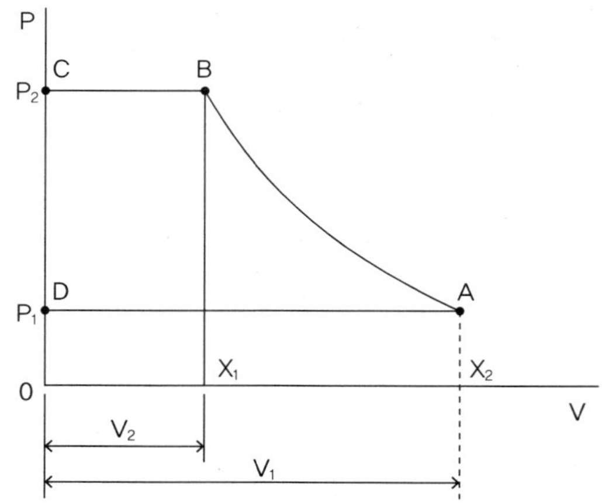

그림 5.2 압축기 P–V선도(V_{CL} = 0)

$$\text{압축기 도시일} = (\text{A, B, } X_1, X_2\text{의 면적}) + (\text{B, C, 0, } X_1\text{의 면적}) - (\text{D, A, } X_2\text{, 0의 면적})$$
$$= \text{A, B, C, D의 면적} \tag{5.1}$$

P_D의 증기냉매가 흡입되어, 흡입행정의 마지막 체적은 V_A이고, 압력 P_B까지 압축되고, 체적 V_B로 되어 토출된다. 이 경우 압축기 순수일의 크기는 A－B 압축과정이 단열과정인지 폴리트로픽 과정인지에 따라 다르다. 압축기의 흡입압력 P_A, 토출압력 P_B, 실린더 체적 V, 간극체적 V_{CL}, 행정체적 V_S라고 하면

$$V = V_S + V_{CL},\ V_A = V_S + V_{CL},\ V_C = V_{CL} = 0$$

$$\text{압력비}(P_R) = \frac{P_B}{P_A} \tag{5.2}$$

① 단열과정 압축기 도시일

증기냉매를 일정 압력까지 압축할 때 발생하는 열손실을 무시하는 단열과정으로 압축을 할 때 필요한 이론동력을 이론 단열동력이라 한다. 이론 단열동력과 실제로 압축하는데 필요한 축동력의 비를 전체 단열효율이라고 한다.

동일한 공기량을 같은 토출압력까지 압축하는 경우, 전체 단열효율이 크면 필요한 동력은 적어진다. 오일프리 스크류 압축기와 같이 압축 중에 발생하는 열을 케이싱 내에 분사하는 물로

직접 냉각을 하면 등온압축에 가까워 압축효율을 높일 수 있다. 이론 단열과정 일의 크기는 다음 식과 같다. 단열과정 축일은 단열과정 일의 k배이므로

$$W_i = \frac{k}{k-1}(P_B V_B - P_A V_A)$$

$$W_i = \frac{k}{k-1}(P_B V_B - P_A V_A) = \frac{k}{k-1} P_A V_A \left(\frac{P_B V_B}{P_A V_A} - 1 \right) \quad (5.3)$$

$$\frac{V_B}{V_A} = \left(\frac{P_A}{P_B} \right)^{\frac{1}{k}}$$

$$W_i = \frac{k}{k-1} P_A V_A \left[\frac{P_B}{P_A} \left(\frac{P_B}{P_A} \right)^{-\frac{1}{k}} - 1 \right] = \frac{k}{k-1} P_A V_A \left[\left(\frac{P_B}{P_A} \right)^{1-\frac{1}{k}} - 1 \right]$$

$$= \frac{k}{k-1} P_A V_A \left[\left(\frac{P_B}{P_A} \right)^{\frac{k-1}{k}} - 1 \right] = \frac{k}{k-1} P_A V_A \left[(P_R)^{\frac{k-1}{k}} - 1 \right] \quad (5.4)$$

② 폴리트로픽 과정 압축기 도시일

폴리트로픽 과정 압축 도시일은 단열과정 압축 도시일의 k를 n으로 치환하면 된다.

$$W_i = \left(\frac{n}{n-1} \right) P_A V_A \left[\left(\frac{P_B}{P_A} \right)^{\frac{n-1}{n}} - 1 \right] = \left(\frac{n}{n-1} \right) RT_A \left[(P_R)^{\frac{n-1}{n}} - 1 \right] \quad (5.5)$$

등온과정으로 압축을 하면, 압축기의 도시일은 최소가 되지만 이것은 이상적인 것으로, 실제로 제작하는 것은 불가능하다. 실제 압축기를 설계를 할 때 실린더의 냉각을 충분히 하여 압축에 의하여 발생하는 열을 줄이거나, 다단 압축방법을 사용하여 중간냉각을 최대로 하면 등온압축에 근접하게 된다.

(2) 간극체적이 있을 때의 도시일

① 체적효율

실제 압축기는 흡입과정은 정압과정이고, 압축과정은 폴리트로픽 단열과정으로 체적은 감소하고 압력은 증가한다. 토출과정은 압축된 기체를 배출하며, 팽창과정은 폴리트로픽 과정으로 체적은 증가하고 압력은 낮아진다. 토출용량과 피스톤의 왕복운동에 의한 체적의 비를 체적효율이라고 하며 이는 간극체적, 폴리트로픽 지수, 압력비의 함수로 정의된다. 폴리트로픽 압축에는 폴리트로픽 지수를 사용하고 지수는 실린더 냉각방식과 냉각능력에 따라 다르고, 지수는

간극체적에 잔류하는 가스의 팽창정도를 의미한다. 공기 압축기의 경우, 기체체적은 온도, 압력과 밀접한 관계가 있고 대기에서 압축기로 들어가는 기체의 양을 FAD(free air delivery)라고 한다. 대기상태를 P_a, T_a, V_a(FAD), 압축된 상태를 P, T, V라 하면 보일-샤를법칙에서 FAD는 다음 식과 같이 된다.

$$\frac{PV}{T} = \frac{P_a V_a}{T_a} \tag{5.6}$$

$$\text{FAD} = V_a = \frac{PVT_a}{TP_a} \tag{5.7}$$

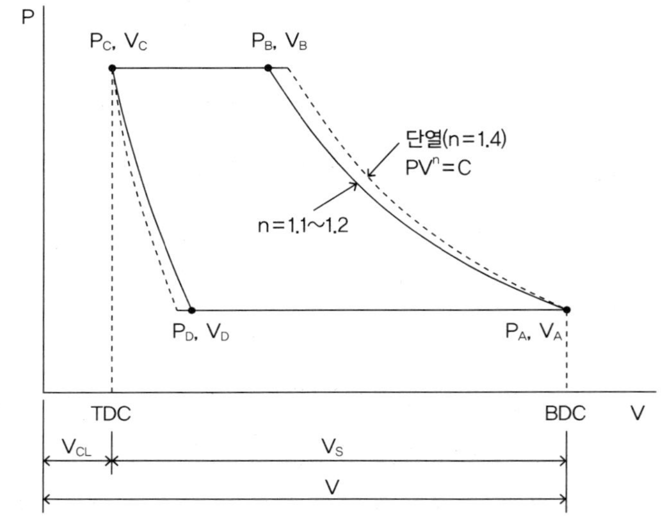

그림 5.3 압축기 P-V선도

- 흡입 정압과정(D→A), $P_D = P_A$
- 압축 단열과정(A→B)

$$P_A V_A^k = P_B V_B^k \tag{5.8}$$

$$T_A V_A^{k-1} = T_B V_B^{k-1} \tag{5.9}$$

$$T_A^k P_A^{1-k} = T_B^k P_B^{1-k} \tag{5.10}$$

$$V_B = V_A\left(\frac{P_A}{P_B}\right)^{\frac{1}{k}} = V_A\left(\frac{P_B}{P_A}\right)^{-\frac{1}{k}} \tag{5.11}$$

$$T_B = T_A\left(\frac{P_A}{P_B}\right)^{\frac{1-k}{k}} = T_A\left(\frac{P_B}{P_A}\right)^{\frac{k-1}{k}} \tag{5.12}$$

- 토출 정압과정 (B→C), $P_B = P_C$
- 팽창 단열과정 (C→D)

$$P_C T_C^k = P_D V_D^k \tag{5.13}$$

$$T_C V_C^{k-1} = T_D V_D^{k-1} \tag{5.14}$$

$$T_C^k P_C^{1-k} = T_D^k P_D^{1-k} \tag{5.15}$$

$$V_D = V_C\left(\frac{P_C}{P_D}\right)^{\frac{1}{k}} = V_C\left(\frac{P_B}{P_A}\right)^{\frac{1}{k}} \tag{5.16}$$

$$T_D = T_C\left(\frac{P_C}{P_D}\right)^{\frac{1-k}{k}} = T_C\left(\frac{P_D}{P_C}\right)^{\frac{k-1}{k}} \tag{5.17}$$

체적효율(η_V)는 압축기가 흡입한 공기체적과 행적체적의 비로 정의된다.

$$\eta_V = \frac{V_A - V_D}{V_A - V_C} \tag{5.18}$$

간극비 C_R은 간극체적을 행정체적으로 나눈 값으로 정의된다.

$$\text{간극비}(C_R) = \frac{V_{CL}}{V_S} \tag{5.19}$$

$$C_R = \frac{V_C}{V_A - V_C} \tag{5.20}$$

$$V_A - V_C = \frac{V_C}{C_R}, \quad \frac{V_A}{V_C} = \frac{1+C_R}{C_R} \tag{5.21}$$

$$\eta_V = \frac{V_A - V_D}{V_A - V_C} = \frac{\frac{V_C}{V_A - V_C}(V_A - V_D)}{V_C} = \frac{C_R(V_A - V_D)}{V_C} = C_R\left\{\frac{V_A}{V_C} - \frac{V_D}{V_C}\right\} \tag{5.22}$$

$\dfrac{V_D}{V_C} = \left(\dfrac{P_C}{P_D}\right)^{\frac{1}{k}}$을 대입하면

$$\eta_{vth} = C_R\left[\left(\frac{1+C_R}{C_R}\right)-\left(\frac{P_C}{P_D}\right)^{\frac{1}{k}}\right] \tag{5.23}$$

$$\eta_{vth} = C_R\left[\left(\frac{1+C_R}{C_R}\right)-\left(\frac{P_C}{P_D}\right)^{\frac{1}{k}}\right] = 1-C_R\left[\left(\frac{P_C}{P_D}\right)^{\frac{1}{k}}-1\right]$$

$$= 1-C_R\left[\left(\frac{P_B}{P_A}\right)^{\frac{1}{k}}-1\right] \tag{5.24}$$

이 식은 압축기의 이론 체적 효율식이다. 실제로는 압축행정 중에 열방출, 기계적인 마찰손실, 압력손실이 있어 단열과정은 성립되지 않고 또한, 실린더의 압축행정에도 체적효율이 저하되는 요인이 있어 압축기의 실제 도시일은 이론값보다 커진다. 실제 도시일은 각 압축기의 실험 냉매 순환량, 실험 데이터를 이용한 실제 체적효율은 다음과 같다.

$$\eta_{VR} = 1-a\left[2\frac{P_B}{P_A}-1\right] \tag{5.25}$$

여기서 a 실험상수, P_A 흡입압력, P_B 토출압력이다. 실험상수 a는 압축기의 종류, 운전조건에 따라 다르다.

② 단열과정 압축기 도시일

그림 5.4의 P−V선도를 y축에 대하여 적분하면 도시일이 구해진다. A→B의 압축 단열과정과 C→D의 팽창 단열과정은 다음 식을 만족한다.

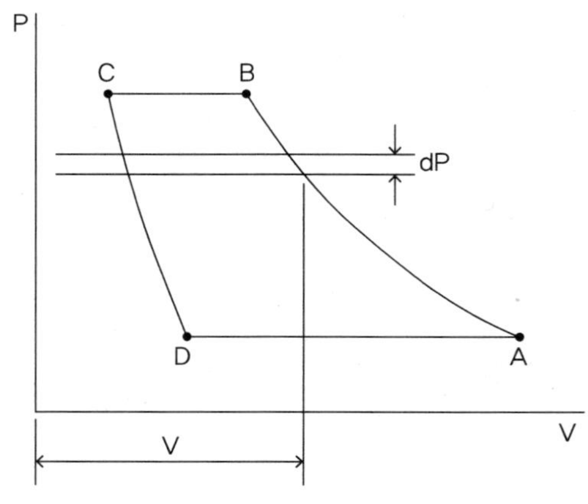

그림 5.4 도시일 P−V 선도

$$PV^k = C \tag{5.26}$$

이 식을 V로 표시하면

$$V = CP^{-\frac{1}{k}} \tag{5.27}$$

도시 일은

$$W_i = \int V\,dP = C\int P^{-\frac{1}{k}}\,dP \tag{5.28}$$

$$W_i = \int_{\mathrm{A}}^{\mathrm{B}} V\,dP = C\int_{\mathrm{A}}^{\mathrm{B}} P^{-\frac{1}{k}}\,dP = \frac{CP^{1-\frac{1}{k}}}{1-\frac{1}{k}} = \frac{kVP^{\frac{1}{k}}P^{1-\frac{1}{k}}}{k-1} = \frac{k}{k-1}PV \tag{5.29}$$

- A→B의 압축 단열과정에서는

$$W_{AB} = \frac{k(P_BV_B - P_AV_A)}{k-1} \tag{5.30}$$

- C→D의 팽창 단열과정에서는

$$W_{CD} = \frac{k(P_DV_D - P_CV_C)}{k-1} \tag{5.31}$$

- P−V선도에서 단열과정 압축기의 도시일은

$$W_i = W_{AB} - W_{CD} = \frac{k(P_BV_B - P_AV_A)}{k-1} - \frac{k(P_DV_D - P_CV_C)}{k-1} \tag{5.32}$$

$V_B = V_A\left(\frac{P_A}{P_B}\right)^{\frac{1}{k}} = V_A\left(\frac{P_B}{P_A}\right)^{-\frac{1}{k}}$을 사용하여 이 식을 정리하면

$$\begin{aligned} W_i &= \left(\frac{k}{k-1}\right)P_AV_A\left(\frac{P_BV_B}{P_AV_A} - 1\right) - \left(\frac{k}{k-1}\right)P_DV_D\left(\frac{P_CV_C}{P_DV_D} - 1\right) \\ &= \left(\frac{k}{k-1}\right)P_AV_A\left[\left(\frac{P_B}{P_A}\right)^{\frac{k-1}{k}} - 1\right] - \left(\frac{k}{k-1}\right)P_DV_D\left[\left(\frac{P_C}{P_D}\right)^{\frac{k-1}{k}} - 1\right] \\ &= \left(\frac{k}{k-1}\right)P_AV_A[(P_R)^{\frac{k-1}{k}} - 1] - \left(\frac{k}{k-1}\right)P_DV_D[(P_R)^{\frac{k-1}{k}} - 1] \end{aligned} \tag{5.33}$$

따라서 단열과정 압축기 도시일은 다음과 같다.

$$W_i = \left(\frac{k}{k-1}\right) P_A(V_A - V_D)\,[(P_R)^{\frac{k-1}{k}} - 1] \tag{5.34}$$

폴리트로픽 과정 압축기 도시일은 다음과 같다.

$$W_i = \left(\frac{n}{n-1}\right) P_A(V_A - V_D)\ [(P_R)^{\frac{n-1}{n}} - 1] \tag{5.35}$$

③ 실제 단열압축 효율

압축기의 효율은 성능을 나타내는 중요한 인자이며 압축일은 냉매의 특성과 압축기의 특성에 따라 정해지며 등온과정일 때 최소가 되며 실제로는 항상 등온, 단열과정보다 크다. 따라서 단열시 압축효율은 다음 식으로 정해진다.

$$\eta = \frac{W_{isen}}{W_r} \tag{5.36}$$

여기서 W_{isen}은 단열과정에서의 압축일, W_r은 실제 과정에서의 압축일이다. 이 값을 단열과정의 압축효율이라 한다.

예제 5.1 간극체적이 행정체적의 4%이고 폴리트로픽 지수가 1.16이면 왕복동 압축기의 체적효율은 얼마인가? 압력비는 5.5이다.

풀이) $\eta_V = 1 - 0.04[(5.5)^{1/1.16} - 1] = 1 - 0.1339 = 0.8661$

예제 5.2 기체가 왕복동 압축기에서 1bar에서 6bar로 압축된다. FAD는 14dm^3/s이고 간극비는 0.05, 사이클은 PV$^{1.2}$ = C에 따라 작동된다. 크랭크축의 회전속도가 360rev/min일 때 스윕체적을 구하시오.

풀이) $p_3 V_3^{1.2} = p_4 V_4^{1.2}$에서 $V_4 = 6^{1/1.2} \times 0.05V = 0.222V,\ FAD = 0.014\text{m}^3/\text{sec}$

$V_1 = V + 0.05V = 1.05V$

$V_1 - V_4 = 1.05V - 0.222V = 0.828V = 0.14$

$$V = \frac{0.014}{0.828} = 0.0169\text{m}^3/\text{sec}$$

$$\text{스웹체적은 } V_s = \frac{0.016\text{m}^3/\text{s}}{360/60\text{rev/s}} = 0.002816\text{m}^3 = 2.816\text{dm}^3$$

예제 5.3 왕복동 압축기가 360rev/min으로 회전하고 1bar, 15℃공기를 흡입하여 5bar까지 압축된다. FAD는 0.0566m^3/s이고 피스톤의 행정은 100mm이다. 도시일을 구하라. n = 1.3이다.

풀이) $T_1 = 288K$

$$\dot{m} = \frac{p_1\dot{V}}{RT_1} = \frac{1\times10^5\times0.0566}{287\times288} = 0.06847\text{kg/s}$$

$$T_2 = 288\times(5)^{\frac{0.3}{1.3}} = 417.5K$$

$$W = \frac{nmRT_1}{n-1}[P_R^{\frac{n-1}{n}}-1] = \frac{1.3\times0.06847\times287\times288}{1.3-1}[5^{\frac{0.3}{1.3}}-1]$$

$$= 24524.3\times0.44977 = 11{,}030.3W$$

5.1.3 압축기의 분류

냉매를 압축하여 온도를 높이는 기기로, 대용량 냉동기용 원심 압축기나 가정용 냉장고, 자동차 에어컨 등에 사용되는 왕복동 압축기, 가정용 에어컨에 사용되는 로터리 압축기나 스크롤 압축기 등이 있다. 압축기의 기능은 증기냉매나 공기를 높은 압력으로 만드는 일이고 가장 많이 쓰이는 방식이 왕복동 압축기이다.

압축기는 크게 용적형(positive – displacement)과 터보형(dynamic)으로 분류한다. 용적형은 왕복식과 회전식으로 분류하며, 터보형은 원심식과 축 터빈식이 있다. 용적형 압축기로는 왕복동 압축기, 로터리(회전) 압축기가 있으며, 용적형은 증기냉매를 실린더에 가두고 압축, 팽창을 반복하여 압력을 증가시킨 후 밸브로 배출한다.

공기와 냉매를 압축할 때 왕복동 압축기를 많이 사용되고 이는 높은 압력을 쉽게 얻을 수 있고 압축효율이 좋다. 단면의 피스톤으로 압축하면 싱글 액팅(single acting), 양면으로 압축하면 더블 액팅(double acting)으로 대부분 싱글 액팅을 사용한다. 터보형 압축기는 원심식 압축기가 많이 사용되고, 원심식 압축기는 임펠러의 작용에 의하여 압력을 상승시키고 동시에, 임펠러 출구 디퓨저 내에서 운동 에너지를 압력으로 변환하여 압축을 수행한다. 저압에서 많은 공기를 압축할 때는 로터리 형을 사용한다.

또한 압축기는 압축 기구부를 수납한 용기의 시일 방식에 따라 개방형과 밀폐형, 반밀폐형으로 분류한다. 개방형은 구동축이 케이싱을 관통하여 외부의 모터나 엔진에 의해 구동되고 축이 케이싱을 관통하는 부분은 기계적 시일과 립 시일(lip seal)에 의해 밀봉된다. 외부동력을 사용하는 자동차 에어컨, 모터 부품이 암모니아 냉매에 의해 손상되는 경우의 대형 산업용 냉동기 등에 사용된다. 밀폐형과 반밀폐형은 압축기 케이스 내에 모터를 같이 넣은 것으로, 밀폐형은 케이스가 용접에 의해 밀폐되어 있고, 반밀폐형은 케이싱의 일부가 볼트에 의해 체결되어 있어 볼트를 제거하면 개방형이 된다. 가정용 냉장고나 실내 에어컨 압축기는 모두 밀폐형 압축기이다. 압축기를 분류하면 표와 다음과 같다.

표 5.1 압축기의 분류

Compressor type									
Positive displacement								Dynamic	
Rotary					Reciprocating				
Lobe	Screw	Liquid ring	Scroll	Vane	Diaphram	Double acting	Single acting	Centrifugal	Axial

(1) 용적형(positive－displacement) 압축기

1) 로터리 압축기

케이싱 내에서 회전하는 로터에 의해 케이싱과 로터 사이의 체적을 변화시켜 기체를 압축하는 압축기

① 로브 압축기

② 헬리컬 스크류 압축기

③ 링 압축기

④ 스크롤 압축기

⑤ 슬라이딩 베인 압축기

2) 왕복동 압축기

피스톤의 왕복운동에 의해 실린더 용적을 변화시켜 기체를 압축하는 압축기

① 다이어프램 압축기

② 더블 액팅 압축기

③ 싱글 액팅 압축기

(2) 다이나믹(터보형) 압축기

① 원심식 압축기 임펠러의 원심력에 의해 기체에 속도 에너지를 주고 그것을 압력으로 변환시켜 압축하는 압축기

② 축류식 압축기: 익형 단면을 갖는 날개를 회전시켜 기체를 축방향으로 흘려서 압축하는 압축기로 압축기 효율은 스크롤, 스크류 압축기가 왕복동 압축기보다 높다.

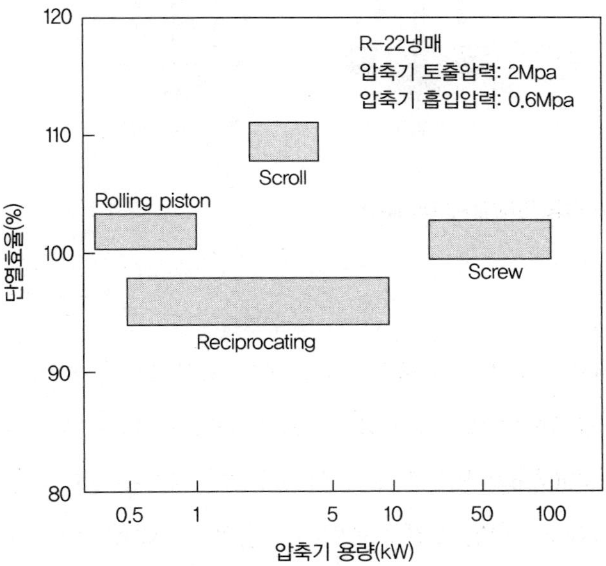

그림 5.5 압축기의 효율

5.2 압축기의 종류

5.2.1 왕복동 압축기

(1) 작동원리

왕복식 압축기의 기본 구조는 모터의 회전운동을 크랭크 샤프트, 커넥팅 로드를 사용하여 왕복 직선운동으로 전환하고 피스톤을 왕복 운동시켜 실린더 내의 기체를 압축한다. 실린더 내에서 압축 사이클은 흡입, 압축, 토출, 팽창의 과정을 반복한다.

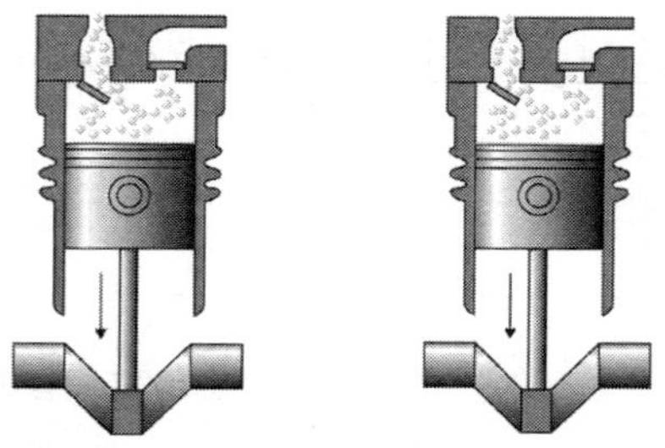

그림 5.6 왕복동 압축기 작동 원리(출처: Danfos)

(2) 구조

냉동장치에 사용되는 기본적인 압축기로 피스톤이 왕복운동을 하여 증기냉매를 압축한다. 수평형, 수직형, 다기통 압축기로 분류되고 다기통 압축기는 직경이 작은 실린더가 다수 부착된 압축기로 회전수는 1,000rpm이상으로 고속 압축기이다. 다기통 실린더의 개수는 4~16개이며 실린더 직경은 최대 140mm이다. 실린더 배치는 V형, W형, WW형이 있고 회전속도가 빠르고 실린더 수가 많아 실린더를 나누어 제어하면 압축기 출력의 25~100%를 자동제어할 수 있는 장점이 있다. 압축시 열이 발생하므로 압축기의 냉각이 충분하지 않으면 토출기체 온도가 높아 윤활유가 뜨거워진다.

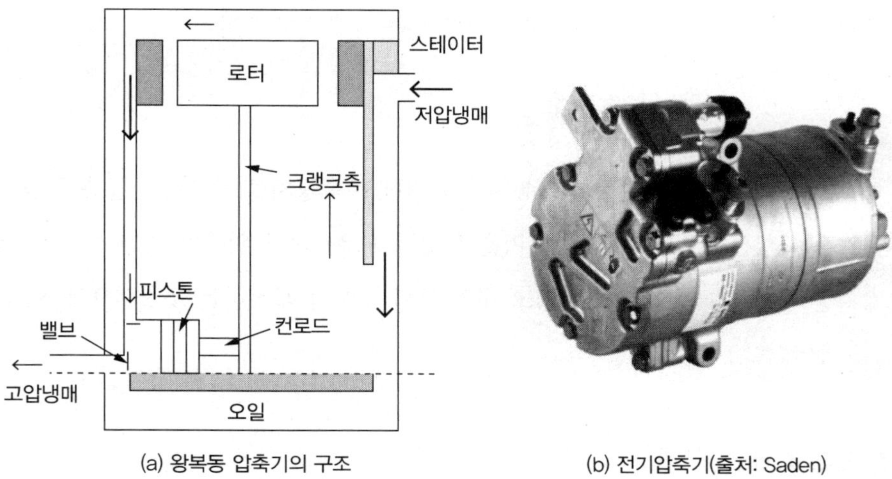

(a) 왕복동 압축기의 구조　　(b) 전기압축기(출처: Saden)

그림 5.7　압축기

① 실린더

실린더는 펄라이트 조직의 고급주철을 사용하고, 토출압력 8~12MPa일 때는 주강, 12MPa 이상일 때는 단조를 사용한다. 라이너는 토출압력 8MPa 이상일 때는 미하나이트(meehanite) 주철을 사용하고 실린더와 라이너 표면은 연마 후 호닝처리한다. 소형 압축기에서는 실린더에 핀을 부착하여 공냉식으로 하고, 일반적으로 압축기는 수냉식이 대부분이다.

② 피스톤

고급 주철을 사용하고 고속 운동이므로 관성력을 고려하여 경합금을 사용한다. 커넥팅 로드는 일반적으로 단조 또는 탄소강이 사용된다.

③ 흡입 밸브와 토출 밸브

왕복식 압축기의 흡입, 토출밸브는 스프링의 힘을 이용하는 밸브를 사용하고 링 밸브이기 때문에 밸브면적이 크고 작동이 가볍다. 고속 고온의 상태에서 왕복운동을 반복하기 때문에, 재질과 가공불량은 밸브의 수명과 압축기의 효율에 영향을 미친다. 흡입밸브와 토출밸브는 Ni－Cr강, Ni－Cr－Mo강 같은 고급합금을 사용한다.

④ 거버너(governor)

거버너는 압축되는 공기의 양이 최소량 이하로 되는 것을 방지한다.

⑤ 언로더(unloader)

압축기의 흡입, 토출압력을 일정하게 유지하기 위한 부속장치로 압축기는 압축공기의 용량에 관계없이 일정한 회전으로 운전된다. 압력을 일정하게 유지하기 위하여 흡입량과 토출량을 조절하는 장치를 언로더라고 한다. 공기탱크 내의 압력에 따라 작동하는 조절밸브로 흡기 밸브나 배기밸브를 제어한다.

⑥ 용량 조절 장치

압축기는 용도에 따라 일정한 압력으로 운전하는 것이 필요하다. 보통 최대 용량에서 압축기 용량을 정하고 다음과 같은 방법을 사용하여 자동으로 용량을 조정한다.

- 흡입밸브를 개방하는 방법: 압력 조절밸브와 흡입 언로더를 이용하여 체적을 조절한다.
- 간극체적 조절방법: 간극체적을 증가시키면 체적효율은 저하되고, 토출유량이 적어져 동력도 작아진다. 이 원리를 이용하여 실린더 주위에 간극체적 조절밸브를 부착하여 조절한다.
- 압축기 일시 정지법: 압력이 규정치 이상에 도달하면 자동으로 압축기를 정지시킨다.

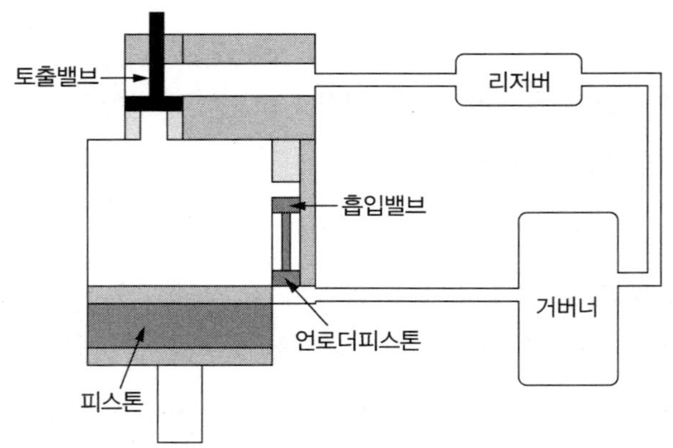

그림 5.8 왕복식 압축기의 구성

왕복동 압축기는 프레온, 암모니아, 공기용으로 제작되며 보통 2기통이다. 암모니아용은 1,000rpm, 프레온용은 최대 3,500rpm이며 짝수 기통을 병렬로 연결한다. 압축기는 토출압력은 높고, 140~160℃의 토출온도인 기체를 만든다. 왕복동 압축기는 가정용 냉장고에서부터 100톤 이상의 대형 냉장고에 사용되지만 압축비가 너무 높으면 토출온도가 높게 되어 문제가 발생한다. 큰 유량이 필요한 중소형 압축기에는 스크류 압축기와 터보 압축기, 자동차용으로는 스크롤 압축기로 대체되고 있다.

5.2.2 로터리 압축기

1905년, 스웨덴의 리숌(Lysholm)에 의해 가스터빈 공기압축용으로 개발이 진행되었으나 가공 기술이 떨어져 실용화되지 못하였다. 로터리 압축기는 축에 편심되어 붙어 있는 회전자가 회전축의 회전에 따라 실린더에 밀접하게 회전하여 실린더 내벽과 회전자의 외벽 사이의 체적의 변화에 의해 압축작용을 한다. 로터리 압축기의 가장 일반적인 형태는 스크류 압축기와 스크롤 압축기이다. 스크류 압축기는 다음과 같이 분류된다.

- 압축공기 중에 오일을 포함하지 않는 오일 프리식 압축기와 윤활유를 사용하는 오일 분사식 압축기
- 회전 피스톤식 압축기와 로터리식 압축기
- 실린더 스크류압축기, 2축 스크류 압축기, 일반적으로 스크류 압축기는 2축 스크류 압축기를 의미한다.
- 로브(lobe, root blower), 압축기, 스크류 압축기, 헬리컬 로브를 가지는 회전 스크류 압축기

오일 분사식 압축기는 압축 중에 치구에 오일을 주입하여 오일의 윤활성으로 숫 로터와 암 로터의 접촉을 방지하고, 오일 프리 압축기는 치구에 오일을 주입하지 않기 때문에 접촉하면 손상이 발생한다. 별도의 장치를 설계하여 로터가 접촉하지 않도록 해야 한다. 이 압축기의 특징은 직결 구동이 용이하고 에너지 절약, 소형 경량, 저소음이다. 출력이 작은 10~400kW의 룸 에어컨, 제습기, 가정용 냉장고, 자동차 에어컨에 사용된다.

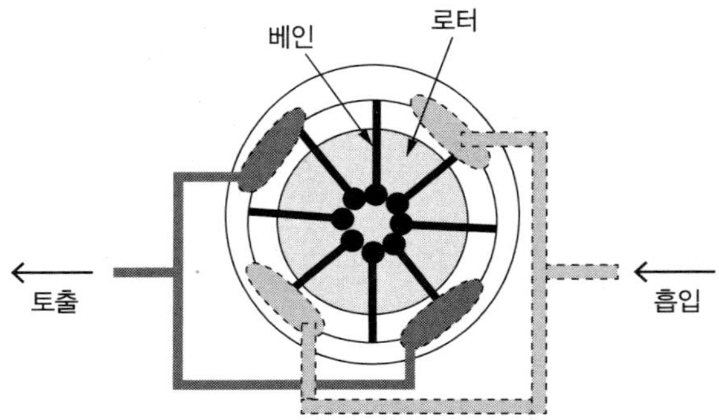

그림 5.9 로터리 베인 압축기

(1) 스크류 압축기 구조

스크류 압축기는 케이싱 내에 맞물려 회전하는 암수 스크류 로터(rotor, 회전자)로 구성되고 암수 스크류 로터가 회전하면서 공기를 압축하여 토출구로 압축기체를 배출한다. 헬리컬 스크류의 회전에 의하여 로터와 케이싱 사이의 용적을 감소시켜서 기체를 압축한다. 암수 스크류 로터가 반대 방향으로 움직여 공기를 압축하고, 움직이는 앞 방향에서 압축하고, 토출구로 공기를 배출하고 흡입밸브와 토출밸브가 없다. 피스톤 대신에 로터를 장착하여 고속으로 작동시켜 왕복동 압축기보다 큰 압력을 만들어 낸다.

스크류 압축기는 숫 스크류 로터, 암 스크류 로터, 케이싱이 압축실을 형성하고 치수가 작은 로터가 숫 스크류 로터로 구동축, 치수가 많은 것이 암 스크류 로터로 종동축이 된다. 그림 5.10에서 파선은 케이싱을 나타내고 스크류 로터, 케이싱 축 직각단면의 형상을 나타낸다. 치수의 조합은 압력조건과 압축기 구조에 따라 다르지만 숫 스크류 로터가 4개, 암 스크류 로터가 6개이고 그 외 4+5, 5+6, 5+7의 조합이 있다.

중요한 것은 치차의 모양에 의해 압축기 효율, 진동 등이 결정된다. 로터의 지름은 50~500mm, 로터의 길이는 로터 지름의 1~1.65배이다. 스크류 압축기는 압축기 내부는 공기나 물에 의해 냉각되기 때문에 작동 부품이 최대 작동 온도에 도달하지 않아 고장이 적고 수명이 길다. 스크류 압축기는 압축비가 커서 큰 체적효율을 얻고 왕복동과 비교하여 크랭크 기구가 없고 간단하며 진동이 적고 흡입과 토출밸브가 없다.

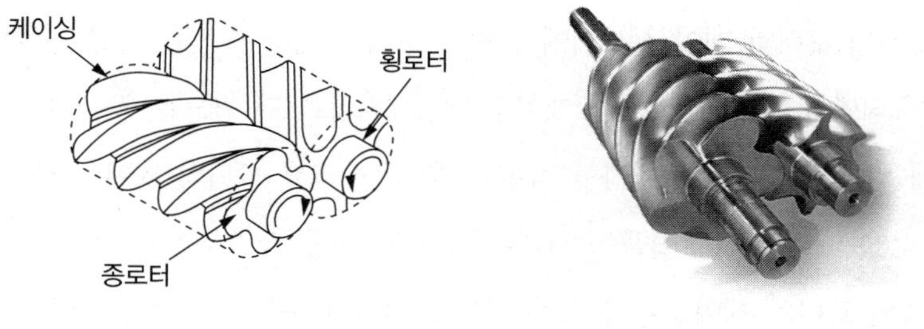

그림 5.10 암수 스크류 로터

구성 부품은 숫 스크류 로터, 암 스크류 로터, 케이싱, 축수, 갭링, 모터로 구성된다. 스크류 압축기의 구조는 모터와 숫 스크류 로터를 결합하는 방법에 따라 갭링(gap ring)과 하메칭 구조로 나뉜다. 갭링 구조는 숫 스크류 로터의 축과 모터의 축이 갭링으로 연결되고 숫 스크류 로터 축은 케이싱을 관통하여 외부로 나와 모터와 연결되며 로터와 모터의 연결이 갭링에 의해 종속적이지 않아 진동 특성이 좋아진다. 하메칭 구조는 숫 스크류 로터의 축은 모터의 회전자가 직접 연결되고 회전부분과 케이싱 사이가 유막으로 덮여 있다. 숫 스크류 로터의 관성 모멘트는 회전자의 관성 모멘트에 합해지고 숫 스크류 로터와 모터는 같은 회전수로 회전을 한다.

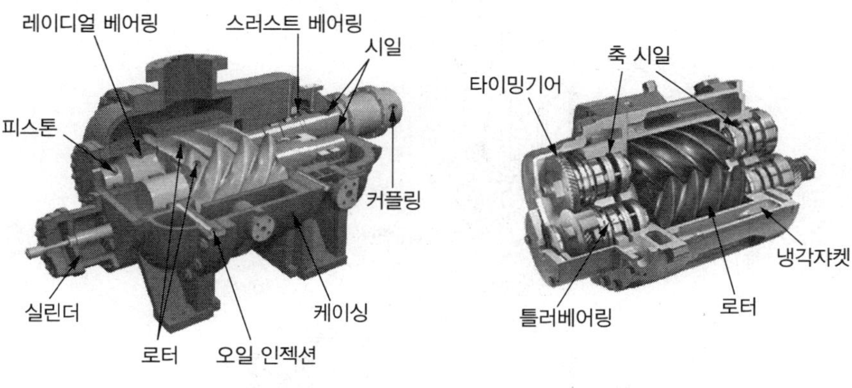

그림 5.11 Kobelco **오일 분사식 스크류 압축기(출처:** www.kobelcocompressor.com)

(2) 스크류 압축기 작동원리

스크류 압축기는 케이싱 내에서 암수 치형 기구 내에 증기냉매를 넣고 로터를 회전시켜 치구의 체적을 감소시켜 압축하는 회전 용적형 압축기이다. 숫 스크류 로터가 회전을 하면 공기는 빨려 들어가 2개의 로터와 케이싱 사이에 갇히고 로터가 계속 회전을 하면, 냉매는 로터의 다른 쪽 끝으로 압축되면서 밀려나간다. 즉 케이싱 내 2개의 로터가 만드는 공간의 체적이 숫 스크류 로터의 회전에 의해 감소하여 냉매가 압축된다. 암수 스크류 로터와 케이싱 사이에 형성되는 간극은 가능한 작게 하여 가스누설을 방지해야 하고 압축 중 가스누설은 압축기 효율을 저하시킨다. 그리고 2개의 로터와 케이싱은 접촉이 없이 회전해야 하므로 접촉부분의 공간은 누설 방지를 위하여 오일분사(oil injection)를 해야 한다. 로터 내에 분사된 오일은 간극에 유막을 형성하여 실링효과로 기밀작용을 하여 기체의 누설도 방지되고 기체의 냉각작용이 이루어진다. 스크류 압축기는 오일분사를 하기 때문에, 다량의 오일이 압축된 냉매와 함께 토출되어야 하고 또한 오일 분리기가 필요하며, 베어링의 윤활과 오일분사는 오일펌프를 이용하거나, 로터 회전시 발생되는 고압과 저압의 차압을 이용하기도 한다.

증기냉매가 누설이 되면 고압 고온 측에서 저온 저압의 기체를 가열하므로 압축기체의 온도는 높아지고 로터는 증기냉매에 의해 가열되어 열팽창을 하므로 각 부의 갭이 작아져 압축기 운전을 지속하기 어렵다.

스크류 압축기에서 압축은 **그림 5.12**의 사선의 치형을 보면 a→b→c→d 회전하는 치형 위치의 변화로 알 수 있다. 그림에서 앞의 로터 단면은 흡입단면, 반대측은 토출단면이고 케이싱은

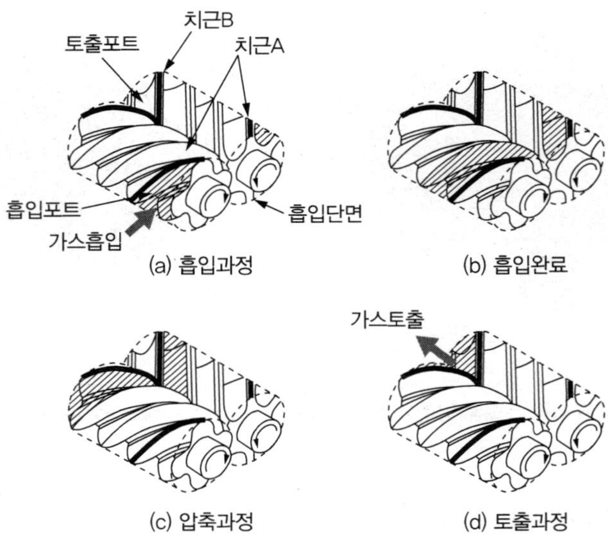

그림 5.12 스크류 압축기 작동원리

숫 스크류 로터와 암 스크류 로터를 감싸고 있다. 치근 A에 대응하는 케이싱 위치에서 흡입단면 부분은 케이싱의 벽이 없어서 그 공간으로 흡입포트가 연결되어 있다. 치근 B에 대응하는 케이싱 위치에서 토출단면 부분도 케이싱의 벽이 없어서 그 공간은 토출 포트가 연결되어 있다.

① **흡입과정**: 치형의 맞물림이 어긋나면 치형의 차이로 체적이 커져 공간이 생기고 치형이 토출면 방향으로 이동하면 치형은 흡입 포트와 연결이 되어 흡입 압력의 발생으로 증기냉매가 공간으로 흡입되고 흡입된 공기는 케이싱 벽에 의해 차단되어 흡입이 완료된다.

② **흡입완료**: 치형위치는 체적이 최대로 되는 위치로 흡입포트와 치형이 격리되어 막히고 기체가 압축 준비를 한다.

③ **압축시작**: 치형공간과 케이싱 사이에 갇힌 공기가 로터의 맞물림에 의해 체적이 감소되면서 압축을 시작한다.

④ **압축**: 압축시작 상태에서 로터가 회전을 계속하면 치형공간과 케이싱 사이에서 냉매는 공간 체적이 감소로 압축되어 높은 압력으로 되고 치형은 토출면 방향으로 이동을 하여 토출 포트와 연결된다.

⑤ **토출**: 압축된 공기가 케이싱에 열린 노즐로 토출된다.

(3) 1단과 2단 스크류 압축기

소용량 압축기는 구조가 간단한 1단 압축기를 사용하여 저가이고, 오일프리 스크류 압축기는 압력비가 4를 넘으면 효율이 나빠져 2단 압축방식을 사용해야 한다. 2단 스크류 냉동기는 증

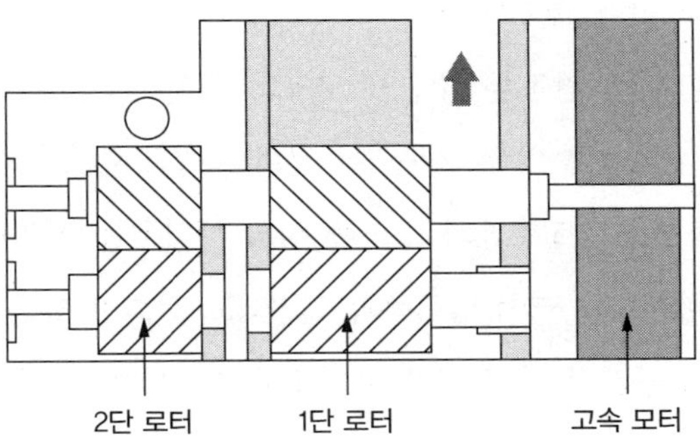

그림 5.13 고속 2단 스크류 압축기

발온도 −30~−60℃의 온도범위에서 사용하고, 압축기의 흡입압력은 35~160kPa 범위이다. 토출압력을 700kPa로 만들기 위해서는 1단 압축기의 압력비를 8로 해야 하고 토출 공기온도가 300℃를 넘지만, 2단 압축기는 압력비는 3으로 하고, 온도는 150℃를 넘지 않는다. 압력비가 커지면 압축 기체의 누설량이 커지고 효율이 떨어지므로 누설량을 저감시키기 위해서는 치차의 가공기술, 치형의 고효율 설계가 필요하다. 토출온도는 내부 누설방지, 효율적인 치형모양, 로터 열변형 설계로 온도를 낮추어야 한다. 토출기체의 온도가 높으면 로터의 열팽창이 증대하여, 로터의 회전속도가 커지면서 축진동이 커져 압축기의 내구성에 문제가 발생하므로 갭의 최적화, 로터의 열변형 보상, 고속 구동기술 등이 필요하다.

5.2.3 스크롤 압축기

(1) 스크롤 압축기 구조

1905년부터 시작되어 스크류 압축기보다 훨씬 더 긴 역사가 길지만 자동차에 적용은 그렇게 오래 되지 않았다. 스크롤 압축기는 고정 스크롤 랩과 회전 스크롤 사이에 냉매 증기를 넣어 압축하고 중앙의 토출포트로 고압기체를 내보내는 소형 압축기이다. 스크롤 압축기는 독특한 압축원리를 가지고 있으며 다양한 특징이 있다.

1980년, 2.2kW 스크롤 압축기가 처음으로 개발되어 패키지 에어컨과 룸 에어컨 용도로 사용되고 있다.

고효율, 저소음, 저진동의 압축기로 다른 방식의 압축기는 1회전에 흡입팽창, 압축토출을 완료하는 반면 스크롤 압축기는 약 2~3회전에 2개의 소용돌이로 형성된 초승달 모양의 체적을 바꾸면서 천천히 흡입, 팽창, 압축, 토출한다.

스크롤 압축기는 평판 위에 인볼류션(나선) 모양의 임펠러(날개)를 가지는 고정 스크롤 랩(wrap)와 같은 모양의 편심된 축에 의해 구동되는 선회 스크롤 랩을 180° 조합시켜 그 사이에 형성되는 밀폐 공간을 압축실로 하고 2개의 스크롤 랩의 상대운동에 의한 용적변화를 이용한다. 선회 스크롤 랩은 동심 베어링을 거쳐 입력축과 연결되고 선회 스크롤 랩이 고정 스크롤 랩 내에서 회전에 따라 다수의 공간이 나선 모양 사이에서 형성된다. 이들 공간의 크기가 감소되면 압축되어 냉매압력이 증가되고, 압축기의 후방부의 토출밸브를 통해 배출된다. 스크롤 압축기는 선회 스크롤 랩의 회전운동으로 냉매를 압축하지만 그러나 운전중 압축반력에 의하여 선회 스크롤 랩 중심 주위에 자전(회전) 힘이 발생한다. 선회 스크롤 랩이 자전하면 고정 스크롤 랩 사이에 간극이 생겨 시일불량을 초래하기 때문에 자전 방지기구가 필요하다. 자전 방지기구로는 볼 커플링식, 올햄링식이 있다. 압축기구는 선회 스크롤 랩, 고정 스크롤 랩과 자전방지 링, 크랭크 축, 프레임의 5개 부품으로 구성되고 전체가 밀폐형으로 압축 도중의 기체를 선회 스크롤 랩의 후면의 배압실로 압력을 가하여 선회 스크롤 랩을 고정 스크롤 랩에 밀착시켜 기밀을 유지한다. 스크롤 압축기는 왕복식과 비교하여 부품 수도 적고, 체적으로 40%, 무게로 15%의 경량화, 평균 10%의 효율향상과 약 8dB의 소음 저감이 가능한 압축기이다.

그림 5.14는 스크롤 압축기의 구조를 나타낸다. 케이싱 내부의 상하부에 메인 프레임과 하부 프레임이 있고, 이 2프레임 사이에 모터 고정자가 케이싱의 안쪽 면에 압입되고, 모터 회전자는 고정자의 안쪽 면에 삽입된다. 회전자의 중앙부를 크랭크축이 관통하고 원형 인볼류션 곡선으로 랩이 형성된 선회 스크롤 랩은 메인 프레임의 상부에 연결되어 편심된 크랭크축에 의해 선회 운동을 한다. 선회 스크롤 랩의 상단에는 고정 스크롤 랩이 있고 이는 메인 프레임과 연결되고 이 2개의 스크롤 랩에 의해 압축실이 형성된다.

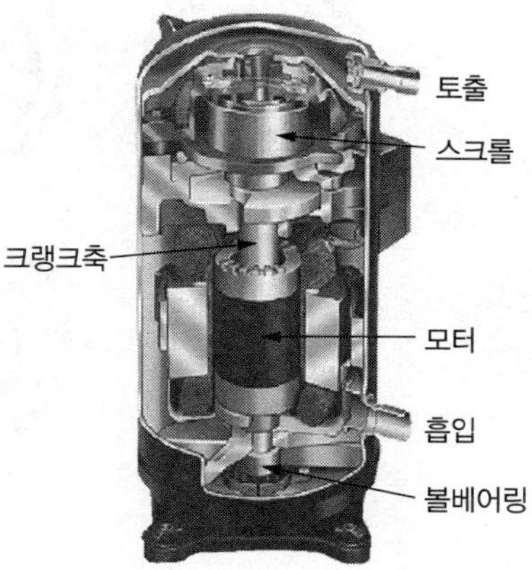

그림 5.14 스크롤 압축기의 구조(출처: stophotair.com)

(2) 스크롤 압축기의 작동원리

증기냉매는 외부에서 흡입되어 중심부에서 토출되지만 흡입완료 상태에서는 좌측의 압축실은 4개의 실이 형성되고 압축실이 회전과 함께 중심부로 이동하면서 압축이 진행된다. 흡입구를 통하여 냉매 증기가 한 쌍의 스크롤 랩의 바깥면으로 흡입되고 선회 스크롤 랩의 선회운동에 의해 스크롤 랩의 중심을 향하여 압축된 기체는 고정 스크롤 랩의 토출구를 통하여 토출된다. 케이싱 하부의 오일은 크랭크축 하단의 펌프에 의해 오일 구멍에서 흡입되어 압축기구에 공급된다. 대부분의 오일은 저장소로 다시 리턴되고 일부는 증기냉매에 혼입되어 압축실에 들어간다.

그림 5.15에 스크롤 압축기의 작동원리를 나타낸다. 고정 스크롤 랩에 대하여 선회 스크롤 랩은 일정한 회전반경을 유지하면서 180°의 위상차를 가지고 맞물리게 되고, 다수의 초승달 모양의 공간을 형성한다. 크랭크축의 회전각도 $\theta=0°$이면 2번 스크롤 랩의 바깥 외주부에 압력 P_1을 가지는 한 쌍의 공간이 형성되고, 크랭크축이 $\theta=90°$, 180°, 270°의 순서로 회전하면 선회 스크롤 랩이 고정 스크롤 랩의 주위에 압축되고, 공간은 2개의 스크롤 랩의 중심을 향하여 이동된다. 크랭크축이 더 회전하여 450°가 되면 한 쌍의 공간은 하나로 되고 압축기체는 고정 스크롤 랩의 중심에 있는 토출구를 통하여 토출된다. 흡입과정에서 토출과정까지 크랭크축은 2~3회전을 하고, 압 축과정은 길고, 증기냉매가 서서히 압축되기 때문에 토크변동이 적은 편이다.

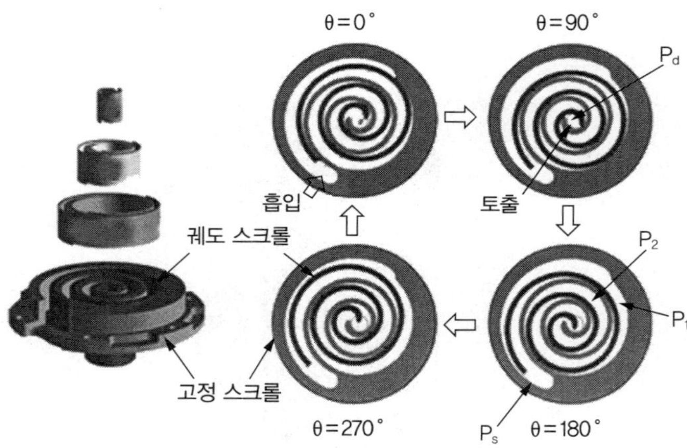

그림 5.15 스크롤 압축기의 작동 원리(출처: Shizuok.uni)

(3) 스크롤 압축기의 누설 방지

그림 5.16과 같이 압축과정 중의 중간압력 인 압축실의 기체는, 흡입압력 인 저압실로의 누설이 있다. 스크롤 압축기의 성능을 높이기 위해서는 압축실의 내부 누설을 줄여야 한다. 압축기의 압축실 사이의 미세한 틈으로 기체가 누설되는 것을 방지하기 위해 누설 방지장치가

필요하다.

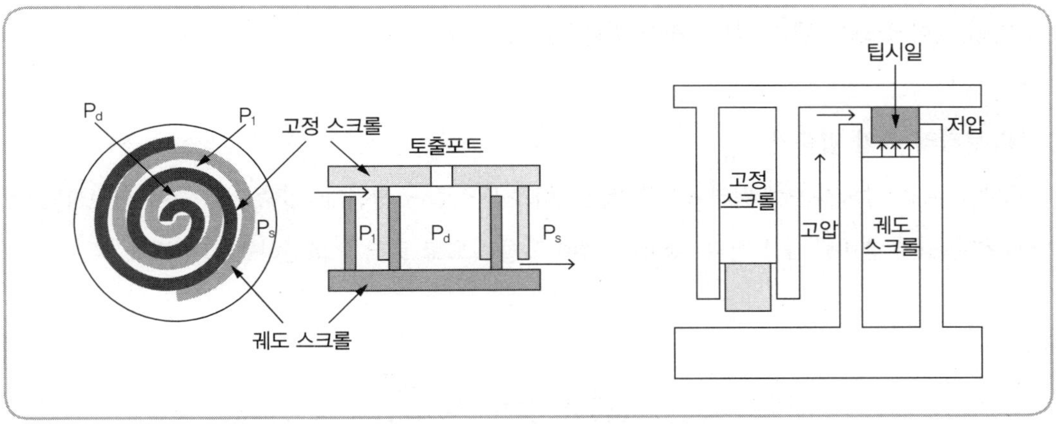

그림 5.16 팁시일 방법(출처: Shizuok.uni)

1) 축방향 클리어런스의 누설 방지기구

① 팁 시일(tip seal)

스크롤 랩의 끝 부분에 홈을 가공하고 홈에 팁 시일을 넣어 축방향의 누설을 방지한다.

② 선회 스크롤 배압방식(Orbiting Scroll)

압축실의 증기냉매의 일부를 선회 스크롤 랩의 바닥 판에 뚫린 작은 구멍을 통하여 랩에 작용하는 압력과 오일압력의 합으로 선화 랩을 밀어 올려 고정 랩과의 틈을 없애는 방법이다.

③ 고정 스크롤 배압방식(Fixed Scroll)

압축된 중간압력을 가지는 압축실의 증기냉매의 일부를 고정 스크롤 랩의 바닥 판에 뚫린 작은 구멍을 통하여 전달되는 토출된 기체의 압력의 합으로 고정 스크롤 랩이 선회 스크롤 랩에 압착되어 누설을 줄이는 방법이다.

2) 반경방향 클리어런스의 누설 방지기구

① 고정 크랭크

선회 스크롤 랩의 선회반경이 부품의 가공치수와 조립공차로 결정된다.

② 가변 크랭크

축의 크랭크 핀과 선회 스크롤 랩 사이에 슬라이드 부시가 설치되어 부시가 슬라이드하는 것에 의해 선회 스크롤 랩의 선회반경이 변화하는 방식이다.

(4) 로터리 베인 압축기

로터리 베인 압축기는 로터와 4개의 베인, 하우징으로 구성된다. 압축기의 축이 회전하면 베인과 하우징이 챔버를 구성한다. 냉매는 챔버로 들어오고 로터가 회전하면 압축된다.

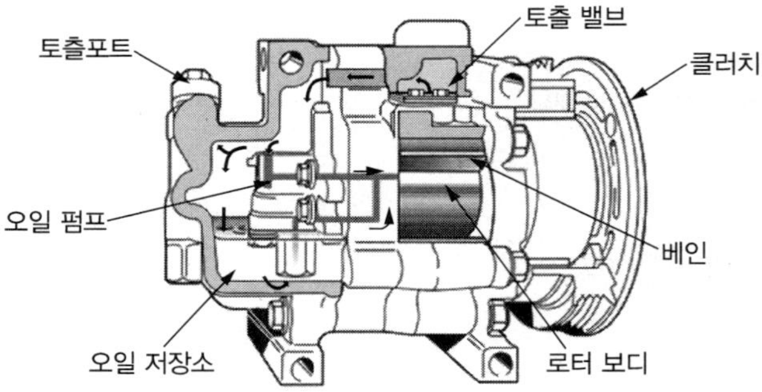

그림 5.17 파나소닉의 로터리 베인 압축기

5.2.4 원심식 압축기

(1) 원심식 압축기 구조

원심식 압축기는 터보 압축기이며 회전하는 임펠러의 통로가 받는 원심력을 이용하여 냉매를 압축한다. 터보형 유체기계는 회전하는 임펠러를 통하여 지속적으로 에너지를 변환하는 장치이고, 터보 압축기는 그 안에 부착된 임펠러에 기체 에너지를 가하고, 압력이 낮은 곳에서 높은 곳으로 기체를 송출하는 장치이다. 터보 압축기는 원심식과 축류식이 있다. 원심식은 임펠러에서 토출되는 유체가 회전축과 수직인 반경방향으로 유출하고, 축류식은 기체가 임펠러의 회전축방향으로 유입되고, 같은 방향으로 유출된다. 압축비가 높고 소형으로 되면 성적계수가 나빠지고 75kW 이상의 냉동용 압축기로 사용한다.

① 압축기 본체

압축기에서 유량, 압력비, 임펠러 원주속도, 냉각정도, 회전수 등에 따라 전체의 압축기 단수가 결정되고 원심식 압축기는 임펠러 1단당 압력비가 1.5~2정도이기 때문에, 토출압력 0.7MPa이면 단수를 4~7단 정도로 해야 한다. 동일한 축에 임펠러를 병렬로 배치하는 구조가 일반적이다.

② 냉매 냉각기

압축 중에는 냉매의 온도가 상승하기 때문에, 다단 압축기는 냉매를 냉각해야 한다. 냉각방법으로는 케이싱의 외부에 중간 냉각기를 설치하는 외부냉각과 케이싱 내에 물 재킷을 설치하는 내부냉각이 있지만 케이싱의 구조가 복잡하고 또한 물 누설 등의 문제가 있기 때문에 많이 사용되지 않고, 외부냉각은 중간 냉각기를 임펠러 1단의 출구에 설치하고 가급적 등온 압축에 가깝도록 한다.

③ 증속 기어

원심식 압축기는 보통 증속기어를 사용하여 증속시켜 5,000~15,000rpm 정도의 회전을 유지하고 대부분 1단 증속으로 싱글 헬리컬 또는 더블 헬리컬 기어를 사용한다.

④ 강제 급유장치

압축기, 모터의 축수, 증속 치차, 기어 커플링의 치면 등에 급유하는 장치이다.

(2) 원심식 압축기 작동원리

그림 5.18은 2단 원심 압축기의 임펠러 구조를 나타내고 흡입측이 축과 같은 방향으로 향한다. 원심 압축기는 1개의 회전축에 2개의 임펠러를 설치하는 2단 형식이 많고, 운전 중 원심 압축기의 임펠러는 그림과 같은 허브면과 뒷면에 정압분포를 받고, 이 정압의 축 방향의 분포의 차이가 축 추력이 되어 임펠러의 흡입 측에서 냉매를 흡입한다. 이 축 추력은 스러스트 축수로 지지되고 임펠러의 배치를 그림과 같이 하면 1단, 2단 임펠러에 작용하는 축 스러스트가 서로 무시되기 때문에 스러스트 베어링에 작용하는 하중이 감소하여 베어링의 수명이 길어지고 기계 마찰 손실이 감소한다.

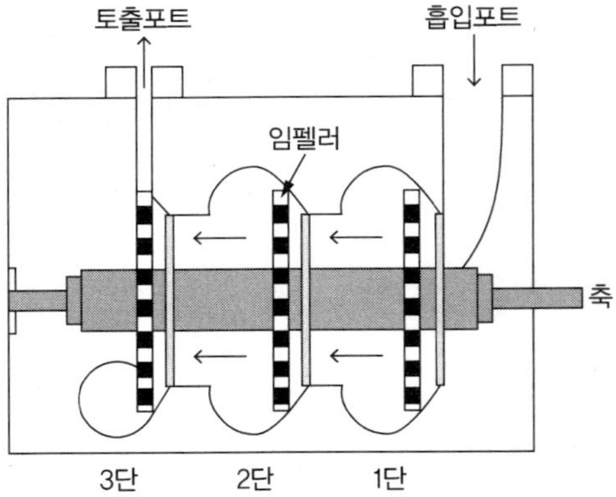

그림 5.18 원심식 압축기의 작동원리

(3) 서징 방지법

원심 압축기의 운전은 한정된 유량범위에서만 가능하고, 운전 가능한 최대 유량과 최소 유량이 존재한다. 운전 가능한 유량범위를 작동영역이라 한다. 임펠러의 내부에서 유동의 상대속도가 음속에 도달하거나, 임펠러 하류의 유로에서 유동 절대속도가 음속 이상이면 압축기 운전이 불가능하다. 이를 요크라고 한다. 그리고 압축기를 일정한 속도로 운전하면서 토출 측 게이트 밸브 또는 흡입 측 게이트 밸브를 서서히 닫아 냉매유량을 감소시키면, 그 냉매감소와 함께 토출압력이 증가하다가 유량이 어느 점에 도달하면 조용히 운전하던 압축기가 갑자기 관로 압력과 유동이 격렬한 맥동과 진동을 일으켜 운전이 불안정해진다. 이 현상은 서징이라 한다. 서징이 발생하면 원심 압축기를 구성하는 기기에 큰 힘이 작용하여 파손을 초래할 수 있고, 이 서징 발생 직전의 유량이 원심 압축기가 운전 가능한 최소의 유량이다. 서징이 심해져 압축기 본체가 진동을 시작하면 사고의 원인이 되기 때문에 압력곡선이 높아지고 적은 유량영역에서 박리로 인하여 주로 발생한다. 일반적으로 임펠러 출구각도를 크게 하면 서징발생이 어려워진다.

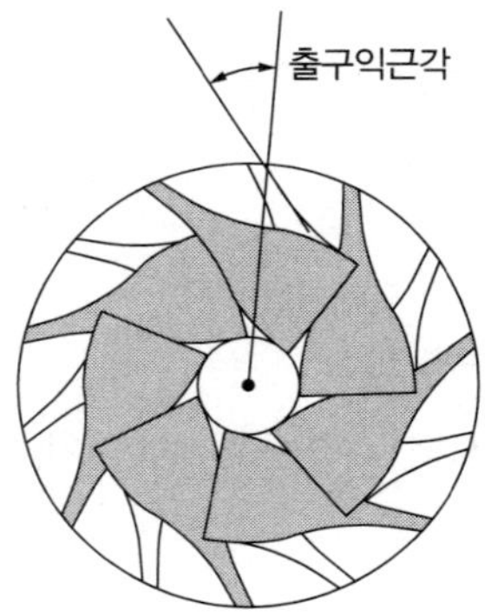

그림 5.19 원심 압축기 임펠러

(4) 터보 냉동기 냉동사이클

그림 5.20에 터보 냉동기의 사이클을 나타낸다. 증발기에서 발생한 포화증기 상태의 냉매는 압축되어 온도가 상승한다. 응축기에서 과열증기는 냉각되어 포화증기로 된다. 포화냉매를 팽창밸브에서 팽창시키면 냉매 액의 일부는 증발하고 남은 냉매액과 함께 증발기에 들어간다. 이 냉매액은 증발기 외부로부터 열을 빼앗아 포화증기로 된다. 증발기의 냉매는 공기 혹은 물을 10℃ 전후로 만든다.

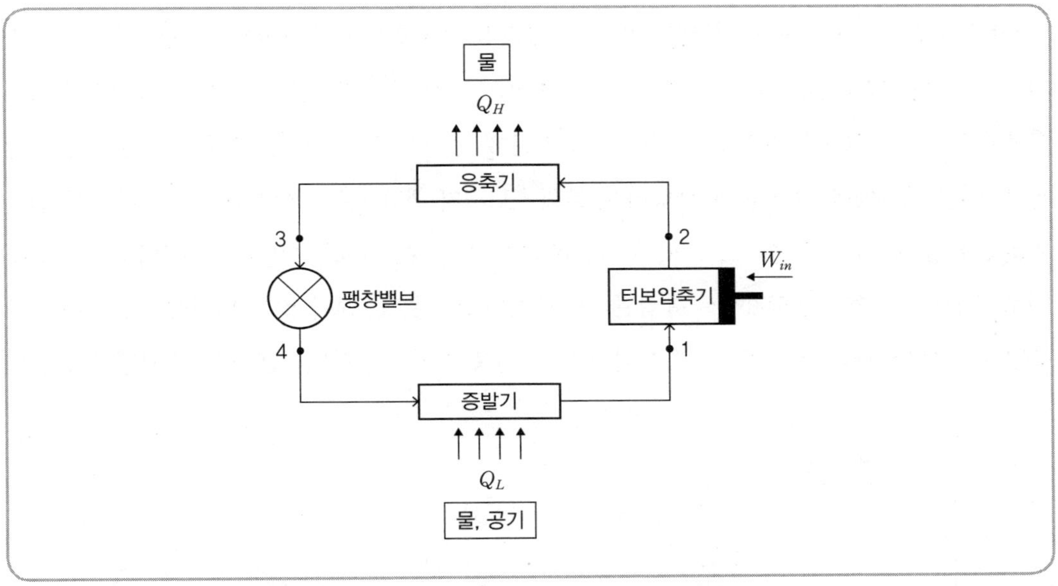

그림 5.20 터보 압축기 냉동장치

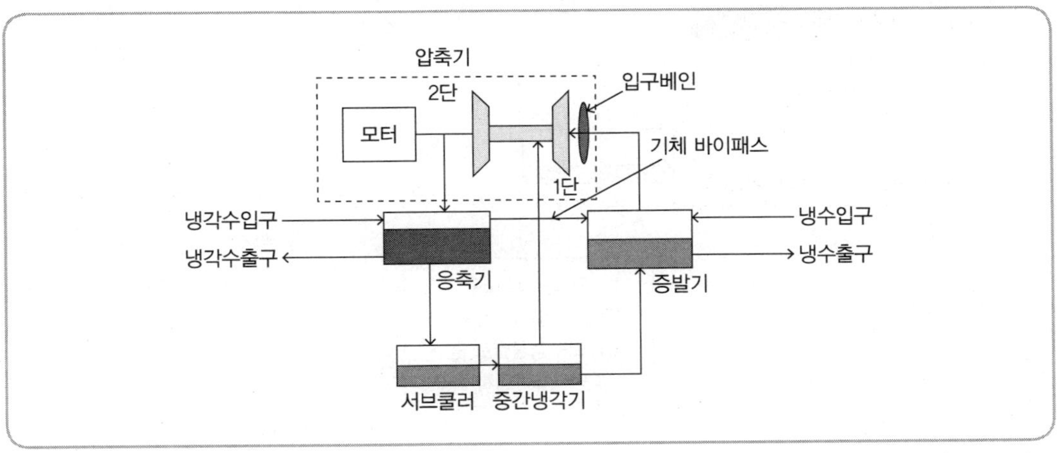

그림 5.21 터보 냉동기의 구성

터보 냉동기는 압축과정에 터보 압축기를 사용한다. 냉동기의 증발기 입구, 출구에서의 작동유체 온도가 각각 12.7℃, 응축기 입구, 출구에서의 작동유체 온도가 각각 32℃, 37℃의 조건으로 운전된다.

터보 냉동기는 대형빌딩 등의 대형 에어컨, 지역 냉난방, 화학 플랜트 등의 냉각설비에 이용되고 있으며 에너지가 절약되는 공조기기이다.

(5) 2단 원심 압축기 냉동사이클

2단 원심압축기의 냉동 사이클의 개념도는 **그림 5.22**와 같다. 이 사이클은 2단 이코노마이저 사이클로, 1단 압축기를 지난 곳에 이코노마이저(중간 냉각기)가 설치된다. 이코노마이저의 압력은 1단 압축기의 출구압력 $P_{1'}$으로 유지되기 때문에 응축기로 유입되는 냉매 액의 일부가 증발하고, 남은 냉매액을 압력 $P_{1'}$에 해당하는 포화온도까지 냉각하면 냉동효과는 커진다. 2단 압축기는 1단 압축기에서 유출온도 $T_{1'}$의 증기냉매와 이코노마이저에서 증발된 증기냉매를 2단 압축기로 흡입한다. 중간 냉각기에서 유입된 증기냉매의 온도는 $T_{1'}$ 보다 낮기 때문에, 2단 압축기에 흡입되는 증기냉매의 온도 $T_{1''}$은 $T_{1'}$ 보다 낮아서 압축에 필요한 에너지는 적게 소모된다. 2단 냉

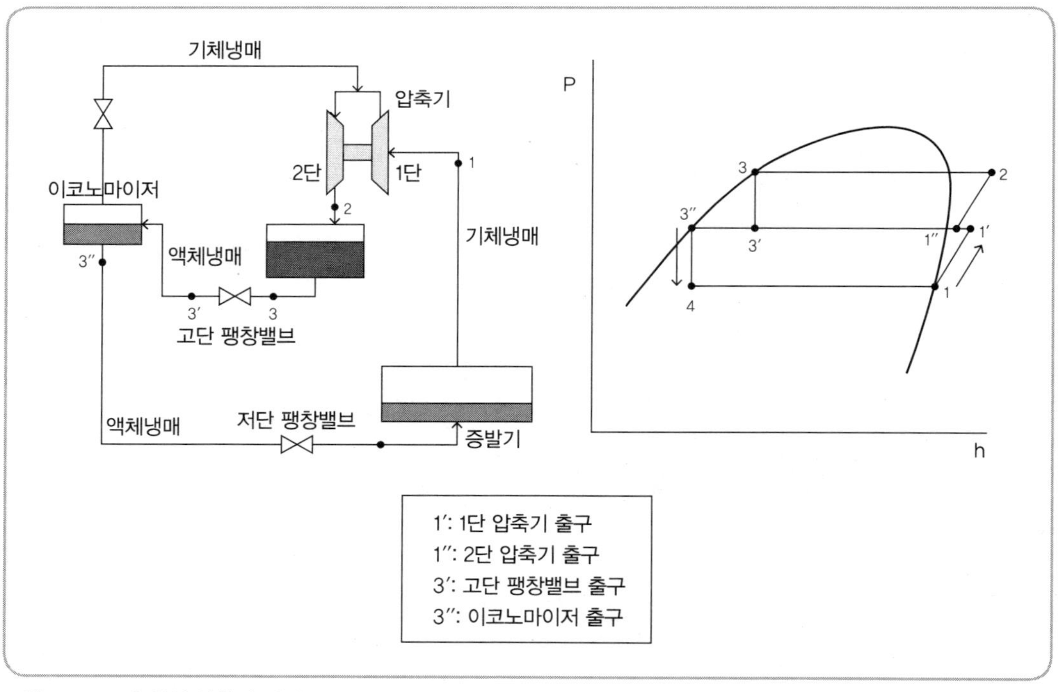

그림 5.22 2단 원심 압축기 사이

동 사이클은 압축일이 감소하여 냉동능력이 커져 1단 냉동 사이클보다 COP가 높다.

5.2.5 가변 용량 압축기

델파이 V5 압축기는 사이클이 아닌 가변용량 압축기이다. 작동조건에 따라 배기량을 변화시키고 이는 가변 워블판의 각도를 변경하면 가능하다. 배기량은 흡입압력을 감지하는 컨트롤 밸브에 의해 움직이는 벨로우즈에 의해 제어된다. 일반적으로 토출압력은 압축기 크랭크케이스 압력보다 훨씬 크고 최대 배기량에서 압축기 크랭크케이스 압력은 압축기 흡입압력과 같아진다. 작은 배기량에서는 압축기 크랭크케이스 압력은 압축기 흡입압력보다 훨씬 커진다.

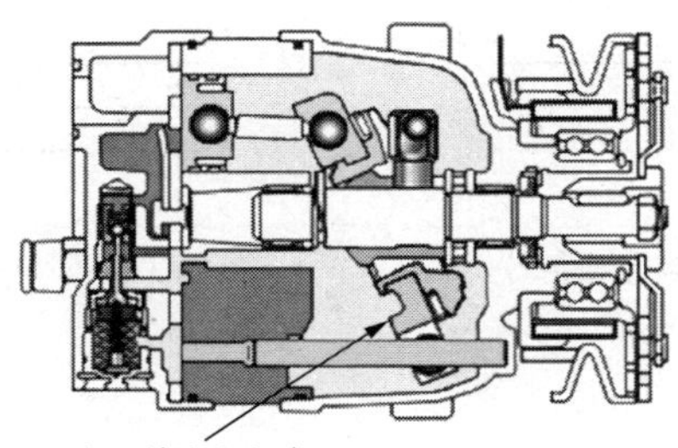

그림 5.23 델파이의 가변 용량 압축기

표 5.2 압축기의 용량

형태	용량(m^3/h)	압력(kPa)
단단 루츠 블로워(root blower)	100~30,000	0.1~1
왕복동		
1단/2단	100~12,000	0.8~12
다단	100~12,000	12~700
스크류		
–1단	100~2,400	0.8~13
–2단	100~2,200	0.8~24
원심식	600~300,000	0.1~450

5.3 열교환기

(1) 병류식과 향류식

이들은 저온측과 고온측의 방향이 서로 다르다. 병열식은 2개의 유체가 같은 방향으로 흐르고 향류식은 서로 다른 방향으로 흐른다.

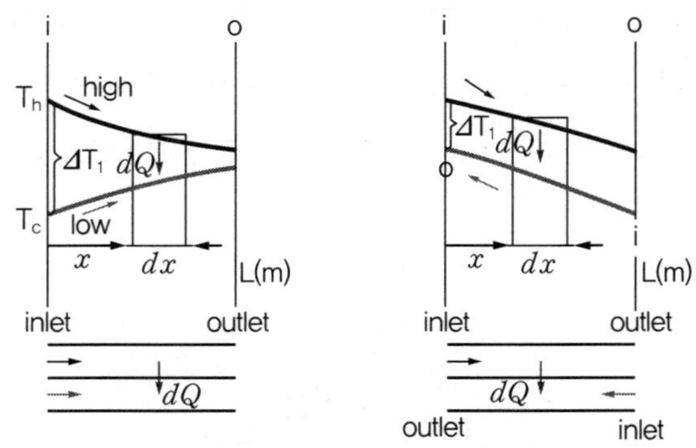

그림 5.24 병류식 열교환기와 향류식 열교환기

(2) 온도차이

향류식 열교환기의 입구에서 x의 위치에 있는 미소면적 dx를 통하여 흐르는 고온유체의 hot에서 저온유체 cool로의 열전달량은

$$dQ = K(T_h(x) - T_c(x))dx \tag{5.37}$$

고온유체가 잃는 열량(−)은 $Q = \dot{m}C\Delta T$에서 값은 +이기 때문에 −를 붙인다.

$$-dQ = \dot{m}_h C_{Ph} dT_h = -K[T_h(x) - T_c(x)]dx \tag{5.38}$$

저온유체가 얻은 열량(+)은

$$dQ = \dot{m}_c C_{Pc} dT_c = K[T_h(x) - T_c(x)]dx \tag{5.39}$$

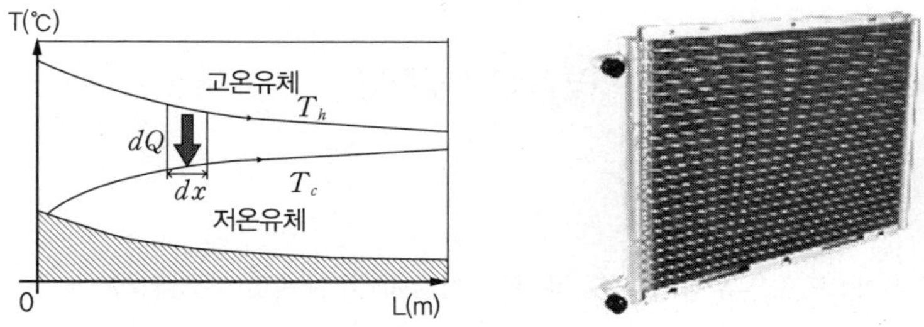

(a) 병류식 열교환기 온도차이 (b) 열교환기

그림 5.25 열교환기

항류에서 온도차이의 변화는

$$dT_h - dT_c = d(T_h - T_c) = -\left[\frac{1}{m_hC_{Ph}} - \frac{1}{m_cC_{Pc}}\right]dQ$$

$$= -\left[\frac{K}{m_hC_{Ph}} - \frac{K}{m_cC_{Pc}}\right](T_h - T_c)dx \tag{5.40}$$

$$dT_h - dT_c = d(T_h - T_c) = d(\varDelta T) \tag{5.41}$$

$$d(\varDelta T) = -BK\varDelta Tdx \tag{5.42}$$

여기서

$$B = \frac{1}{\dot{m}_hC_{Ph}} - \frac{1}{\dot{m}_cC_{Pc}}\ (\text{향류}),\ B = \frac{1}{\dot{m}_hC_{Ph}} + \frac{1}{\dot{m}_cC_{Pc}}\ (\text{병류})$$

$$dT_h - dT_c = d(T_h - T_c) = -BdQ = -BK(T_h - T_c)dx \tag{5.43}$$

이것을 적분하면

$$\int \frac{d(T_h - T_c)}{(T_h - T_c)} = -BK\int dx \tag{5.44}$$

$$\int \frac{dX}{X} = \ln X$$

$$\ln(T_h - T_c) = -BKx + C$$

$$T_h - T_c = e^{-BKx + C} = e^{-BKx} e^C = Ce^{-BKx} \tag{5.45}$$

여기서 $x=0$이면 $T_h - T_c = T_{hi} - T_{ci}$이므로 C를 구하면

$$T_h - T_c = (T_{hi} - T_{ci}) e^{-BKx} \tag{5.46}$$

이와같이 저온유체와 고온유체의 온도차이는 지수함수 관계로 표시된다.

(3) 열전달량

입구에서 출구까지의 거리를 L이라 하면 이 구간에서 총 열전달량은

$$\begin{aligned} Q &= \int dQ = \int_0^L K[T_h(x) - T_c(x)]dx = K(T_{hi} - T_{ci}) \int_0^L e^{-BKx} dx \\ &= K(T_{hi} - T_{ci}) \left[\frac{e^{-BKL}}{-BK} - \frac{1}{-BK} \right] = K(T_{hi} - T_{ci}) \left[\frac{1 - e^{-BKL}}{BK} \right] \\ &= K(T_{hi} - T_{ci}) \frac{1 - e^{-BKL}}{\left[\dfrac{K}{\dot{m}_h C_{Ph}} + \dfrac{K}{\dot{m}_c C_{Pc}} \right]} \end{aligned} \tag{5.47}$$

온도분포는 $T_h - T_c = (T_{hi} - T_{ci}) e^{-BKx}$은 다음으로 표시된다.

$$\frac{T_h - T_c}{T_{hi} - T_{ci}} = e^{-BKx} \tag{5.48}$$

(4) 대수 평균 온도차

고온유체와 저온유체의 온도차이는 지수함수로 표현되기 때문에 일정하지 않다. 온도차이가 변하기 때문에 열전달량의 계산이 복잡하다. 여기서 온도차이의 평균치를 이용하여 단순한 열통과 문제로 치환할 필요가 있다. 이 온도차는 대수함수의 관계가 있기 때문에 대수평균온도차라고 한다. 대수평균온도차 ΔT_m을 사용하면 열교환량은 단순한 열통과 문제로 해석할 수 있다. 평판식 열교환기의 경우 $Q = KA\Delta T_m$이고 원관식 열교환기의 경우 $Q = K'\pi l \Delta T_m$으 로 된다. 열통과율의 단위는 K: W/m^2K, K': $W/\text{m}K$이다.

대수평균온도차를 이용하면 탱크와 같은 모양(온도가 일정)의 열통과문제가 된다. 일반적인 열통과문제는 유체의 온도가 거의 일정하다. 그러나 병열식 열교환기의 열통과는

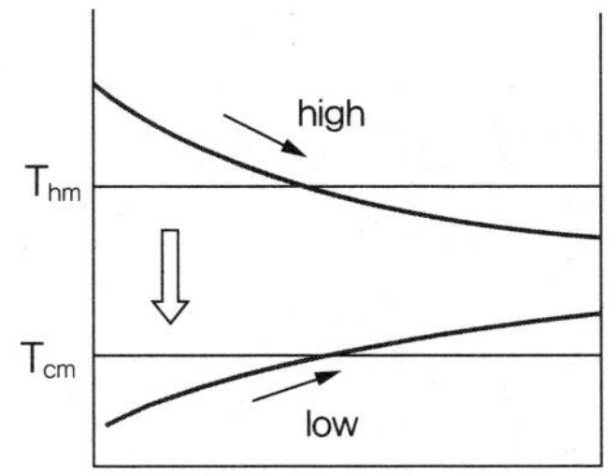

그림 5.26 병류식 열교환기 온도차이

$Q=KA(T_{hm}-T_{cm})$의 식으로 계산은 되지만 T_{hm}, T_{cm}의 값이 대수적으로 변하고 이를 일정 온도로 만들어야 한다.

T_h, T_i의 온도차이를 ΔT라고 하고 평균치를 $\Delta T_m=T_{hm}-T_{cm}$(일정)이라 하면 열전달량은 $Q=KA\Delta T_m$으로 계산할 수 있다. 그리고 $\Delta T_m=\frac{1}{A}\int_0^A \Delta T dA$로 된다. 이는 대수 곡선 아래의 면적을 나타내며 그 값이 $\Delta T_m=T_{hm}-T_{cm}$으로 표시되며 이 식의 해가 $\Delta T_m=\frac{\Delta T_2-\Delta T_1}{\ln\frac{\Delta T_2}{\Delta T_1}}$이어서 대수평균온도차라고 한다. 여기서 하첨자 1은 입구, 2는 출구를 나타내고 ΔT_1은 입구의 고온과 저온의 온도차이, ΔT_2는 출구의 고온과 저온의 온도차이를 나타낸다.

(5) 대수평균온도차의 유도

그림 5.25에서 $x=L$에서 온도 $T_h(L)=T_{ho}$, $T_c(L)=T_{co}$라고 하면 온도분포

식에서 $$\frac{T_h-T_c}{T_{hi}-T_{ci}} = e^{-BKx} \tag{5.49}$$

$\ln\frac{T_{ho}-T_{co}}{T_{hi}-T_{ci}}=-BKL$이고, $BK=-\frac{1}{L}\ln\frac{T_{ho}-T_{co}}{T_{hi}-T_{ci}}$이다. 열전달량은 다음과 같다.

$$Q = K(T_{hi}-T_{ci})\frac{1-e^{-BKL}}{\left[\frac{K}{\dot{m}_h C_{Ph}}+\frac{K}{\dot{m}_c C_{Pc}}\right]} = K(T_{hi}-T_{ci})\frac{1-e^{-BKL}}{BK} \tag{5.50}$$

$$B = \frac{1}{\dot{m}_h C_{Ph}}-\frac{1}{\dot{m}_c C_{Pc}}\ (\text{향류}),\quad B = \frac{1}{\dot{m}_h C_{Ph}}+\frac{1}{\dot{m}_c C_{Pc}}\ (\text{병류})$$

식 (5.50)에

$BK = -\frac{1}{L}\ln\frac{T_{ho}-T_{co}}{T_{hi}-T_{ci}}$, $e^{-BKL} = \frac{T_{ho}-T_{co}}{T_{hi}-T_{ci}}$을 대입하면

$$Q = K(T_{hi}-T_{ci})\frac{1-\frac{T_{ho}-T_{co}}{T_{hi}-T_{ci}}}{-\frac{1}{L}\ln\left[\frac{T_{ho}-T_{co}}{T_{hi}-T_{ci}}\right]} \tag{5.51}$$

$$Q = K\frac{(T_{hi}-T_{ci})-(T_{ho}-T_{co})}{-\ln\left[\frac{T_{ho}-T_{co}}{T_{hi}-T_{ci}}\right]}L \tag{5.52}$$

$$Q = KL\frac{(T_{hi}-T_{ci})-(T_{ho}-T_{co})}{\ln\left[\frac{T_{hi}-T_{ci}}{T_{ho}-T_{co}}\right]},\ Q = KA\varDelta T_m$$

$$\varDelta T_m = \frac{(T_{hi}-T_{ci})-(T_{ho}-T_{co})}{\ln\left[\frac{T_{hi}-T_{ci}}{T_{ho}-T_{co}}\right]} \tag{5.53}$$

이는 $\varDelta T_m = \frac{\varDelta T_2-\varDelta T_1}{\ln\frac{\varDelta T_2}{\varDelta T_1}}$의 표현과 같다. 고온유체와 저온유체의 온도차이의 평균치를 $\varDelta T_m$이라 하면 $\varDelta T_m$는 그래프의 하부면적으로 된다.

입구와 출구의 온도차이를 $\varDelta T_1 = T_{hi}-T_{ci}$, $\varDelta T_2 = T_{ho}-T_{co}$로 하면

$$\varDelta T_m = \frac{\varDelta T_2-\varDelta T_1}{\ln\frac{\varDelta T_2}{\varDelta T_1}} = \frac{\varDelta T_1-\varDelta T_2}{\ln\frac{\varDelta T_1}{\varDelta T_2}} \tag{5.54}$$

이다. 대수평균온도차는 병류, 향류가 동일하다.

$$\varDelta T_m = \frac{\varDelta T_1-\varDelta T_2}{\ln\frac{\varDelta T_1}{\varDelta T_2}} = \frac{\varDelta T_1-\varDelta T_2}{\ln\varDelta T_1-\ln\varDelta T_2}\ (\text{향류}) \tag{5.55}$$

$$\varDelta T_m = \frac{\varDelta T_2-\varDelta T_1}{\ln\frac{\varDelta T_2}{\varDelta T_1}} = \frac{\varDelta T_2-\varDelta T_1}{\ln\varDelta T_2-\ln\varDelta T_1}\ (\text{병류}) \tag{5.56}$$

$\varDelta T_1$, $\varDelta T_2$의 온도차가 작으면 다음과 같이 산술평균(arithmetic mean)을 사용한다.

$$\varDelta T_m = \frac{\varDelta T_1+\varDelta T_2}{2} \tag{5.57}$$

따라서 열교환기의 열전달량은 $Q=KA\Delta T_m$이다.

(6) NTU

다음 식으로 표현되는 효율에서 열교환기 저온 입구 온도 T_{ci}가 도달하는 최고온도는 고온유체의 입구온도인 T_{hi}이다. 2개의 유체의 입구 온도차이와 실제로 상승하는 온도차이의 비가 효율이 된다.

$$\text{고온유체: } \eta_h = \left| \frac{T_{hi}-T_{ho}}{T_{hi}-T_{ci}} \right|$$

$$\text{저온유체: } \eta_c = \left| \frac{T_{co}-T_{ci}}{T_{hi}-T_{ci}} \right|$$

고온유체와 저온유체 열용량비를 β라 하면

$$\beta = \frac{\dot{m}_h C_{Ph}}{\dot{m}_c C_{Pc}} \tag{5.58}$$

$\beta=1$이면 고온유체와 저온유체의 열용량이 같고, $\beta=0$이면 고온유체의 열용량은 무시할 수 있으며 열용량의 차이가 크고 향류식이 병류식보다 온도효율이 높다. 향류, 직교류, 병류 순으로 효율이 좋다. NTU(number of heat transfer unit)은 열전달 단위수이다. 다음으로 정의된다.

$$NTU = \frac{KA}{\dot{m}_h C_{Pc}} \tag{5.59}$$

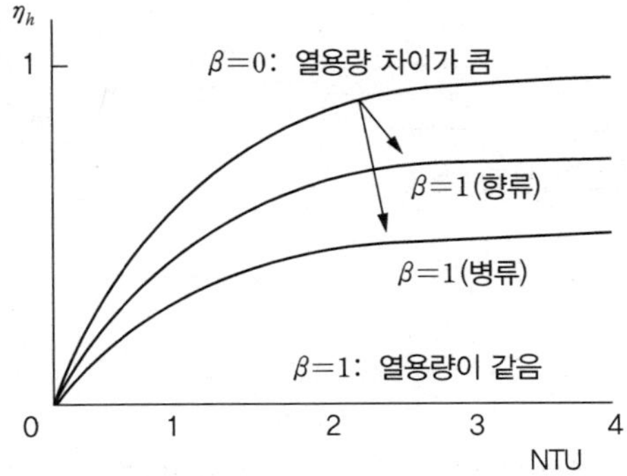

그림 5.27 NTU와 효율

5.4 응축기

5.4.1 응축 원리

열교환기는 물질의 열을 다른 물질로 전달하는 기기로 관 내외 중 하나를 흐르는 고온 유체의 열을, 핀 등의 열전달면을 통하여 저온유체에 전달한다. 열교환기의 설계시에는 열전달 조건 이외에 강도, 부식, 가격 등이 중요한 요소이다. 알루미늄 열교환기는 열전도성이 좋고 가볍고 가공성이 우수하여 자동차에서 많이 사용된다. 자동차에서 라디에이터, 에어컨, 인터쿨러 등의 열교환기는 이미 알루미늄이 주류를 이루고 있으며, 차량의 경량화, 열효율 개선을 통한 연비상승에 기여하고 있다. 이를 위하여 열교환기의 소형화와 경량화는 계속 진행되고 있다.

응축기에 고온 고압의 증기냉매가 유입되면 냉매의 열이 공기 혹은 물로 전달되어 냉매 증기가 액체로 응축된다. 증발기와 압축기로부터 얻은 열은 응축기를 통하여 대기로 배출되고 응축된 냉매는 팽창장치를 거쳐 증발기로 다시 들어간다. 그림 5.28는 응축기의 응축원리를 나타낸다.

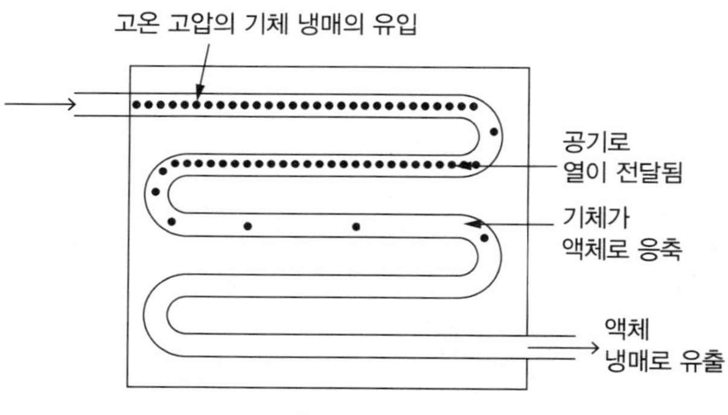

(a) 세르펜타인 응축원리

(b) 응축기

그림 5.28 응축기

압력이 일정한 상태에서 방열을 하는 응축기는 입구냉매는 과열증기 상태이고 냉매는 계속해서 액화하여 입구냉매는 포화액이 되고, 다시 포화액보다 낮아지는 과냉액 상태가 된다. 30℃

정도의 과냉액이 팽창밸브를 들어가고, 증발압력으로 교축된다. 증발기를 나온 −15℃ 상태의 과열증기가 압축기를 들어간다. 과냉액으로 하는 이유는 팽창밸브에서 플래시 기체가 발생하지 않도록 하여 냉동장치의 성능을 높이고 과냉은 같은 압력상태에서 냉매를 포화온도보다 낮은 온도로 냉각하여 완전한 액체를 만드는 것을 의미한다. **그림 5.29**에서 보면 과냉도가 커지면 COP는 커진다.

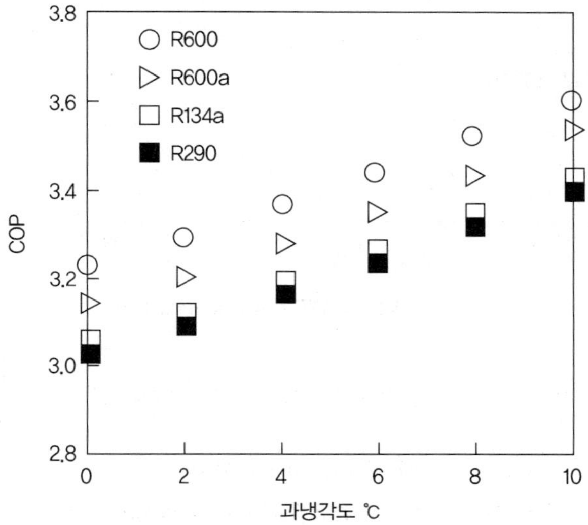

그림 5.29 과냉각도와 COP

5.4.2 응축기의 형식

일반적으로 에어컨용 열교환기는 **그림 5.30**과 같이 구리로 된 원형 관과 알루미늄 핀(fin)으로 구성된다. 열교환기의 형식은 크로스 핀형, 핀과 튜브형, 세르펜타인형, 플레이트 핀형이 있고, 튜브 내를 흐르는 냉매와 핀 사이를 흐르는 공기 사이에서 열교환이 이루어진다. **표 5.3**은 열교환기의 분류를 나타낸다.

(1) 플레이트 핀 튜브 열교환기

평판 모양의 핀과 튜브로 구성되며 격판은 열통과율 향상시키기 위해 다양한 모양이 사용

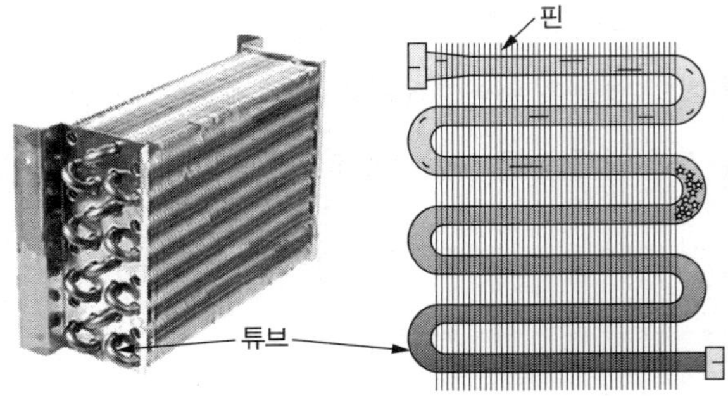

그림 5.30 플레이트 핀 튜브 열교환기

표 5.3 열교환기의 분류

유체 A	유체 B		형식	
원관	원관		이중관 열교환기(double tube HE)	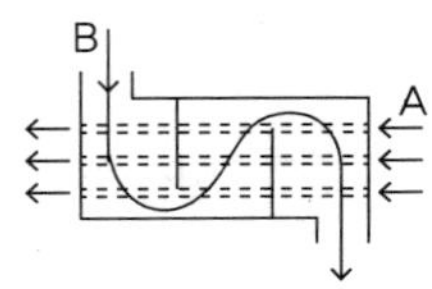
	셀		셀–튜브 열교환기(shell–in–tube HE)	
	관열의 사이	없음	관형 열교환기(tubular HE)	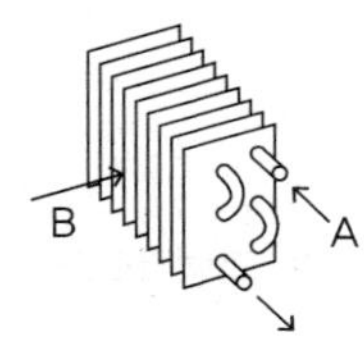
		원주에 핀부착	핀 부착 튜브 열교환기(finned tube HE)	
		플레이트 핀+관	플레이트 핀 튜브 열교환기 (tube–in–fin HE)	
편형사각관	핀열		콜게이트 루버 핀 열교환기 (corrugated louvered fin HE)	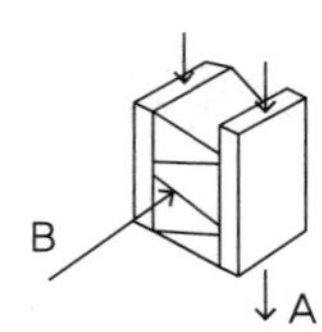
평행평판	평행 플레이트		플레이트형 열교환기(plate HE)	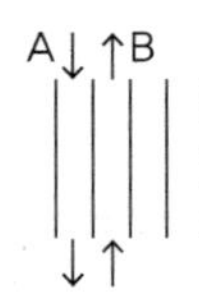
평판+핀열	평판+핀열		플레이트 핀형(컴팩트) 열교환기 (compact HE)	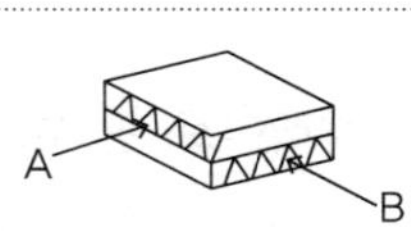

된다. 유체의 가열, 냉각장치에 많이 사용되는 열교환기이다.

(2) 크로스 핀 열교환기

주로 파이프 모양의 유로 내를 흐르는 액체와 주위를 흐르는 기체와의 사이에 열교환이 된다. 기체에 대한 열전달율이 액체에 대한 열전달율보다 작기 때문에 기체측 열전달면에 핀을 설치한다.

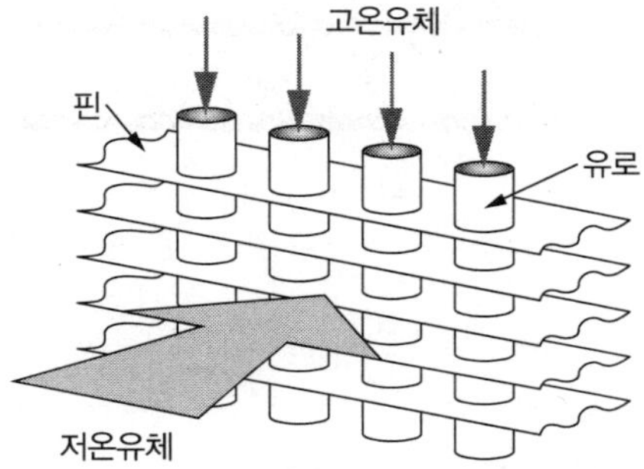

그림 5.31 크로스 핀 열교환기

(3) 콜게이트 루버 핀 열교환기

콜게이트 루버 핀 열교환기는 열교환기의 점유 체적 $1m^3$당 열전달 면적이 $500\sim1000m^2$을 넘는다. 응집도가 높은 열교환기로 금속제의 박판을 양 유체의 유로 내에 핀으로 설치되어 면적이 커져 열전달율이 높다. 에어컨과 자동차의 라디에이터 등에 사용된다.

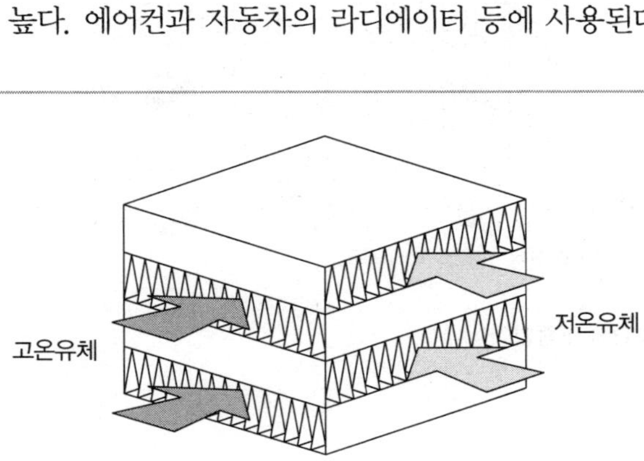

그림 5.32 콜게이트 루버 핀 열교환기

(4) 플레이트 열교환기

판형 열교환기는 여러 개의 플레이트를 패킹을 넣고 쌓아 그 간격에 고온유체와 저온유체를 교대로 흘려 열교환을 한다. 플레이트부에서의 유로의 배치에 따라 병류형, 향류형, 직교류형이 있다.

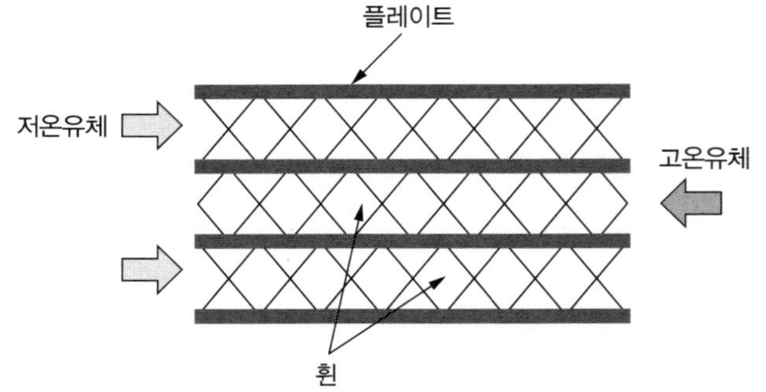

그림 5.33 플레이트 형 열교환기

(5) 세르펜타인 열교환기와 멀티 플로우 열교환기

세르펜타인형은 1개의 긴 튜브와 튜브사이에 주름진 냉각 핀이 삽입되어 있고 냉매가 1개의 유로를 흐른다. 멀티 유로형 열교환기는 냉매가 많은 유로를 흘러 열전달 면적이 크다.

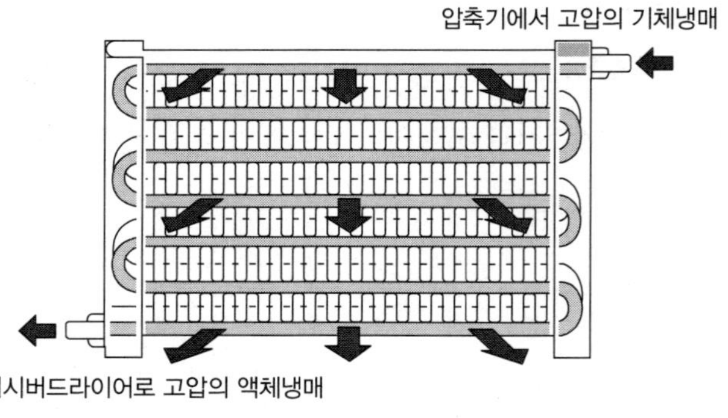

그림 5.34 세르펜타인형 열교환기(증발기)

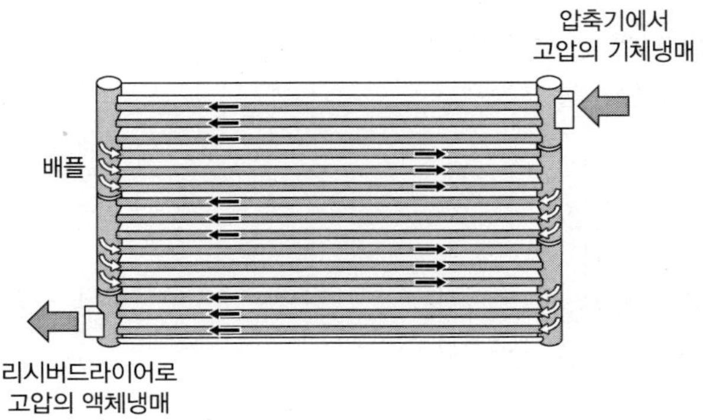

그림 5.35 멀티 유로(병렬) 열교환기(응축기)

열교환기의 성능은 핀의 고성능화에 달려있다. 지난 30년간 열교환기의 열전달계수는 4배 이상 향상되었다.

① 공기 측의 핀은 플레이트 핀(plate fin)에서 슬릿 핀(slit fin)과 루버 핀(louvered fin)으로 발전

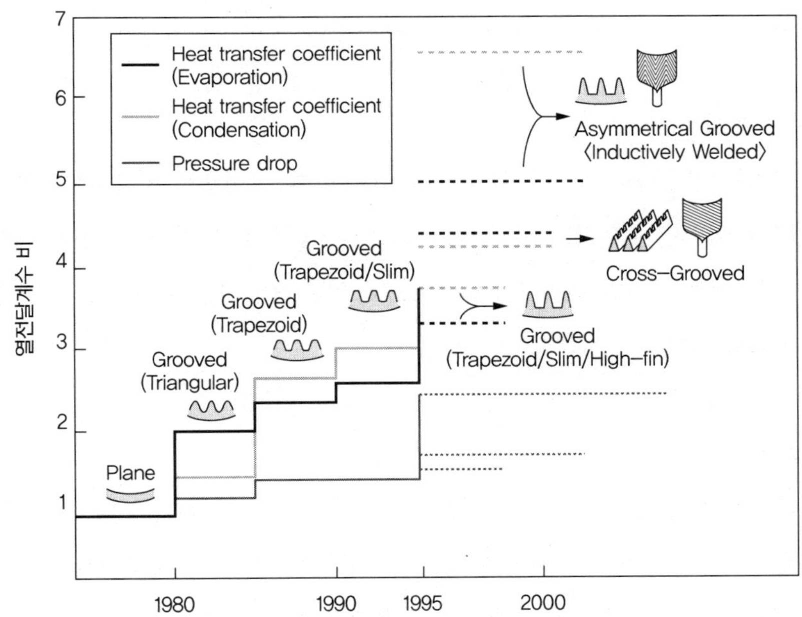

그림 5.36 냉매측 튜브 내부의 변화(출처: Waseda Uni.)

② 냉매 측의 열전달관은 평편 관(plane)에서 내면 홈 붙이 튜브(grooved tube)로 발전

③ 열전달관의 직경은 φ9.52, φ7, φ6, φ1로 세분화

5.4.3 응축기의 종류

수냉식 응축기는 셀 튜브형, 셀 코일 형, 이중 관형이 있고 공냉식 응축기는 핀과 튜브형, 세르펜타인 형, 플레이트 핀(ST, HS)형이 있다.

표 5.4 응축기의 분류

종류	형식	냉매	비고
공냉식	플레이트 핀 튜브	플루오르 카본(FC)	냉각수의 현열을 이용하여 냉매를 냉각시키고 액화한다.
수냉식	수평형 쉘-튜브(가장 많이 사용) 수직형 쉘-튜브 셀-코일형 이중관	플루오르 카본, 암모니아, 대형 암모니아, 이산화탄소	공기의 현열을 이용하여 냉매를 냉각시키고 액화하며 구조가 간단하다.
증발식	강관	암모니아	냉각수의 증발 잠열로 냉매를 냉각시키고 액화한다.

(1) 공냉식 응축기

공냉식 응축기는 알루미늄 박판의 핀이 플레이트 핀 튜브 형으로 되고 팬을 이용하여 강제 열전달을 시킨다. 에어컨 실외기도 이 형식으로 알루미늄의 얇은 핀을 약 2mm 간격으로 제작하며 공냉식 응축기는 공기의 유속을 1.5~2.5m/s, 입구공기 건구온도를 32℃, 냉매 응축온도를 45~50℃정도로 한다.

(2) 수냉식 응축기

수냉식 응축기는 수평형, 수직형 쉘 앤 튜브형, 더블 튜브의 3종류가 있다. 쉘은 원통형 몸통을 말하며, 튜브는 냉각관을 의미한다. 수평형 쉘-튜브는 냉매가 HFC의 경우는 로우 핀 튜브는 구리, 암모니아의 경우는 강관의 편평관을 사용한다. 로우 핀 튜브는 구리 관의 외측에 나사 모양의 홈을 낸 관으로 관의 외측을 흐르는 HFC 냉매의 열전달율은 관내를 흐르는 물에 비하

여 작기 때문에 외부면적이 3.5~4.2배 큰 로우 핀 튜브를 사용한다. 냉각수 유속이 빠르면 관 내부식이 일어나 냉각수 펌프의 동력이 커지고, 느리면 열교환이 좋지 않고 응축온도가 높아지므로 1~3m/s가 적당하다. 일정기간 응축기를 사용하면 냉각수의 오염과 불순물에 의해 냉각관의 내측에 물 때가 생긴다. 물 때는 열전도율을 작게 하고 열전도 저항이 크기 때문에, 응축온도가 상승하여 압축기의 동력도 증가시킨다. 물때의 열전도 저항은 오염계수 f(m^2K/KW)로 나타내고 보통 로우 핀 튜브에서는 $f = 0.17$ 이상이 되면 물때를 제거해야 한다.

수직형 쉘-튜브는 주로 대형 암모니아 응축기에 사용되며, 냉각수는 상부로 넣고 하부의 수조로 배출된다. 설치면적이 작고, 운전 중에 청소가 가능하다. 더블 튜브 응축기는 이름 그대로 내관과 외관을 사용하며 내관은 냉각수를 통과시키고 냉매는 내관과 외관 사이를 통과하여 응축시킨다. 내관의 외부표면에 와이어 핀을 부착하여 냉매 측의 열전달율을 높인다.

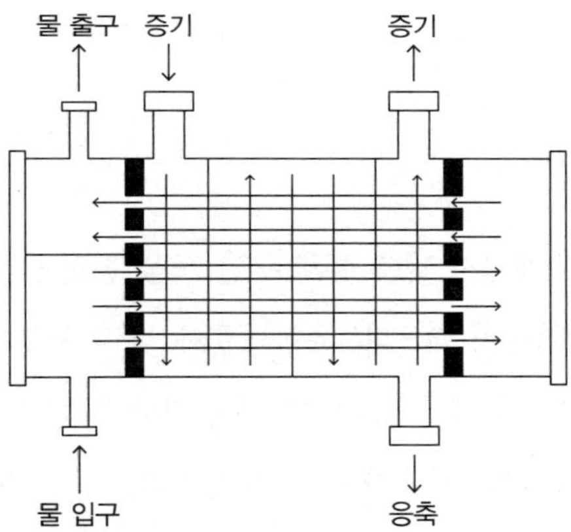

그림 5.37 수평형 셀–튜브형 응축기

(3) 증발식 응축기

증발식 응축기는 응축온도를 낮게 할 수 있으므로, 주로 암모니아 냉동장치에 사용된다. 물은 냉각관 코일의 상부를 통과하고 냉매는 코일의 상부로 들어가서 응축 후 코일 하부에서 액체로 되어 수액기로 이동한다. 물의 증발잠열을 이용하기 때문에 외기의 습구 온도가 낮으면 냉매의 응축온도도 낮아진다.

(4) 냉각탑

수냉식 응축기의 부속설비로 온도가 높아진 냉각수를 상부에서 하부로 뿌리고, 팬으로 외부공기를 냉각수 표면에 접촉시켜, 물의 일부를 증발시켜 증발잠열로 냉각한다. 냉각탑 출구온도와 공기의 입구온도의 차이를 어프로치라고 하며 5℃ 정도이다. 냉각탑의 성능은 수온, 수량, 풍량으로 결정된다. 냉각탑의 출입구 냉각수 온도차이를 냉각 레인지라고 하며 이것도 보통 5℃이다.

(5) 불응축 기체

냉각해도 응축되지 않는 기체로 냉동장치에서는 주로 공기를 의미한다. 이것은 냉매 충전시 공기빼기가 부족한 경우와 저압부의 누출이 있는 경우, 냉매배관으로 공기가 침입한다. 공기는 보통 응축기에서 머무르기 때문에 응축압력, 압축기의 동력이 커지고 냉동능력과 성적계수를 감소시킨다.

5.4.4 응축기 열전달

열교환기는 온도가 높은 유체에서 낮은 유체로 관 벽을 통하여 열이 이동하는 것으로 각 유체의 유동방향에 따라 열교환량이 다르다. 유동방향에 따라 평행류, 대향류, 직교류형이 있고 직교류형은 유체의 유동방향이 수직인 경우이다. 응축기의 응축면은 일반적으로 수직이거나 경사져있다. 응축은 노점이하가 되면 발생하고, 일정 압력의 기체온도가 그 압력에 대응하는 포화온도보다 낮게 되면 기체에서 액체로 상변화가 일어나는 현상이다. 증발기의 증발도 같은 모양으로 액체에서 기체로 변하면서 발생하는 증발열로 열전달이 된다.

냉각면은 액체냉매 액체로 젖어 있어, 냉매기체는 연속적인 막상으로 응축되어 낙하하며 이 상태를 막상응축(film condensation)이라 한다. 반면에 공기는 온도만 높아지는 단상응축이 일어난다. 응축에는 응축된 액체가 고체면 위에서 연속적으로 액막을 형성하는 막상응축과 응축액체가 고체면 위에서 액적을 형성하는 적상(drop－wise)응축으로 나누어진다. 그림 5.38은 막상응축과 적상응축을 나타낸다. 응축은 막상응축이 대부분이고 적상응축은 열전달면에 발생한 작은 물방울이 표면에서 흘러내리고 이는 기체에 직접 노출되어 있어 빠른 열전달이 일어난다. 적상응축은 냉각표면이 오염되었을 때 주로 생기므로 적상응축은 생략해도 무방하다.

- 단상응축: 물과 공기의 온도만 변하는 응축.
- 막상응축: 응축냉매가 냉각면 위에서 계속되는 얇은 막상을 만들며 낙하하며 2상류 응축
- 적상응축: 응축냉매가 적상으로 응축이 일어나 액적으로 성장하여 액적이 커져 낙하하고 이에 열전달면이 노출되므로 막상응축보다 열전달계수가 크며 2상류 응축.

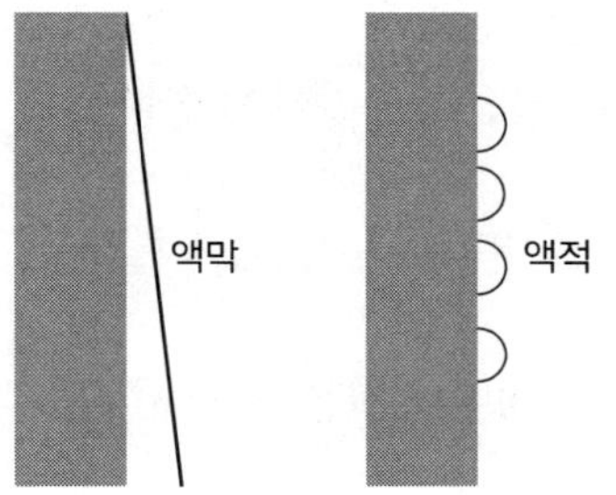

그림 5.38 막상응축과 적상응축

(1) 응축기의 열관류율

응축기와 증발기의 열교환은 관을 중심으로 내부의 냉매와 외부의 공기, 물의 유체에서 사이에서 발생하며, 냉매는 상변화에 의한 2상유동, 공기는 상변화가 없으므로 온도만 변한다. 냉매는 응축기에서 과열증기, 건포화 증기, 습증기, 과냉액의 상태로 상변화하고, 물 온도와 응축기 표면온도는 일정하지 않으므로 산술평균이나 대수평균 온도차를 사용해야 한다. 수냉식 응축기의 경우, 평균 온도차 ΔT_m, 냉매의 응축온도 T_{ref}, 냉각수 입구온도 $T_{w,in}$, 출구온도 $T_{w,out}$ 라고 하면

$$\Delta T_m = T_{ref} - \frac{T_{w,out} - T_{w,in}}{2} \text{ (산술평균, 열교환이 2배 이내인 경우)} \tag{5.60}$$

$$T_{LMTD} = \frac{\Delta T_{w,out} - \Delta T_{w,in}}{\ln\left(\dfrac{\Delta T_{w,out}}{\Delta T_{w,in}}\right)} = \Delta T_m \text{ (대수평균, 열교환이 2배 이상인 경우)} \tag{5.61}$$

수냉식 응축기이고 물과 핀 튜브형 응축기의 열전달량은 다음과 같다.

$$Q = h_w A_w \Delta T_m = h_w A_w T_{LMTD} \tag{5.62}$$

여기서 h_w(W/m^{2}K)는 물의 열전달계수, ΔT_m은 산술평균 온도차, A_w는 물의 열전달 면적(m^2)이며 T_{LMTD}는 대수 평균온도차이다. 산술평균과 대수평균 중 대수평균이 더 정확하다.

T_{LMTD}를 적게 하고 $h_w A_w$를 크게 하면 열교환기의 성능은 높아진다. A_w은 핀을 조밀하게 하면 커지고, 조밀에 의해 발생하는 통풍저항을 줄이기 위해서는 핀의 높이를 크게 한다. 또한 공기와 냉매의 온도차이를 크게 하면 h_w는 커진다. 물측 열전달계수는 냉매측 열전달계수의 1/100정도이어서 핀을 사용하여 열전달면을 크게 한다. 응축기의 열전달 해석에는 물로 전달된 열전달과 냉매의 엔탈피에 의한 열전달이 같아야 한다.

$$h_w A_w T_{LMTD} = \dot{m}_{ref} c_{p,ref}(T_{ref,in} - T_{ref,out}) \tag{5.63}$$

h_w 냉매 열전달계수 J/(mK), A_{ref} 냉매 열전달 면적(m^2)이고 대수평균 온도차는 다음과 같다.

$$T_{LMTD} = \frac{T_{ref,out} - T_{ref,in}}{\ln\left(\dfrac{T_s - {}_{ref,out}}{T_s - T_{ref,in}}\right)} \tag{5.64}$$

$T_{ref,in}$ = 냉매 증발기 입구온도(K)

$T_{ref,out}$ = 냉매 증발기 출구온도(K)

T_s = 증발기 표면온도(K)

T_{ref}는 냉매의 온도, T_s는 응축기 표면의 온도이다. 관을 통한 응축기의 열관류율은 다음 식과 같다.

$$\frac{1}{KA} = \frac{1}{A_{ref} h_{ref}} + \frac{\Delta x}{A_t k_t} + \frac{1}{A_w h_w}$$

$$K = \frac{1}{\dfrac{1}{h_{ref}} + \dfrac{\Delta x}{k_t} + \dfrac{1}{h_w}} \tag{5.65}$$

$$h_w = \frac{\dot{m}_{ref} c_{p,ref}(T_{ref,out} - T_{ref,in})}{A_w T_{LMTD}} \tag{5.66}$$

$$Q = KA\Delta T_m \tag{5.67}$$

여기서 h_{ref}은 냉매의 대류 열전달 계수, A_{ref}는 냉매가 지나가는 표면적이다.

예제 5.4 평판 벽 양쪽을 고온과 저온의 유체가 흐르고 있다. 평판벽의 열전도율이 1.74W/mK, 두께 10mm, 양측의 열전달계수는 70W/m^{2}K로 같고, 각 유체의 온도가 100℃, 10℃인 경우, 열유속은 얼마인가?

풀이) $K = \dfrac{1}{\dfrac{1}{h_1}+\dfrac{\delta}{k}+\dfrac{1}{h_2}} = \dfrac{1}{\dfrac{1}{70}+\dfrac{0.01}{1.74}+\dfrac{1}{70}} = 29.1\ \mathrm{W/m^2K}$

$$q = K(T_{f1}-T_{f2}) = 29.1\times(100-10) = 2{,}619\ \mathrm{W/m^2}$$

예제 5.5 외경 30mm, 내경 20mm의 금속 튜브의 내부와 외부를 유체가 흐르고 있다. 금속의 열전도율은 10W/mK, 열전달율은 관의 안쪽, 바깥쪽 모두 20W/m^{2}K일 때, 열관류율은 얼마인가?

풀이) $K = \dfrac{1}{\dfrac{1}{h_1 d_1}+\dfrac{1}{2k}\ln\dfrac{d_2}{d_1}+\dfrac{1}{h_2 d_2}} = \dfrac{1}{\dfrac{1}{70\times20\times0.02}+\dfrac{1}{2\times10}\ln\dfrac{30}{20}+\dfrac{1}{70\times0.03}}$

$= 1.879\ \mathrm{W/m^2K}$

예제 5.6 그림 5.39는 병류식과 향류식 열교환기의 온도 변화를 나타낸다. 대수평균 온도차를 구하라.

(a) 병류식

$\Delta T_1 = T_{g1}-T_{w1} = 300-20 = 280℃$

$\Delta T_2 = T_{g2}-T_{w2} = 150-70 = 80℃$

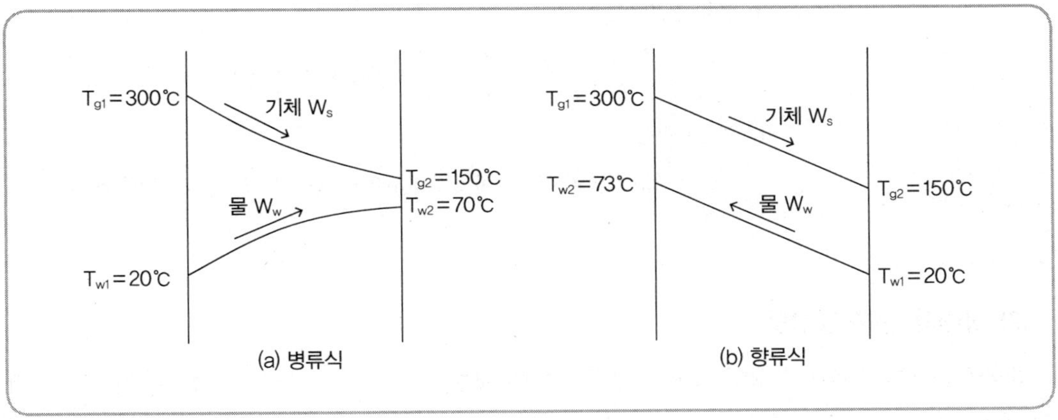

그림 5.39 열교환기

$$\Delta T_m = \frac{\Delta T_1 - \Delta T_2}{\ln \frac{\Delta T_1}{\Delta T_2}} = \frac{280-80}{\ln \frac{280}{80}} = 160℃$$

(b) 향류식

$$\Delta T_1 = T_{g1} - T_{w2} = 300-73 = 227℃$$

$$\Delta T_2 = T_{g2} - T_{w1} = 150-20 = 130℃$$

$$\Delta T_m = \frac{\Delta T_1 - \Delta T_2}{\ln \frac{\Delta T_1}{\Delta T_2}} = \frac{227-130}{\ln \frac{227}{130}} = 174℃$$

예제 5.7 폭 b = 1m, 길이 l = 2m, 온도 T_w = 370K의 평판이 온도 T_∞ = 300K, 유속 u_∞ = 5m/s의 공기흐름에 평행하게 놓여 있다. 평판 위의 흐름은 층류이다. 평균 열전달율 h_w과 평판면 전체에서의 단위 시간당 열전달량 $\dot{Q}$를 구하라. (단, $\nu = 1.887\times10^{-5} m^2/s$, Pr = 0.7185, k = 0.028295W/mK이다.)

풀이) $x = 1$m와 $x = 2$에서 국소 레이놀즈수를 구하면

$$x = 1,\ Re_x = \frac{u_\infty x}{\nu} = \frac{5\times1}{1.887\times10^{-5}} = 2.6497\times10^5$$

$$x = 2,\ Re_x = \frac{u_\infty x}{\nu} = \frac{5\times2}{1.887\times10^{-5}} = 5.2994\times10^5$$

등온 수평평판의 층류 열전달식을 적용하면 $\mathrm{Pr} > 0.5$이므로

평균 누셀트수는

$$Nu_m = 0.644 Pr^{\frac{1}{3}}\ Re_l^{\frac{1}{2}} = 0.664(0.7185)^{\frac{1}{3}}\ (5.2994\times10^5)^{\frac{1}{2}} = 432$$

(a) 평균 열전달율은

$$h_m = \frac{Nu_m k}{l} = \frac{432\times0.28295}{2} = 61.117\ \mathrm{W/m^2K}$$

(b) 열전달량은

$$\dot{Q} = h_m(T_w - T_\infty)bl = 6.125\times(370-300)\times1\times2 = 857.5\ \mathrm{W/m^2}$$

(2) 냉매의 응축 열전달

응축기는 압축기에서 토출된 고온 고압의 증기냉매를 물이나 공기 등으로 냉각하여 응축액화 시키는 열교환기이다. 수직형 평판 응축기에서 증기냉매가 포화온도보다 낮은 열전달면에 닿으

면 잠열을 방출하여 응축되고, 응축된 액체는 중력의 작용으로 열전달면을 따라서 흘러내린다. 응축 열전달은 냉매의 응축에 의한 열전달로 응축에는 막상응축과 적상응축이 있다.

1) 단상응축 열전달계수

수직형 평판 응축기에서 냉매는 응축기로 유입된다. 응축기를 지나는 공기는 온도만 변하는 단상응축을 하고 이때 열전달계수는 Dittus－Boelter식을 많이 사용한다. 평판의 형상에 따라 다양한 실험 수가 구해져 있지만 대부분 Dittus－Boelter 방정식을 수정한 것으로 물에 대한 대표적인 단상류 난류 관내 열전달에 대한 식은 다음과 같다.

$$Nu = \frac{hL}{k} = 0.023Re^{0.8}Pr^{0.4} : \text{ 물, 단상응축, [Dittus-Boelter]} \tag{5.68}$$

$$Nu = 0.023(Re)^{0.8}\,(Pr)^{\frac{1}{3}} : \text{ 물, 단상응축, [Colburn]} \tag{5.69}$$

$$Nu = 0.023(Re)^{0.8}\,(Pr)^{\frac{1}{3}}\left(\frac{\mu}{\mu_w}\right)^{0.14} : \text{ 물, 단상응축, [Sieder]} \tag{5.70}$$

예제 5.8 Nu수가 Nu = $0.023(Re)^{0.8}(Pr)^{0.33}$인 기체와 고체 벽의 열전달이 있다. 물성치가 다음과 같을 때 Re수, Pr수, Nu수 및 열전달계수를 구하라?

물성치	값
ν(m²/s)	2×10^{-5}
k(W/mK)	0.03
c_p(J/kgK)	1000
v(m/s)	100
ρ(kg/m³)	2
고체벽의 길이 L(m)	0.5

풀이) $Re = \frac{vL}{\nu} = \frac{100\times0.5}{2\times10^{-5}} = 2.5\times10^6,\ Pr = \frac{c_p\rho\nu}{k} = \frac{1000\times2\times2\times10^{-5}}{3\times10^{-2}} = 1.333$

$$Nu = \frac{hL}{k} = 0.23Re^{0.8}Pr^{0.4}$$

$$Nu = 0.023(2.5\times10^6)^{0.8}(1.333)^{0.4} = 3388.5$$

$$Nu = \frac{hL}{k},\ h = \frac{Nuk}{L} = \frac{3388.5\times0.03}{0.5} = 203.3\ \text{W/mK}$$

2) 막상응축 열전달계수

Nusselt는 수직 냉각면에서 포화증기의 응축을 응축액막의 주위에서는 포화증기가 정지하고 있다고 생각하고, 응축액막의 속도도 작다고 가정하여 액막의 관성력과 전단력의 효과를 무시했다. 이것을 Nusselt 액막이론(liquid film theory)이라고 한다. 응축기에서 기체가 액체로 응축될 때와 증발기에서 액체가 기체로 증발할 때는 상변화가 일어나고 동시에 열전달 계수는 커진다. 응축은 포화증기가 고체표면과 접촉할 때 발생하고, 이때 고체의 표면온도가 포화증기 온도보다 낮으면 액체가 만들어진다. 수직 또는 수평관과 같은 표면에서 기체가 응축되면 고체표면에는 응축막이 형성되고 중력작용으로 인하여 응축된 액체는 낙하한다. 이 응축막은 열전달의 주된 저항으로 작용하며 이를 막상응축이라 한다.

수직 등온 평판 위에서의 막상응축의 국소 Nu_x는 Nusselt의 액막이론에 의하면 다음 식으로 주어진다.

$$Nu_x = \frac{h_x x}{k_f} = 0.707\left[\frac{gx^3/\nu_f^2 \cdot \nu_f/(k_f/c_{pf}\rho_f)}{c_{pf}(T_{sat}-T_w)/h_{fg}}\right]^{\frac{1}{4}} = 0.707\left[\frac{Ga_x\, Pr_f}{H}\right]^{\frac{1}{4}} \tag{5.71}$$

$$h_x = 0.707\,\frac{k_f}{x}\left[\frac{gx^3/\nu_f^2 \cdot \nu_f/(k_f/c_{pf}\rho_f)}{c_{pl}(T_{sat}-T_w)/h_{fg}}\right]^{\frac{1}{4}} = 0.707\,\frac{k_f}{x}\left[\frac{Ga_x\, Pr_f}{H}\right]^{\frac{1}{4}}$$

여기서 ν_f는 동점성계수(m²/s), k_f는 열전도도(W/(mK)), $Nu_x = \frac{h_x x}{k_f}$, $Ga_x = \frac{gx^3}{\nu_f^2}$, $Pr_f = \frac{\nu_f}{\alpha_f}$, $H = \frac{c_{pf}(T_{sat}-T_w)}{h_{fg}}$이고 하첨자는 f, g는 등온상태에서의 액체, 기체상태를 의미한다. Ga_x는 갈릴레오수, H는 응축시 현열과 잠열의 비이다. 국소 열전달율을 평균하면 평균 응축 열전달율이 구해진다.

$$h_m = \frac{1}{L}\int_0^L h_x dx \tag{5.72}$$

수직 등온 평판에서 평균 Nu_m수는 다음과 같다.

$$Nu_m = 0.943\left[\frac{GaPr_f}{H}\right]^{\frac{1}{4}} = 0.943\left[\frac{h_{fg}}{c_{pf}(T_{sat}-T_w)}\right]^{\frac{1}{4}}(Gr_x\, Pr_f)^{\frac{1}{4}} \tag{5.73}$$

수직 원관 외면의 평균 Nu_m수는 다음과 같다.

$$Nu_m = \frac{h_m D}{k_f} = 0.725\left[\frac{h_{fg}}{c_{pf}(T_{sat} - T_w)}\right]^{\frac{1}{4}} (Gr_d\, Pr_f)^{\frac{1}{4}} \tag{5.74}$$

h_{fg}는 응축잠열(kJ / kg)이다.

예제 5.9 대기압의 포화 수증기가 표면온도 T_w = 20℃이고 높이 30cm, 폭 1m의 수평 평판 냉각면 위에서 응축된다. 이 경우 평판 하단의 열전달계수를 구하라. 단 물의 물성치는 다음과 같다.

$\nu_f = 0.457\times10^{-6}\text{m}^2/\text{s},\ k_f = 0.652\text{W/(mK)},\ c_{pf} = 4.2\text{kJ/(kgK)},$

$\rho_f = 982\text{kg/m}^3,\ h_{fg} = 2257\text{kJ/kg}$

풀이) $\dfrac{h_f L}{k_f} = 0.707\left[\dfrac{gx^3/\nu_f^2 \cdot \nu_f/(k_f/c_{pf}\rho_f)}{c_{pf}(T_{sat} - T_w)/h_{fg}}\right]^{\frac{1}{4}}$

$= 0.707\left[\dfrac{9.8\times0.3^3/(0.475\times10^{-6})^2 \cdot 0.475\times10^{-6}/(0.652/(4.2\times982)}{4.2(100-20)/2257}\right]^{\frac{1}{4}}$

$= 0.707\left[\dfrac{1.17\times10^{12} \cdot 3\times10^{-3}}{0.148}\right]^{\frac{1}{4}} = 277.44$

$h_f = 277.44\times\dfrac{0.652}{0.3} = 603\text{W/(m}^2\text{K)}$

예제 5.10 1기압의 포화 수증기에 놓인 외경 d = 20mm의 수평 냉각관의 표면온도를 60℃로 일정하게 유지하고 있다. 관 표면에 균일한 막상응축이 발생하는 할 때 평균 응축 열전달계수 h_m를 구하라.

막온도 $T_f = T_w + \dfrac{T_{sat}}{2} = 60 + \dfrac{100}{2} = 80$℃일 때, 물의 물성값은 $\rho_f = 981.9\text{kg/m}^3$, $\mu_f = 0.358\times10^{-3}$PaS, $k_f = 0.652\text{W/(m}\cdot\text{K)}$, $h_{fg} = 2256.9$kJ/kg이다.

풀이) $h_m = 0.729\left[\dfrac{k_f^3\rho_f^2 g h_{fg}}{\mu_f(T_{sat} - T_w)d}\right]^{\frac{1}{4}} = 0.729\left[\dfrac{0.672^3\times981.9^2\times9.8\times2.257\times10^6}{0.358\times10^{-3}\times(100-60)\times0.02}\right]^{\frac{1}{4}}$

$= 0.729\left[\dfrac{6.47\times10^{12}}{2.864\times10^{-4}}\right]^{\frac{1}{4}} = 8937\text{W/m}^2\text{K}$

5.5 증발기

5.5.1 증발의 원리

증발기에서는 저온의 액체냉매가 증발하여 냉각작용을 한다. 증발기는 내부체적의 2/3~3/4 정도가 안개(mist)상태 냉매이고 나머지는 증기(vapor) 상태이다. 에어컨 시스템의 작동이 원활하기 위해서는 TXV, OT를 통한 액체냉매의 일정한 흐름이 필수적이다. 표는 증발기의 종류를 나타낸다. 팽창장치를 나오면 냉매는 팽창되어 저온 저압의 습증기 상태가 된다. 증발기에서 냉매는 증발하면서 공기로 부터 열을 빼앗아 공기는 냉각된다. 증발이 끝나고 기체상태가 되면 비등 열전달이 되어 열전달계수는 크게 감소한다.

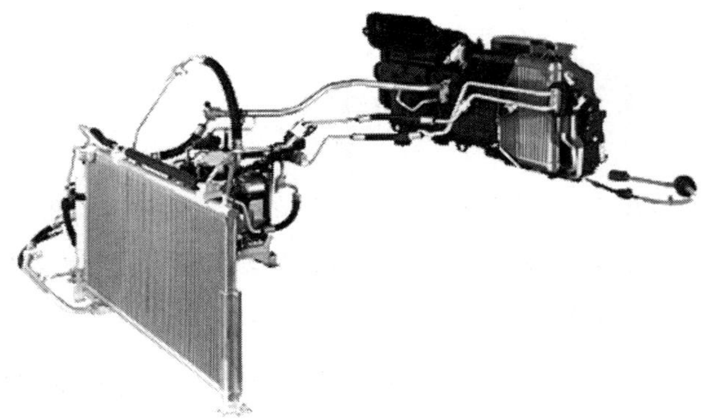

그림 5.40 연료전지자동차의 히트펌프(출처: Saden)

표 5.5 증발기의 종류

종류	분류	비고
공기 냉각식	관 코일 냉각	자연 대류로 공기를 냉각한다.
	핀 코일 냉각	자연 대류의 면적을 증가시키면 열전달율이 커진다.
액체 냉각식	만액식 슈라우드 튜브식	
	건식 슈라우드 튜브식	

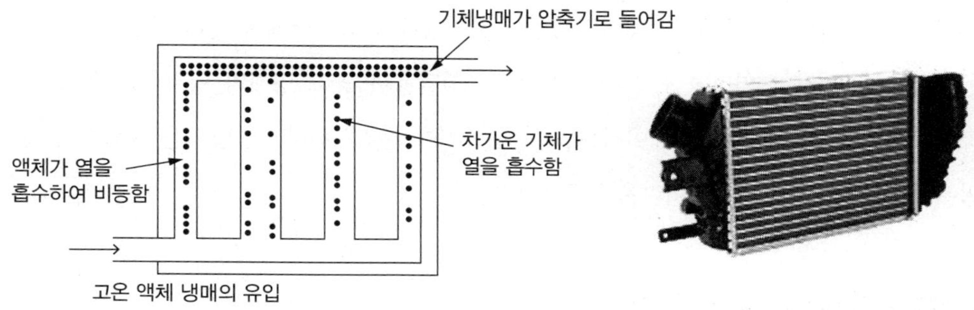

(a) 증발 원리 (b) 연료전지 자동차 증발기

그림 5.41 증발기

5.5.2 증발기의 종류

(1) 건식 셸-튜브(dry shell and tube) 증발기

셸에는 물이, 튜브에는 냉매가 흐른다. 옆으로 놓인 원통관 내에 냉각관을 설치하고 냉각관 내에는 냉매가 냉각관 외에는 냉각액이 흐른다. 원통 내에는 냉각관을 지지하는 배플 플레이트를 설치하고, 냉각관은 수직이어서 원통 내의 흐름은 속도가 빠르고 액체와 냉각관의 접촉이 커서 열전달율이 크다. 증발기 내에는 기체냉매가 많고 액체냉매가 적으면 열전달이 적어진다.

(2) 건식(dry expansion)증발기

건식 증발기는 증발기에 냉매를 많이 넣지 않고 증발기의 출구에서 냉매를 과열증기로 만든다. 이는 팽창밸브에서 냉매의 흐름양을 제어해서 얻는다. 이런 방법을 건식이라 한다. 증발기 내의 많은 부분이 증기상태이며 액체냉매의 양이 적다. 관내를 흐르면서 액체는 증발하고 출구에서 모두 과열증기가 된다. 증발기에 증기냉매가 많으면 열전달이 나빠지고 냉동능력도 떨어져 성능 면에서 불리한 증발기이다. 증발기 내부가 대부분 증기상태로 액체 상태의 냉매가 적고 액체냉매가 증발기를 순환하여 열전달 특성이 나쁘지만, 시스템의 구조가 간단하고 냉매량이 적어도 되는 장점이 있다.

(3) 만액식(flooded) 증발기

만액식 증발기내는 액체냉매가 많다. 발생된 증기냉매와 액체냉매를 분리하여 압축기에 등어간다. 액체는 증기보다 열전달율이 우수하므로 열전달율이 좋고 냉매와 냉각 물질의 온도차이가 적은 경우 사용한다. 어큐뮬레이터는 액체와 증기를 분리시킨다. 이 방식은 윤활유가 들어오면 압축기로 냉매를 보내기가 어려운 단점이 있다.

(4) 액순환식(liquid pump)증발기

액순환식 증발기는 펌프로 액체 냉매를 냉각관으로 강제 순환시켜 열전달 작용을 높인 것이다. 증발량의 4~6배의 액체냉매를 강제순환시킨다. 냉각관 전부가 액체냉매로 가득차고 윤활유가 증발기에 남지 않으므로 열전달율이 우수하다. 증발기를 나온 냉매는 수액기나 어큐뮬레이터에서 액체와 증기가 분리된다. 펌프로 냉각관 내에서 증발량의 4~6배의 냉매액체를 강제 순환시켜 냉각관 대부분이 액체로 가득찬다. 오일의 체류가 없고 순환되는 냉매량이 많아 전열이 우수하며 액분리기가 있어 압축기에는 냉매기체만 들어간다. 펌프를 사용하므로 대형시스템에 적합하다.

(5) 판형(plate) 증발기

브라인 층과 냉매층이 교대로 있는 이 증발기는 2개의 금속판을 압점할 때 냉매의 통로가 되는 부분을 만들고 관에 알루미늄 핀을 부착한 코일에 송풍기를 조합한 구조이며 소형 냉장고 등에 많이 사용된다.

5.5.3 증발기의 냉매 열전달

증발기는 물과 공기는 단상 열전달, 냉매는 단상, 2상류 증발 열전달이며 증발이나 응축 등 냉매의 상변화에 의해 발생한다. 비등 열전달은 포화온도 이상으로 과열된 냉매의 증발에 의하여 기포형성을 수반하는 열전달 현상이다. 비등(증발)을 포화온도 기준으로 분류하면 포화비등과 표면비등이 있고, 포화비등은 강제대류와 같은 유동이 존재하면 유동비등, 자연대류에 의해 일어나면 풀 비등이라 한다.

풀비등(pool boiling, 자연대류 비등)은 전열면의 표면온도와 냉매액의 포화온도 차이가 거의 없고 열전달면에 주위의 유체가 정지하고 있는 상태의 비등이다. 유동비등(flow boiling)은 강제대류가 생기는 상태에서의 비등으로 관 내부에서 발생하는 기포는 열전달 성능에 큰 영향을 미친다. 관 내부에 냉매가 처음에 유입될 때는 건도가 낮아서 기포가 적지만 비등을 하면서 기포의 양이 증가하면 열전달계수도 커진다. 비등이 완료되어 기체상태가 되면 열전달계수는 급격히 감소한다. 비등 열전달은 열전달면의 온도의 상승에 의해 발생한다. 평판 증발기에서는 냉매는 유동하므로 유동비등이 발생하고 유동비등은 강제 대류 비등(convective boiling)과 핵 비등(nucleation boiling)으로 분류된다.

강제대류 비등은 가열된 벽의 열전달에 대한 저항이고 이때는 대류 열전달과 같이 취급하여 단상류 열전달계수를 사용하고, 핵 비등 상태에서의 열전달계수는 실험식이 적용이 된다.

표 5.6 비등의 종류

<table>
<tr><td rowspan="3">포화비등</td><td rowspan="2">유동비등</td><td>강제대류비등</td></tr>
<tr><td>핵비등
(2상 비등)→막비등</td></tr>
<tr><td>풀비등</td><td>자연대류 비등</td></tr>
<tr><td>표면비등</td><td></td><td></td></tr>
</table>

- 포화비등: 액체의 온도가 포화온도이거나 혹은 그보다 약간 높은 경우의 비등이다.
- 표면비등: 유체의 평균온도가 포화온도 이하라도 가열 면이 온도가 높은 경우, 표면에서 발생하는 비등이다.
- 풀 비등(자연대류 비등): 열전달면의 표면 온도와 냉매액의 포화온도 차이가 거의 없을 때 비등, 포화액체 비등이다. 자연대류가 기포에 교란에 의해 발생하는 비등이다.
- 강제대류 비등: 기포의 운동으로 열전달이 활성화되는 포화액체 비등이다.
- 핵비등: 열전달면을 사이에 두고 냉매의 온도가 높아져 포화온도에 도달하면 열전달면에서 기포가 발생하는 상태, 기포의 형성은 냉매의 유동에 의해 억제되며 2상비등이다.
- 막비등: 열전달면의 온도가 핵비등 때보다 더 높아지면 기포의 발생 속도가 커지고 기포가 합쳐져서 열전달면은 증기막으로 덮이는 현상으로 2상비등이다. 열전달면이 고온으로 되면 고체표면은 완전히 증기로 덮여 액체와의 사이에 증기 막이 형성된다. 막비등 상태에서는 주로 증기막 내의 열전도에 의해 고체표면에서 열이 전달되어 증발이 생긴다.

강제대류 비등과 핵 비등 열전달 계수를 나누어 생각하면 2상유동 증발 열전달계수(h_{TP})는 다음과 같다.

$$h_{TP} = h_{CON} + h_{NB} \tag{5.75}$$

전자는 강제대류의 효과이고 후자는 핵 비등의 효과이다. 2상류의 강제대류 비등 열전달은 기포의 움직임을 가속화시키고 단상유동 열전달계수와 강제대류 비등 열전달계수 h_{CON}은 Dittus–Boelter 방정식을 수정하여 적용할 수 있다.

① 단상유동 열전달계수

증발기 내부에서의 단상류 유동 열전달율은 응축기와 같은 것을 사용할 수 있으며 관내 난류 열전달의 대표적인 실험식들은 다음과 같다.

$$h = 0.023\frac{k_f}{D}\left(\frac{GD}{\mu_f}\right)^{0.8}\left(\frac{c_{pf}\mu_f}{k_f}\right)^{0.4},$$

$$Nu_{CON} = 0.023(Re)^{0.8}(Pr)^{0.4}, \ \text{[Dittus-Boelter]} \tag{5.76}$$

$$h = 0.023\frac{k_f}{D}\left(\frac{GD}{\mu_f}\right)^{0.8}\left(\frac{c_{pf}\mu_f}{k_f}\right)^{\frac{1}{3}}, \ \text{[Colburn]} \tag{5.77}$$

$$h = 0.26\frac{k_f}{D}Re^{0.65}Pr^{0.4}\left(\frac{\mu}{\mu_w}\right)^{0.14}, \ \text{[Sinnot]} \tag{5.78}$$

$$h = 0.023\frac{k_f}{D}\left(\frac{GD}{\mu_f}\right)^{0.8}\left(\frac{c_{pf}\mu_f}{k_f}\right)^{\frac{1}{3}}\left(\frac{\mu}{\mu_w}\right)^{0.14}, \ \text{[Sieder]} \tag{5.79}$$

② 강제대류 비등(convective boiling, h_{CON}) 열전달계수

Chen은 Dittus식에 파라미터 를 곱하여 강제대류 비등 열전달계수(h_{CON})를 계산하였다. 이는 액체가 단독으로 흐르는 단상류의 열전달계수에 F를 곱한 것과 같다.

$$h_{CON} = F\times 0.023\frac{k_f}{D}\left[\frac{G(1-x)D}{\mu_f}\right]^{0.8}\left(\frac{c_{pf}\mu_f}{k_f}\right)^{0.4}, \ \text{[Chen]} \tag{5.80}$$

F는 Lockhart–Martinelli 계수인 $\frac{1}{X_{tt}}$로부터 실험으로 구할 수 있고 Lockhart– Martinelli 계수는 기체과 액체의 유량, 물성치에 의해 나타나는 복잡한 열전달을 열전달계수와 압력손실

의 무차원수를 나타낸 것이다.

$$X_{tt}=\left[\frac{1-x}{x}\right]^{0.9}\left[\frac{\rho_g}{\rho}\right]^{0.5}\left[\frac{\mu_f}{\mu_g}\right]^{0.1} \tag{5.81}$$

기체와 액체의 2상류의 압력손실인 Lockhart−Martinelli 계수를 이용하면 열전달율과 Lockhart−Martinelli계수의 상관 관계식이 구해진다. 예를 들어 R113냉매의 관내 하강류에 대한 Lockhart−Martinelli계수는

$$\frac{h_{TP}}{h_{L0}}=0.53\left[B_0\times10^4+7.75\left(\frac{1}{X_{tt}}\right)^{0.37}\right],\ \text{[Pujol]} \tag{5.82}$$

이식에서 $\frac{1}{X_{tt}}$를 알면 h_{TP}를 계산할 수 있고 B_0는(보일링)수이다.

③ 핵 비등(nucleation boiling, h_{NB}) 열전달계수

핵 비등 열전달은 풀 비등 열전달에 기초하여 Cooper와 Chen은 다음의 식으로 표시하였다.

$$h_{NB}=55p_{red}^{0.12}(-0.4343\ln p_{red})^{-0.55}M^{-0.5}q^{0.67},\ \text{[Cooper]}^{[6-6]} \tag{5.83}$$

$$h_{NB}=S\times0.00122\left[\frac{k_f^{0.79}c_{pf}^{0.45}\rho_f^{0.49}}{\sigma^{0.5}\mu_f^{0.29}h_{fg}^{0.24}\rho_g^{0.24}}\right](T_w-T_s)^{0.24}\Delta p_s^{0.75},\ \text{[Chen]} \tag{5.84}$$

S의 값은 2상류 레이놀즈수의 함수이고 복잡한 식의 형태이지만 정밀도가 높은 방정식이다.

④ 2상유동 비등 열전달계수(h_{TP})

Chen이 제안한 2상류 증발 열전달율은 다음과 같다.

$$h_{TP}=Fh_{CON}+Sh_{NB} \tag{5.85}$$

$$h_{CON}=0.023\frac{k_f}{D}\left[\frac{G(1-x)D}{\mu_f}\right]^{0.8}\left(\frac{c_{pf}\mu_f}{k_f}\right)^{0.4},\ \text{[Dittus-Boelter]} \tag{5.86}$$

$$h_{NB}=207\frac{k_f}{l_a}\left[\frac{ql_a}{\mu_f T_f}\right]^{0.745}\left(\frac{\rho_g}{\rho_f}\right)^{0.581}Pr_f^{0.533},\ \text{[Dittus-Boelter]} \tag{5.87}$$

$$F=1+\frac{(1/X_{tt})^{1.05}}{(1+We_g^{-0.4})},\quad S=\frac{1}{1+0.4(Re_{TP}\times10^{-0.4})^{1.4}} \tag{5.88}$$

X_{tt}은 Lockhart－Martinelli 계수, We는 Webber수를 나타낸다. 그 외 다른 실험식들은 다음과 같다.

$$h_{NB} = \frac{k_f}{l_a C_{sf}} \left[\frac{q l_a}{\rho_g h_{fg} \nu_f} \right]^{0.67} \left(\frac{\rho_g}{\rho_f} \right)^{0.67} Pr_f^{-0.7}, \text{ [Rohsenow]} \tag{5.89}$$

$$h_{NB} = 7 \times 10^{-4} Pr_f^{0.35} \frac{k_f}{l_a} \left(\frac{q l_a}{\rho_g h_{fg} \nu_f} \right)^{0.7} \left(\frac{p l_a}{\sigma} \right)^{0.7}, \text{ [Kutateladze]} \tag{5.90}$$

5.6 팽창밸브

5.6.1 구조

유체는 노즐, 오리피스 등 좁은 곳을 통과하면 일과 열의 교환이 없어도 압력강하가 발생하는 교축현상이 일어난다. 팽창밸브는 증발기로 들어가는 고압의 액체를 분리하여 저압의 증기로 만들고 액체냉매는 일부가 증기로 변하여 쉽게 열을 흡수하도록 한다. 팽창밸브는 냉매액을 좁은 곳을 통과시켜 팽창, 감압시키는 장치로 사이클에서는 고압측과 저압측의 경계에 있다. 교축작용을 하고 증발기가 필요로 하는 냉매량을 자동 유량조절 밸브를 이용하여 공급한다. 냉매의 온도와 압력을 강하시키고, 압축기가 고압을 쉽게 만들 수 있도록 냉매유량을 제어한다. 냉매가 교축이 되면 압력이 떨어져 냉매의 증발이 발생하는데 이를 플래시

표 5.7 팽창밸브의 종류

종류	특징	비고
온도자동 팽창밸브	균압방식	자력제어 밸브로 냉매의 종류와 온도조건에 따라 다양하게 있다. 냉동과 공조장치에 사용이 된다.
	구동방식	
	차지방식	
	용량방식	
모세관	– 내경 0.6~2mm – 관마찰에 의해 감압 – 냉각부하 변화가 적은 곳에 사용	가정용 냉장고, 룸 에어컨에 사용
플로트 밸브	저압 플로트 밸브	냉장설비
	고압 플로트 밸브	

가스(flash gas)라 한다.

팽창밸브(TXV)는 냉각부하의 증감에 따라 변하는 압축기의 용량에 맞추어, 증기냉매의 과열도를 일정 범위내로 유지하여 이상 과열과 냉매의 역류를 방지한다. 팽창밸브는 봉입방식, 모세관의 길이, 피팅형상에 따라 다양한 종류가 있다.

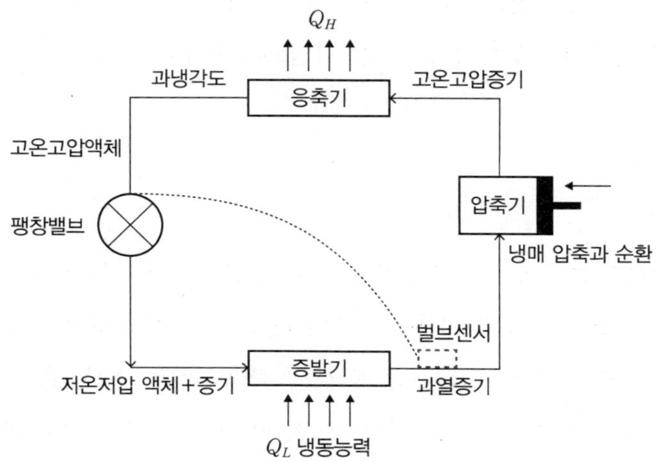

그림 5.42 냉동 사이클과 팽창밸브

① 응축온도: 냉매 사이클 중 가장 온도가 높은 액체냉매 상태의 온도로 팽창밸브 입구의 포화액 온도를 나타낸다.(1,017 kPa, 40℃)

② 증발온도: 물, 공기 등을 냉각하기 위한 액체와 기체의 혼합물 온도로 팽창밸브 출구의 혼합물 온도를 나타낸다.(351 kPa, 5℃)

③ 과냉각도: 냉매 액의 포화온도와 포화압력에 대하여 압력은 변하지 않고 온도만 떨어지는 정도로, 온도만 떨어지면 과냉액체가 된다. 1017 kPa, 40℃로 응축이 된다고 가정하면 응축기 팬에 의해 추가로 3℃ 하강하면 과냉도는 3℃이고 적당한 과냉도는 시스템의 효율을 높인다.

④ 과열도: 증기냉매의 포화온도와 포화압력에 대하여 압력은 변하지 않고 온도만 상승하는 정도로, 온도만 상승하면 과열증기가 된다. 293kPa, 0℃로 증발기를 나온다고 가정하면 감온통이 있는 위치까지 배관의 마찰 열에 의해 온도가 상승한다. 팽창밸브 감온부 온도

(벌브 센서의 온도)와 외부 균압관 포화압력에 해당하는 포화온도와의 온도차이다.

⑤ 응축압력: 응축온도에 상당하는 응축압력(1,017 kPa, 40℃)

⑥ 증발압력: 증발온도에 상당하는 증발압력(293 kPa, 0℃)

⑦ 냉동능력: 냉각열량을 kW로 나타낸 것으로 1 미국 냉동톤은 3.52kW이다.

⑧ 압력손실: 배관의 마찰저항은 중요한 압력손실의 원인이며, 고압 측에서 압력손실은 과냉각도, 플래시 가스의 발생을 감소시키고, 저압 측에서 압력손실은 증발기 출구에서 과열도를 발생시키고 내부 균압식 팽창밸브는 과열도를 증가시킨다.

5.6.2 과열도

과열도는 증기냉매의 포화온도, 포화압력에 대하여 압력은 변화하지 않고 온도만 상승하는 정도로 팽창밸브의 감온통 온도와 외부 균압부의 과열증기 온도와의 온도차이다. 냉매의 온도가 증가, 감소하면 압력도 증가, 감소한다. 팽창밸브 과열도에는 정지 과열도와 과열도 변화가 있고 이 합이 작동 과열도로 증발기 출구부분에서 발생하는 과열도이다. 과열도 조정은 정지 과열도로 하고 시스템의 안전을 위하여 정지 과열도 조정범위는 0~10℃정도로 설정한다.

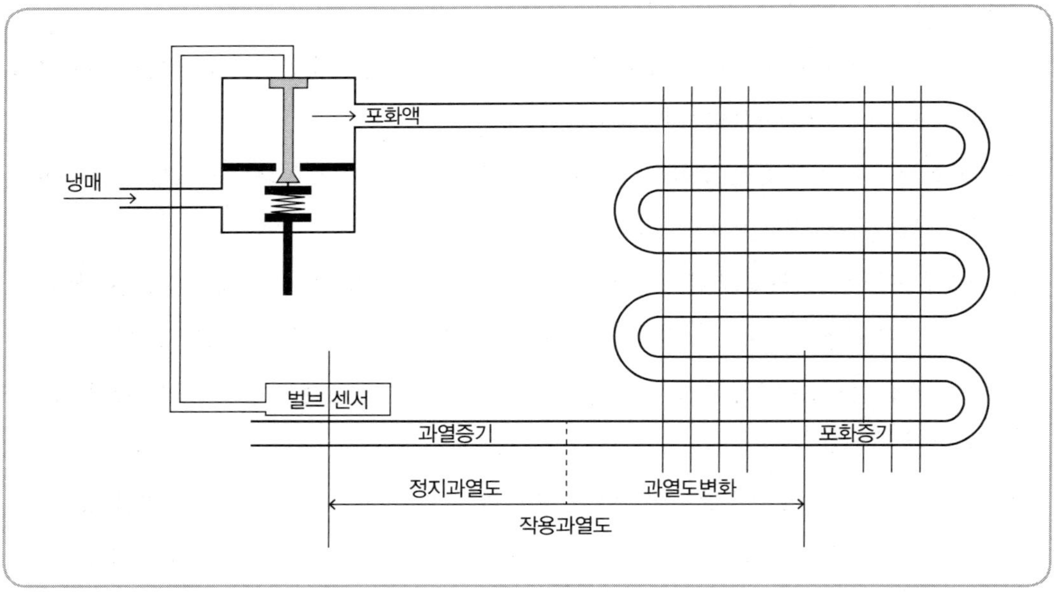

그림 5.43 과열도 작동원리

5.6.3 균압 방식

증발기의 압력손실과 압력변동 폭이 클 때는 외부 균압식을 사용하고 압력손실이 작을 때는 내부 균압식을 사용한다. 예를 들어 냉매 R22의 경우, 저압 측에 0.088MPa의 압력손실이 있는 경우, 내부 균압식의 팽창밸브는 운전 과열도가 약 5℃ 증가한다.

(1) 외부 균압식

감온통 내부의 온도와 압력이 변화하여 힘의 균형을 다르게 된다. 감온통 내의 압력은 항상 증발기 출구의 감온부 부착 부분에서 과열냉매 증기가 갖는 온도와 같은 온도에서의 포화액-증기의 2상 혼합물인 포화압력이 된다. 감온통 내부의 냉매는 시스템에서 사용하는 냉매와 같은 것을 사용하여 감온부에 일부만 채워 넣어 항상 증발기 출구 과열증기 온도에 해당하는 온도가 되도록 한다. 따라서 이 감온통의 포화증기 온도의 변화에 따라 팽창밸브는 열리는 양이 결정되고, 과열도 범위 내에서 변하게 된다.

그림 5.44에서 감온통 내의 냉매압력은 ① 0.588Mpa, 냉매온도가 5℃이고, 외부 균압관의 압력은 ② 0.5MPa, 고압측 밸브 스프링 압력 ③ 0.088MPa이면, 밸브를 닫는 총 압력은

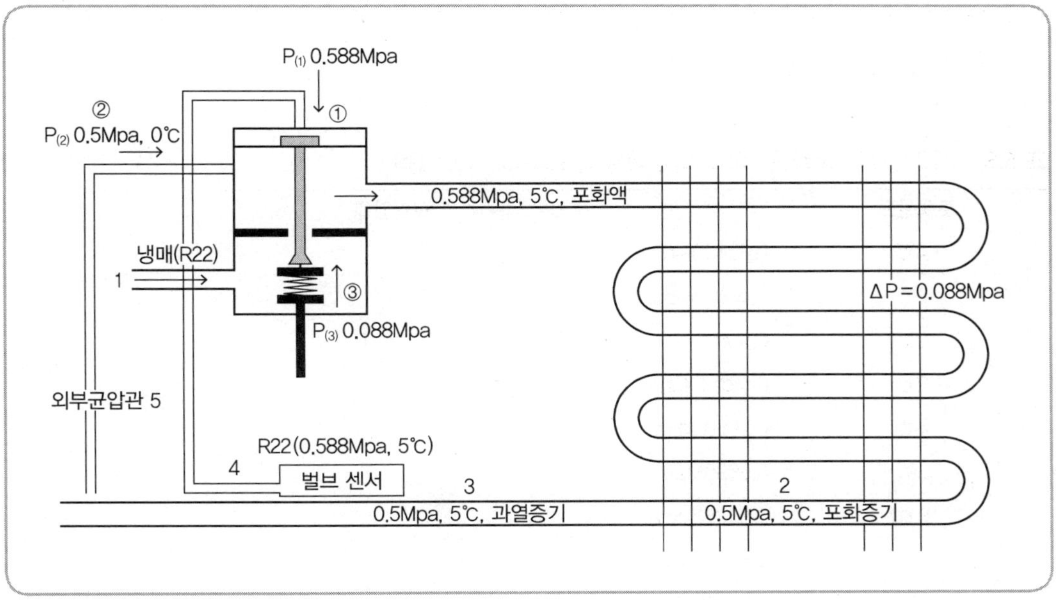

그림 5.44 외부 균압식

0.5+0.088=0.588MPa로, 여는 총 압력인 벌브 압력 0.588MPa과 균형을 이루게 된다. 외부 균압관의 냉매온도는 증발기 출구의 과열증기 냉매온도와 같다고 볼 수가 있어 증발기 출구의 포화증기 냉매온도 0℃에서 증발기 출구의 과열증기 냉매온도가 5℃로 되면 과열도는 5℃가 되지만 압력은 0.5Mpa이다. 만약 증발기 출구의 과열증기 냉매온도가 5℃보다 높아져 8℃가 되면, 외부 균압관의 냉매온도도 8℃가 되어 감온통의 압력은 0.64087MPa로 높아져 밸브는 열리고 냉매는 많이 흐르게 된다.

① 팽창밸브 입구압력과 온도: $P_1 = 0.588\text{MPa},\ T_1 = 5℃$

② 배관의 압력손실: $\Delta P = 0.088\text{MPa}$

③ 팽창밸브 출구 포화증기 압력과 온도: $P_2 = 0.5\text{MPa},\ T_2 = 0℃$

④ 팽창밸브 출구 과열증기 압력과 온도: 압력이 같은 상태에서 온도만 증가하여 과열 증기로 됨.

$P_3 = 0.5\text{MPa},\ T_3 = 5℃$

⑤ 감온통 내부의 포화압력과 포화온도(증발기 출구 과열증기 온도): 증발기 출구 과열증기 온도에 해당하는 포화압력이 팽창밸브에 작용

$P_4 = 0.5+0.088 = 0.588\text{MPa},\ T_4 = 5℃$

⑥ 외부 균압관 압력과 온도(증발기 출구 포화증기 압력과 온도): $P_5 = 0.5\text{MPa},\ T_5 = 0℃$

⑦ 운전 과열도: OSH = 5℃ − 0℃ = 5℃

표 5.8 R22 냉매의 포화온도와 포화압력(출처: saginomiya.co.jp)

포화온도	포화압력
−4℃	0.43620Mpa
−2℃	0.46629Mpa
0℃	0.5Mpa
2℃	0.53114Mpa
4℃	0.56601Mpa
5℃	0.5880Mpa
6℃	0.60257Mpa
8℃	0.64087Mpa
10℃	0.68096Mpa

(2) 내부 균압식

내부 균압식은 외부 균압관을 없애고 그 대신 팽창 밸브의 내부에 P_2=0.588MPa의 압력을 가하여 스프링 압력 0.088Mpa과 같이 0.676MPa의 압력으로 밸브를 닫고, 밸브를 여는 압력은 감온통의 압력을 0.676MPa로 하여 감온통의 온도를 10℃로 하면 과열도는 10℃가 된다. 감온통 내부의 체적은 일정하여 포화증기가 되어도 압력의 증가는 미비하여 증발기의 압력과 압축기 부하는 일정 값에서 제한된다. 증발기의 부하변동이 적은 경우 사용한다.

① 팽창밸브 입구압력과 온도: P_1 = 0.676Mpa, T_1 = 5℃

② 배관의 압력손실: ΔP = 0.588kPa

③ 증발기 출구 포화증기 압력과 온도: P_2 = 0.5MPa, T_2 = 0℃

④ 증발기 출구 과열증기 압력과 온도: 압력이 같은 상태에서 온도만 증가하여 과열 증기로 됨.

P_3 = 0.5MPa, T_3 = 10℃

⑤ 감온통 내부의 포화온도는 증발기 출구 과열증기 온도와 같아지므로 포화압력은 증발기 출구보다 높아짐: 증발기 출구 과열증기 온도에 해당하는 포화압력이 팽창밸브에 작용.

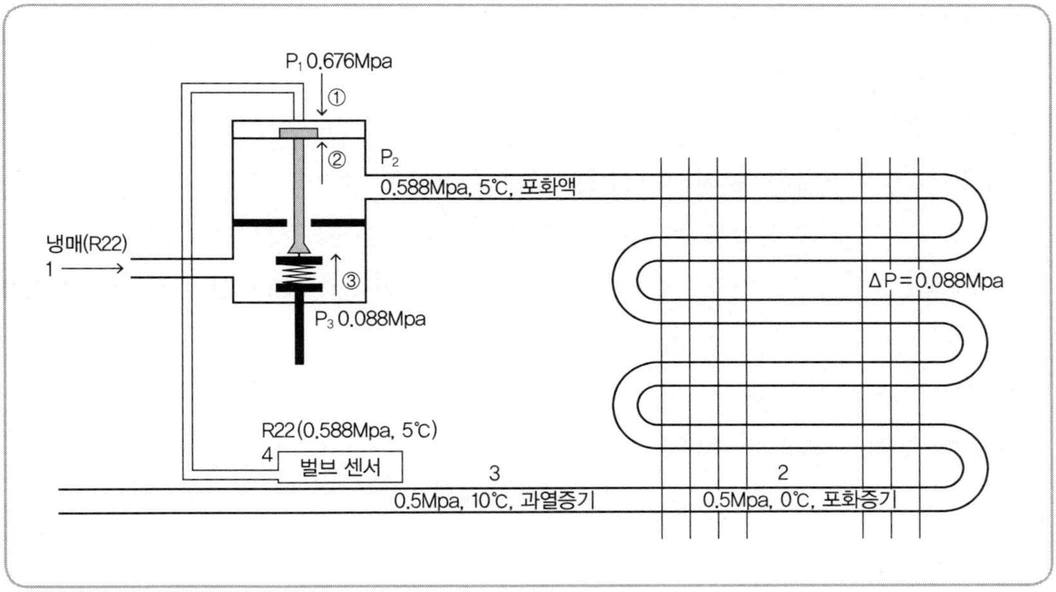

그림 5.45 내부 균압식(출처: saginomiya.co.jp)

$T_4 = 10℃$, $P_4 = 0.676\text{MPa}$

⑥ 운전 과열도: OSH = 10℃ − 0℃ = 10℃

(3) 배관, 열교환기 압력 손실

배관 내의 마찰저항이 중요한 압력손실의 원인으로 고압 측에서의 발생은 과냉각도를 감소시켜 플래시 가스를 발생시킨다. 저압 측에서의 발생은 증발기 내에서의 온도강하를 발생하고 내부 균압식 팽창밸브에서의 압력손실은 운전 과열도를 증가시킨다.

응축기의 압력손실은 약 20KPa, 증발기의 압력손실은 25~30KPa 정도이며 증발기가 큰 이유는 응축기에서는 가속도 항이 (−)로 작용하고 증발기에서 플러스에 작용하기 때문이다. 기체 또는 액체가 흐르는 단상류의 경우, 압력손실의 계산은 다음과 같다.

$$\Delta p = C\frac{L}{d}\frac{\rho_f w^2}{2} \tag{5.91}$$

여기서 C 마찰계수, w 냉매속도(kg/m²s), A 단면적, L 길이, d 관 내경, ρ밀도(kg/m³)이다.

5.6.4 팽창밸브의 종류

팽창밸브의 종류는 다음과 같다.

① 수동 팽창밸브: 암모니아 냉매용

② 자동 팽창밸브

- 온도식(TXV): 냉매의 온도와 압력검출(감온부 − 온도검출) − 과열도 계산
  외부 균압식(압력검출) − 감온부는 증발기 출구에 설치
- 전자식(EXV): 증발기 입출구에 온도센서 설치, 온도차이로 과열도 계산, 유량 제어가 정확하다.

③ 모세관: 소형 냉장고용

④ 오리피스 튜브(OT): 자동차용

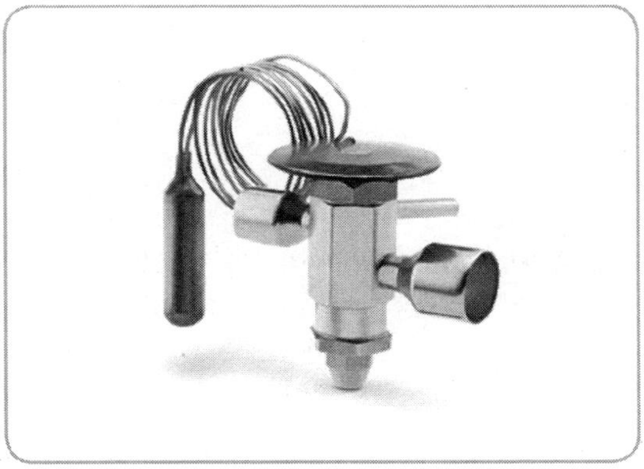

그림 5.46 TXV의 구조(출처: Danfos)

그림 5.47 전기 TXV의 구조(출처: KE2)

(1) TXV

온도 팽창밸브는 응축기에서 나온 고온 고압의 액체냉매의 온도를 계측하고, 증발하기 쉬운 상태로 감압하여 증발기 내부의 최적 유량을 확보한다. 냉각부하의 증감에 따라 변화하는 압축기의 용량에 적당한 증기냉매의 과열도를 일정 범위 내로 유지하고 과도한 가열과 냉매액체의 역류를 방지한다. TXV는 센싱 밸브와 열전자 형식이 있다. TXV의 출구유동은 증발기로 들어가고 유량은 증발기 출구압력과 출구온도에 의해 조절되며 증발기가 비워 있으면 밸브는 많은 유량을 통과시키고 증발기가 냉매로 가득 차면 유량을 감소시킨다.

(2) 모세관

과냉상태의 액냉매가 모세관을 통과하면 **그림 5.49**와 같은 압력변화를 한다. 액체가 관을 통과할 때 압력이 감소되며, 어떤 위치에 도달하면 포화상태가 된다. 포화상태에서는 증발이 일어나고 압력은 급격히 감소되고 포화 온도도 관의 출구까지 급격히 감소한다. 냉매유량은 응축압력, 증발압력의 차이에 따라 혹은 관으로 유입되는 냉매의 포화압력에 의해 변화하고, 모세관 길이 L에 대한 단상류의 압력 강하량은 다음과 같다.

$$\varDelta p = C\frac{L}{d}\frac{\rho_f w^2}{2} \text{ (Darcy Weisbach 방정식)} \qquad (5.92)$$

C는 마찰계수, w 중량속도(kg/m²s)$=G/A$, L 모세관 길이(m), d 관의 내경(m)이다.

$$\left(\frac{dp}{dz}\right)_f = \frac{4}{d}C_f\frac{\rho_f w_f^2}{2} \qquad (5.93)$$

$$C_f = A\left(\frac{Dw_f}{\nu_f}\right)^{-n} = A(Re)^{-n} \tag{5.94}$$

층류인 경우: $C_f = \dfrac{16}{Re}$

난류인 경우: $C_f = 0.0799Re^{-\frac{1}{4}}$: Blasius, $C_f = 0.046Re^{-\frac{1}{5}}$: Colburn

그림 5.48 모세관

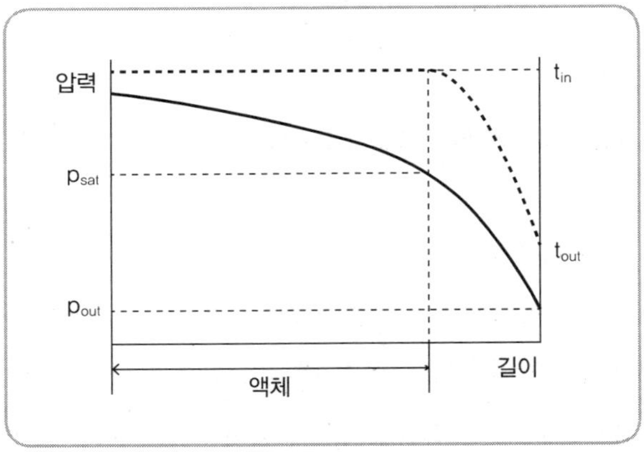

그림 5.49 모세관의 길이와 압력변화

예제 5.11 냉매 R22 냉매를 사용하는 가정용 냉장고를 다음의 조건으로 설계를 할 때 주어진 표와 그림을 사용하여 감온부 봉입 방식, 균압방식, 냉동능력, 정지 과열도를 계산하라.(팽창밸브 입구온도 T_A = 38℃에 해당하는 응축압력은 P_A = 1.47Mpa, 증발온도 T_B = –20℃에 해당하는 증발압력 $\frac{P_B+P_C}{2}$는 0.246Mpa, 저온측 압력손실인 $P_B - P_C$ = 0.008Mpa이고 정지 과열도 조정범위는 1~7℃이다.)

- T_A 팽창밸브 입구온도: 38℃
- T_B 증발온도: –20℃
- 과냉각도(P_A 상당 T) – T_A = 0℃
- 목표 과열도: T_C – (P_C 상당 T) = 7℃

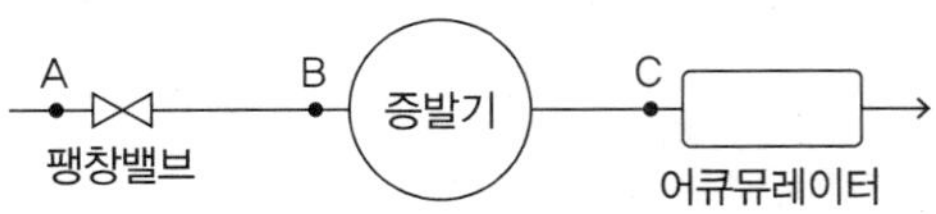

풀이)

- 저압측 배관의 압력손실 보정계수: 그림에서 0.008Mpa, 증발온도 −20℃에서 0.97
- 과냉각도에 의한 보정계수: 0℃이기 때문에 1
- 감온부 봉입방식의 결정: 증발온도 0~−30℃사이이므로 HC 가스 봉입식
- 균압방식의 결정: 표에서 압력손실 0.008Mpa은 1℃ 상당온도 상당 압력차 0.011Mpa 이하이기 때문에 내부 균압식을 사용
- 응축온도 38℃, 증발온도 −20℃이므로 표에서 냉동 능력은 3.79kW
- 과열도 조정은 정지 과열도 조정을 의미하고 장치의 안전 설계를 위하여 설계하며 문제에서 정지 과열도 조정범위는 0~7℃사이이다. 과열도 변화는 4~5℃ 이내이고 표에서 4.6℃이다.

$$\frac{3.49\times5}{3.79} = 4.6℃$$

목표 과열도에서 과열도 변화를 빼면 정지 과열도 7−4.6℃ = 2.4℃이고 이 값은 조정 범위인 1~7℃ 내에 있어 안전하다.

표 5.9 과열도 변화(4−5℃)

증발온도	냉동능력(kW) R22 응축온도(℃)		
	30℃	38℃	40℃
0℃	4.33	4.63	4.69
−5℃	4.28	4.5	4.55
−10℃	4.10	4.28	4.31
−20℃	3.69	3.79	3.8
−30℃	3.09	3.16	3.17

표 5.10 1℃온도 상당 압력차(Mpa)

냉매	증발온도(℃)						
	10	5	0	−5	−10	−20	−30
R22	0.024	0.02	0.018	0.016	0.014	0.011	0.008
R134a	0.014	0.012	0.01	0.009	0.008	0.006	0.004
R410A	0.033	0.029	0.026	0.023	0.02	0.015	0.011

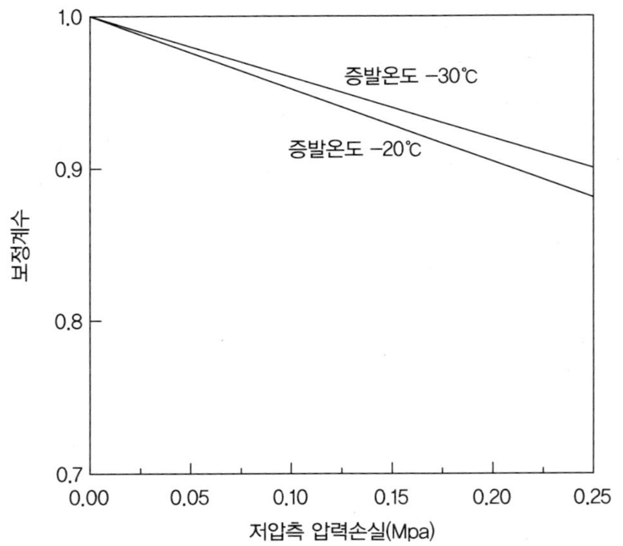

그림 5.50 보정계수

연습문제

01 $W_i = \frac{k}{k-1}(P_BV_B - P_AV_A)$식을 이용하여 도시일 $W_i = \frac{k}{k-1}P_AV_A[(P_R)^{\frac{k-1}{k}} - 1)]$을 유도하시오.

02 다음은 압축기의 이론 체적 효율식이다. 다음 식을 유도하시오.

$$\eta_V = \frac{V_A - V_D}{V_A - V_C},\ \eta_{vth} = 1 - C_R\left[\left(\frac{P_C}{P_D}\right)^{\frac{1}{k}} - 1\right]$$

03 압축기는 크게 용적형(positive-displacement)과 터보형(dynamic)으로 나누어진다. 압축기를 분류하고 작동원리를 요약하라.

04 내부 균압식과 외부균압식 팽창밸브의 유량 조절 방법을 설명하시오.

CAHPTER 6.
냉동 냉매 기술

선진국에서는 2000년대 전반부터 지구 온난화에 대한 대책으로 자연냉매인 이산화탄소를 사용하는 압축기와 히트펌프 급탕용 스크롤 압축기가 개발되었고 차세대 냉매의 현황은 **그림 6.1**과 같다. 가정용 냉장고에는 R600a 냉매, 가정용 에어컨, 패키지 에어컨에는 R32 냉매, 스크류 냉동기에는 R32, R1234ze 냉매, 터보 냉동기에는 R32, R1234ze 냉매, 냉동 냉장용에는 CO_2, HFO, 암모니아 냉매, 자동차에는 R1234yf, CO_2 냉매, 가정용 히트펌프 급탕기에는 CO_2 냉매 등이 차세대 냉매로 유력하다.

그림 6.1 차세대 냉매 현황(출처: 다이킨)

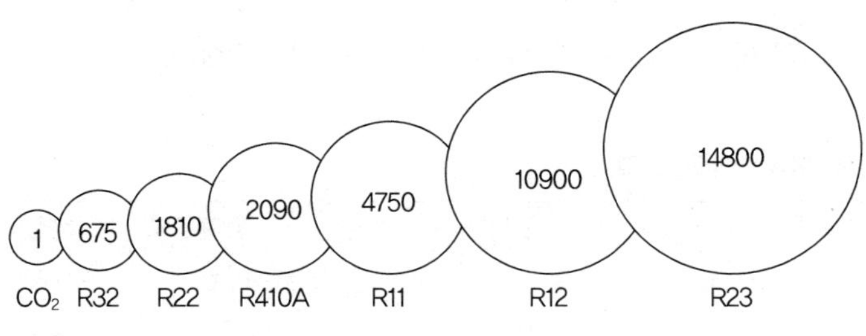

그림 6.2 지구온난화지수

6.1 R600a(LPG)냉매

6.1.1 특징

1933년, 이소부탄은 3개의 탄소원자를 가지는 물질로, 1992년 독일에서 greenfreeze 프로젝트의 일환으로 냉장고용 냉매로 사용하였다. 이 냉매는 오존층 파괴지수는 0, 지구 온난화지수 8인 냉매로 대기로의 방출 염려가 없다. 독일에서 처음으로 탄화수소계 냉매를 사용하는 이소부탄(HC) 냉장고가 생산된 이후, 유럽에서는 3,500만대인 52%를 점유하고, 중국에서도 19%를 점유하고 있다. HC 냉매는 부탄, 이소부탄, 프로판 등이 있으며, 가연성으로 냉매 누출에 의한 폭발의 위험이 있다. 이소부탄은 이성질체에 해당하는 탄화수소 물질로 분자식 C_4H_{10}, 화학식 $CH(CH_3)_3$으로 2-메틸 프로판(2-methyl propane)이다. 냉장고 냉매로 이소부탄 등의 HC계, 암모니아, 이산화탄소 등의 자연냉매의 적용이 증가하고 있다.

유럽의 기후는 저온, 저습하지만 우리나라는 고온, 고습하다. 유럽은 습도가 낮아 서리 제거 히터가 필요가 없는 직접 냉각 자연대류 방식인 300L이하의 HC 냉장고가 주류이고, 우리나라는 높은 습도로 서리 제거 히터가 필요하고 강제순환 방식으로 점화원이 될 수 있는 히터와 모터를 사용하고 용량도 300L 이상이다. HC 냉매는 가연성 물질로 가정용 냉장고의 충전량은 100g이하로 제한되어 있어, 특히 우리나라는 냉장고 용량이 커서 HC 냉매의 충전량이 많아야 하고, 점화원도 많아, 사용을 하려면 냉매 누출에 대한 특별한 대책이 필요하다.

R600a 냉매와 R134a 냉매의 차이는 R600a 냉매의 증발압력이 R134a 냉매보다 55% 정도로 낮고 비점은 15℃ 높다. 비점이 높으면 작동압력은 높게 되어 증발기는 대기압보다 높게 작동한다. 증발압력이 낮으면 임계온도와 응축온도는 높아져 냉각성능은 좋아진다. 그리고 R600a 냉매는 R134a 냉매의 55%에 해당하는 냉매 체적 용량을 가지고 있어 압축기의 스윕(sweep)체적은 R134a 냉매의 2배가 되며, 이는 압축기 특성에 영향을 미쳐 R600a 냉매의 COP는 R134a 냉매

표 6.1 R600a와 R134a 냉매의 비교

종류	분자식	ODP	GWP	수명	임계온도	비점(대기압)	비고
R600a	$CH(CH_3)_3$	0	8	1년	134.7℃	–11.6℃	가연성
R134a	CH_2FCF_3	0	1,300	16년	101℃	–26.5℃	불연성
R600a냉매의 냉동능력은 R134a 냉매의 55%							

보다 낮게 된다.

증발기의 크기는 R134a 냉매와 같지만 냉매유량은 R134a 냉매와 비교하여 스윕체적이 커서 50~100% 증가한다. 스윕체적이 커지면 배관에서 압력강하가 커지기 때문에 유속이 3~5m/sec로 유지되려면, 유량 단면적이 커야 한다. 모세관 길이를 짧게 하거나 내부지름을 크게 하면 유량이 증가한다. 응축온도 40℃일 때 증발온도 변화에 따른 R600a, R152a, R134a 냉매의 이론적인 COP 값을 **그림 6.3**에 비교하였다.

① R600a 냉매의 포화증기 압력은 R134a 냉매보다 낮고 흡입 비체적과 온도특성은 R134a 냉매보다 높으므로 새로운 압축기 설계가 필요하다.
② R600a 냉매의 열전도도와 냉동효과는 R134a 냉매보다 크고 평균 열전도도는 R134a보다 6% 정도 높다.
③ R600a 냉매의 COP는 R134a 냉매보다 5% 정도 낮다.

냉매 R600a는 재료와 오일의 호환성면에서는 R134a 냉매와 거의 동일하고, 화학적으로 안정하기 때문에 R134a 냉매에서 사용하는 재료를 그대로 사용해도 문제가 없다. 일부 고무, 플라스틱, 염화 플라스틱 등은 다소 문제가 있지만 이들을 냉동장치 재료에서 배제하면 된다.

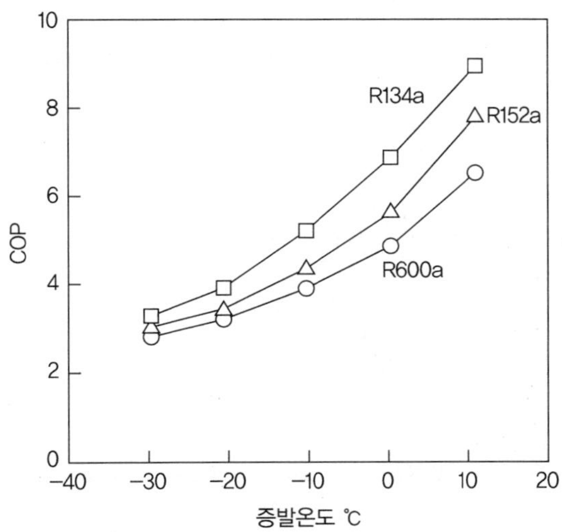

그림 6.3 냉매의 성능비교(응축 온도 40℃)

6.1.2 냉매 적용 시스템

(1) 온도 강하

그림 6.4에서 1에서 온도는 일반 가정에서 사용되는 압축기 온도인 $T_H = 383K$로 가정하고 이에 해당하는 압력은 반데르발스 상태 방정식에서 구한다. 반데르발스 상태방정식은 다음과 같다.

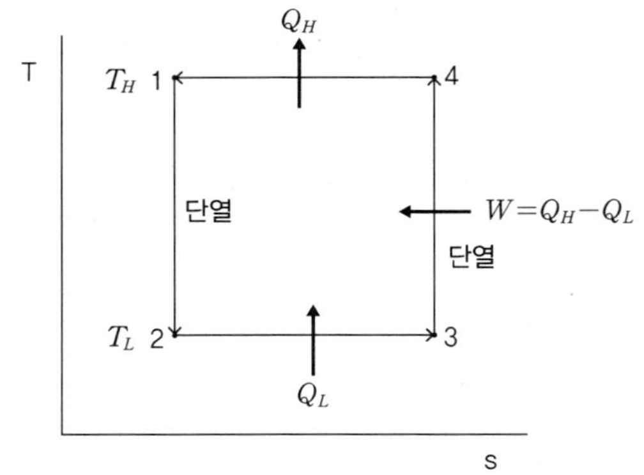

그림 6.4 카르노 냉동사이클의 T-s선도

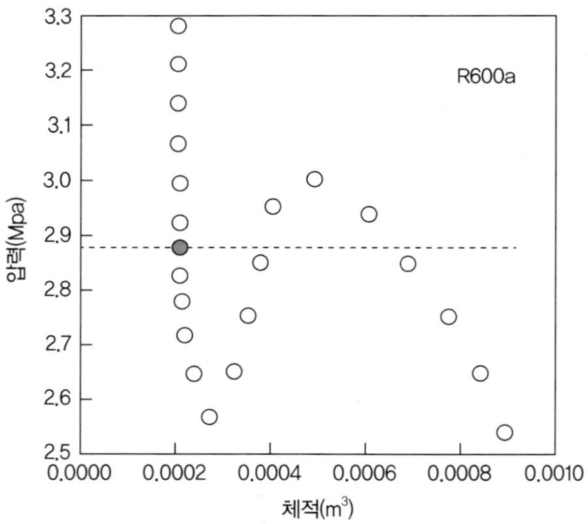

그림 6.5 R600a 냉매의 압력과 체적의 관계(출처: Hosei uni.)

$$\left(P+\frac{an^2}{V^2}\right)(V-nb)=nRT \tag{6.1}$$

여기서 a, b는 반데르발스 계수이다. 이때 기체의 압력은 $P_1 = 2.88\text{Mpa}$로 계산되며 체적은 $V_1 = 2.34\times10^{-4}\text{m}^3$이라고 가정하면 압력과 체적의 관계는 그림 6.5와 같다.

1mol의 이소부탄을 단열팽창시키면 1mol의 물 온도를 32.7℃를 낮출 수 있다.

$$Q_L = 2.455\times10^3\,J/mol = 75.59\,J/Kmol\times\Delta T$$

$$\Delta T = 32.7K \tag{6.2}$$

(2) R600a 냉매 기술

증기 압축 냉동시스템에 R600a 냉매를 사용하면 냉매는 쉽게 증발하고 응축한다.

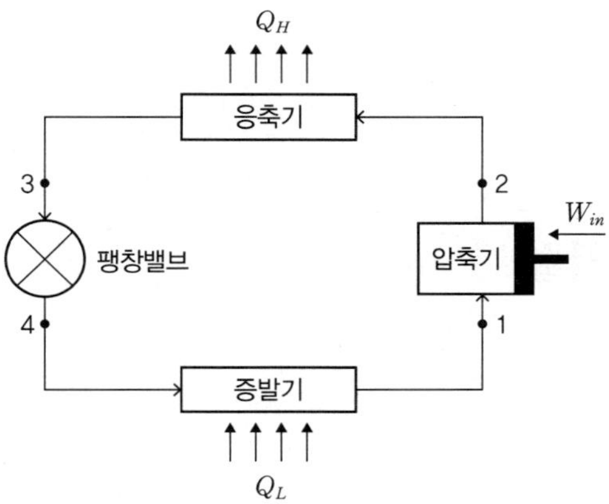

그림 6.6 R600a 증기압축 냉동시스템

저온, 저압의 냉매증기는 압축기를 들어가고 그 곳에서 등엔탈피 과정으로 고온 고압의 기체로 압축된다. 고온의 냉매증기는 응축기를 들어가서 고압의 액체로 응축된다. 고압의 액체냉매는 팽창밸브로 들어가면 압력은 감소된다. 저온, 저압의 액체냉매는 증발기에서 증발잠열을 흡수하고 증기상태로 변하게 된다.

압축기 전에서 플래시 챔버를 사용하여 액체가 압축기로 들어가지 못하도록 분리시키기도 한다. 표 6.2에 R600a 냉매 증기압축 냉동시스템의 질량보존과 에너지 보존을 나타낸다.

표 6.2 증기 압축 냉동시스템의 질량과 에너지 보존

시스템	질량보존	에너지 보존
압축기	$m_1 = m_2$	$W_{in} = m_2h_2 - m_1h_1$
응축기	$m_2 = m_3$	$Q_H = m_2h_2 - m_3h_3$
팽창밸브	$m_3 = m_4$	$h_3 = h_4$
증발기	$m_4 = m_1$	$Q_L = m_1h_1 - m_4h_4$

COP는 $COP_R = \frac{Q_L}{W_{in}}$이고, 사이클 해석에 중요한 변수는 압축기 토출압력, 질량유량, 압력비, 체적효율(η_V)이다. 체적효율은 다음과 같다.

$$\eta_V = 1 + C_R - C_R\left(\frac{P_3}{P_4}\right)^{\frac{1}{n}} \tag{6.3}$$

C_R은 간극비이고, 압력비는 다음과 같다.

$$P_r = \frac{P_3}{P_4} \tag{6.4}$$

6.2 R152a 냉매 기술

6.2.1 특징

2006년 유럽에서 F-gas 규제가 도입되어 자동차 분야에서는 2017년부터 GWP 150 이하의 냉매를 사용해야 한다. R152a 냉매는 GWP 150 이하인 혼합냉매로 R744, R1234yf 냉매와 같이 SNAP(significant new alternatives policy)에서 인증된 냉매로 ODP 0인 HFC계열 냉매 중에서 GWP가 가장 낮다. R152a냉매는 현재 사용하는 R134a 냉매와 비교하면 압력과 냉매특성이 비슷하여 현재 사용하는 부품, 재료를 그대로 사용할 수 있다. 그림 6.7에서와 같이 같은 온도와 압력에서 엔탈피는 R152a 냉매가 R134a 냉매보다 커서 냉동능력도 크다. R152a 냉매는 지구 온난화지수가 124로 다른 불화 탄소류에 비하여 낮고, 에어로졸 분사제로 사용되는 R134a 냉매의 대체물질이지만 가연성이 있어 대체할 수 없는 분야도 있다.

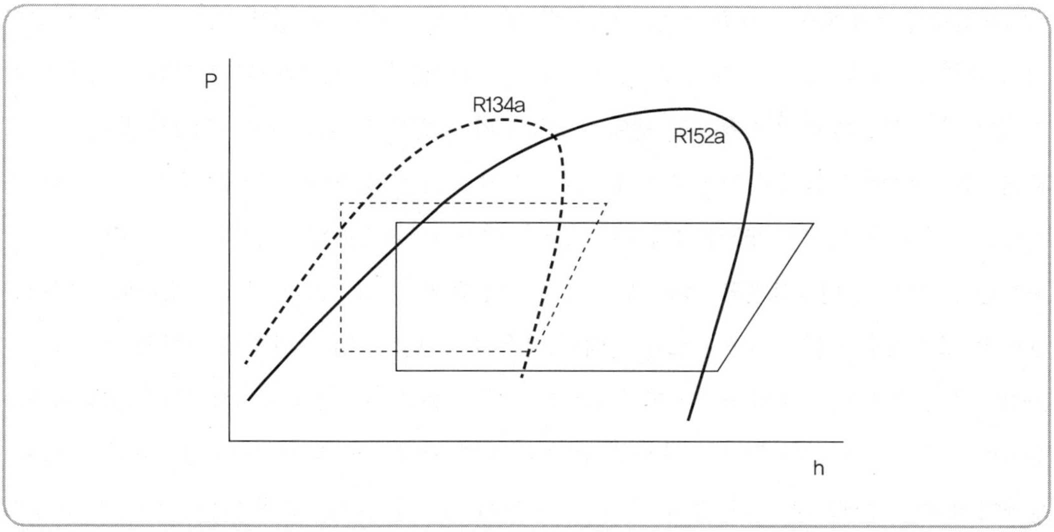

그림 6.7 R152a 냉매와 R134a 냉매의 비교(p–h선도)

표 6.3은 R152a 냉매와 R134a 냉매의 물성치의 비교를 나타낸다.

표 6.3 R152a 냉매와 R134a 냉매의 비교

종류	R134a	R–152a
분자식	CH_2FCF_3	CH_3CHF_2
분자량	102	66
ODP	0	0
GWP	1,300	124
임계온도(℃)	101	113
임계압력(Mpa)	4.1	4.5
비점(℃)	–26.1℃ (at 101kPa)	–25℃ (at 101kPa)
증발압력(20℃)	0.46Mpa	0.41Mpa
증발압력(50℃)	1.2Mpa	1.1Mpa
수명	16년	1.5년
비고	불연성	미연성

R152a 냉매는 R134a 냉매보다 가연성이 커서 일부 추가적인 새로운 부품이 필요하고, 금속 부식이 발생하고, 오일과의 호환성이 나쁘다. 이러한 R152a 냉매의 문제점을 해결하기 위해

시스템을 2차 루프(Secondary Loop)로 구성한다. SL 시스템은 기존의 증발기를 2차 유체 열교환기로 대체하여 1차 루프와 2차 루프 사이의 열을 교환하는데 사용한다. 1차 루프는 기존의 직접 팽창식을 사용하고, 2차 루프의 냉매는 냉각수와 비슷한 물질을 사용하여 1차 루프와 열교환을 시킨 후, 이를 펌프로 자동차 실내로 이동시켜 공기 냉각기에서 공기를 냉각시킨다. SL 시스템은 효율이 좋고, 2차 루프는 1차 루프와 별도이기 때문에 물을 냉매를 사용할 수 있다. 사용하는 2차냉매는 단상유체와 2상유체가 있고, 단상유체는 얼지 않고 부식이 방지되는 글리콜(glycol), 초산칼륨, 칼륨포름메이트를 냉매로 사용하고, 2상 유체는 기체와 액체로 상변화하는 과정에서 잠열이 높은 냉매를 사용한다. R152a 냉매의 흡입 비체적과 온도특성이 R134a 냉매와 유사하여 압축기는 같은 크기를 사용할 수 있다. R152a 냉매의 열전도도와 냉동효과는 R134a 냉매와 R600a 냉매보다 크고, 압축 에너지는 R152a 냉매가 R134a 냉매보다 낮아서, 13% 정도 COP가 높다. 장점은 냉매 충전량과 누설량이 적고 구조도 복잡하지 않고 유지보수가 쉬우며 냉매유량을 적게 사용할 수 있다.

표 6.4 R152a 냉매와 R134a 냉매의 비교

항목	압축기(HP)	응축기 냉각성능(kJ/min)	증발기 유효도	사이클 COP	시스템 COP
R134a	1.744 1hp = 0.746kW	277	85%	2.732	2.195
R152a	1.59	270	85%	2.988	2.349

6.2.2 냉매 적용 시스템

2003년 Delphi와 Volvo 자동차 회사가 공동으로 R152a 냉매를 이용한 에어컨 시스템을 Volvo XC90 SUV 차량에 적용하여 성능시험을 수행하였고, 2007년 Delphi는 EPA의 프로젝트로 R152a 냉매용 2차 루프 시스템 개발을 수행하였다. 2008년, Fiat 자동차 회사가 자사 Punto차량에 R−152a 냉매를 이용한 2차 루프 에어컨 시제품을 제작하여 다양한 실차 성능평가를 수행하였다. 일반적인 DX 시스템인 R134a 냉매 에어컨 시스템은 **그림 6.8**과 같은 구조로 되어 있다. 이를 **그림 6.9**와 같이 증발기를 칠러와 2차냉매로 대체하고, 냉각해야 할 곳으로 직접 냉매를 순환시키는 직접 팽창 냉각방식에는 R152a 냉매를 사용하여 1차 루프를 구성하고, 펌프로 자동차 실내로 2차냉매를 보내어 공기 냉각기(cooler)에서 실내공기를 냉각시킨다.

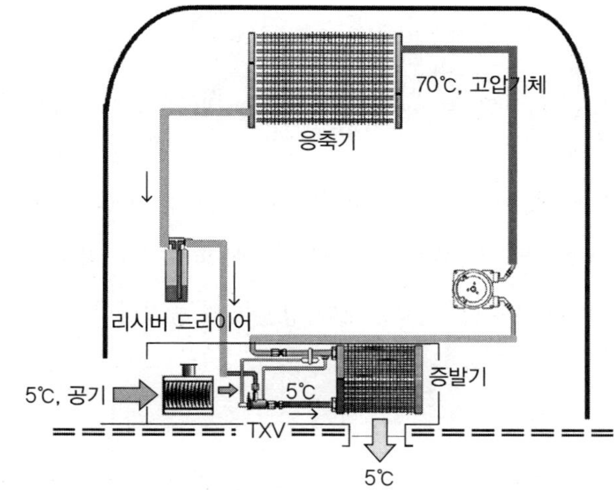

그림 6.8 DX 에어컨 시스템

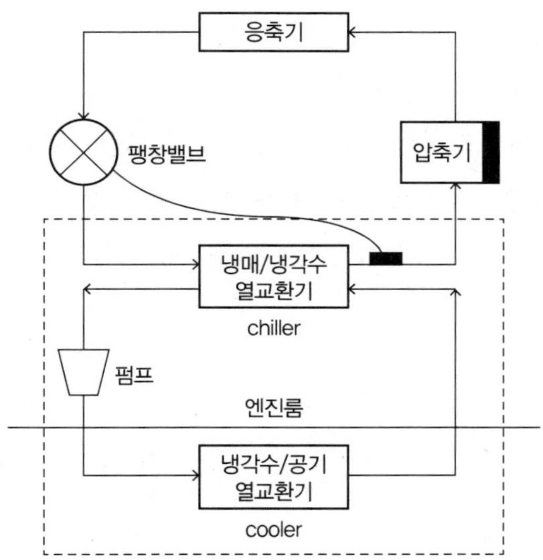

그림 6.9 R152a 냉매 에어컨 시스템(출처: 델파이)

(1) 압축기

SL 시스템에서 압축기는 2차냉매에 의한 열저항으로 DX 시스템과 비교하여 압축기의 용량은 10~15% 크게 된다. 이러한 증가는 압축기의 개선과 설계로 감소시켜야 DX 시스템과 비슷한 냉각성능을 갖는다. R134a 냉매와 R152a 냉매를 비교하면 이론적인 압축기 배기량은 다음 식과 같다.

$$\left(\frac{V_{dis-R152a}}{V_{dis-R134a}}\right)=\left(\frac{\rho_{suct-R134a}}{\rho_{suct-R152a}}\right)\left(\frac{\Delta h_{comp-R134a}}{\Delta h_{comp-R152a}}\right)\left(\frac{\eta_{vol-R134a}}{\eta_{vol-R152a}}\right)\left(\frac{N_{R134a}}{N_{R152a}}\right) \tag{6.5}$$

여기서 V_{dis}는 축기의 배기량, ρ_{suct}는 흡입냉매의 밀도, Δh는 압축기 전후 엔트로피의 변화량, η_{vol}는 압축기의 효율, N은 압축기 회전수를 각각 나타낸다. 같은 압축기 효율에서 R152a 냉매용 압축기의 배기량은 R134a 냉매용 압축기보다 평균 12% 증가한다.

(2) 응축기

응축기와 팬은 R134a 냉매용과 같은 것을 사용할 수 있고, 부품사이의 공간 부족으로 발생하는 뜨거운 공기의 재순환은 응축기를 들어가는 공기의 온도를 높이고 응축기의 성능을 감소시킨다. 따라서 자동차용 응축기, 팬, 라디에이터에는 보호막이 필요하다.

(3) 칠러(chiller)

칠러는 냉매와 2차 유체인 냉각수와의 열교환 장치이다. SL 시스템에서는 증발기가 아닌 칠러에서 냉매의 증발이 이루어지고 냉각수와 열교환을 한다. **그림 6.10**은 칠러의 열교환 방식을 나타낸다. 냉매는 같은 증발온도인 T_4에서 증발하여 T_5로 되고 냉각수 온도를 T_{3s}에서 T_{4s}로 냉각시킨다. 냉각된 냉각수는 펌프로 순환되어 T_{4s}와 같은 온도인 T_{1s}로 공기 냉각기로 들어가서 공

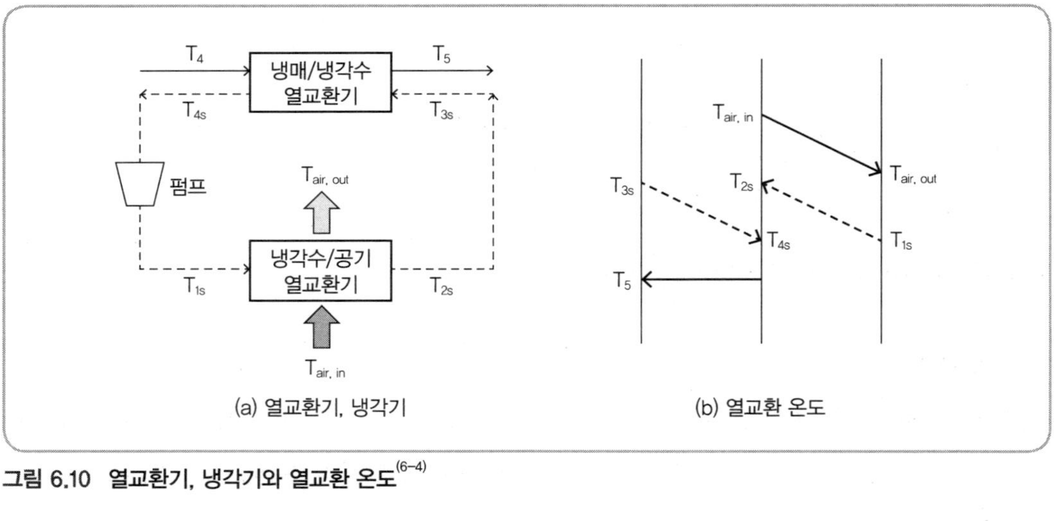

그림 6.10 열교환기, 냉각기와 열교환 온도(6-4)

기를 냉각시키고 T_{2s}가 되고 공기는 $T_{air,in}$에서 5℃ $T_{air,out}$이 된다. 공기 냉각기에서 냉각수와 공기의 열교환이 일어나고, 공기측 총괄 열전달계수는 다음과 같다.

$$\frac{1}{U_a}=\frac{1}{h_{T,a}}+\frac{1}{\frac{A_s}{A_a}h_{T,s}} \tag{6.6}$$

여기서 U_a는 공기측 총괄 열전달계수, $h_{T,a}$는 공기측 열전달계수, $h_{T,s}$는 냉각수측 열전달계수, A_s는 냉각수측 열전달 면적, A_a는 공기측 열전달 면적이다.

$$h_{T,s}=\frac{\eta_0\frac{A_a}{A_s}h_{T,a}U_a}{\eta_0 h_{T,a}-U_a} \tag{6.7}$$

여기서 $\eta_0=1-A_f/A(1-\eta_f)$이고 A_f는 핀의 면적, A는 전체 열전달면적이다.

(4) 팽창밸브

팽창밸브는 R134a 냉매용과 같은 것을 사용한다. 칠러 출구에서의 과열도 정도는 R134a 냉매의 증발기 출구에서의 과열도보다 훨씬 낮으므로 칠러의 효율은 높아진다. 그림 6.11은 과열도와 칠러의 온도 유효도를 나타낸 그림이다.

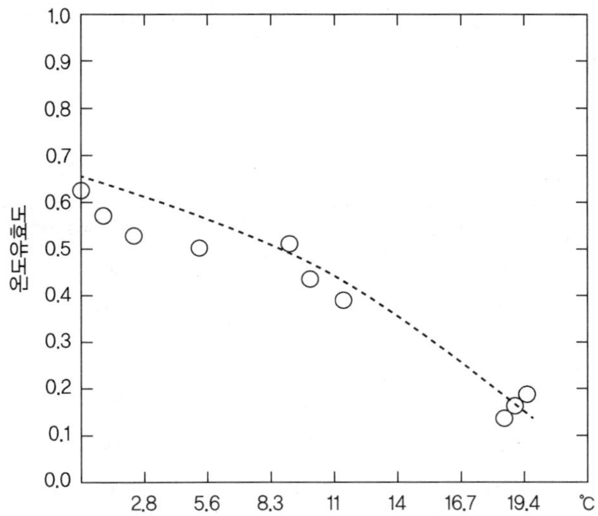

그림 6.11 칠러의 과열도와 유효도

(5) 공기 냉각기

공기 냉각기는 냉각수와 공기를 열교환하는 장치로 R134a 냉매에서의 증발기를 대신하는 부품이다. 냉각수는 칠러에서 냉각되고 펌프로 이송되어 공기 냉각기에서 원하는 공기의 온도로 냉각된다.

(6) 성능계수

성능계수는 열교환기와 압축기의 엔탈피의 비로 정의할 수 있다.

$$COP = \frac{(h_{out} - h_{in})_{HE}}{(h_{out} - h_{in})_{comp}} \tag{6.8}$$

첨자 HE는 열교환기, comp는 압축기를 나타내고 열교환기는 R134a 냉매에 대해서는 증발기, R152a 냉매에 대해서는 칠러를 의미한다. h는 열교환기 입출구 압력과 온도에 대한 엔탈피를 나타내며, COP는 사이클 COP와 시스템 COP로 나누어진다. 사이클 COP는 냉방능력과 압축기 소비전력의 비이고 시스템 COP는 냉방능력과 압축기, 펌프, 팬의 소비전력의 비이다.

$$COP_{cycle} = \frac{Q_L}{W_{comp}} \tag{6.9}$$

$$COP_{system} = \frac{Q_L}{W_p + W_{comp} + W_f} \tag{6.10}$$

여기서 Q_L은 냉방능력, 첨자 p는 펌프, f는 팬을 나타낸다. 표 6.5는 SL 시스템과 DX 시스템의 성능비교를 나타낸다.

표 6.5 성능 비교(출처: 델파이)

항목	R134a	R152a	R134a with SL	R152a with SL
냉매 질량유량(kg/min)	150	894	1536	909
압축기(HP)	1.744	1.59	2.024	1.844
콘덴서 냉각 성능(Wh/min)	81	79	85	82
증발기 유효도	85%	85%	60%	60%
사이클 COP	2.732	2.988	2.354	2.583
시스템 COP	2.195	2.349	1.788	1.923

6.3 R1234yf 냉매 기술

6.3.1 특징

미국의 듀폰과 하니웰은 지구 온난화지수(GWP)가 4인 자동차 에어컨용 R1234yf 냉매와 이를 냉동 공조용으로 개선한 GWP가 6인 R1234ze 냉매를 개발하였다. 올레핀을 부분적으로 불소화한 R1234yf 냉매와 R1234ze(E) 냉매 등의 HFO계 냉매는 ODP가 0이고 GWP가 기존의 HFC계 냉매에 비해 낮기 때문에 차세대 냉매이다. 자동차용 모바일 에어컨(MAC, mobile air conditioner)의 새로운 냉매로 R1234yf 냉매가 사용되기 시작하였지만, 유럽에서는 이산화탄

표 6.6 자동차 냉매의 특성 비교

종류	R134a(HFC)	R1234yf HFOs(혼합 HFO)
냉매계열	혼합 HFC	혼합 HFO
ODP=0	0	0
GWP<150(2017년)	1,430	4
가연성	불연	미연
독성	class A	class A
대기수명	14년	12일
냉동능력	100(기준)	97
COP	100(기준)	95

표 6.7 자동차 냉매 열 물성치의 비교

종류	R134a(HFC)	R1234yf HFOs(혼합 HFO)
분자식	CH_2FCF_3	$C_3F_4H_2$
분자량	102	114
임계온도(℃)	102	95
임계압력(Mpa)	4.06	3.4
비점(℃)	−26	−29
증발압력(25℃)	0.673MPa	0.665MPa
증발압력(80℃)	2.47MPa	2.63MPa

소 냉매가 R1234yf 냉매보다 기술개발이 먼저 이루어졌다. 그러나 자연냉매인 이산화탄소 냉매는 높은 작동압력으로 인하여 전체 시스템의 새로운 설계가 필요하였고 부품도 커지면서 연비도 저하하였다. R1234yf 냉매는 GWP가 낮고, 안정성이 확보되면서 유럽의 F가스 규제에 대한 자동차용 냉매로 선정되었다. 이 냉매의 기호는 $CF_3CF=CH_2$이고 폴리프로필렌에 불소가 4개인 물질이다. 공식적으로는 2,3,3,3－사불화 프로펜(2,3,3,3－tetrafluoroprop－1－ene)이며 GWP는 4로, R134a 냉매의 1,300보다 작고 탄소의 이중결합으로 화학적으로 안정하고 대기수명은 12일이다.

팽창밸브 등 일부 부품만 튜닝하면 R134a 냉매용 자동차 에어컨 시스템을 비교적 그대로 사용할 수 있고, R1234yf 냉매에 최적인 튜브와 핀 타입의 증발기의 개발도 쉬운 편이고, 차량가격도 크게 변화가 없고, R1234yf 냉매는 회수가 필요 없는 장점이 있다. 약간의 가연성이 있지만 R134a, R152a 냉매와 같은 ASHRAE 클래스 A등급을 획득하였다.

R1234yf 냉매는 R134a 냉매의 냉각성능과 에너지 효율의 차이도 5% 이내이며, **표 6.6**은 R1234yf 냉매와 R134a 냉매의 특성을 비교하였다. **표 6.7**은 R134a와 R1234yf 냉매의 물성 비교를 나타낸다. 단점은 R1234yf 냉매는 R134a 냉매보다 냉동성능과 COP가 약간 감소한다. 이는 냉매의 증발잠열이 낮고, 기체 냉매의 밀도가 높기 때문에 냉매량이 많이 필요로 하여 압력손실이 증가하기 때문이다. 따라서 R1234yf 냉매에 맞는 열교환기의 개발이 필요하다. **그림 6.12**는 R134a와 R1234yf 냉매의 응축압력 특성을 비교한 그림이다.

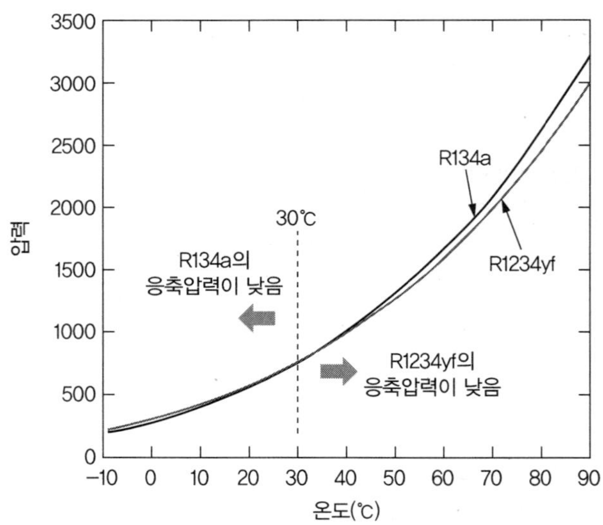

그림 6.12 R134a와 R1234yf 냉매의 응축 압력 비교

미국에서는 자동차의 50%가 2018년까지 R1234yf 냉매를 사용할 것으로 예상된다. 이러한 불소계 냉매는 지난 20년간 10억 대 이상의 차량에서 안전하게 사용되었기 때문에 안전하다고 볼 수 있으며 유럽 연합(EU)의 F-Gas 규제와 미국 환경 보호국(EPA)의 규제를 만족한다.

그림 6.13은 R1234yf 냉매와 R134a 냉매의 p-h선도를 나타낸 것이다. R1234yf 냉매의상태량, 작동압력, 작동온도는 R134a 냉매와 비슷하고 R1234yf 냉매의 증발잠열은 R134a 냉매보다

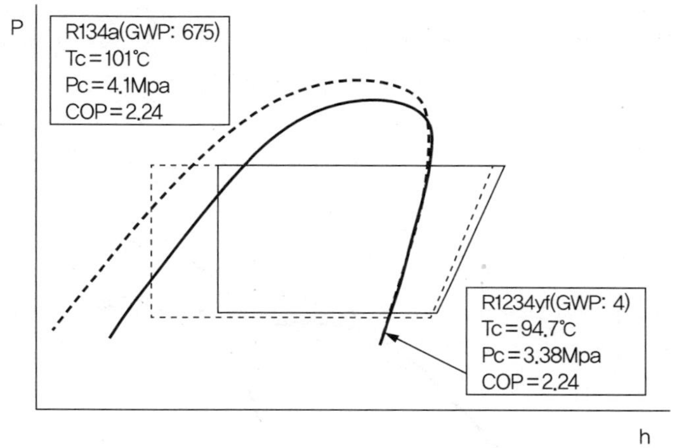

그림 6.13 R1234yf 냉매와 R134a 냉매의 p-h선도 비교

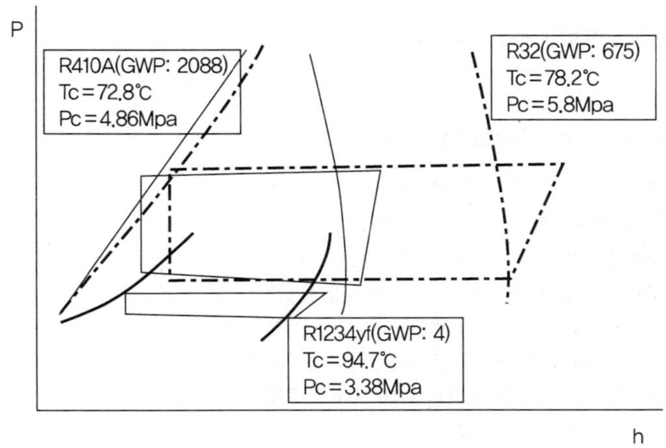

그림 6.14 R1234yf, R410A, R32 냉매의 p-h선도 비교

30% 정도 작기 때문에 같은 냉각성능을 갖게 하기 위해서는 많은 양의 냉매를 사용해야 한다. **그림 6.14**는 R1234yf 냉매, R410A 냉매, R32 냉매의 p－h 선도를 비교한 것이다. R1234yf 냉매는 R410A, R32 냉매보다 저압냉매이고 작동영역도 좁은 편에 속한다.

그림 6.15는 각종 냉매의 T－h 선도를 나타낸다. 이 그림에서 보면 R1234yf 냉매는 R134a 냉매보다 증발기와 응축기의 증발잠열이 작다. 냉각성능과 COP를 비교하면 R1234yf 냉매의 냉각성능의 평균 값은 R134a 냉매의 95%, COP의 평균 값은 96% 정도이지만 이는 기기의 성능개선으로 극복 가능하다. 내부 열교환기(IHX)를 추가하여 성능을 높이고, 부품을 변경하고, 수지, 고무재료의 변경하여 성능을 높인다. **표 6.8**은 R1234yf 냉매와 R134a 냉매의 물리량의 차이점을 나타낸다.

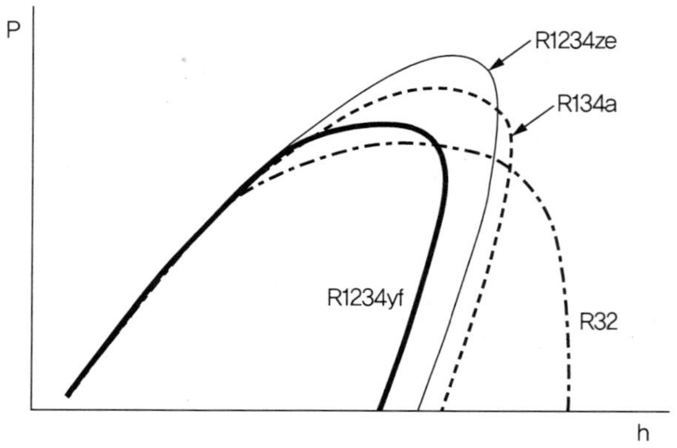

그림 6.15 R1234yf, R134a, R32냉매의 잠열비교

표 6.8 R1234yf 냉매와 R134a 냉매의 차이점

① 압력: 다른 증발압력으로 압력비가 달라져 이를 설계에 고려해야 한다.
② 잠열: 다른 증발잠열은 냉매유량에 영향을 주어 보이드(void)계수가 달라진다.
③ 표면장력: 다른 표면장력은 핵생성(nucleation)에 영향을 준다.
④ 밀도: 다른 밀도는 냉매속도, 압력강하, 레이놀즈수에 영향을 준다.
⑤ 비열: 다른 비열은 프란틀수에 영향을 주어 열전달계수가 달라진다.
⑥ 점성계수: 다른 점성계수는 레이놀즈수, 열전달계수, 압력강하에 영향을 준다.
⑦ 열전도도: 다른 열전도도는 누셀트수에 영향을 주어 응축 열전달계수가 달라진다.
⑧ 질량유량: R1234yf가 R134a보다 1.23배 많다.
⑨ 액체냉매 속도: R1234yf가 R134a보다 1.11배 크다.
⑩ 기체냉매 속도: R1234yf가 R134a보다 0.89배 적다.

6.3.2 몰리에르 선도

R1234yf 냉매는 저압냉매로 대기 수명 12일, 분해가 쉽고, GWP가 낮다. R1234yf 냉매를 드롭 인 시험을 하면 응축압력과 증발압력이 R134a 냉매보다 낮아져, 압축기의 배기량 부족과 열교환기, 배관에서의 압력손실 증대 때문에 성능과 COP가 감소하여 시스템의 재구성이 필요하다. 이때의 압력손실은 다음 식과 같다.

$$\Delta p = G^{1.75} \tag{6.11}$$

여기서 G는 냉매의 체적유량이다. R1234yf 냉매는 액체냉매의 밀도가 낮고, 기체냉매의 밀도는 높아서 냉매유량이 증가하기 때문에 압력손실이 커진다. 또한 비등점이 높아 증발 압력이 낮게 되어 압축기와 저압 측에서 압력손실이 발생하여 냉각성능이 20% 감소한다.

R134a 냉매와 동일한 냉각성능을 얻기 위해서는 냉매유량 증가, 압축기 배기량 증대, 열교환기의 저압측 압력손실 감소기술과 열교환기, 팽창밸브, 압축기 등 부품의 개발이 필요하다.

(1) 에어컨 사이클

에어컨은 냉매가 증발, 압축, 응축, 팽창 과정을 순환하는 사이클로 냉매는 사이클 내를 순환하면서 냉동공간에서 열에너지를 흡수하여 대기로 방출하는 변화를 반복적으로 한다. 에어컨 사이클의 각 부분에서 냉매의 상태변화와 출입 열량과의 관계를 정량적으로 측정하면, 에어컨의 냉각성능, 압축기가 필요로 하는 동력, 공기량 등을 계산할 수 있다.

(2) 몰리에르 선도

냉매 상태량은 압력 p(MPa), 비체적 v, 온도 T에 의해 결정되고, 저비용으로 효율적인 에어컨 사이클을 설계하는 것은 중요하다. 에어컨을 가동시킨 후 비체적을 측정하는 것은 어렵기 때문에, 기체냉매의 압력 p과 온도 T를 측정하여 냉매의 상태를 표시하는 몰리에르 선도(p−h 선도)가 있다. 이는 냉매를 개발한 업체가 제공하는 열역학적 상태량 표이며 이를 이용하여 비체적과 비엔탈피를 계산한다. 비체적은 단위질량 당 체적(m^3/kg)이며 비체적이 크면 기체농도는 묽어지고 밀도는 작아진다. 몰리에르 선도의 x축은 비엔탈피 h(kJ/kg), y축은 냉매의 절대압력 p(MPa, 각 배관의 압력+대기압)을 나타낸다. 그림 6.16은 R1234yf 냉매의 몰리에르 선도를

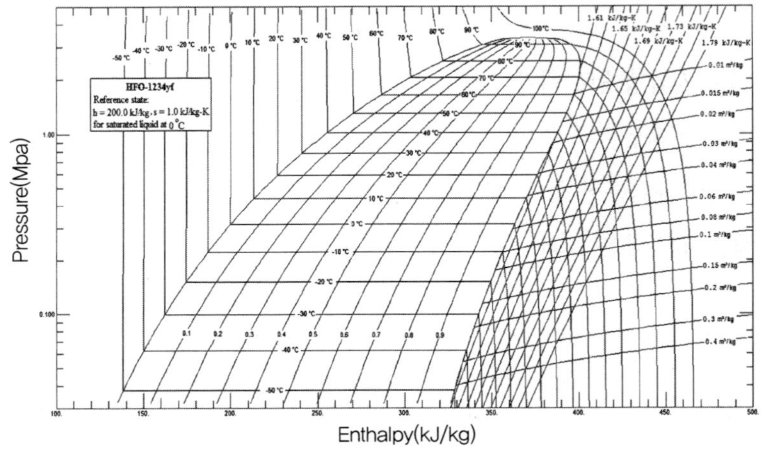

그림 6.16 R1234yf 냉매의 몰리에르 선도

나타낸다.

(3) 몰리에르 선도 사용법

그림 6.17은 R1234yf 냉매의 몰리에르 선도 사용법을 나타낸다. 에어컨 사이클을 몰리에르 선도에 표시하려면 다음 4개의 위치에서의 온도와 압력 값을 알아야 한다.

- 증발기와 압축기 사이의 과열증기의 온도와 압력
- 압축기와 응축기 사이의 과열증기의 온도와 압력
- 응축기에서 냉각된 후 과냉액체상태의 온도와 압력
- 팽창밸브를 통과하여 증발기에 들어가기 전의 습증기 상태 온도와 압력

표준상태의 에어컨 사이클의 증발온도가 −15℃, 응축온도가 30℃, 팽창밸브 직전의 온도가 25℃이다. 이 사이클에서 냉매 1kg당 냉동공간에서 빼앗는 열량은 p−h 선도 상의 점 ①과 점 ④의 비엔탈피의 차이이므로 다음 식과 같다.

$$Q_L = m_1 h_1 - m_4 h_4 \quad (6.12)$$

압축기의 필요 동력은 압축기 전후 비엔탈피의 차이이다.

$$W_{in} = m_2h_2 - m_1h_1 \tag{6.13}$$

응축기가 버리는 열량은 응축기 전후 비엔탈피의 차이이다.

$$Q_H = m_2h_2 - m_3h_3 \tag{6.14}$$

에어컨 사이클의 효율을 나타내는 척도로 사용되는 성능계수는 식 (6.12)와 (6.13)의 비이다. 성능계수는 열이 얼마나 팽창되었는지를 나타내는 지표이다.

$$COP = \frac{Q_L}{W_{in}} = \frac{h_1 - h_4}{h_2 - h_1} \tag{6.15}$$

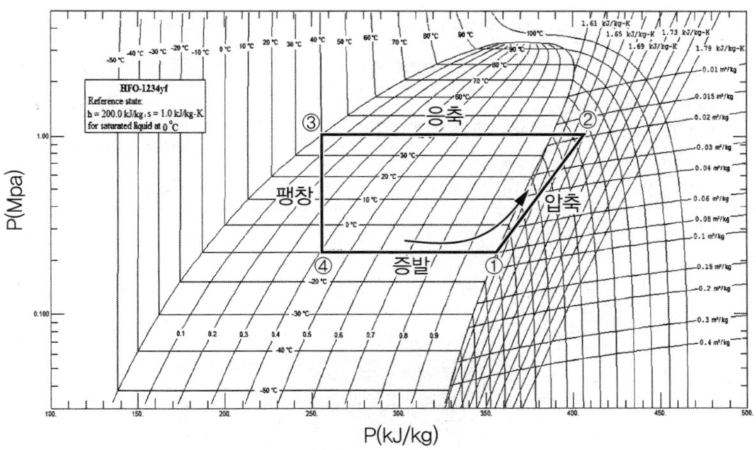

그림 6.17 R1234yf의 몰리에르 선도 사용법

6.3.3 냉매 시스템

R1234yf 냉매는 R134a 냉매와 비교하여 GWP, COP, APF, LCCP 등이 낮다. APF는 COP보다 실제에 가까운 평가지표로 최근에는 에어컨의 성능이 개선됨에 따라 정격 냉방능력 2.8kW, 4.0kW의 기종 모두 APF 값이 6~7 이상이 되고 있다. R1234yf 냉매의 COP는 1990년대 보다 2010년대에는 2배 증가하였다. 이의 주요 기술은 압축기, 압축기용 모터, 인버터, 열교환기, 팬,

에어컨 사이클 최적화 등 요소부품의 개발과 압축기용 모터의 DC화, 네오디움 자석화, 팬 모터의 DC화로 성능을 개선하였다. 열전달관에서는 관의 지름을 적게 하고, 멀티 패스형의 냉매 유로를 적용하여 열교환기의 압력손실의 저감이 이루어졌다. 인버터 제어는 PWM(Pulse Width Modulation)에서 PAM(Pulse Amplitude Modulation) 방식으로 변경되었다.

표 6.9는 R1234yf 냉매와 R134a 냉매 시스템의 부품을 비교한 것이고 **그림 6.18**은 R1234yf 냉매 에어컨 시스템의 구성도를 나타낸다. R134a용 시스템보다 압축기의 용량을 크게 하고, 팽창 밸브를 재설계하였다. 건조제는 R134a용을 그대로 사용하고, 오일은 R1234yf 냉매용 PAG(Poly

표 6.9 R1234yf와 R134a의 부품 비교

항목	R134a 냉매	R1234yf 냉매
압축기 배기량	160cc	200cc
응축기	16~18mm PRF Louvered fin	16~18mm PRF Louvered fin
증발기	58~74mm plate fin	58~74mm plate fin
TXV	2.0T cross-charged	2.0T,2.5T,1.75T cross-charged
냉매량	550g	560g

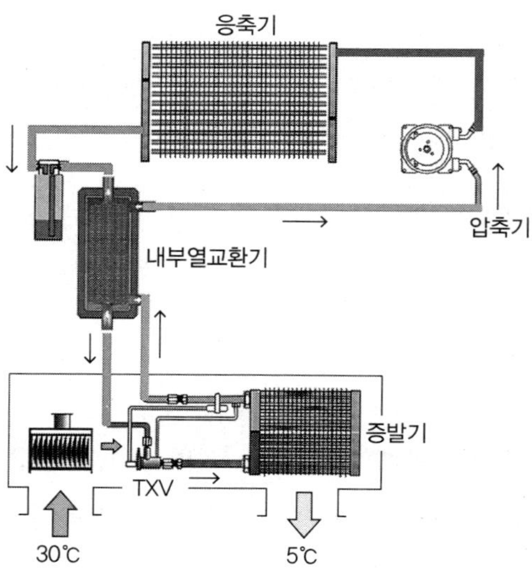

그림 6.18 R1234yf 냉매 에어컨 시스템의 구성도

Alkylene Glycol)을 사용한다. R134a 냉매에서 R1234yf 냉매로의 변경시 주요 변경내용은 다음과 같다.

(1) 재료변경

냉매변경에 따라 일부 부품변경이 필요하고 재료 중 수지, 고무재료의 변경이 가장 중요하다.

① 에어컨 성능이 5% 정도 나빠지는 이유는 수지, 고무의 재료 문제임

② 성능 악화 회복을 위한 부품 추가와 오일, 수지 재료 변경

③ 가연성 가스(R1234yf 냉매의 LEL, lower explosive limit: 6.2%)로 ISO 안전 규격 대응이 필요하여 냉매 배관에서의 볼트 체결 여부가 문제가 되어 볼트 체결 시 일정한 규격이 필요함

(2) 시스템 변경

① 압축기: 내부 수지 재료와 오일(PAG) 변경

② 호스: 수지 재료 변경, 성능개선을 위해 호스 지름 확대

③ 응축기, 모듈레이터: 밀도가 달라서 응축부 최적화가 필요, 모듈레이터 크기 증대

④ 배관: 내부 열교환기(IHX)를 추가, 저압 배관직경을 확대하여 성능을 개선, 충전 포트를 변경하여 누설방지

⑤ 오일 분리기 설치: 효율증가

⑥ 고효율 증발기 개발

⑦ 팽창밸브: 최대 유량이 통과하도록 부품변경

⑧ 부품 간 최적화 설계

⑨ R1234yf 냉매는 연소하기 어려운 물질이지만 가연성질이 있기 때문에 이를 대비해야 함.

그림 6.19는 R1234yf 냉매 에어컨 시스템의 사이클을 나타낸다.
압축기에 대한 에너지 방정식은 다음과 같다.

$$W_{in} = m_{1r}h_{1r} - m_2h_2 \tag{6.16}$$

단열효율은 압축기의 등엔트로피 일과 압축기 구동전력과의 비이다. 배관을 흐르는 질량유량

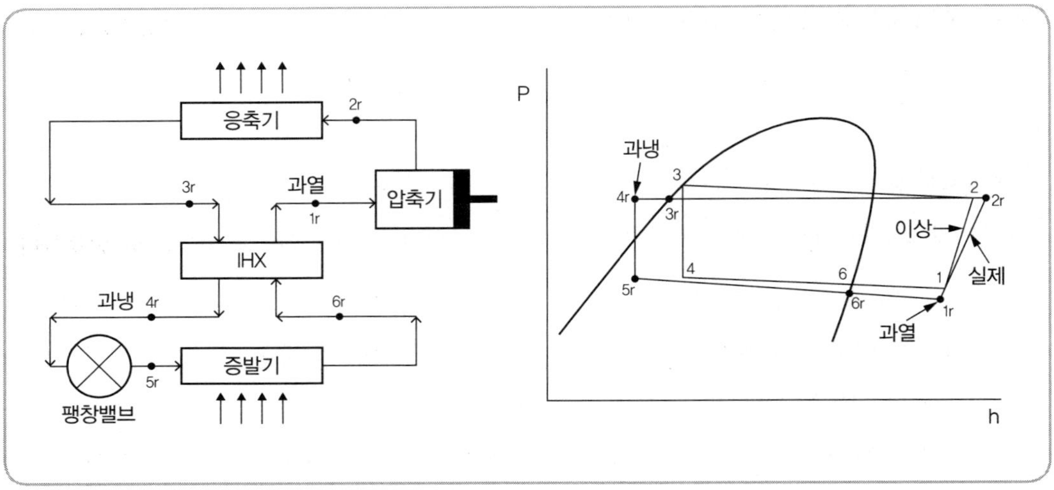

그림 6.19 R1234yf 냉매 시스템의 사이클

이 같으면,

$$\eta_V = \frac{h_2 - h_{1r}}{h_{2r} - h_{1r}} \tag{6.17}$$

$$h_{2r} = h_{1r} + \frac{h_2 - h_{1r}}{\eta_V} \tag{6.18}$$

응축기에 대한 에너지 방정식은 다음과 같다.

$$Q_H = m_{2r}h_{2r} - m_{3r}h_{3r} \tag{6.19}$$

내부 열교환기에 대한 에너지 방정식은

$$Q_{ihe} = h_{1r} - h_{6r} = h_{3r} - h_{4r} \tag{6.20}$$

(3) 압축기

현재의 R134a 냉매용 압축기는 R1234yf 냉매용으로의 사용은 불가능하다. R1234yf 냉매용 로터리 압축기와 스크롤 압축기는 다음과 같은 기술로 압력손실 저감을 이루었다.

① **스크롤 압축기**: 압력손실 저감과 APF 향상과 에어컨 중부하시 성능향상을 위해 중간 압력

에 도달할 때 냉매유량을 증가시키기 위해 릴리스 밸브를 개발하여 적용하였다.

② **회전식 압축기**: 흡입손실을 저감하고 실린더 압축에 의한 토크변화의 균일화를 달성하였다.

6.3.4 열전달 특성

열교환기는 액체와 기체로 상태변화를 하면서 냉매를 증발, 응축시킨다. 액체에서 기체로의 상변화를 증발이라 하고, 기포의 발생을 동반하는 상변화를 비등이라 한다. 관내의 액체가 비등하면 기포가 발생되어 액체에 혼합된다.

(1) 응축기

① 일반 응축 열전달계수

응축 열전달계수는 강제대류 응축과 표면장력 응축의 합으로 표시된다. 응축이 발생하면 액체의 막표면과 기체사이의 대류 열전달, 막 내부와 열전달면 사이에 열전도가 발생한다. 막표면과 기체 사이의 열전달계수를 h_{fg}, 액막의 열전도계수를 k_f, 액막의 두께 δ, 액막의 표면 온도 T_{fw}, 열전달면의 온도를 T_w라 하면 액체의 막표면에서 기체로의 열전달량은 식 (6.21)과 같다.

$$q = h_{fg}(T_g - T_{fw}) \tag{6.21}$$

액체의 막표면 내에서 열플럭스는

$$q = \frac{k_f}{\delta}(T_{fw} - T_w) \tag{6.22}$$

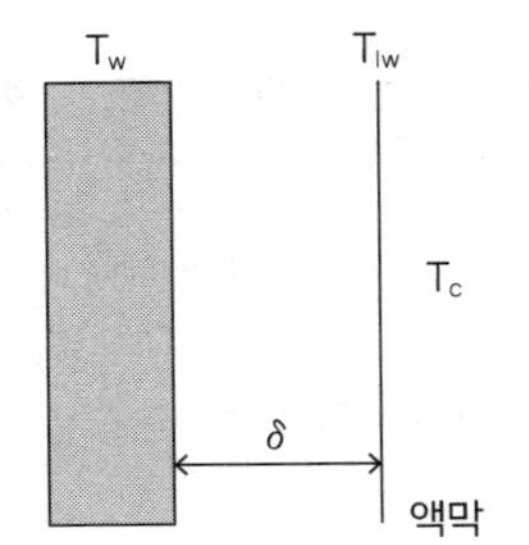

그림 6.20 응축 열전달

식 (6.21)과 식 (6.22)를 같게 놓으면 $T_g - T_w = \left(\frac{1}{h_{fg}} + \frac{1}{k_f/\delta}\right)q$로 되어 응축 열전달계수는 다음 식과 같다.

$$h = \frac{1}{h_{fg}} + \frac{1}{h_f/\delta} \tag{6.23}$$

막표면과 기체사이의 열전달계수 h_{fg}는 액막의 열전도계수보다 작으므로 h는 액막의 두께에 의해 결정되고 액막이 얇으면 열전달율은 커진다.

② 단상응축 열전달계수

액막 내의 액체가 중력에 의해 영향을 받으면 난류액막의 Nusselt수는 다음과 같다.

$$Nu = 0.023Re^{0.8}Pr^{0.4} \tag{6.24}$$

R1234yf 냉매의 응축 열전달 계수의 특성은 R134a 냉매와 거의 같다. 같은 응축온도에서 압력강하는 R1234yf 냉매가 R134a 냉매보다 20% 크고, 임계온도는 R134a 냉매보다 17% 낮다.

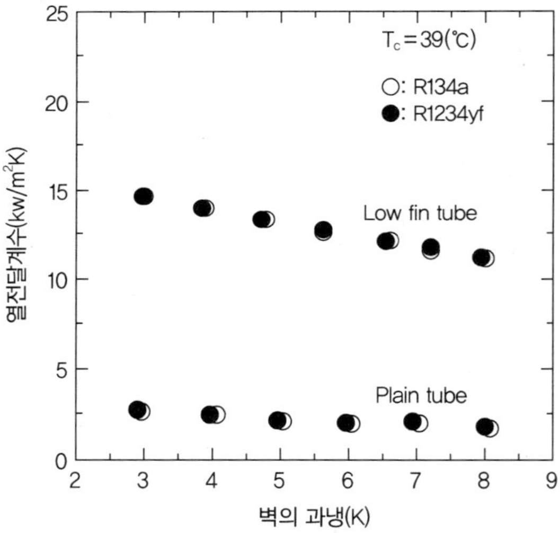

그림 6.21 R1234yf 냉매와 R134a 냉매의 응축 열전달 계수

(2) 증발기

R1234yf냉매의 증발비등 열전달은 증발기 튜브 내에서 대류비등(forced convective evaporation)

과 핵비등(nucleate boiling)으로 구성된다. 이는 2상유동이므로 증발 열전달계수는 다음과 같다.

$$h_{TP} = Fh_{CON} + Sh_{NB} \tag{6.25}$$

여기서 h_{TP}는 2상유동 열전달계수, h_{CON}(W/m²K) 대류비등 열전달계수, F는 액체와 기체의 병류흐름에 기인한 대류계수, S는 핵비등 억제계수, h_{NB}은 핵비등 열전달계수이다. 핵비등은 기포 발생시의 난류 열전달을 의미하며, 이는 Dittus−Boelter[6−5] 관계식에서 다음과 같다.

$$F = 1 + \frac{(1/X_{tt})^{1.05}}{(1 + We_g^{-0.4})} \tag{6.26}$$

$$S = \frac{1}{1 + 0.4(Re_{TP} \times 10^{-4})^{1.4}} \tag{6.27}$$

$$h_{NB} = 207 \frac{k_f}{l_a} \left(\frac{q l_a}{\mu_f T_f} \right)^{0.745} \left(\frac{\rho_g}{\rho_f} \right)^{0.581} Pr_f^{0.533}, \quad \text{[Dittus-Boelter]} \tag{6.28}$$

$$h_{CON} = 0.023 \frac{k_f}{D} \left[\frac{G(1-x)D}{\mu_f} \right]^{0.8} \left(\frac{c_{pf}\mu_f}{k_f} \right)^{0.4}, \quad \text{[Chen]} \tag{6.29}$$

k_f 열전도도, μ_f 점성계수(PaS), c_{pf} 비열(kJ/kgK), G 질량유량(kg/m²s), D 튜브지름(m), x 건도, 첨자 f는 포화액체, g는 포화증기를 나타낸다. X_{tt}은 Lockhart −Martinelli 계수, We는 Webber 수, l_a는 Laplace계수를 나타낸다.

$$l_a = \left[\frac{\sigma}{g(\rho_f - \rho_g)} \right]^{0.5} \tag{6.30}$$

핵비등 열전달계수는 Cooper의 풀비등(pb) 관계식으로도 구할 수 있다. 표면조도 계수 $R_p = 1\mu$m로 하면

$$\begin{aligned} h_{NB} &= 55 p_{red}^{0.12 - 0.2 \log R_p} (-\log p_{red})^{-0.55} M^{-0.5} q^{0.67} \\ &= 55 p_{red}^{0.12} (-0.4343 \ln p_{red})^{-0.55} M^{-0.5} q^{0.67} \quad \text{[Cooper]} \end{aligned} \tag{6.31}$$

여기서 h_{NB}는 핵비등 열전달계수, p_{red}는 환산(reduced) 압력(kPa), q는 열유속(W/m²), M은 액체의 분자량을 나타낸다. 건도가 0.6보다 작으면 핵비등이 지배하고 질량유속이 적을 때는 건도와 상관없이 열전달특성은 일정하다. 질량유속이 크게 되면 건도의 영향이 커진다. R1234yf 냉매와 R134a 냉매의 열전달계수는 열유속이 낮을 때는 비슷하고, 열유속이 클 때는 R1234yf

냉매의 열전달계수가 작다. 그림 6.22는 열전달계수의 비교를 나타내고 x축은 열유속, y축은 열전달계수이다.

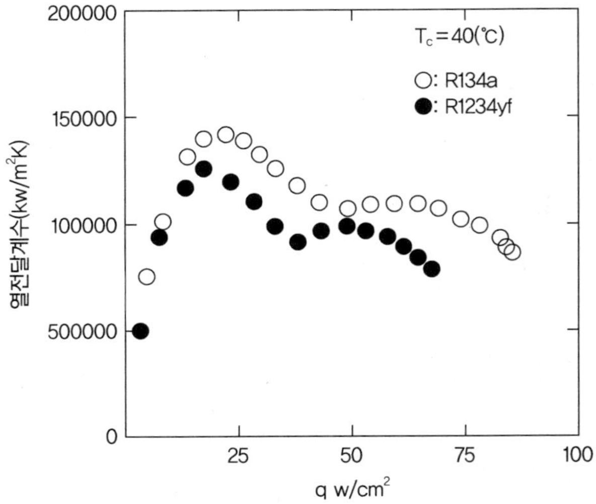

그림 6.22 R1234yf 냉매와 R134a 냉매의 열전달계수의 비교

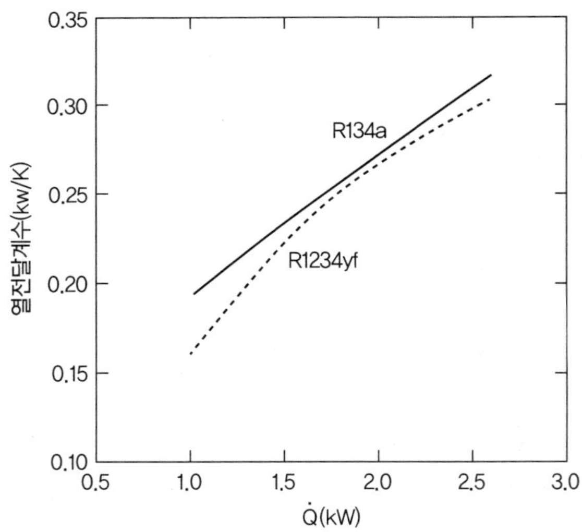

그림 6.23 증발기의 열전달계수 비교

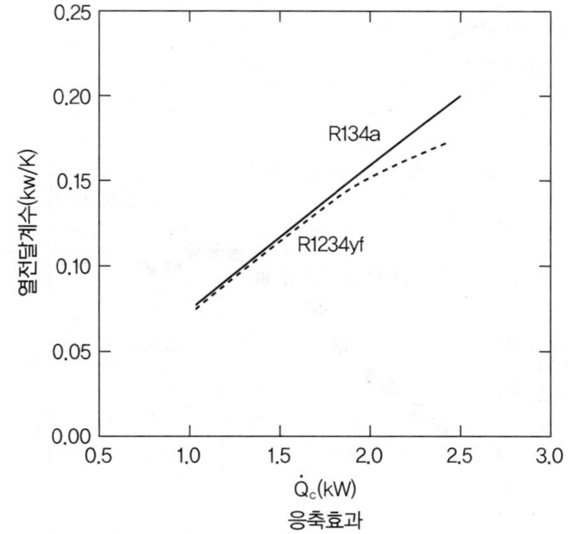

그림 6.24 응축기의 열전달계수 비교

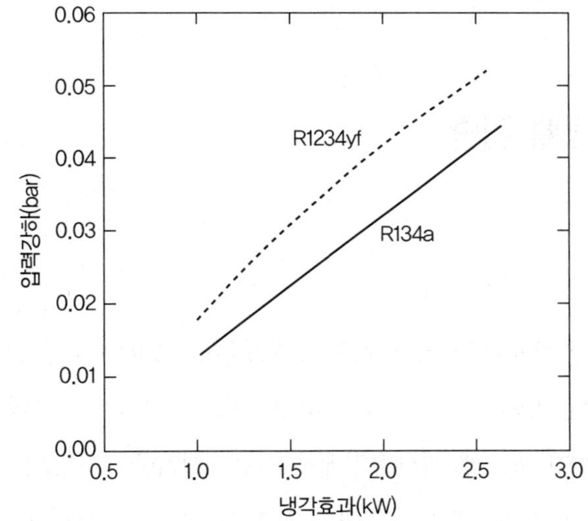

그림 6.25 증발기의 압력강하 비교

(3) 성적계수(COP)

성적계수는 정격냉방 COP(35/27℃, 실외/실내), 정격난방 COP(7/20℃, 실외/실내)에서의 열의 팽창정도를 나타낸다.

$$COP = \frac{\text{평균 냉난방능력}}{\text{입력전력}} \tag{6.32}$$

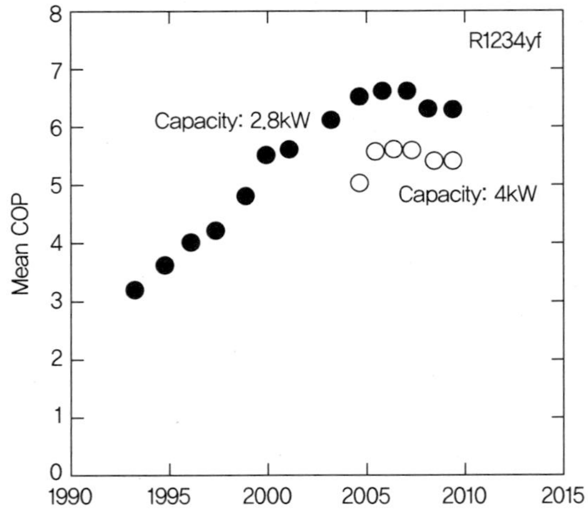

그림 6.26 R1234yf 시스템의 평균 COP 개선(출처: 와세다 대학)

6.4 R1234ze 냉매 기술

6.4.1 특징

Mg 주조용 가스로 개발된 R1234ze 냉매는 GWP가 6으로 R134a 냉매의 1/200이고, 대기수명 14일, 물성치도 R134a 냉매와 비슷하다. GWP가 6으로 지구온난화에 미치는 영향이 적다. R1234ze 냉매는 지금까지 반도체 생산공정에서 사용되었지만, 냉매로는 사용되지 않았다. 이 냉매는 스크류, 터보 냉동기 등 대용량의 냉동 공조장치에 사용된다. 2014년, 미쯔비시 중공업은 일부 빌딩 공조용 대형 냉동기의 냉매를 현재 R134a냉매에서 R1234ze냉매로 변경하였고 이 냉매는 자동차 에어컨용 R1234yf 냉매를 냉동 공조용으로 개선한 냉매이다.

냉매 R1234ze의 기호는 $CF_3CF=CH_2$로 트랜스-1,3,3,3-사불화 프로펜(trans 1,3,3,3-tetrafluoroprop-1-ene) 혹은 1,3,3,3-tetrafluoroprop-1-ene(E)이고 E는 트랜스체를 나타낸다.

공조기에 사용하는 경우, 이 냉매는 대기압에서 비점이 −19℃로 높기 때문에 증발압력이 낮게 되어 저압측의 압력손실 커진다. 따라서 압축기의 배기량이 커야 하고, 증발잠열이 적어 단위 질량당 열교환량, 기체냉매의 밀도와 냉매유량이 작아진다.

미국 ASTM 시험에 의하면 20℃이하에서는 불연성이고 30℃에서 미연의 연소가 발생한다. 일본은 가연성 냉매, 미국과 유럽은 불연성으로 분류한다. 표 6.10은 R134a 냉매, R1234yf 냉매, R1234ze 냉매의 특성을 비교한 것이다.

표 6.10 냉매의 특성 비교(출처: 하니웰)

분류	R134a	R1234ze	R1234yf
화학식	CH_2FCF_2	$CHF=CHCF_2$	$CF_3CF=CH_2$
분자량	102	114	114
비점(대기압)	−26.1℃	−19℃	−26.4℃
임계온도(℃)	101	109	94.8
임계압력(MPa)	4.06	3.636	3.4
ODP	0	0	0
GWP	1300	6	4
대기수명	13.8년	18일	11일
연소성	불연	none to 30℃	none to 30℃
독성	Class A1	Class A2L	Class A2L

6.4.2 냉매 시스템

이 냉매는 비점이 높기 때문에 공조기에 사용하는 경우에는 증발압력이 낮게 되어 저압측의 압력손실이 커져 압축기 용량의 부족이 발생한다. R134a 냉매는 지구온난화에 미치는 영향이 이산화탄소(CO_2)의 1,430배이지만 R1234ze 냉매는 6배로 아주 적다.

R1234ze 냉매 시스템은 1개의 냉매루프와 2개의 물 루프 혹은 1개의 물 루프와 1개의 브라인 루프 등 다양하게 구성된다. 그림 6.28은 1개의 냉매루프, 1개의 물 루프와 1개의 브라인 루프로 구성된 R1234ze 냉매 시스템의 구성도이다. 증발기에서 브라인 루프를 통하여 열을 받아 냉매는 증발된다. 과열된 냉매는 압축기로 압축되고 고온 고압의 냉매는 응축기로 들어가 액화된다. 응축열은 물에 의해 제거된다.

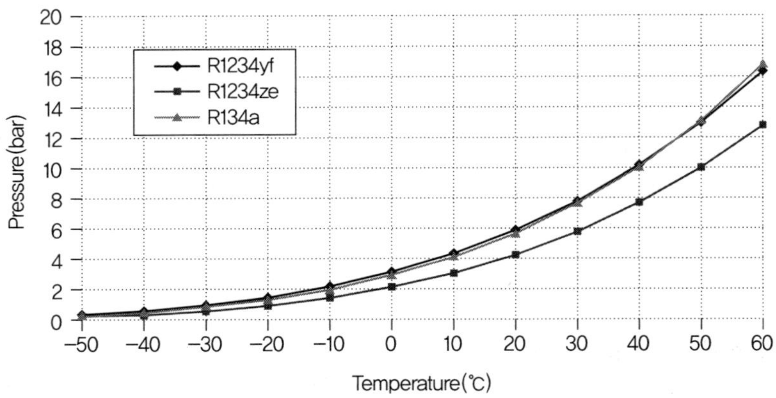

그림 6.27 포화온도와 포화압력

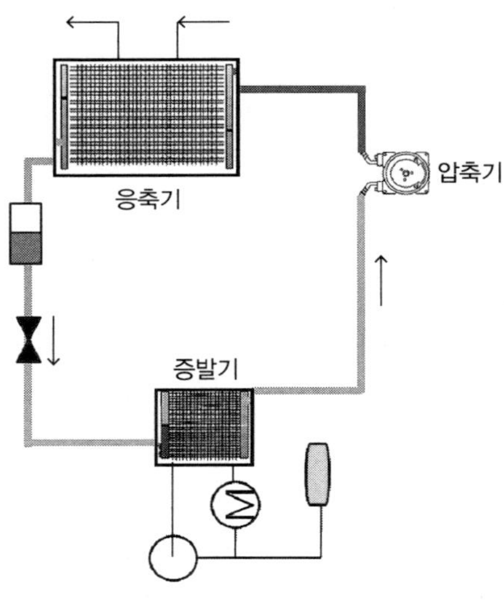

그림 6.28 R1234ze 시스템 구성

그림 6.29에서 h_1은 압축기 입구 엔탈피, h_{2s}는 등엔트로피 과정에서 압축기 출구 엔탈피, h_2가 압축기 출구 엔탈피이면 증발기의 열 플럭스(kJ/sec)는

$$Q_L = m(h_6 - h_5) \tag{6.33}$$

h_6, h_5는 증발기 출구, 입구의 비엔탈피이다. 단위 질량당 증발기의 열플럭스는

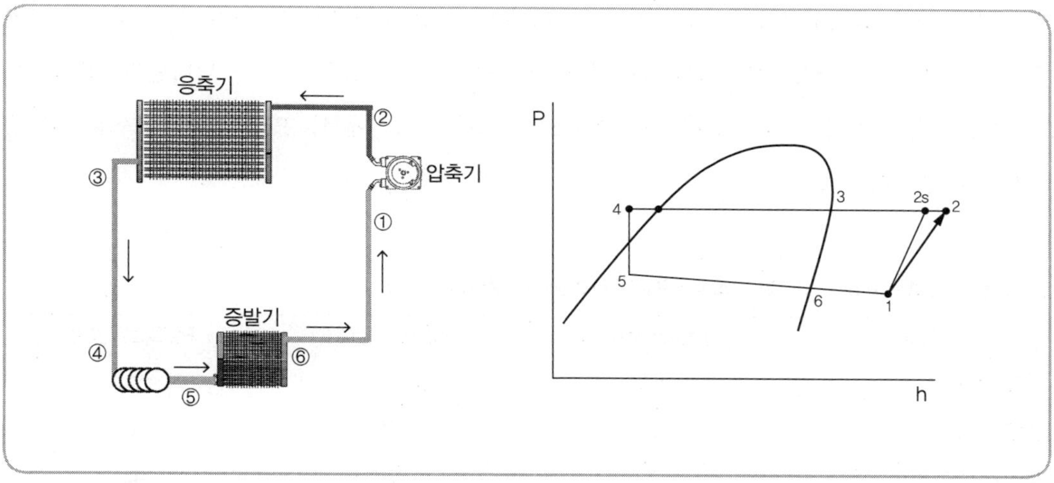

그림 6.29 R1234ze 시스템과 p-h선도

압축기의 등엔트로피 효율은

$$\eta_V = (h_{2s} - h_1)/(h_2 - h_1) \tag{6.34}$$

압축기의 필요 동력은

$$W_{in} = m_2 h_{2s} - m_1 h_1 \tag{6.35}$$

$$w_{in} = (h_{2s} - h_1)/\eta_V \tag{6.36}$$

냉동기의 성능계수는 다음과 같다.

$$COP = \frac{Q_L}{W_{in}} \tag{6.37}$$

표 6.11은 R1234ze 냉매와 R1234yf 냉매를 R134a 냉매 사이클을 비교한 결과 데이터이다. 같은 열역학적 상태에서 R1234ze 냉매는 낮은 냉각성능에도 불구하고 R134a 냉매와 같은 COP를 나타낸다.

R1234ze 냉매의 냉동용량은 R134a 냉매보다 약간 낮지만 R1234yf 냉매보다는 높다. 냉동성능은 R134a 냉매, R1234ze 냉매, R1234yf 냉매의 순이고 응축온도가 높아지면 R134a 냉매와 R1234yf 냉매의 냉동성능의 차이는 더 커지고, 증발온도가 높아지면 냉동성능의 차이는 적어진다. 체적 냉동능력을 개선하기 위해 R1234ze(E) 냉매에 R32냉매를 첨가하면 체적 냉동능력은

상승하는 연구, 그리고 새로운 칠러를 설계하여 붙이면 R134a 냉매보다 COP가 더 좋아지는 연구 결과도 있다. 표 6.12는 R1234ze냉매와 R134a 냉매의 압력강하 차이를 나타낸다. 압력강하가 크다는 것은 마찰계수가 크다는 의미이므로 압력강하 측면에서는 R1234ze 냉매가 R134a 냉매보다 우수하다.

표 6.11 R134a, R1234yf, R1234ze 냉매의 사이클 해석(출처: Fisher)

분류	R134a 냉매	R1234yf 냉매	R1234ze 냉매
증발온도(℃)	−6.5	−6.5	−6.5
과열도(K)	5.55	5.55	5.55
응축기 온도(℃)	45	45	45
과냉도(K)	5.55	5.55	5.55
압축기 효율	0.6	0.6	0.6
증발압력(kPa)	229.8	249.5	164.3
응축압력(kPa)	1160	1134	864
압축기 토출온도(℃)	78	64	72
COP	2.5	2.5	2.4
기체밀도	11	13.7	8.8
압축비	5	4.5	5.3
냉동능력	100%	94%	73%
COP비율	100%	96%	100%
흡입압력	100%	109%	71%
토출압력	100%	98%	75%

표 6.12 R1234ze와 R134a의 압력강하 차이

분류	R134a 냉매	R1234ze 냉매
증발기(셸 튜브형) 압력강하(kPa)	121	71
콘덴서(셸 튜브형) 압력강하(kPa)	140	81
팽창밸브 입구압력(kPa)	911	671

6.4.3 열전달 특성

R1234yf 냉매에서와 마찬가지로 R1234ze 냉매도 2개의 평판모양의 열교환기인 증발기와 응축기를 사용한다. 증발기 입구에서 냉매의 상태는 열전달계수와 압력강하를 해석하는데 중요한 역할을 한다.

(1) 응축기

응축은 압력이 일정할 때, 기체의 온도가 그 압력에 대응하는 포화온도보다 낮게 되면 기상에서 액상으로 상변화가 일어나는 현상이다. 비등과 같이 상변화에 의해 잠열의 발생과 이동이 동반한다. 응축된 액체가 냉각 고체면 위에서 연속적으로 액막을 형성하는 막상응축과 응축액체가 고체면 위에 액적을 형성하는 적상응축으로 나누어진다.

① 막상응축 열전달율

기체가 액체로 응축될 때와 액체가 기체로 증발할 때는 상변화와 동시에 열전달 계수가 커진다. 응축은 수증기와 같은 포화증기가 고체 표면과 접촉할 때 일어나며 일반적으로 수직 또는 수평 튜브와 같은 표면에서 증기가 응축될 때 표면에 응축막이 형성되어 중력작용에 의하여 표면 위로 흐른다. 증기와 표면사이에는 액체막이 형성되며 이 막이 열전달의 주된 저항이 된다. 이것을 막상응축이라 한다. 등온 수직평판 위에서의 막상응축은 Nusselt의 액막이론에 의해 평균 응축 열전달계수는 다음과 같다.

$$Nu = 0.035 Re^{\frac{1}{6}} Pr^{\frac{2}{5}} \quad \text{물, 단상응축, [Dittus-Boelter][6-5]} \tag{6.38}$$

$$h_m = 0.707 \left[\frac{gx^3/\nu_f^2 \cdot \nu_f/(k_f/c_{pf}\rho_f)}{c_{pl}(T_{sat} - T_w)/h_{fg}} \right]^{\frac{1}{4}} = 0.707 \left[\frac{Ga_x Pr_f}{H} \right]^{\frac{1}{4}} \tag{6.39}$$

또는

$$h_m = 0.925 \left[\frac{k_f^3 \rho_f(\rho_f - \rho_g)g}{\mu_f \Gamma_f} \right]^{\frac{1}{3}} \tag{6.40}$$

여기서 Γ_f은 길이 L을 튜브 내부원주로 나눈 응축 흐름율, $\Gamma_f = \frac{Q_{cond}}{h_{fg}} \pi d_i$, ν_f 동점도계수 (m^2/s), k_f 열전도도(W/(mK)), h_{fg} 응축잠열(kJ/kg)이다. 막상응축은 냉각면과 액의 접촉각이

작은 경우, 냉각면에 막상으로 응축이 일어나고 열전달계수는 작아진다.

② 적상응축 열전달율

적상응축은 작은 물방울이 열전달면에서 발생하여 물방울은 표면에서 흘러내린다. 응축은 열전달면에는 액체가 없고 증기와 직접 노출되어 있어 빠른 열전달이 일어난다. 적상응축은 표면이 오염 되었을 때 주로 생기지만 응축은 대부분 막상응축으로 구성된다. 적상응축은 냉각면과 액의 접촉각이 큰 경우, 냉각면에 적상으로 응축이 일어나고 열전달계수가 크다.

③ R1234ze의 응축 열전달 성능

강제대류의 영향으로 건도와 유량속도가 커지면 열전달은 많고, 적은 질량유량에서는 열전달율은 일정하다. 이는 유로가 가지는 특유한 표면장력 때문이다. 응축기와 증발기에서의 냉매 열전달율은 R1234ze 냉매와 R134a 냉매가 거의 비슷하고 압력강하 해석이 중요하다. 다음은 응축 열전달 관계식을 나타낸다. R1234ze 냉매의 응축 Nu수는 강제 대류응축과 표면장력 응축의 항으로 표시된다.

$$Nu = \sqrt{Nu_F^2 + Nu_S^2} \tag{6.41}$$

$$\text{강제대류 응축: } Nu_F = 0.049(\Phi_v / X_{tt}) Re_f^{0.7} \tag{6.42}$$

$$\text{표면장력 응축: } Nu_S = 0.22 Bo^{0.7} X_{tt}^{-0.22} \left[\frac{\rho_f \Delta h \sigma d}{\mu_f k_f \, \Delta T} \right] \tag{6.43}$$

여기서 Φ_v는 2상류 마찰 증대계수(Two-phase frictional multiplier), σ는 표면장력(N/m), μ는 점성계수(Pas), X_{tt}는 Lockhart-Martinelli 계수, $B_o = q/Gh_{fg}$(보일링수, Boiling number), μ_f는 점성계수, k_f는 열전도도이다.

R1234ze 냉매의 액체 열전도율은 69mW/(mK)로, R134a 냉매의 75mW/(mK)에 비하여 작기 때문에 열전달율은 낮다. 그리고 냉매의 비등점이 높으면 열전달율은 낮아지는데 이는 증기 전단력과 미세 표면장력이 열전달율을 감소시키기 때문이다. 그림 6.30에서 열전달계수의 단위는 kW/m^{2}K이다.

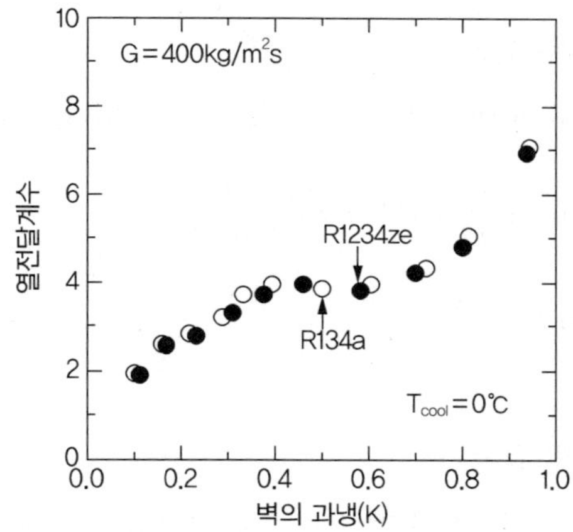

그림 6.30 응축 열전달계수(출처: NEDO)

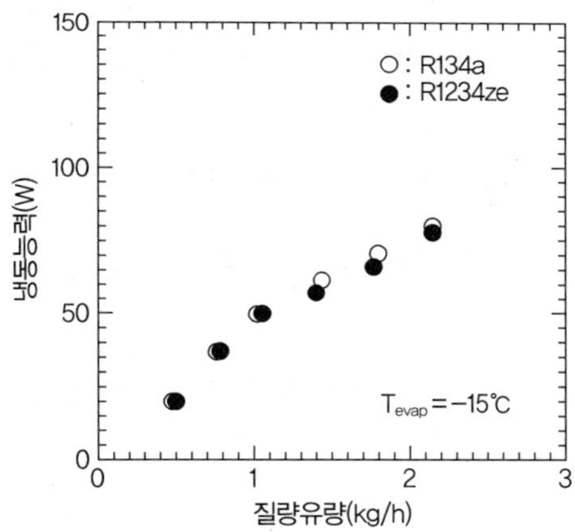

그림 6.31 질량유량과 냉동 능력

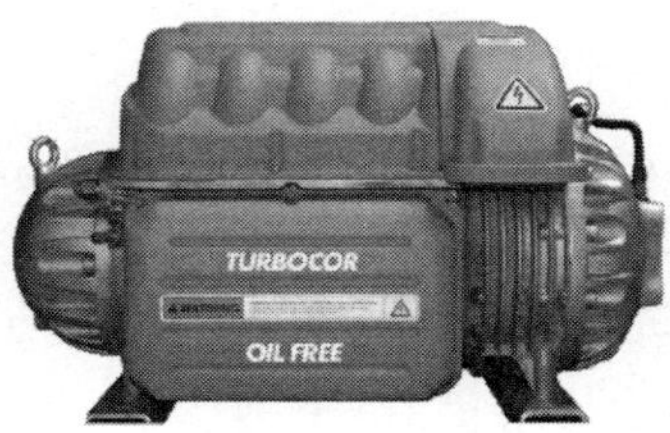

그림 6.32 R1234ze용 원심식 압축기(출처: Danfos)

(2) 증발기

① 증발기 내부에서의 단상류 유동

Sinnot(2005)는 난류 단상류에 대하여 다음의 식을 제안하였다.

$$\text{열전달계수: } h = 0.26\,\frac{k_f}{D}\,Re^{0.65}\,Pr^{0.4}\left(\frac{\mu}{\mu_w}\right)^{0.14} \tag{6.44}$$

$$\text{마찰계수: } f = 0.6\,Re^{-0.3} \tag{6.45}$$

② 증발기 내부에서의 2상류 유동

열전달 계수를 산출하는 데 실험식이 적용이 되고 각각의 항목에 수정계수가 적용된다. 대류비등은 기포의 운동으로 열전달이 커지고, 핵 비등은 기포형성으로 억제된다.

- 대류비등

난류 강제대류 열전달의 Dittus−Boelter[6−5] 방정식은 다음과 같다.

$$Nu = \frac{hd}{k} = 0.023\,Re^{0.8}\,Pr^{0.4},\ \text{[Dittus-Boelter]}^{[6\text{-}5]} \tag{6.46}$$

$$h_{CON} = 0.023\,\frac{k_f}{D}\left[\frac{G(1-x)D}{\mu_f}\right]^{0.8}\left(\frac{c_{pf}\mu_f}{k_f}\right)^{0.4},\ \text{[Chen]} \tag{6.47}$$

Nu수는 열전달의 크기를 표시하는 무차원수이며 h_{CON}는 강제대류의 열전달계수(W/m^{2}K)이다.

- 핵비등

1984년, Cooper에 의하면, 비등 표면의 표면조도를 포함하는 핵비등 열전달계수 상관식은 식(6.48)과 같다.

$$\text{핵비등 열전달계수: } h_{NB} = 55p_{red}^{0.12}(-0.4343\ln p_{red})^{-0.55}M^{-0.5}\,q^{0.67}\ \text{[Cooper]} \tag{6.48}$$

이 경우 표면조도는 1μm로 고정된다. 핵비등이 냉매의 증발을 지배하고 유동비등은 열유속에 매우 민감하여 유동비등은 생략하였다.

6.5 R744 냉매 기술

6.5.1 특징

자연냉매인 이산화탄소는 GWP는 1, 암모니아 냉매의 GWP는 1보다 작다. 암모니아 냉매는 독성이 있고, 탄화수소 냉매는 가연성 때문에 특수 용도로만 사용이 되고, 이산화탄소 냉매는 자동차용, 공조용, 냉동용 다양하게 적용이 될 수 있다. 이산화탄소는 지구온난화지수가 1이고, 프레온의 1/8100, 대체 프레온의 1/1300이고, 불연성 가스로 무해하며 안전하다.

프레온계 냉매는 1Mpa에서 기화, 액화를 반복하여 냉방을 하지만, 이산화탄소 냉매는 10Mpa에서 기체상태를 압축하고, 냉각의 경우 급속한 감압을 하여 온도를 낮춘다. 이산화탄소 냉매는 가압, 감압을 할 때 냉난방이 이루어지고, 필요한 압력이 프레온의 10배인 고압이다. 10Mpa의 압력은 임계압력인 7.38Mpa보다 높아서 기체와 액체의 경계가 없어지는 초임계 상태이고 열전달은 초임계 온도에서 발생하여 초임계 사이클이라 한다.

6.5.2 R22와 이산화탄소 냉매의 비교

자동차 에어콘 시스템에서 냉매의 회수, 이산화탄소 냉매적용 여부, 탄화수소 등의 비프레온계 냉매적용 여부 등은 개발이 진행되어 오고 있다. 또한 프레온 냉매는 미국의 독점 생산이기 때문에 비프레온계의 냉매개발은 전 세계적으로 중요하다고 할 수 있다.

이산화탄소 냉매를 자동차 에어컨에 사용한 연구에서 전체등가 지구온난화지수(TEWI)의 환경지표가 이산화탄소 냉매가 R134a냉매보다 훨씬 우수하였다. 현재의 시스템에 아무 변경도 하지 않고 냉매만을 교체하는 시험인 드롭 인 시험에서는, 이산화탄소 냉매가 R134a 냉매보다 COP 성능이 떨어졌다. 지금은 R1234yf 냉매가 자동차 냉매로서 자리를 잡았지만 여기서는 비프레온계 냉매인 이산화탄소 냉매기술에 대하여 기술하였다.

그림 6.33은 이산화탄소 냉매와 R134a 냉매의 몰리에르 선도를 나타낸다. 이산화탄소 냉매는 R134a 냉매보다 약 10배의 높은 압력이기 때문에 부품은 내압성질이 있어야 하고, R134a 냉매와 비교하여 이론적인 성능계수가 떨어지는 것을 극복하는 것이다.

이산화탄소 냉매는 분자량, 탄소 중합체, 냉동기유의 성질을 결정하는 특성 값이 R134a 냉매와는 다르므로 R134a 냉매에 사용하는 탄소 중합체와 냉동기유는 이산화탄소 냉매 시스템에는 사용할 수 없다.

R134a 냉매에서 냉매누설을 방지하기 위해 호스의 내층에 사용되는 나일론 층은 냉매 투과량이 이산화탄소 냉매가 R134a 냉매의 약 40배이어서 이를 막을 수 있는 재료개발이필요하다. **표 6.13**은 이산화탄소 냉매 시스템의 표준조건을, **그림 6.33**은 이산화탄소와 R134a 냉매의 p－h 선도 비교를, **표 6.14**는 응축기 출구온도가 37℃일 때, R134a냉매와 이산화탄소 냉매의 물리량 비교를 나타낸다.

표 6.13 이산화탄소 냉매 시스템의 표준조건

난방 표준조건
증발압력: 4.5Mpa, 증발온도 9℃
가스냉각기 입구압력: 9.2Mpa, 입구온도 80℃
가스냉각기 출구압력: 9.2Mpa, 입구온도 37℃

냉방 표준조건
증발압력: 3.5Mpa, 증발온도 2℃
가스냉각기 입구압력: 9Mpa, 입구온도 80℃
가스냉각기 출구압력: 9Mpa, 입구온도 38℃
(101kPa, −78.5℃에서 고체가 직접 기체로 변하고 압력을 가하면 액체로 된다.)

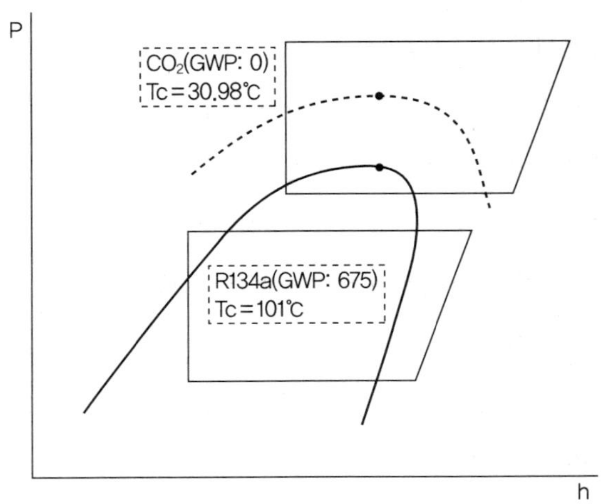

그림 6.33 이산화탄소와 R134a 냉매의 p–h선도 비교

표 6.14 가스 냉각기(응축기) 출구온도(37℃)일 때 냉매 비교

종류	고압(80℃)	저압(0℃)	압축비	흡입가스 체적비	이론효율
R134a	1.3Mpa	0.3Mpa	4.3	1	4.1
이산화탄소	9Mpa	3.5Mpa	2.6	0.1	3.2

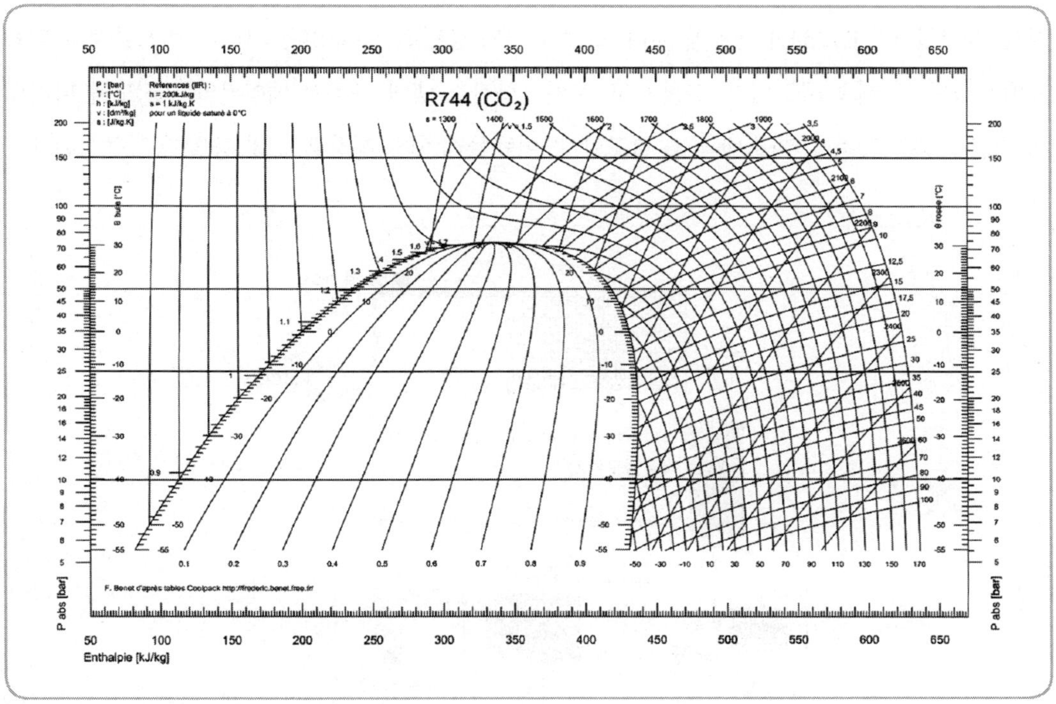

그림 6.34 이산화탄소 냉매의 몰리에르 선도

6.5.3 냉매 시스템

0℃에서 이산화탄소 냉매와 R134a 냉매를 비교하면 포화기체 밀도는 이산화탄소 냉매가 R134a 냉매의 약 7배이며, 증발잠열은 약 1.2배이다. 따라서 증발온도 0℃에서 단위 부피당 냉방능력은 이산화탄소 냉매가 8배 크기 때문에 압축기의 토출량을 R134a냉매보다 1/8로 할 수 있다. 그러나 이산화탄소 냉매 사이클에서 운전압력이 R134a 냉매 사이클의 약 10배인 10MPa 전후이기 때문에, 열교환기, 압축기 설계압력이 높아진다.

임계온도는 R134a 냉매가 101.2℃이지만, 이산화탄소 냉매는 31.1℃로 낮기 때문에 고압측이 초임계가 되는 사이클이다. 이 때문에 기존의 직접팽창식(DX) 냉동 사이클보다 COP가 낮아지므로 중간 냉각기를 추가하거나 고압 제어기법을 적용해야 한다.

액체를 가압하면 기체가 되지만, 계속 압력과 온도를 높이면 기체도 액체도 아닌 상태가 되며 이 상태는 초임계 상태라 하고, 일반 기체나 액체보다 냉매의 효율을 최대한으로 높일 수 있는 독특한 물질이 된다. 이산화탄소 냉매 에어컨의 개발은 유럽, 일본의 자동차 회사가 많은 개발을 완성했지만 R1234yf 냉매에 밀려 개발이 거의 중단된 상태이다. 그러나 비프론계의 대표 냉매로 연구는 계속되고 있다. **그림 6.35**는 이산화탄소 냉매 자동차 에어컨의 구성도를 나타내며 기본구성은 압축기, 가스냉각기, 열교환기, 어큐뮬레이터, 팽창밸브 및 증발기로 구성된다.

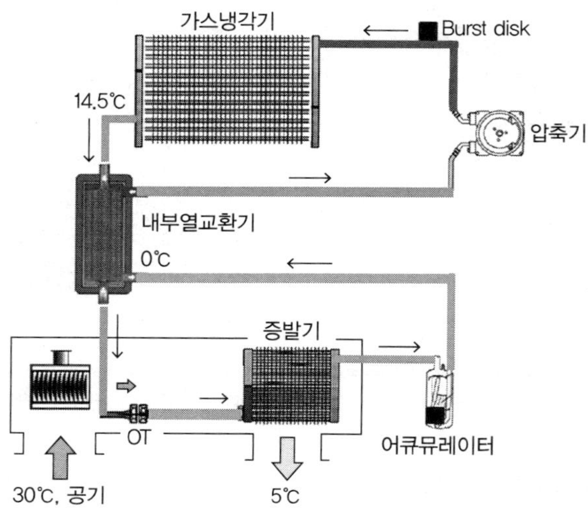

그림 6.35 이산화탄소 냉매 에어컨의 구조

(1) 열교환기

열교환기의 성능은 냉매와 공기의 열전달계수와 압력손실이 중요한 요소이다. 열전달 계수와 압력손실은 서로 상반관계에 있기 때문에 특히 공기 측에서, 열전달계수가 커지면 압력손실이 증가하여 팬의 풍량저하를 발생시킨다. 이산화탄소 냉매 시스템은 설계압력이 높아, 내압성 재료가 필요하고 현재의 R134a 시스템 부품보다 각 구성요소의 무게도 증가한다. 경량화를 위해서는 냉매 측 유로에 직경 1mm 이하의 편평형 다공성 튜브를 사용하고, R134a 시스템에는 없는 부품인 중간냉각기를 사용한다.

(2) 가스냉각기, 증발기

이산화탄소 시스템은 설계압력이 높아 내압성 구조가 필요하며, R134a 시스템보다 부품 무게도 증가한다. 열교환기는 튜브와 헤더 두께를 두껍게 하고 새로운 중간냉각기가 필요하다. 가스냉각기는 램 공기나 팬에 의해 유도되는 공기로 냉매를 냉각하며, 사이클 당 필요한 냉매의 양은 작동조건에 따라 달라진다. 건조제는 냉매 속의 물, 불순물을 제거하고, 안전장치는 과도한 압력일 때 작동을 한다. **그림 6.36**은 압축기 회전수와 이산화탄소 냉매와 R134a 냉매의 냉각효과, 압축일을 비교한 것이다. 가스 냉각기의 외기온도 35℃, 공기속도 4.5m/s, 증발기 체적유량 450m^3/h, 흡입 공기온도 27℃, 상대습도 50% RH의 조건에서는, 이산화탄소 냉매는 고회전시 냉방성능은 양호하지만 저회전시 성능이 떨어져 압축기 소비동력은 크게 된다.

이산화탄소 냉매용 열교환기의 고성능화와 경량화를 위해서 직경 1mm 이하의 세경 유로로 구성된 편평 다공성 튜브를 적용한다. 직경 1mm 이하의 세관에서의 열전달 특성은 튜브내경, 튜브 폭, 패스 수 등이 영향을 미친다. 편평 다공성 튜브는 알루미늄 압출 가공법으로 제작되므로 튜브내경을 작게 하는 데는 한계가 있다. 열교환기의 공기 측 열전달 특성의 향상을 위해 핀의 개량이 필요하다. 가스냉각기, 증발기는 모두 현재와 같은 방열기능이 뛰어난 멀티 플로우형 열교환기을 사용하여 성능계수를 최대화한다. 이 형식의 열교환기는 크로스 핀형과 핀 앤드 튜브형이 있고 열교환기의 열교환량은 식 (6.49)와 같다.

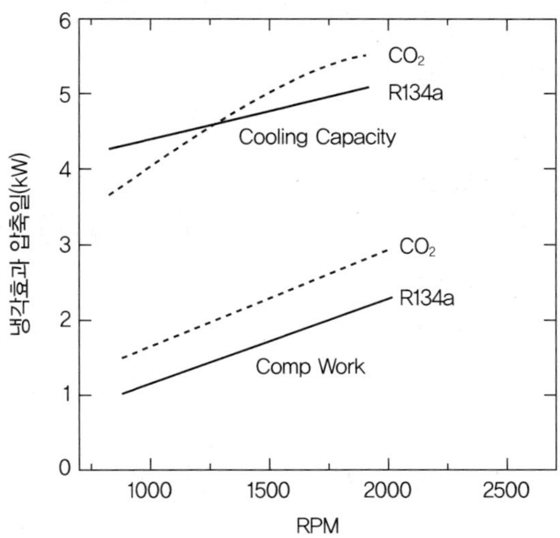

그림 6.36 이산화탄소와 R134a 냉매의 비교

$$Q = F \times U \times A \times LMTD \tag{6.49}$$

여기서 U(W/m^{2}K)는 전체 열전달계수, A는 열전달 면적, $LMTD$(K)는 공기와 냉매와의 대수 평균온도차, F는 열교환기에서 유체의 유동형식에 의해 결정되는 수정계수이다. $LMTD$를 적게 하고 UA를 크게 하면 열교환기의 성능이 높아진다. A는 핀을 조밀하게 하면 커지고, 조밀에 기인하는 통풍저항을 줄이기 위해서는 핀의 깊이를 깊게 하고, U도 크게 한다. 공기측 열전달율은 냉매측 열전달율의 1/100 정도이고 핀으로 열전달 면적을 크게 한다. 열교환기의 성능은 공기측 성능이 지배하므로 핀의 고성능화는 매우 중요하다.

① 공기 측의 핀은 플레이트(plate) 핀에서 슬릿(slit) 핀과 루버(louvered) 핀으로 변화
② 냉매 측의 열전달관은 평편관(plane)에서 내면 홈 붙이 튜브(grooved tube)로 변화
③ 열전달관의 직경은 φ9.52, φ7, φ6, φ1로 세분화
④ 30년간 열교환기의 UA는 4배 이상 향상

R134a 냉매 사이클에서 사용하는 16mm 두께의 응축기 대신에 이산화탄소 냉매 사이클에서는 24mm 두께의 가스 냉각기를 사용한다. 이산화탄소 냉매 사이클은 압축기의 압축비가 작아지므로, 이를 이용하면 R134a 냉매용 압축기보다 약 10% 정도 효율을 향상시킬 수 있다. 표 6.15는 이러한 부품으로 구성된 이산화탄소 냉매 에어컨 시스템과 R134a 냉매 시스템과의 냉방능력과 압축기 배기량을 비교하였다.

표 6.15 냉방능력과 압축기 소비전력 비교

부품	이산화탄소 냉매 시스템(R134a 냉매 대비)
가스냉각기 열전달율	1.92배
증발기 열전달율	1.08배
압축기 배기량	0.13배

(3) 내부 열교환기

중간 냉각기로 기존에 많이 사용되는 이중관식 열교환기는 두께가 두껍고, 무게는 무겁고,

원하는 열교환량을 얻기 위해서는 어느 정도 길이가 필요하여 자동차용으로는 적당하지 않다. 자동차에 적합한 박형모양의 편평 다공성 튜브를 이용한 경량 중간냉각기를 개발하여 시스템에 적용하고 있다. 내부 열교환기를 사용하는 이유는 가스 냉각기로는 한번에 원하는 온도까지 냉각을 할 수 없기 때문이다. 외부의 부하가 변하면 부품 내의 냉매의 양이 변하고 이에 따라 가스 냉각기의 압력도 변한다. 변하는 부하에 대응하여 냉각성능과 효율을 맞추기 위해서는 압력을 조절하는 장치가 필요하다. 압력은 냉각성능과 효율에 직접적인 영향을 준다. 팽창밸브의 열손실이 크고, 가스 냉각기의 열 배출 후 온도가 높아지면 COP는 낮아지므로 내부 열교환기를 사용하여 열 배출을 2단으로 하여 냉매를 과냉상태로 만들면 COP가 커진다.

내부 열교환기를 적용하면 동등한 압축기 소비마력에서 약 11%의 COP가 증가한다. 내부 열교환기 적용에 따른 무게증가, 토출온도의 상승에 따른 재료의 신뢰성 저하 등은 앞으로 개선해야 하는 사항이다. 그림 6.37은 내부 열교환기 사용효과를 나타낸다.

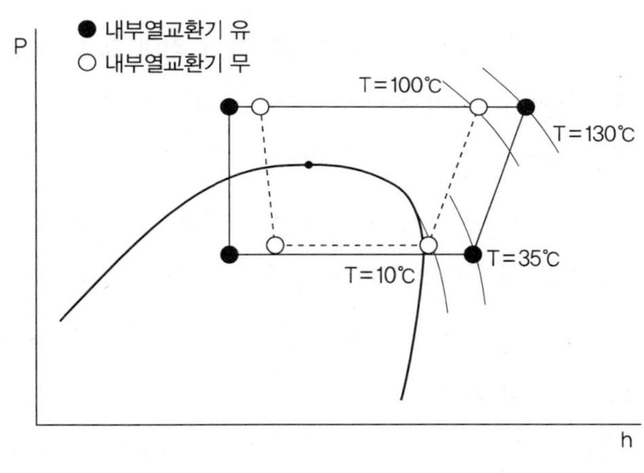

그림 6.37 내부 열교환기 사용 효과

(4) 압축기

압축기는 냉매의 압력과 온도를 적정 수준으로 유지되도록 하고 냉매를 순환시키는 역할을 한다. 자동차용 압축기는 엔진으로 구동이 되고 엔진의 회전수의 다양한 변화에 맞추어 작동을 해야 한다. 이에 맞는 가변 용량 압축기는 0~100% 부하를 변화시켜 연비를 향상시킬 수 있다.

엔진 고회전시 냉방성능은 좋지만, 압축기 소비동력은 커지고 저회전시 압축기 필요동력은 낮고, 냉방성능은 떨어진다. 저회전시의 냉방성능은 압축기의 용량을 증가시켜 개선할 수 있지만, 이 경우 압축기 필요전력도 증가하여 사이클 효율개선은 되지 않는다. 압축기는 응축기 개선을 통하여 가능하고, R134a 냉매 시스템에 사용된 응축기는 16mm의 두께이며, 이산화탄소 냉매 시스템의 가스 냉각기에서는 24mm의 두께이다. 응축기 두께가 24mm일 때는 튜브의 구멍 지름을 최대한 작게 하면 15%의 압축기 필요전력이 감소된다.

R134a 냉매 압축기의 압축효율은 규정조건에서는 65% 정도이지만, 이산화탄소 냉매 압축기는 75%이다. R134a 냉매 압축기는 향후 기술개선으로 여전히 큰 효율 개선의 여지가 남아 있지만, 이산화탄소 냉매 시스템의 압축기 동력개선은 R134a 냉매 시스템에 비해 상당히 제한적이다.

(5) 팽창밸브

대부분의 오리피스나 모세관은 고정된 유량이 통과하여 최대 효율, 최대 냉각상태에서 고정된 상태로 작동이 된다. 팽창밸브는 액체냉매의 압력을 낮추고, 증발기에서 냉매가 완전히 증발하도록 냉매의 유량을 제어한다. 작동조건이 변하면 냉매의 유량도 변하고 가스 냉각기의 압력도 변한다. 높은 성능을 얻기 위해서는 고압 조절 기구를 사용해야 하고, 추가하여 고압의 변화를 보상하기 위하여 저압 리시버도 필요하다. 팽창밸브는 가스 냉각기의 입구압력을 감지하고 정해진 입력 압력을 맞추기 위해 유량을 조절한다. 기액 분리기(separator)는 냉매 중 기체를 분리하고 수분과 불순물을 제거한다.

팽창밸브 종류에는 자동식, 온도식, 전자제어식이 있다. 모세관과 오리피스는 가스 냉각기의 입구압력을 감지하여 입구압력의 설정치에 따라 팽창밸브를 자동으로 열고 닫는다. 자동식은 주위 온도의 변화가 작을 때 사용하고 온도식은 벌브타입으로 가스 냉각기의 입구압력을 조절하기 위하여 가스 냉각기의 출구온도를 감지하며 이 방법은 주위 온도의 변화가 클 때 사용한다. 리시버에서 발생하는 오일의 빌드업 현상은 오일과 액체냉매를 리시버에서 빼내어 오일 드레인 라인을 통하여 내부 열교환기로 넣으면 해결된다. 이러한 제어는 전자식 팽창밸브를 사용하면 가능하다. 그림 6.38은 전자식 팽창밸브를 나타낸다.

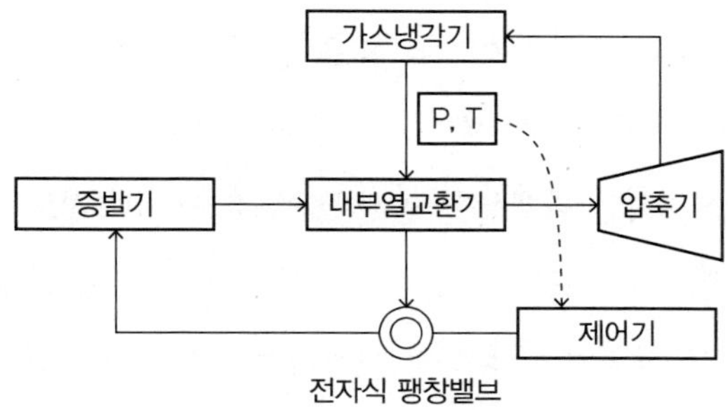

그림 6.38 전자식 팽창밸브

6.5.4 초임계 사이클

(1) 임계점

초임계 압력에서는 포화온도와 포화압력이 존재하지 않고 압력은 온도와 상관이 없는 인자가 되며 주어진 증발온도에서 초임계 사이클은 아임계 사이클보다 열역학적 손실이 크다. 일반

표 6.16 물질의 임계온도

냉매	임계온도
NH_3	133℃(임계압력 11.3Mpa), 비등점(0.1Mpa −33.3℃), 초임계 유체
CO_2	31℃(임계압력 7.28Mpa), 비등점(0.1Mpa −36℃), 초임계 유체
H_2O	374℃(임계압력, 21.6Mpa), 비등점(0.1Mpa 100℃), 초임계 유체
O_2	−120℃(임계압력 5.05Mpa), 비등점(0.1Mpa −183℃)
Air	−141℃(임계압력 3.72Mpa), 액화점(0.1Mpa℃)
N_2	−147℃(임계압력 30bar), 액화점(0.1Mpa, −196℃)
H_2	−240℃(임계압력 1.315Mpa), 액화점(0.1Mpa, −252.8℃)
He	−268℃(임계압력 0.227Mpa), 액화점(0.1Mpa, −268.9℃)
R22	96.1℃(임계압력 4.9Mpa), 비등점(0.1Mpa, −41℃)
R502	82.2℃(임계압력 4.1Mpa), 비등점(0.1Mpa, −45.3℃)
R134a	101℃(임계압력 4.06Mpa), 비등점(0.1Mpa, −26℃)
R1234yf	94.8℃(증기압력 0.677Mpa, 상온), 비등점(0.1Mpa, −29.4℃)
R717(암모니아)	132℃(임계압력 11.27Mpa), 비등점(0.1Mpa, −33℃)
R744	32℃(임계압력 7.34Mpa), 비등점(0.1Mpa, −78.5℃)

적으로 냉매의 임계온도는 90℃이상이다. 임계온도 90℃는 응축에 의한 열의 배출이 90℃보다 조금 높은 온도까지 열의 배출이 이루어지는 것을 의미한다. R744인 경우, 임계온도가 31℃이기 때문에 열의 배출이 매우 낮은 온도에서 이루어지며 열교환시 필요한 온도차이를 생각하면 응축에 의한 열 배출의 실질적인 한계선은 임계온도보다 5~10℃정도 낮다. 임계온도가 31℃이면 냉방이 가동되는 동안 외기 온도는 25℃를 넘기 때문에 응축에 의해 열을 버리는 것은 불가능하다. 이는 이산화탄소를 냉매로 사용하지 못한다는 의미는 아니고 열의 배출을 응축이 아닌 다른 방법을 사용해야 한다. 표 6.20은 각종 물질의 임계온도를 나타낸다.

(2) 초임계 사이클

1) 열을 버리는 원리

냉동 사이클은 열배출 과정이 임계압력보다 낮은 상태인 경우와, 임계압력보다 높은 상태인 경우가 있는 데 전자를 아임계(subcritical) 사이클, 후자를 초임계(transcritical) 사이클이라 한다. 아임계 사이클은 일반적인 냉동 사이클이고 초임계 사이클은 열배출이 유체영역(gas condition)인 임계점보다 높은 압력과 온도에서 이루어진다. 이 과정 동안 열배출을 하는 열교환기를 가스 냉각기(gas cooler)라 한다.

이산화탄소의 임계점은 32℃, 7.34Mpa이다. 초임계 상태에서는 이산화탄소는 액체와 유체의 중간성질(gas, liquid)이 되고 상변화가 없어진다. 이러한 상태에서도 압축, 가열, 팽창, 냉각을 할 수 있고 압축에 필요한 동력은 감소하여 효율이 높아진다. 임계점 아래에서는 압력과 온도 중 하나가 고정되면 다른 것은 자동으로 고정되지만 초임계상태에서는 가스 냉각기의 압력이 고정되므로, 원하는 온도로 맞추어 냉각제어를 할 수 있다. 이때 온도가 80℃이고 외기가 25℃이면 그에 맞는 열전달량을 계산하여 원하는 양의 열을 버릴 수 있다. 가스 냉각기는 일정한 압력을 이용하여 냉매의 온도를 조절하여 열을 버리는 장치이며 반대로 가스 냉각기 출구온도를 일정하게 하고 압력을 변화시키면 시스템의 COP가 변한다.

그림 6.39에서 ②→③ 사이의 압력은 일정하지만 출구온도는 변화시킬 수 있고 출구조건이 정해지면 COP가 정해진다. 이러한 성질은 초임계 상태에서만 나타나고 상변화도 없으므로 응축온도와 과냉도 없고, 가스 냉각기를 나오면 초임계 상태이다. 9Mpa, 80℃에서 응축하여 36℃로 떨어진다.

②에서 ③의 과정에서는 압력제어에 의한 강제 열전달을 시켜야 한다. 따라서 온도는 열전달에 영향을 미치지 못하고 가스 냉각기의 구조에 의하여 열전달율이 높으면 강제로 온도가 떨어진다. 가스 냉각기의 출구조건인 점 ③의 온도와 압력이 정해지면 그에 해당하는 가스 냉각기를 설치하면 된다. **그림 6.39**에서 T_0는 열배출 후의 냉매의 온도를 나타내고 열배출을 하는 동안 온도의 변화는 없다. 등온 T_0와 등압 p_0의 교차점은 점 ③의 출구조건이 된다.

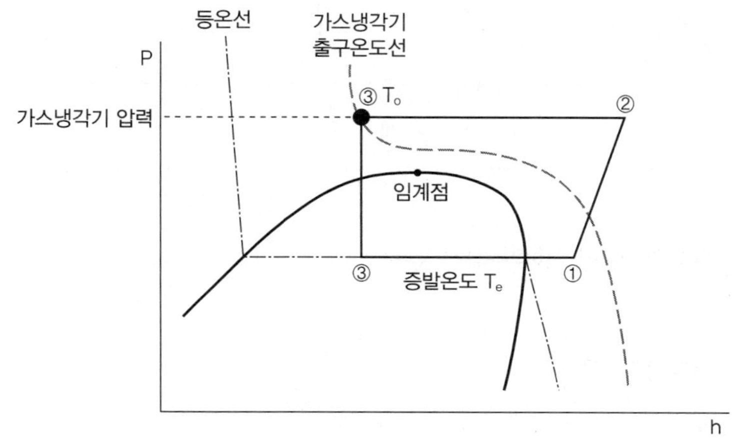

그림 6.39 이산화탄소 냉매 p-h선도(출처: 단포스)

2) P-h 선도

그림 6.40은 이산화탄소 냉매 시스템의 P-h 선도를 나타낸다.

①→②: 한 번의 압축으로 초임계 상태가 된다. 이 과정 동안 온도는 80℃까지 상승한다.

②→③: 초임계 상태에서 일정한 압력 하에서 열의 배출을 한다. ②점 80℃에서 ③점까지 온도가 떨어진다.

③→④: 일정한 비엔탈피 상태에서 냉매의 팽창이 발생하고 입구조건은 초임계 상태이고 출구는 액체와 기체의 2상상태이다.

④→①: 일정한 압력 3.5Mpa과 온도 0℃에서 증발하여 열을 흡수하고 출구는 약간 과열된다.

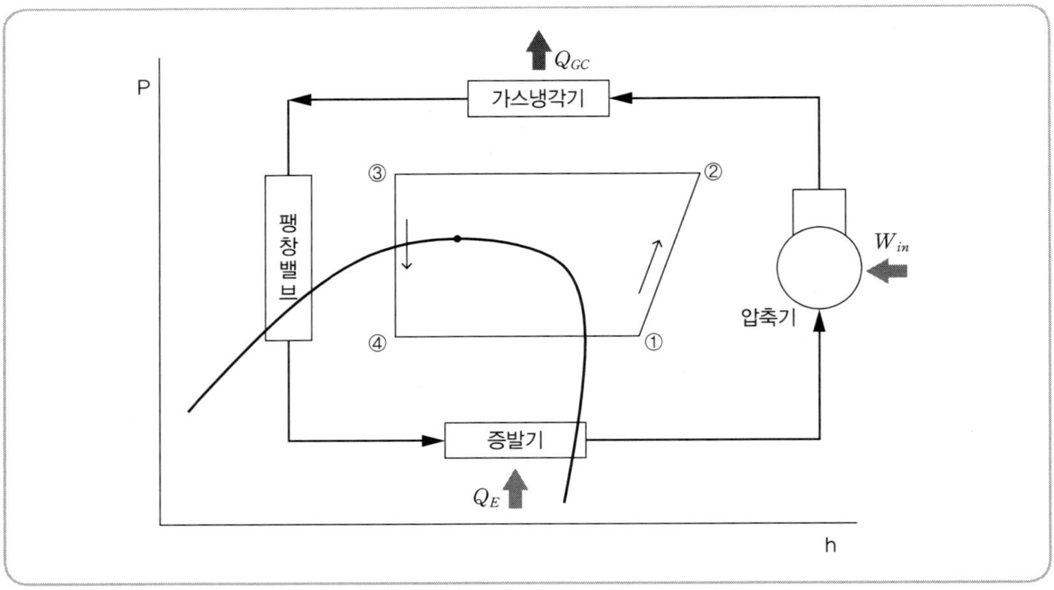

그림 6.40 이산화탄소 냉매 시스템 P–h선도(출처: 단포스)

3) 가스 냉각기 압력과 COP

R134a 사이클에서 열배출은 냉매의 응축으로 이루어진다. 응축기는 액체와 기체냉매로 가득 차고 2상냉매의 열평형은 포화온도와 포화압력에서 발생하는 아임계 사이클이다. 초임계 사이클의 열배출 과정에서는 응축은 없고 유체영역에서 가스의 냉각만이 존재한다. 따라서 냉매의 온도는 열배출 과정 동안 연속적으로 내려가지만 상변화는 발생하지 않는다. 초임계 상태에서 온도와 압력은 서로 무관하며 압력은 냉매의 양에 의해 결정된다.

그림 6.41는 가스 냉각기의 출구압력이 증가, 감소할 때 사이클 성능계수의 변화를 나타내며 첨자 H는 압력이 높아질 때, L은 낮아질 때이다. 압력변동은 +0.5Mpa이거나 −0.5Mpa이며 COP에 영향을 미치는 값은 증발기에서의 엔탈피 변화(Δh_{evap})와 압축기에서의 엔탈피 변화(Δh_{comp})이다. 식 (6.50)에 따라 계산하면 ±0.5Mpa의 압력변화에 ±10%의 동력 소비 변화가 있고 압력이 높아지면 COP = 2.5, 낮아지면 COP = 1.8, 압력이 변하지 않으면 COP = 2.6로 계산된다. 이로 부터 가스 냉각기의 출구압력은 COP에 영향을 미치고, 압력의 변화에 COP는 떨어져 최적인 가스 냉각기 압력이 존재함을 알 수 있다.

$$COP = \frac{\Delta h_{evap}}{\Delta h_{comp}} \tag{6.50}$$

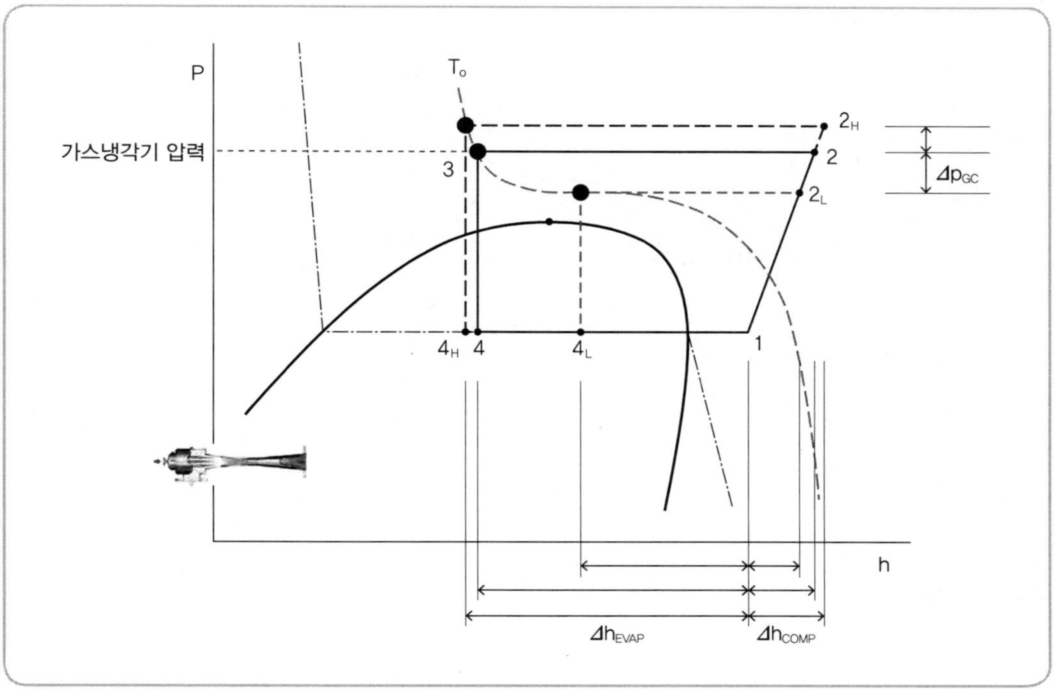

그림 6.41 이산화탄소 냉매의 p-h선도(출처: 단포스)

$$\dot{Q}_e = \dot{m}\,\Delta h_{evap} \tag{6.51}$$

$$\dot{W} = \dot{m}\,\Delta h_{comp} \tag{6.52}$$

(3) 급탕기

그림 6.42의 급탕기는 이산화탄소 냉매를 사용하여 공기의 열을 이용하여 물을 끓인다. 히트펌프 이산화탄소의 사이클에서 대기와의 열교환에서는 이산화탄소의 온도가 대기온도보다 10℃ 낮고, 물과의 열교환에서는 수온이 항상 이산화탄소 온도보다 5℃ 낮고, 이산화탄소의 압축기 입구온도와 증발기 출구온도와의 차이인 과열도는 15℃이다. 16℃의 대기로부터 열을 빼앗기 위해 증발기의 이산화탄소는 6℃의 포화상태가 되고 6℃일 때 포화증기 압력은 4.072MPa이다.

① 증발기를 나온 후 과열도 15℃의 과열기체가 압축기에 들어간다. 따라서 6℃+15℃ = 21℃, 압력 4.MPa로 압축기를 들어간다.

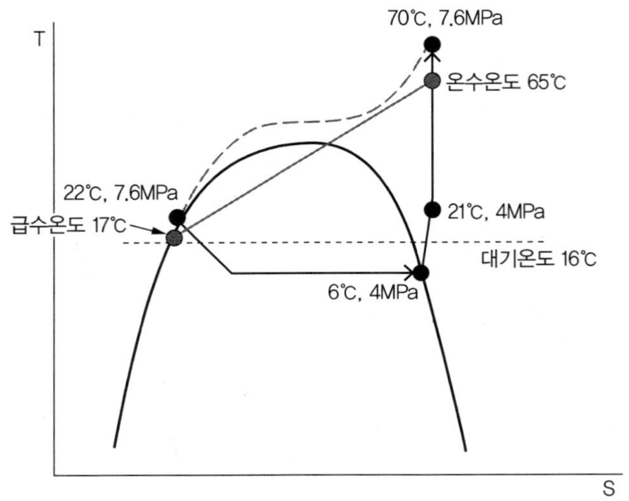

그림 6.42 급탕기

② 압축기 입구 21℃, 4MPa일 때 엔트로피 값은 4.03kJ/kg－K이고 가스쿨러에서 65℃로 물을 끓이는 데 필요한 이산화탄소의 온도는 5℃가 높은 70℃로 가정한다. 70℃상태에서 엔트로피 4.03kJ/kg－K이면 압력은 7.6MPa이 된다.

③ 가스 냉각기에서는 급수온도인 17℃보다 5℃ 높은 22℃의 온도까지 7.6MPa의 등압선을 그린다.

④ 팽창밸브는 등엔탈피 과정이고 엔트로피는 증가한다.

여기에서 압축기 일은 압축기의 입구와 출구의 엔탈피 차이이며 27kJ/kg이라고 하고, 가열능력은 이산화탄소의 압축기 출구와 가스쿨러 출구 엔탈피 차이인 226kJ/kg이라고 하면 이론 COP는 다음과 같다.

$$COP = \frac{226}{27} = 8.37$$

실제 사이클에서는 다양한 손실이 있고 특히 압축기는 단열압축으로 이는 실제로는 있을 수 없고 그리고 압축기도 외부로의 열손실이 있다. 실제 COP를 3.74로 가정하면 압축기에 서의 손실은 46kJ/kg이 된다.

$$COP = \frac{226+x}{27+x} = 3.74$$

$$x = 46\,kJ/\mathrm{kg}$$

실제 COP와 이론 COP를 나누면 3.74/9.85 = 0.38이고 이는 압축기 효율이다.

6.5.5 이산화탄소 냉매의 열전달 특성

이산화탄소 시스템에서 열교환기의 관경은 1mm이하의 세관으로, 지금까지 열교환기의 관 직경은 약 5~수십mm 정도의 튜브의 열전달 특성에 대해 많은 연구가 보고되었으나, 관경 1mm 이하의 세경 유로의 열전달 특성에 관한 연구의 예는 적다. 초임계하에서 이산화탄소 냉매의 세관내 열전달은 압력에 대응하는 임계온도 40~50℃에서 최대값을 갖는다. 초임계하에서의 냉각 열전달율의 연구결과를 그림 6.43에 나타낸다.

가스 냉각기는 응축기와는 달리, 냉매온도가 출구로 가면서 점차 감소하여 공기와의 온도차이가 적어진다. 가스냉각기 출구 냉매온도에서 열전달율이 최대가 되고 공기와의 온도차가 작아도 이러한 높은 열전달율에 의해 강제 열교환이 일어난다. 그림 6.43은 초임계하에서 이산화탄소 냉매의 세관내 비등열전달 특성을 나타낸다. 질량속도가 열전달에 기여하는 양은 적고,

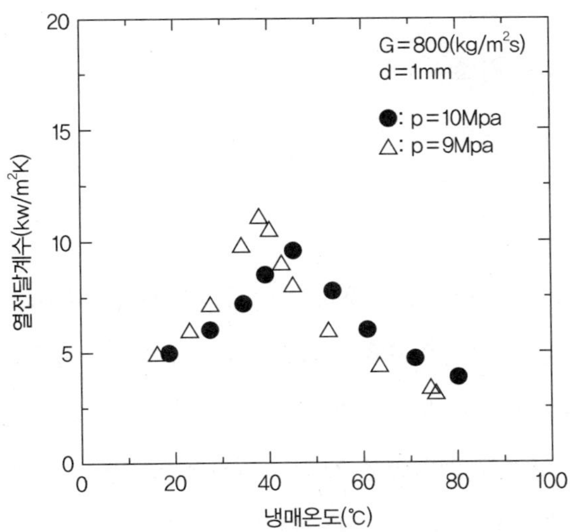

그림 6.43 초임계하에서 이산화탄소 냉매의 세관내 열전달 특성(출처: 미쓰비시 중공업)

이산화탄소의 열전달율은 동일 조건에서 R134a보다 2배 이상 높은 값이다. 이는 이산화탄소의 압력이 높아 핵비등 열전달이 많아지기 때문이다. 이산화탄소 냉매는 비등, 증발 열전달율이 크기 때문에 기존의 증발기보다 크기가 작은 것으로 동일한 성능을 얻을 수 있고, 낮은 유속에서도 냉매의 압력손실의 저감이 가능하다.

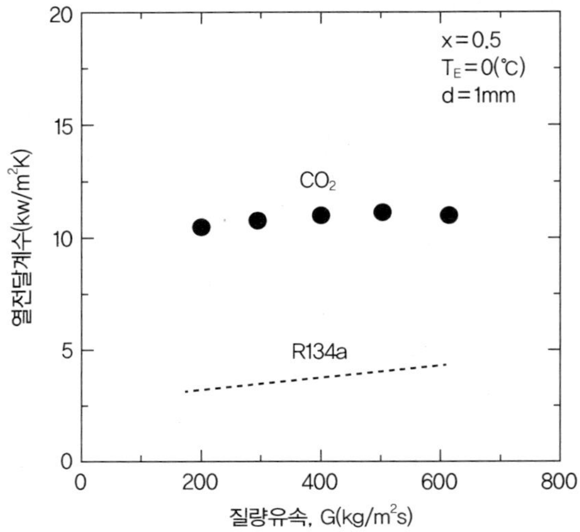

그림 6.44 초임계하에서 이산화탄소 냉매의 세관내 비등 열전달 특성(출처: 미쓰비시 중공업)

6.6 이젝터(ejector) 기술

6.6.1 특징

자동차 에어컨의 98%는 팽창밸브를 사용하는 증기압축 방식이고 이는 100년 이상이 된 기본 시스템으로 그림 6.44와 같은 구성은 변하지 않고 있다. 에어컨 사이클의 고효율화를 위해서는, 열교환기의 열전달 면적증가, 압축기의 기밀성 향상 등 각 부품효율은 증대되고 있으나 에너지 손실이 많은 팽창과정의 효율향상 기술은 개발이 되지 않고 있다. 이 팽창 과정의 에너지 손실을 줄이는 방법으로 이젝터(ejector)라는 부품이 덴소[6-7]에 의해 개발되었다. 2003년 6월, 덴소는 이젝터를 적용한 에어컨을 세계에서 처음으로 실용화에 성공했다. 이는 그림 6.45는 이젝터

팽창밸브를 사용하는 에어컨 사이클로, 와류로 손실되는 에너지를 이젝터로 추출하여 압축기로 보내어 현재보다 50% 높은 효율을 나타내는 냉동사이클이다.

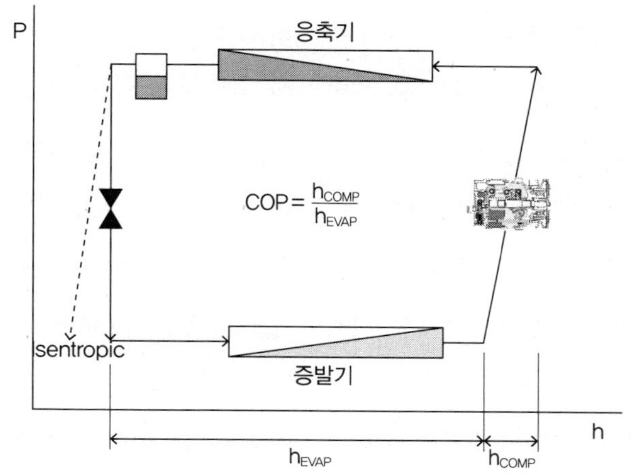

그림 6.45 DX 에어컨의 구성도

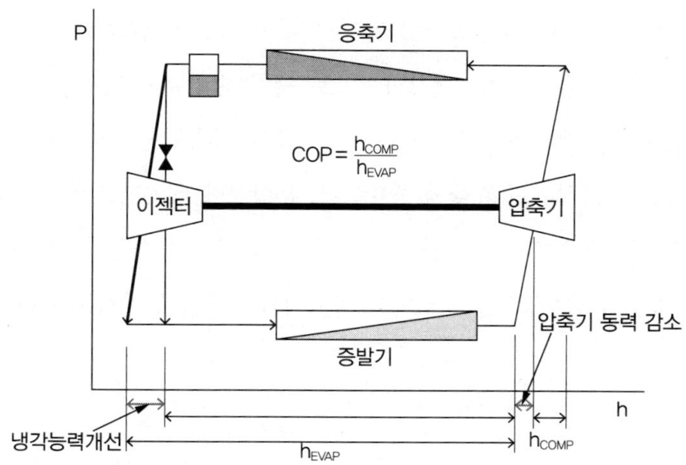

그림 6.46 이젝터 작동 원리(출처: 덴소)

6.6.2 이젝터(ejector)의 작동 원리

이론적으로는 등엔탈피 변화를 하는 팽창과정에서, 냉매의 엔탈피와 운동 에너지는 실제로는 보존되지 않고 와류로 소실이 되는 비가역 과정이다. 이 손실되는 에너지를 터빈 등을 이용하여 회전력으로 변환시켜 압축기에 사용하면 에너지 효율향상이 가능하다. 덴소는 팽창손실 에너지를 회수하는 터빈과 같은 팽창기를 개발하여 이를 이젝터로 상표화하였다. 이젝터는 원래 증기기관, 거품 목욕 등의 단상류에 사용되는 부품이지만, 액체와 기체가 혼합된 2상류인 팽창밸브에 사용하면 이젝터의 효율은 크게 저하되어 지금까지 실용화가 되지 않았다. 단상류 이젝터의 에너지 변환효율은 60%, 2상류 이젝터의 에너지 변환효율은 10%이다. 효율이 낮은 이유는 액체와 기체가 혼합된 2상류는 액체와 기체의 밀도비가 90~600배로 단상류보다 커지기 때문이다.

이젝터는 노즐, 혼합부, 디퓨저로 구성된다. 노즐에서는 유속이 높아야 하고, 혼합부와 디퓨저의 압력을 높이기 위해서는 유속을 느리게 해야 하는데 2상류는 밀도와 부피가 커서 무겁기 때문에 유속을 높이거나 낮추기 어렵다. 덴소는 이러한 문제를 이젝터 구조의 단순화, 소형화, 경량화 등을 통하여 단상류 수준의 효율을 가지는 이젝터의 개발에 성공하였다.

그림 6.47은 이젝터를 나타낸다. 노즐로 유입되는 냉매는 노즐 목 부분에서 등엔트로피 팽창에 의해 초음속이 되고 동시에 감압팽창이 된다. 이러한 감압은 부압으로 작용하여 더 많은 냉매의 유입이 가능하다. 노즐은 감압 팽창과정으로 팽창 손실 에너지를 속도 에너지로 변환한다. 이때 효율을 높이기 위해서는 노즐출구에서의 속도를 최대로 높이면 된다. 속도를 최대로 하면 등 엔트로피 팽창에 근접하여 효율이 증대된다. 혼합부에서는 냉매가 균일하게 혼합되고 디퓨저에서는 유로면적의 확대에 따라 속도가 떨어지고 압력이 상승한다. 이는 베르누이 방정식에서 압력이 높아지면 속도는 떨어지고 압력이 낮아지면 속도는 높아지는 원리가 적용된 것이다.

$$p + \frac{1}{2}\rho v^2 = C \tag{6.53}$$

그림 6.48은 덴소가 개발한 2단 팽창노즐을 적용한 에어컨의 구성도를 나타낸다. 2단 팽창노즐은 1단 노즐에서 과냉상태의 냉매를 감압시켜 기포를 발생시킨 후, 2단에서 면적을 증대시켜 압력을 상승시키면, 기포는 부서져 기포 핵으로 되고 액적은 미세화되어 단상류 유동처럼 액적과 기체의 속도는 같게 된다. 이때 노즐 출구속도는 음속의 약 1.5~2.5배에 도달하여 노즐의 효

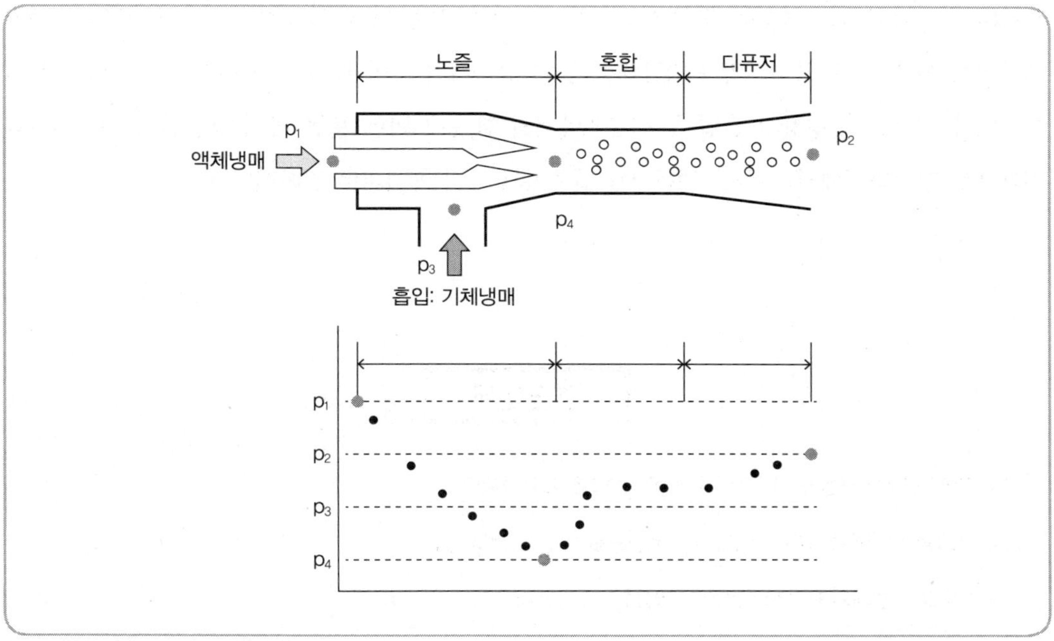

그림 6.47 이젝터의 원리(출처: 덴소)

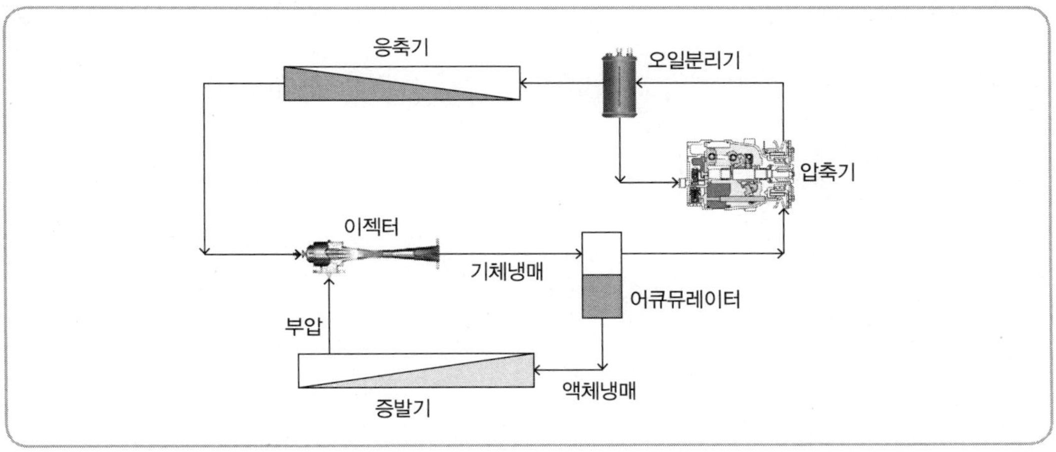

그림 6.48 이젝터 적용 에어컨의 구성도(출처: 덴소)

율을 높일 수 있다.

종래의 팽창밸브 대신 이젝터와 어큐뮬레이터를 사용하여 디퓨저 출구압력을 증발기 출구압력보다 높게 하면 어큐뮬레이터의 기체압력이 액체압력보다 높아 액체냉매 만을 증발기에 공급한다. 이젝터 노즐에서는 냉매속도가 음속에 가까워 등엔트로피에 가까운 팽창이 일어나고,

노즐의 감압작용으로 형성된 부압으로 증발기에서 증기를 더 많이 흡입한다. 이젝터의 디퓨저에서 상승된 압력은 압축기의 흡입압력을 높여 압축기의 소비 동력은 감소하고, 이젝터는 노즐에서의 등엔트로피 팽창과 혼합부, 디퓨저에서의 감속에 의한 운동 에너지의 압력 에너지로의 변환으로 팽창과정에서 손실될 에너지를 압축기의 동력 에너지로 전환시킨다.

연습문제

01 R152a 냉매 자동차 에어컨 시스템의 원리를 설명하시오.

02 R1234yf 냉매와 R134a 냉매의 p-h선도를 비교 설명하시오.

03 R1234yf 냉매와 R134a 냉매의 차이점을 설명하시오.

04 R134a, R1234yf, R1234ze 냉매의 특징을 비교 서술하시오.

05 초임계 사이클의 작동원리를 설명하시오.

CAHPTER 7.

자동차 에어컨 시스템

7.1 자동차 에어컨 시스템

7.1.1 부하

에어컨 시스템에서 냉매에 의한 오존층 파괴와 지구온난화는 지구환경을 파괴하고 있다. 오존층파괴지수(ODP)가 높은 냉매의 규제, 지구온난화지수(GWP)가 낮은 냉매의 사용, 냉매누설 방지 대책 등은 매우 중요한 기술개발 과제이다.

EU에서는 유럽 F-Gas 규제가 만들어져 승용차와 경트럭에 사용하는 냉매는 GWP가 150 이하이어야 하고 현재 사용하는 R134a 냉매는 2017년 1월부터 모든 신차에 사용을 금지하는 법안이 마련되었다.

소독용 알코올을 팔에 바르면 시원한데 이것은 알코올이 증발할 때 기화열을 빼앗기 때문이

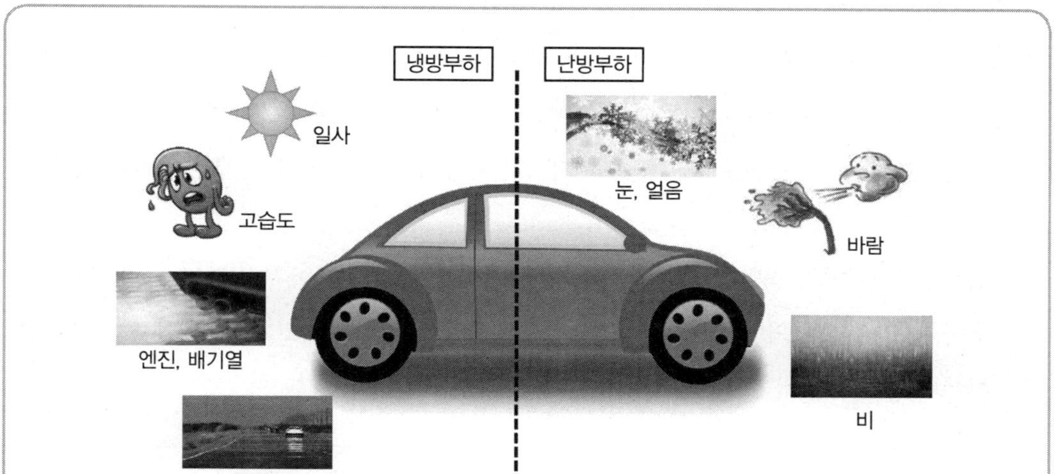

그림 7.1 자동차의 냉난방 부하

다. 이러한 증발에 의해 냉각작용을 하는 물질을 냉매라고 한다. 기체냉매를 압축기로 압축하면 분자가 서로 부딪치고 마찰열에 의해 온도가 높아진다. 이것을 열교환기를 통과시키면 열이 외부로 방출되고, 냉매는 액체로 된다. 압력이 높은 상태에서의 차가운 액체는 가느다란 관 속으로 들어가면 압력이 낮아진다. 압력이 낮아지면 액체는 더 쉽게 기화하기 때문에 이를 증발기에 통과시켜 기체로 만든다. 응축기와 증발기는 열교환기의 한 종류로, 냉방 시에는 증발기에서 실내의 열을 빼앗고 응축기에서 그 열을 실외로 배출한다.

7.1.2 시스템 개요

자동차 에어컨은 응축기에 의해 방열이 이루어지는 것을 제외하고 냉장고와 원리가 같다. 자동차 에어컨은 냉동 능력이 6,000kcal/h 정도로 1,000kcal/h의 냉장고보다 훨씬 높고 항상 실내 온도를 감지하여 제어를 수행한다. 에어컨 시스템은 작동유체인 냉매를 사용하고 실내 온도가 높거나 습도가 높으면 계절에 관계없이 에어컨을 작동시킨다. 겨울철 습기는 차안의 온도가 높아 생기므로 에어컨을 가동해야 습기는 없어진다. 압축기로 냉매를 가압하면 냉매온도는 90~200℃에 도달하고 이는 외부온도 20~40℃와 강제 대류 열전달을 한다. 응축기를 나온 냉매는 여전히 높은 온도와 압력을 가지고 있어 열팽창 밸브(thermal expansion valve, TXV), 오리피스 튜브(orifice tube, OT)를 통과하면서 냉매의 온도와 압력은 떨어진다. TXV, OT에서는 냉매의 압력강하가 발생하고 압축기에서는 냉매의 압력상승이 일어난다. **그림 7.2**는 기본적인 에어컨 시스템의 구성을 나타낸다. 압축기, 토출 라인, 응축기, 리시버드라이어, 팽창밸브, 증발기, 흡입 라인, 압축기의 순서로 사이클이 이루어진다. 에어컨 시스템은 기본적으로 증발기와 응축기 사이에 압축기가 존재하는 기본 구조를 가지며 사용 냉매특성에 따라 약간 차이가 있다.

① 리시버드라이어와 증발기 사이에 TXV를 설치하면 TXV 끝단에서 급격한 압력 저하가 발생하여 고온, 고압의 냉매 증기가 저온, 저압의 냉매 증기로 되고 증발이 쉬워지면서 증발하여 열을 흡수한다.

> 압축기 → 응축기 → 리시버드라이어 → 인라인 필터 → TXV →
> 증발기(유량조절: 온도식 자동 사이클링 스위치) → 압축기

② 응축기와 증발기 사이에 일정한 크기를 가지는 오리피스 튜브를 사용하면 오리피스 출구 부분에서 급격한 압력 저하가 발생한다. 오리피스를 사용할 때는 증발기 출구에 어큐뮬레이터를 설치한다.

압축기 → 응축기 → 오리피스 → 증발기 → 어큐뮬레이터 → 압력 스위치 → 압축기

온도와 압력변화가 일어나는 곳은 응축기와 증발기가 아닌 TXV와 OT를 지나면서 발생한다. 리시버드라이어는 응축기 다음에 설치되고 어큐뮬레이터는 증발기 다음에 위치한다. 리시버드라이어는 내부에 실리카 겔을 넣어 수분을 제거하지만 구조상 수분을 빼내기 어려워 인라인 휠터를 사용하기도 한다. 오리피스 튜브를 사용하면 냉매 양을 조절하는 기능이 없으므로 어큐뮬레이터 상부에 압력 스위치(clutch cycling pressure switch)를 설치하여 냉매 증기의 압력이 매우 낮거나, 냉매양이 부족하면 제어회로에 의해 압축기를 정지시킨다. 어큐뮬레이터의 기능은 리시버드라이어와 유사하다.

TXV는 온도변화에 따라 증발기로 들어가는 냉매의 양을 조절하는 가변형 밸브이고, 온도식 자동 사이클링 스위치(thermostatic cycling switch) 혹은 제어회로에 의해 압축기 가동시간을 조절하는 방법으로 냉매유량을 조절한다.

TXV는 증발기 출구온도 감지에 의해 압력과 밸브 내의 스프링 힘의 균형으로 밸브가 열리면 냉매유량이 결정된다. 증발기 출구온도가 낮아지면 스프링에 의해 밸브가 닫히고 증발기 출구온도가 높아지면 스프링 힘을 누르고 밸브는 열린다. 증발기 중간에 모세관 튜브를 설치하여 증발기 출구부분의 압력을 감지하여 압력이 높으면 냉각이 과도한 것으로 판단하여 밸브는 닫히고 압력이 낮으면 밸브는 열린다. 증발기 내에 설치된 냉매온도 센서는 배관에 수분의 결빙을 방지하는 역할을 하고 수분결빙의 기준은 4℃ 이하이다. 전자적으로는 온도가 4℃이하로 내려가면 압축기를 정지시킨다.

서비스 포트는 저압 서비스 포트와 고압 서비스 포트가 있다. 저압포트에는 3bar 압력이 발생하고, 고압포트에는 10bar 정압이 발생한다. 저압 포트는 냉매를 주입하는 포트이고 저압라인은 체적이 큰 기체가 통과하므로 큰 직경의 파이프를 사용한다. 고압포트에서는 냉매를 회수하고 액체냉매가 통과하므로 작은 직경의 파이프를 사용한다. 팽창밸브 혹은 오리피스 튜브는 증발기에 설치된다.

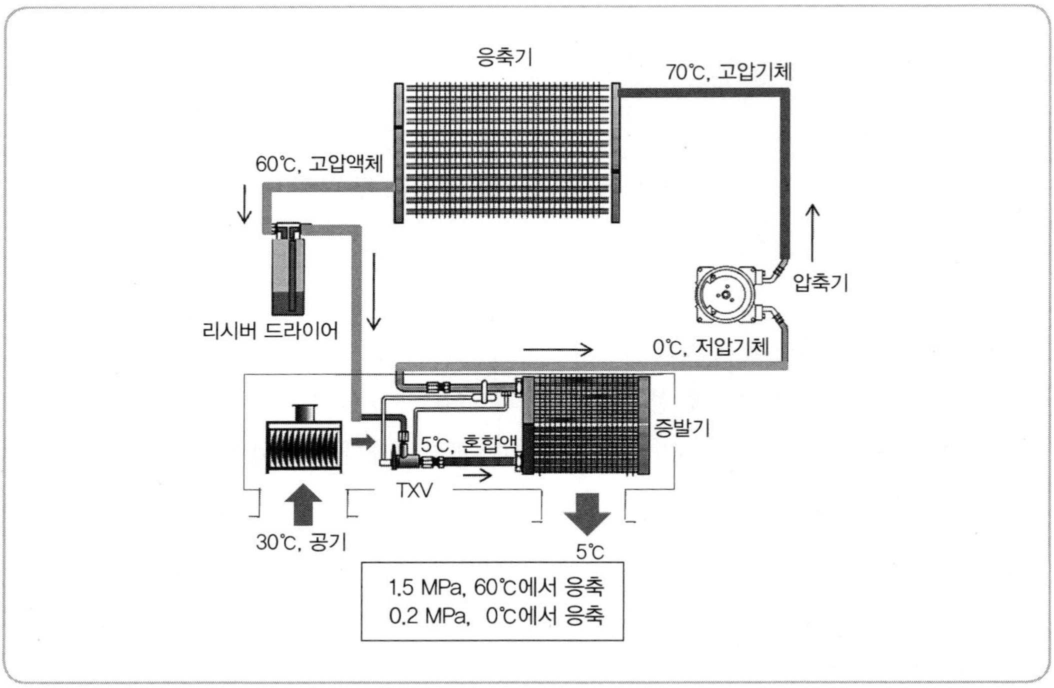

그림 7.2 기본적인 에어컨 시스템의 구성(TXV, 리시버드라이어)

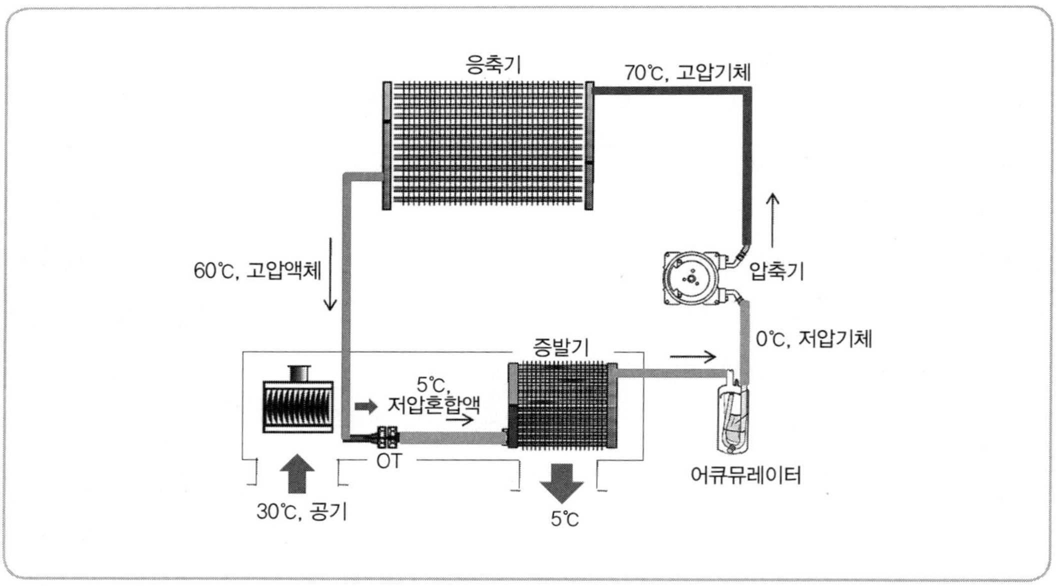

그림 7.3 기본적인 에어컨 시스템의 구성(OT, 어큐뮬레이터)

7.1.3 저압과 고압라인

에어컨 시스템은 2부분으로 나누어진다. 냉매의 압력과 온도가 낮은 저압측(low side)과 압력과 온도가 높은 고압측(high side)이다. 저압측은 TXV 출구부터 시작하여 압축기 입구, 고압측은 압축기 출구에서 시작하여 TXV 입구에서 끝이 난다. 냉매는 차가운 저압 측에서 증발이 일어나고 뜨거운 고압 측에서는 응축이 된다. 습기가 많은 날, 차가운 저압측은 물방울이 맺히거나 적상(frost)이 생기기도 한다. 증발기에서 대기 중의 수증기가 응축 후 동결되어 서리 상태로 증발기 냉각관 표면에 적상이 발생하기도 한다. 이를 제거하는 것을 제상(defrost)이라 한다. 저압 측의 튜브와 호스에는 기체가 지나가기 때문에 비체적이 크고 고압 측은 비체적이 적은 액체냉매가 지나간다. 저압 측의 액체냉매는 증발기에서 열을 흡수해서 기체로 변하고 고압 측의 기체는 냉매는 응축기에서 열을 방출하고 액체로 변한다. 저압 측에서의 중요한 부품은 증발기와 팽창밸브이고 증발기는 열교환기의 일종으로 TXV(OT)에서 시작하여 압축기 입구에서 끝이 나고 실내의 열을 흡수한다.

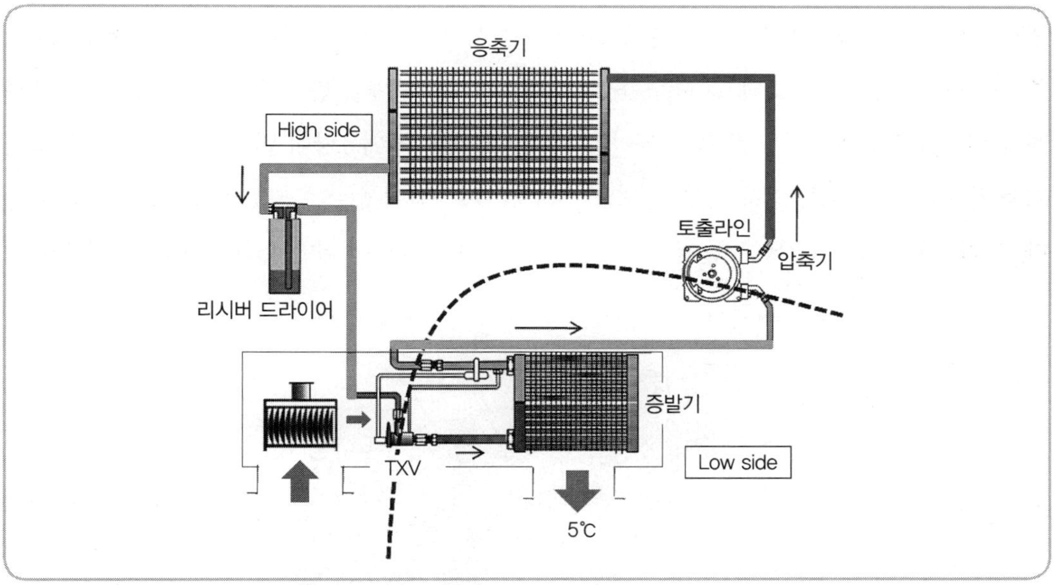

그림 7.4 자동차 에어컨 시스템의 저압과 고압측

7.2 자동차 에어컨 시스템의 구성요소

7.2.1 압축기(Compressor)

압축기는 다양한 종류가 있으며 서로 다른 작동원리로 작동된다. 작동유체로 냉매를 사용하는 에어컨의 효율을 높이기 위해서는 가장 먼저 압축기의 효율을 높여야 한다. 작은 소비전력, 경량화, 작은 소음진동을 가지는 압축기가 필요하다. 압축기의 소형화와 경량화는 중요하며 특히 효율 높은 이산화탄소 냉매 압축기, R1234yf 냉매 압축기의 개발은 현 시점에서 중요하다. 압축기의 기능은 냉매나 공기의 압력을 높이는 일이고 가장 많이 쓰이는 방식이 왕복동 압축기이다. 부하가 큰 에어컨에서는 로터리 형 압축기를 사용한다.

(1) 왕복동 압축기

왕복동 압축기는 프레온, 암모니아, 공기용으로 제작되며 1~4기통으로 보통 2기통이 다. 암모니아용은 1000rpm, 프레온용은 최대 3500rpm이며 짝수기통을 병렬로 연결한다. 특히 가정용 냉장고에 많이 사용되며 자동차용은 효율이 낮아 사용이 줄어들고 있다. 압축기의 흡입구에서 증기냉매를 흡입하여 압축하고, 140~160℃의 고압의 증기냉매를 만든다. 왕복동 압축기는 압축비가 너무 높으면 토출온도가 높게 되어 문제가 발생하고 냉매유량이 많은 경우에는 터보 압축기를 사용하고, 중소형 압축기로는 스크류 압축기, 자동차에서는 스크롤 압축기로 대체되고 있다. 그림 7.5는 워블 판 왕복동 압축기를 나타낸다. 전축이 움직이면 워블 판의 각도가 변하고

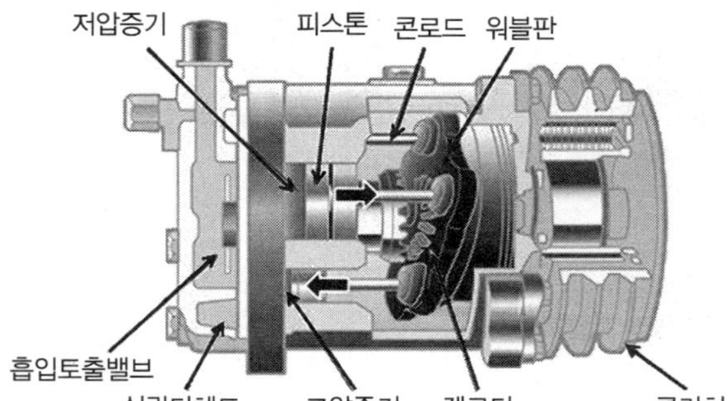

그림 7.5 Sanden의 Wobble plate 압축기

워블 판은 피스톤을 앞뒤로 움직인다. 흡입구를 통하여 증기냉매가 들어오면 압축을 하고 고압으로 만들어 응축기로 보낸다.

(2) 회전형(로터리) 압축기

① 스크류 압축기

스크류 압축기의 원리는 1878년 독일에서 처음으로 고안되었다. 스크류 압축기는 용적식이면서 회전특성도 고효율, 소형, 연속 운전성이 좋다. 1934년, 스웨덴의 리숌(Lysholm)에 의해 가스터빈 공기 압축용으로 압축기의 개발이 진행되었으나 가공기술이 떨어져 실용화되지 못하였다. 로터리 용적식 압축기의 일반적인 형태는 스크류 압축기이다. 스크류 압축기는 케이싱 내에 맞물려 회전하는 암수 스크류 로터(rotor)로 구성되고, 암수 스크류 로터가 서로 반대방향으로 움직여 냉매를 압축한다.

헬리컬 스크류 로터의 회전에 의하여 로터리와 케이싱 사이의 용적을 감소시켜서 기체를 압축한다. 피스톤 대신에 스크류 로터를 장착하여 고속으로 작동시켜 큰 압력을 만들어 낸다. 스크류 압축기는 작동유체 중에 유분을 포함하지 않는 무급유식과 윤활유를 사용하는 급유식으로 분류한다. 스크류 압축기는 압축기 내부는 공기나 물에 의해 냉각되기 때문에 작동부품의 열전달이 잘 되어 고장이 적고 수명이 길다.

회전형 스크류 압축기는 냉매를 압축하기 위해 2개의 암수 스크류 로터(헬리컬 나사)를 사용한다. 로터는 서로 다른 형상이지만, 로터가 회전을 시작하면 냉매는 한 쪽으로 빨려 들어가 로터 사이에 갇힌다. 로터가 계속 회전을 하면, 냉매는 로터의 다른 쪽 끝인 압력 면으로 압축되어

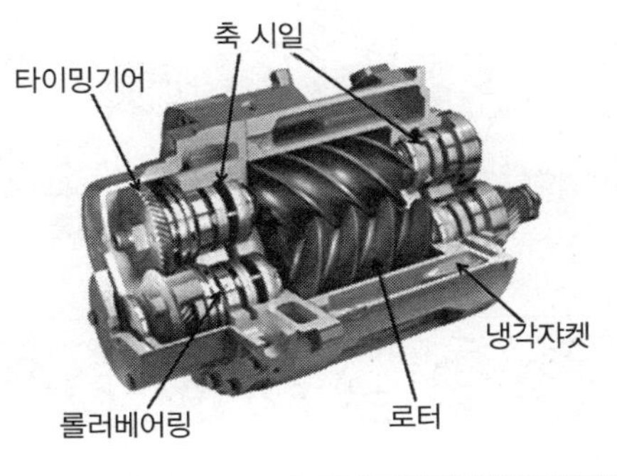

그림 7.6 자동차용 회전형 헬리컬 스크류 압축기(출처: Atlas Copco)

밀려나간다. 왕복동 압축기에 비하여, 스크류 압축기는 가격이 비싸지만 소음이 적고, 내구성이 강하고, 압축 용량도 더 크다. 회전형 압축기로는 로브(lobe, root blower)압축기, 스크류 압축기, 회전 스크류 압축기 등이 있고 회전하는 앞 방향에서 냉매를 흡입하고 토출구로 공기를 배출한다.

② 스크롤 압축기

스크롤 압축기는 1905년부터 시작되어 스크류 압축기보다 훨씬 더 역사가 길다. 그러나 자동차에의 실질적인 적용은 그렇게 오래 되지 않았다. 스크롤 압축기는 고정 스크롤과 회전 스크롤 사이에 냉매를 넣어 압축하여 중앙의 토출부에서 고압기체를 내보내는 소형 압축기이다. 스크롤 압축기는 독특한 압축원리와 다양한 특징으로 고효율, 저소음, 저진동의 성능이 좋은 압축기이다. 다른 방식의 압축기는 1회전에 흡입, 압축, 토출을 완료하는 반면, 스크롤 압축기는 약 2~3회전에 2개의 소용돌이로 형성된 초승달 모양의 방의 체적을 변경하면서 천천히 흡입, 압축, 토출한다. 이 압축기는 2개의 스크롤로 구성되고 하나는 고정된 고정 스크롤, 다른 하나는 가동 스크롤로 구성된다. 가동 스크롤은 동심 베어링을 거쳐 입력 축과 연결되고 가동 나선이 고정 나선 내에서 진동함에 따라 다수의 포켓이 나선 사이에서 형성된다. 이들 포켓의 크기가 감소되면서 압축되어 냉매압력이 증가되고, 압축기의 후방부의 토출구에 있는 리드밸브를 통해 배출된다.

스크롤 압축기는 선회 스크롤의 공전운동으로 냉매를 압축한다. 운전 중 압축반력에 의해 선회 스크롤 중심 주위에 자전 힘이 작동한다. 선회 스크롤이 자전하면 고정 스크롤 사이에 틈이

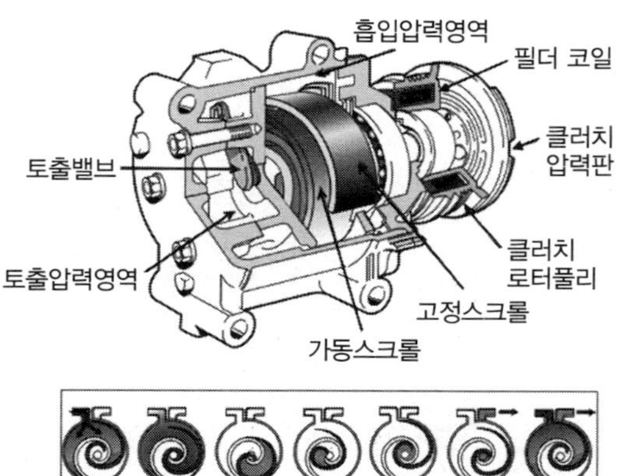

그림 7.7 Sanden의 스크롤 압축기

생겨 시일(seal) 불량을 초래하게 되기 때문에 자전 방지기구가 필요하고 자전 방지기구로 볼커플링식 및 올덤링식이 있다.

③ 로터리 베인 압축기

로터리 베인 압축기는 로터와 4개의 베인, 하우징으로 구성된다. 압축기의 축이 회전하면 베인과 하우징이 챔버를 구성한다. 냉매는 챔버로 들어오고 로터가 회전하면 압축된다.

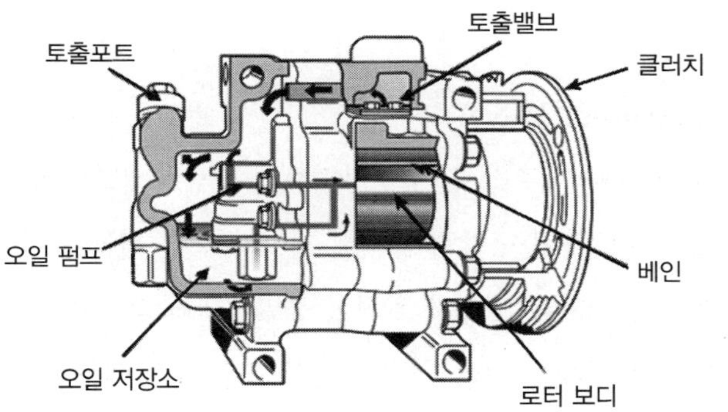

그림 7.8　파나소닉의 로터리 베인 압축기

(3) 가변 용량 압축기

델파이 V5 압축기는 가변용량 압축기이다. 작동조건에 따라 가변 워블판의 각도를 변경하여 배기량을 변화시킨다. 흡입압력을 감지하는 컨트롤 밸브에 의해 움직이는 벨로우즈에 의해 배기량은 제어된다. 일반적으로 토출압력은 압축기의 크랭크케이스 압력보다 훨씬 크고 최대 배기량에서 압축기 크랭크케이스 압력은 압축기 흡입압력과 같아진다. 작은 배기량에서는 압축기 크랭크케이스 압력은 압축기 흡입압력보다 훨씬 커진다.

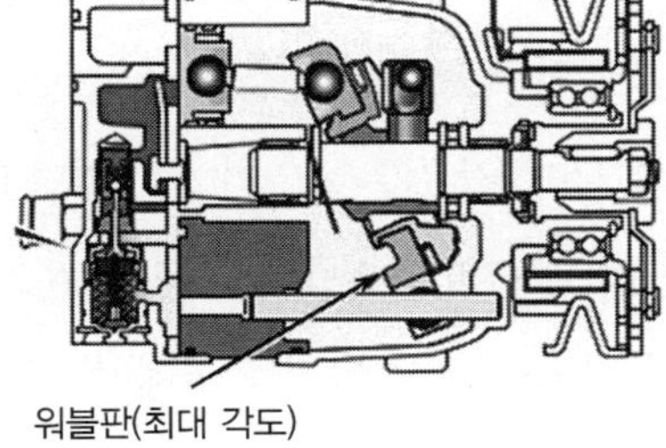

그림 7.9　델파이의 가변 용량 압축기

7.2.2 팽창밸브

팽창밸브는 증발기로 들어가는 고압의 액체를 저압의 혼합증기로 만든다. 액체냉매는 팽창밸브를 지날 때 증발기에서 쉽게 열을 흡수할 수 있도록 일부가 증기로 변한다. 팽창밸브는 냉매의 온도와 압력을 강하시켜 증발을 쉽게 하도록 하고, 유량을 제어하여 압축기가 쉽게 고압을 만들 수 있도록 한다. 일반적으로 유체는 노즐, 오리피스 등 좁은 곳을 통과하면 일과 열의 교환이 없어도 압력강하가 발생하는 교축현상이 일어난다. 냉매가 교축이 되면 압력이 떨어져서, 냉매의 증발이 발생하는데 이를 플래시 가스(flash gas)라 한다.

(1) TXV(Thermal Expansion Valve)

TXV는 증발기의 냉 부하를 맞추기 위해 팽창밸브의 열림상태를 가변적으로 하는 밸브이다. 이 밸브는 증발기의 출구온도와 출구압력에 의해 제어되고 이 제어는 냉매의 유량을 결정한다. 대부분의 TXV는 증발기를 떠나는 냉매가 완전히 증발(R143a, 294kPa, 0℃)하는 것을 도우고 약간의 과열(5~10℃)상태가 되도록 지원을 하고 냉방부하가 적을 때는 TXV 유량을 감소시킨다. 증발기 출구는 16mm, 19mm 정도의 파이프로 압축기 입구와 연결된다. 냉매가 증발기 출구에서 294kPa 압력과 온도 0℃ 이하로 떨어지면 증발기의 동결현상이 발생한다. 이 현상을 방지하기 위하여 열팽창 밸브(TXV), 모세관, 오리피스 등을 사용하여 증발기로 유입되는 냉매의 유량을 조절하거나 흡입 교축밸브(suction throttling valve)를 사용한다.

열 팽창밸브(TXV)는 증발기를 나오는 출구의 과열도에 의해 작동한다. 밸브의 감온부가 다이어프램 상부의 공간과 모세관으로 연결되어, 감온부 냉매압력에 의해 팽창밸브의 작동이 조절된다. 감온부의 온도는 압축기로 유입되는 증기냉매의 온도와 같다. 감온부의 체적은 일정하므로 냉매의 비체적이 일정한 수직선으로 나타난다. **그림 7.10**에서 A는 감온부의 온도에 해당하는 포화압력, 감온부 온도가 증가하면 B의 포화증기가 되고 이때는 액체가 전부 증발되고 온도가 증가하여 C의 과열증기가 된다. 온도의 증가에 의한 압력의 증가는 미비하므로 팽창밸브 개도의 증가도 적고 증발기로 유입되는 냉매유량의 증가도 미비하다. 증발기의 압력과 압축기 부하는 일정 값 이내로 제한되고 이러한 밸브를 내부 균압관이라 한다. 증발기의 압력과 온도는 감온통 내부의 냉매의 온도와 압력으로 전이되어 이 온도와 압력으로 제어를 수행한다. 내부 균압관의 단점은 증발기의 부하 변동이 큰 경우, 팽창밸브를 작동을 하려면 많은 과열증기가

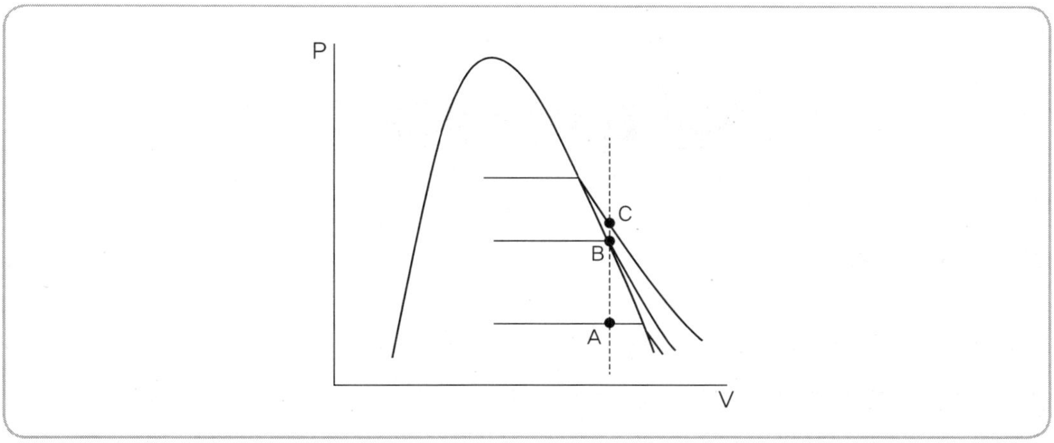

그림 7.10 냉매의 압력과 비체적(내부 균압관)

필요하지만 그러한 과열증기는 감온통 내부에서는 만들어지지 않는다. 이의 단점 해소를 위해 외부 균압관(external equalizer)을 사용한다.

압축기가 정지하여 냉매의 흐름이 적어지면 감온통 냉매의 압력이 적어지고 고압 스프링의 힘으로 밸브는 닫히게 된다. 연속적인 사용으로 증발기 내부의 압력이 낮게 유지되면 냉매가 흐르지 않아도 벌브냉각이 발생한다. 이러한 냉각이 발생하면 압력이 낮아지고 밸브는 닫힌다. 이 현상은 냉매가 밸브를 흐르는 것을 방해하여 결국 냉각손실이 발생한다.

TXV 시스템에서 팽창밸브는 가변 밸브로 증발기 출구의 온도와 압력에 따라 냉매의 양을 조절할 수 있다. 증발기 입구에는 TXV, 출구에는 벌브센서를 위치시키고 벌브센서가 따뜻해지면 증발기로 냉매가 통과하도록 TXV를 열고 차가워지면 닫는다. TXV 시스템은 사이클링 스위치 대신에 온도감지 서미스터(temperature sensing thermistor)를 사용한다. 서미스터는 저항이 감소하면 온도가 올라가는 전기적인 저항을 가지는 센서로 신호는 ECU가 제공하며 실제 증발온도인 4℃에서 제어한다. 이 온도는 증발기 핀에서 얼음의 형성이 없이 가장 큰 열전달을 하며 TXV형 증발기에서 모든 냉매는 증기화되고 증발기 출구에 도달하기 전에는 약간 과열이 된다.

(2) CCOT(Cycling Clutch Orifice Tube)

OT 시스템은 냉매가 통과하는 파이프로 일정한 지름으로 되어 있다. 그러나 내부의 지름은 약 1.6mm이다. 구조가 간단하고 TXV보다 가격이 저렴하다. 단점은 OT는 증발기 온도에 즉각

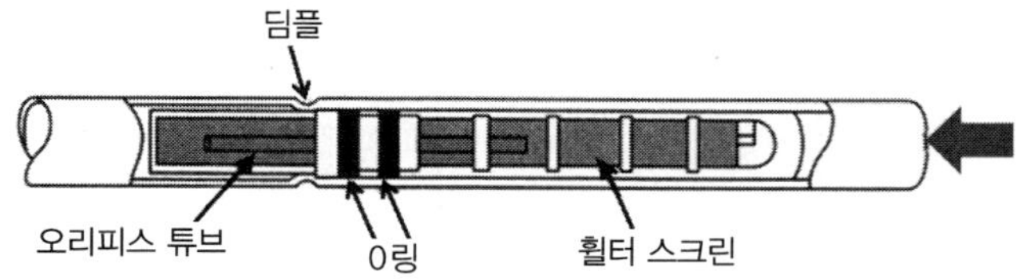

그림 7.11 OT의 구조

반응하지 못하고 냉방부하가 작을 때는 증발기는 액체냉매로 넘치게 된다. 따라서 OT 시스템은 압축기와 증발기 사이에 냉매를 저장하기 위해 저압 측에 어큐뮬레이터를 사용해야 한다.

사이클링 스위치 오리피스 튜브(CCOT)는 어큐뮬레이터와 사이클링 스위치가 붙어 있다. OT를 지나 어큐뮬레이터는 저압측에 붙어 있고 냉매속의 수분을 흡착하기 위하여 건조제를 가지는 드라이어 기능이 있다. 고정된 OT(FOT)는 OT안의 튜브의 지름 크기에 기초한 냉매 통과 유량이 정해져 있고 사이클링 스위치는 시스템의 저압의 크기에 따라 압축기 클러치를 결합, 분리를 하는 데 사용을 하고, 항상 적절한 크기의 OT 튜브를 사용해야 한다.

사이클링 클러치는 증발기 온도와 압력이 빙점이하로 떨어지면 압축기를 정지한다. 대부분의 자동차 압축기는 자석 클러치(magnetic clutch)를 통하여 엔진으로 부터 벨트에 의해 구동된다. 시스템이 구동되면 자석 클러치에 전기가 가해지고 클러치로 흐르는 전류는 스위치에 의해 조절된다. 초기 에어컨 시스템은 증발기 상부에 장착된 온도조절 스위치(thermal switch)를 사용하여 증발기 온도가 0℃이하로 떨어지면 클러치로 흐르는 전류를 차단하여 압축기를 정지하였다. 그리고 증발기 온도가 9~15℃까지 올라가면 다시 전류가 가해 압축기를 구동하였다. 그러면 냉매 압력과 냉매 온도는 상승하고 이는 핀에 있는 얼음과 서리를 녹이는 역할을 한다. 매는 증발기 출구에서 여전히 액체 안개의 형태의 냉매는 발생하므로 만약 액체냉매가 압축기를 들어가면 그것은 압축기를 손상시킨다. 이것을 슬러징(slugging)이라 하고 이를 방지해야 한다.

7.2.3 어큐뮬레이터와 리시버드라이어

어큐뮬레이터는 액체냉매가 압축기를 통과하지 못하도록 하고, 습기를 제거하고, 냉매를 임시 저장한다. TXV 시스템에서 사용되는 리시버드라이어는 수분만을 제거하는 역할을 하고 고압 측에 부착된다. 그림 7.12와 같이 어큐뮬레이터는 증발기 출구, 압축기 입구와 연결되고 하부

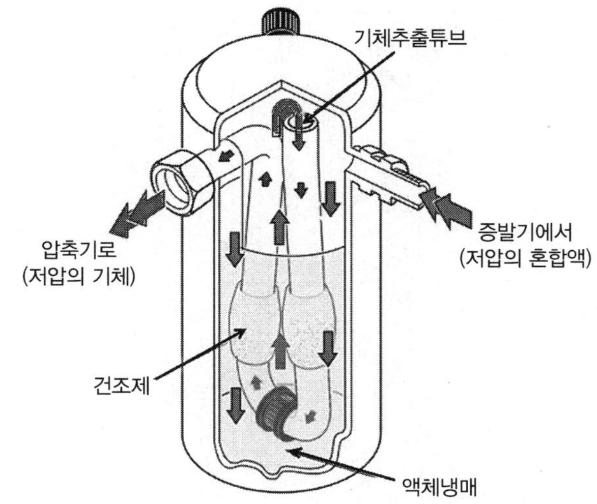

그림 7.12 어큐뮬레이터(기액분리기)의 구조

에는 액체냉매, 상부튜브로 증기냉매를 분리하여 증기냉매만 어큐뮬레이터를 통과시킨다. 냉매 중의 오일은 압축기의 윤활역할을 수행하고 액체냉매는 압축기의 냉각을 돕고 건조제는 습기를 제거한다. 건조제는 분자 여과기(molecular sieve)라고 하는 화학적인 성분을 가지고 있다. 물이 냉매와 혼합되면 금속 부분의 부식의 원인이 되고 물은 TXV나 OT에서 동결할 수 있고 그러면 증발기로 향하는 냉매의 흐름을 막힐 수도 있다.

자동차의 시동이 꺼지면 어큐뮬레이터나 리시버드라이어는 건조상태가 유지될 수 있도록 닫히고, 건조제는 냉매의 습기를 흡수한다. 에어컨 시스템은 매우 작은 양의 냉매가 호스와 압축기 시일을 통하여 누설된다. 압축기는 엔진과 연결된 벨트로 구동되기 때문에 압축기 구동축에는 시일(seal)을 필요로 한다. 압축기는 엔진에 장착되므로 엔진의 움직임에 따라 압축기도 움직이기 때문에 유연한 호스가 필요하다. 여유분의 냉매는 에어컨이 다양한 범위의 온도를 조절하기 위하여 필요하여 어큐뮬레이터나 리시버드라이어의 크기는 추가된 액체냉매를 수용할 수 있어야 한다. 어큐뮬레이터나 리시버드라이어는 1/2 정도가 액체냉매로 채워져 있다. 만약 증기냉매가 TXV나 OT를 통과하면 시스템은 냉매충전 부족상태로 되고 냉각효율도 떨어진다. 과도한 양의 냉매가 주입되면 부분적으로 과도한 체적이 응축기를 채워서, 유효체적이 줄어드는 과충전 상태가 되어 냉각효율이 현저히 감소한다. 초기 에어컨은 냉매의 가격이 저렴하고 누설도 허용되었기 때문에 큰 리시버드라이어를 사용하였다.

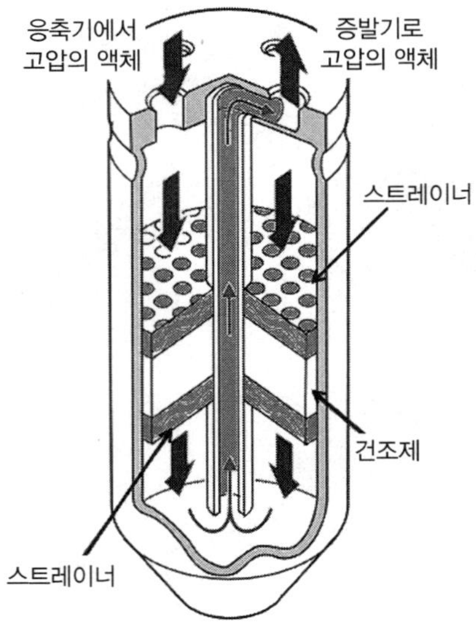

그림 7.13 리시버드라이어(휠터 드라이어)의 구조

7.2.4 모세관

모세관은 가늘고 긴 튜브이며 긴 길이에 의해 상당한 압력강하가 발생한다. 지름은 0.5~2mm 범위이며 냉장고에 많이 사용한다. 모세관은 팽창기능과 열교환기의 역할도 할 수 있다. 압축기 흡입관과 모세관의 일부를 서로 연결시키면 증발기에서 나오는 차가운 흡입 가스는 모세관을 통과하는 액체를 과냉시켜 플래시에 의한 증발을 억제시킨다.

7.2.5 응축기와 증발기

열교환기는 고성능화, 최적화가 중요하고 열교환기는 응축기와 증발기가 다르게 설계되었지만, 히트펌프 시스템의 발달로 증발기와 응축기의 구분이 없어졌다. 따라서 열교환기로 인하여 성능이 크게 저하 될 가능성도 있어 증발기와 응축기의 균형을 고려한 열교환기의 설계가 필요하게 되었다.

자동차 에어컨은 GWP 150 이하 냉매적용과 내연기관으로 부터 전기모터로의 파워 트레인 변환 등으로 큰 전환기에 있다. 자동차용 열교환기는 핀과 튜브 타입의 열교환기로, 지난 30년 동안 엔진 룸의 공간제약으로 1/2 크기의 소형화를 이루어 냈다. 고성능화 기술개발로 냉매측, 공기측 열전달율이 향상되고 층층이 쌓는 적층(laminated) 플레이트를 이용하여 핀 높이 조절이 가능하여, 공기측 열전달 성능이 많이 향상되었다. 그 배경에는 가공기술, 생산기술, 재료기술 등의 발전이 큰 역할을 하였고 기술은 개발되고 있지만 기본적인 구조의 변화는 거의 없다고 볼 수 있다.

① 핀과 튜브: 원형 튜브와 플레이트 핀을 기계접합에 의한 기술
② 편평 다공 튜브와 콜게이트 핀을 브레이징 접합한 세르펜타인(serpentine)타입 열교환기 개발
③ 내면돌기 등이 형성된 적층 플레이트에 의해 냉매유로를 구성하여 냉매 측 열전달계수를 향상시킨 플레이트 핀 타입의 열교환기 개발
④ 편평 다공 튜브와 헤더(header) 탱크에 의해 구성된 병렬흐름 타입의 열교환기 개발
⑤ 튜브와 핀의 미세화, 세밀화를 통해 성능 향상, 확대 열전달면인 핀의 영향을 감소시켜 핀이 없는 열교환기 개발

- 1980년 이전: 핀 튜브 타입
- 1980~1990년: 세르펜타인 타입
- 1990~2000년: 플레이트 핀(ST) 타입
- 2000년 이후: 플레이트 핀(MS) 타입

열교환기의 성능은 열전달 계수와 압력 손실 특성에 의존한다. 열교환 성능은 공기측과 냉매측 각각의 열 저항에 의해 구해진다. 일반적으로 공기측 열전달계수는 냉매측 열전달계수의 1/10이어서 공기측의 열저항이 매우 커진다. 그래서 일반적으로 공기측에 핀을 부착하여 열저항을 감소시키고 있고, 성능은 공기측의 열저항에 달려있고 공기측 열전달 특성을 파악하는 것이 중요하다.

열교환기의 성능 예측에는 공기측 열전달계수, 냉매측 열전달계수, 압력 손실을 예측하는 상관 관계식이 필요하다. 정확한 공기측 열전달계수와 압력 손실 특성 예측을 위하여 냉매 측 열전달 계수, 압력 손실 특성을 고려해야 한다. 현재 자동차 에어컨용 열교환기에 사용되고 있는 것은 콜게이트 루버 핀이고 차세대 개발될 열교환기는 핀리스(finless) 열교환기이다.

	Fin & Tube	Serpentine	Plate-fin(ST)	Plate-fin(MS)
Out View	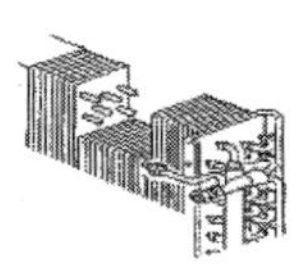	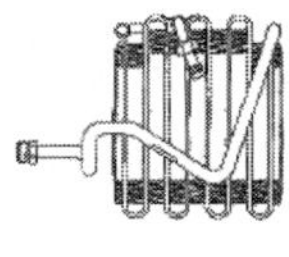		
Core Details	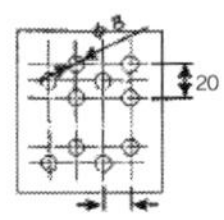	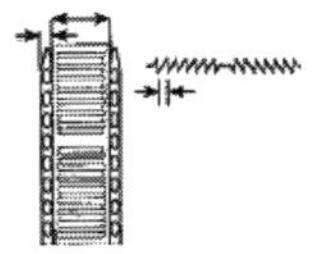	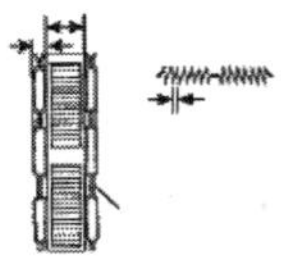	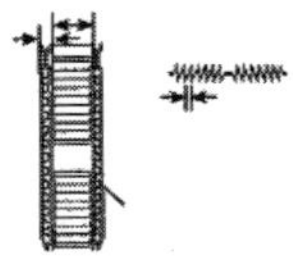
Improvement point	–	① Flattened pipe is used. ② Corrugated fin is used. ③ Fin efficiency is improved.	① Tube is flattened. ② Corss rib is used. ③ Height of 1in is reduced. ④ Multi-pass flow ⑤ Single tank is used.	① Drainage is improved. ② Tube is flattened. ③ Inner tin is used. ④ Retrigerant circuit is improved. (New retrigerant circuit)
Core depth	125	105	90	58
Cooling Performance	75	90	100	100

그림 7.14 증발기의 발전역사(출처: Waseda Uni.)

(1) 콜게이트 루버 핀 열교환기의 열전달계수와 압력 손실

현재 콜게이트 루버 핀 열교환기는 자동차 에어컨용으로 많이 사용하며, 단위 부피당 열교환량이 매우 많다. 가정용 에어컨에 사용되는 열교환기는 핀과 튜브 형식으로 플레이트 핀을 사용하고 루버, 슬릿 등의 열전달 촉진장치를 설치한다. 그러나 고도의 생산 기술이 필요한 콜게이트 루버 핀은 가정용 에어컨에는 적용을 하지 않지만 에너지 절약의 관점에서는 적용하면 효

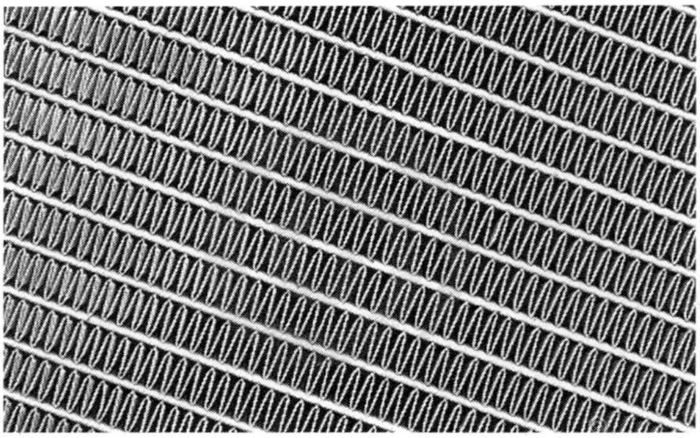

그림 7.15 콜게이트 루버 핀의 구조

율이 좋다. 콜게이트 루버 핀의 열전달계수와 압력손실은 핀의 피치, 핀의 높이, 핀의 폭, 핀의 두께, 루버각도 등이 매개변수로 유로비, Nu수, 마찰계수 등을 실험으로 구하여 열전달계수와 압력손실을 예측한다. 예측한 열전달계수와 압력손실을 예측 상관 관계식으로 표현할 수 있다.

열전달량, 물질량과 운동량의 이동현상은 상사관계가 있으며, 콜번 j 인자(Colburn j factor, 열전달계수)와 f 인자(패닝 마찰계수)를 사용하여 정확하게 표현할 수 있다. j 인자는 경계층의 열전달에서 중요하며 다음으로 정의 된다.

$$j = St\,Pr^{2/3} = \frac{Nu}{Re\,Pr^{1/3}} = \frac{f}{2} \tag{7.1}$$

$$St = \frac{Nu}{PrRe} \tag{7.2}$$

St수(Stanton 수)는 열전달에 사용되는 무차원수로 Nu수를 Pr수와 Re수의 곱으로 나눈 수로 정의되며, 유체마찰과 물질 이동간의 상사법칙을 적용하면 j 인자는 f 인자를 2로 나눈 값이 된다. j 인자는 유체에 대한 보다 넓은 프란틀수를 적용하는 무차원수로 열전달량을 의미한다. 콜게이트 루버 핀의 대한 열전달 계수와 압력손실 예측에는 j 인자, f 인자를 구하면 예측할 수 있다. f 인자는 마찰에 의한 압력손실을 예측하는데 사용하며 전단응력을 운동 에너지로 나눈 값이다.

$$f = \frac{\tau}{\frac{\rho w^2}{2}} \tag{7.3}$$

마찰에 의한 압력강하는 다음과 같다.

$$\Delta p = f\left(\frac{\rho w^2}{2}\right)\frac{L}{d} = f(\rho w^2)\,\frac{L}{r} \tag{7.4}$$

여기서 w 유체의 속도, L 관의 길이, d 관의 지름, r 관의 반경이다.

(2) 콜게이트 루버 핀 증발기(evaporator)

증발기를 냉매의 흐름방향에 대해 작은 셀로 분할하고 각각의 셀을 미세한 증발기로 취급하여, 각 셀에서의 공기측, 냉매측의 질량보존법칙과 에너지보존을 적용하면 열교환량, 압력손실 등을 계산할 수 있다. 이를 이용하여 증발기 핀 튜브의 열전달계수를 구한다. 그리고 증발기는

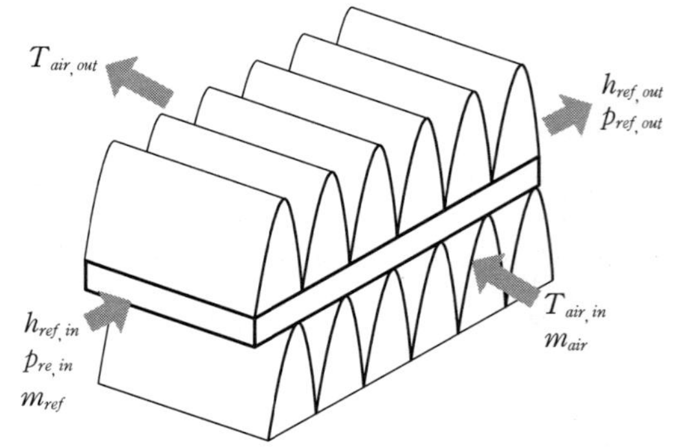

그림 7.16 증발기 열교환 방법(출처: Waseda Uni.)

공기온도가 노점이하에 도달하면 표면에 수증기의 응축이 일어나기 때문에 그 영향을 고려할 필요가 있고 각 셀의 상태는 습조건 혹은 건조건 중의 하나이다.

증발기에서 공기의 엔탈피 변화량은 다음과 같다.

$$Q = \dot{m}_{air}\, c_{p,air}\, (T_{air,out} - T_{air,in}) \tag{7.5}$$

$\dot{m}_{air}$ = 공기 질량유량(kg/s)

$T_{air,in}$ = 증발기 입구 공기온도(K)

$T_{air,out}$ = 증발기 출구 공기온도(K)

공기와 핀의 열전달량은 대수 평균온도로 정의된다.

$$Q = A_{air} h_{air}\, T_{LMTD} \tag{7.6}$$

$$T_{LMTD} = \frac{T_{air,in} - T_{air,out}}{\ln \dfrac{T_{air,in} - T_s}{T_{air,out} - T_s}} \tag{7.7}$$

A_{air} 공기유로 단면적, h_{air} 열전달계수, T_s 증발기 표면온도, T_{LMTD}는 대수 평균 온도차이고 공기온도와 표면온도를 이용하여 구한다. 식 (7.6)과 식 (7.7)을 같게 놓으면 열전달계수 h_{air}가 구해진다.

$$h_{air} = \frac{\dot{m}_{air}\, c_{p,air}(T_{air,out} - T_{air,in})}{A_{air}\, T_{LMTD}} \tag{7.8}$$

식 (7.8)의 물성치는 측정할 수 있으므로 h_{air}를 실험으로 구하고 열전달에 의한 열 이동량과 열전도에 의한 열 이동량의 비율인 Nu수와 콜번 j 인자의 무차원수를 이용하면 열전달 성능을 보다 쉽게 표현할 수 있다.

$$Nu = \frac{h_{air}D}{k} \tag{7.9}$$

열전달계수 h_{air}로부터

$$j = \frac{h_{air}}{\rho_m V c_{p,\,air}} Pr^{\frac{2}{3}} = \frac{f}{2} \tag{7.10}$$

ρ_m는 밀도, V는 체적, $c_{p,\,air}$는 비열비, h_{air}는 열전달계수이고 이로부터 j인자를 구할 수 있다.

(3) 콜게이트 루버 핀 응축기(condenser)

응축기도 콜게이트 루버 핀을 많이 사용하며 주위 공기나 램 에어를 이용하여 열을 배출한다. 이는 공냉식으로 주로 핀이 부착된 관을 사용하며 핀에는 공기가 지나가고 관 내부로 냉매가 지나간다. 그림 7.17은 멀티 플로우 자동차용 응축기 구조를 나타낸다.

응축기 해석도 증발기와 마찬가지로 응축기를 냉매의 흐름방향에 대해 작은 셀로 분할하고 각각의 셀을 미세한 응축기로 취급하고, 각 셀에서의 공기측, 냉매측의 열 평형으로 열교환량, 압력손실 등을 계산한다. 증발기와 마찬가지로 각 셀에서의 열 교환량은 각 셀의 공기 출입시의 엔탈피 변화, 공기와 응축기 핀 튜브의 열전달량, 냉매 출입시 엔탈피 변화, 냉매와 응축기 핀 튜브의 열전달량의 방정식을 연립시켜 구한다.

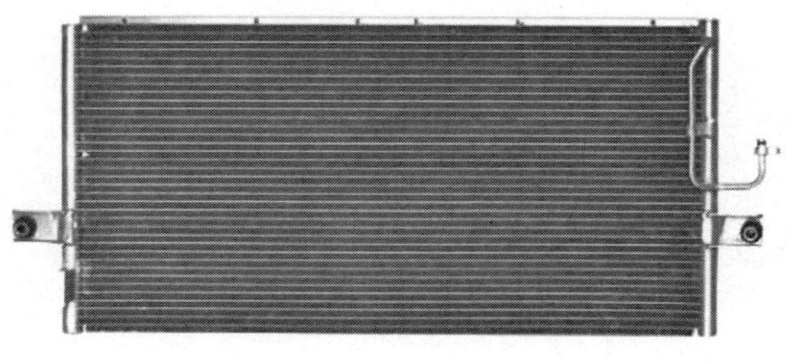

그림 7.17 멀티 플로우 자동차용 응축기 구조

(4) 콜게이트 루버 핀의 열전달 특성

공기측 열전달 특성은 냉각, 과열의 단상류이기 때문에 비교적 해석이 쉽지만 냉매측 열전달 특성은 증발과 응축의 2상류로 지금까지 많은 연구에 의하여 관계식이 제안되어 있다. 자동차 열교환기는 냉각, 가열의 단상류와 증발, 응축의 2상류 열전달을 해석해야 한다.

- 2상류의 증발 열전달계수 상관식
- 2상류의 응축 열전달계수 상관식
- 단상류인 과열 증기, 과냉각 액체의 열전달계수의 상관식

1) 2상류 증발 열전달계수

증발 열전달계수는 상당직경이나 실험조건이 실제 사용조건을 거의 만족하고 Komaya[5-2]는 Chen이 제안한 증발 열전달계수 상관식을 약간 수정하였다. 열전달 계수는 프란틀수의 함수이다.

$$h_{TP} = Fh_{CON}+Sh_{NB} \tag{7.11}$$

$$F = 1+\frac{(1/X_{tt})^{1.05}}{(1+We_g^{-0.4})} \tag{7.12}$$

$$S = \frac{1}{1+0.4(Re_{TP}\times 10^{-4})^{1.4}} \tag{7.13}$$

X_{tt}은 Lockhart −Martinelli 계수, We는 Webber수를 나타낸다.

$$Re_{TP} = Re_1 F^{1.25} \tag{7.14}$$

$$h_{NB} = 207\frac{k_f}{l_a}\left(\frac{ql_a}{\mu_f T_f}\right)^{0.745}\left(\frac{\rho_g}{\rho_f}\right)Pr_f^{0.533} \tag{7.15}$$

$$h_{CON} = 0.023\frac{k_f}{D}\left(\frac{G(1-x)D}{\mu_f}\right)^{0.8}\left(\frac{C_{pf}\,\mu_f}{k_f}\right)^{0.4} \tag{7.16}$$

$$l_a = 0.51\left[\frac{2\sigma}{g(\rho_f-\rho_g)}\right]^{0.5} \tag{7.17}$$

여기서 D는 관의 지름(m), ρ는 밀도(kg/m^3), μ는 점성계수(Pa sec), k는 열전도율(W/mK), C_p

는 비열, G는 유량, l_a는 Lapalce 계수를 나타낸다.

2) 2상류 응축 열전달계수

Hihara[5−4]는 냉매측 응축 열전달 특성의 상관 관계식을 다음과 같이 제안하였다. Nusselt의 액막이론(liquid film theory)과는 다르게 액막의 관성력과 전단력의 효과를 고려하여 다음과 같은 실험식을 제안하였다.

$$Nu = \sqrt{Nu_F^2 + Nu_S^2} \tag{7.18}$$

① 강제대류 응축항

$$Nu_F = 0.0112(\Phi_g/X_{tt})Re_f^{0.7} \tag{7.19}$$

$$Re_f = \frac{G(1-x)D}{\mu_f},\ Pr_f = \frac{\mu_f c_{pf}}{k_f},$$

$$\Phi_g^2 = 1+13.17\left(\frac{\nu_f}{\nu_g}\right)^{0.17}(1-e^{-0.6\sqrt{B_0}})X_{tt}+X_{tt}^2 \tag{7.20}$$

$$B_0 = \frac{q_w}{Gh_{fg}} = \frac{D^2 g(\rho_f - \rho_g)}{\sigma} \tag{7.21}$$

$$X_{tt} = \left(\frac{1-x}{x}\right)^{0.9}\left(\frac{\rho_g}{\rho_f}\right)^{0.5}\left(\frac{\mu_f}{\mu_g}\right)^{0.1} \tag{7.22}$$

② 표면장력 응축항

$$Nu_S = 0.725(1-e^{-0.85\sqrt{B_0}})H(\xi)\left(\frac{Ga_f Pr_f}{Ph_f}\right)^{0.25} \tag{7.23}$$

$$Ga_f = \frac{c_{fg}(T_{sat}-T_w)}{\mu_f^2} \tag{7.24}$$

$$H(\xi) = \xi+[10(1-\xi^{0.1})-8.9]\sqrt{\xi}\,(1-\sqrt{\xi}) \tag{7.25}$$

$$Ph_f = \frac{c_{fg}(T_{sat}-T_w)}{\Delta h_{fg}} \tag{7.26}$$

$$\xi = \left[1+\frac{\rho_g}{\rho_f}\left(\frac{1-x}{x}\right)\left[0.4+0.6\sqrt{\frac{\dfrac{\rho_f}{\rho_g}+0.4\dfrac{1-x}{x}}{1+0.4\dfrac{1-x}{x}}} \right] \right]^{-1} \tag{7.27}$$

③ 단상류인 과열증기, 과냉각 액체의 열전달계수

일반적으로 과열증기의 열전달계수와 마찰계수 예측에는 다음의 Gnielinski 식[5-3]을 적용한다.

$$Nu = \frac{(f/8)(Re-1000)Pr}{1+12.7(f/8)^{0.5}(Pr^{2/3}-1)},\ 3000 \le Re \le 5\times10^5 \tag{7.28}$$

$$f = [1.82\log(Re)-1.64]^{-2} \tag{7.29}$$

(5) 냉매측 2상류 압력 손실 특성

열전달계수와 마찬가지로, 압력 손실에 대해 실제 사용 조건에 맞는 상관식의 선정이 중요하다. Komaya[5-2]는 다음 식을 제안하였다. 마찰계수는 레이놀즈수의 함수로 표현된다.

$$\Delta p = f\left(\frac{\rho w^2}{2}\right)\frac{L}{d} = f(\rho w^2)\frac{L}{r} \tag{7.30}$$

$$f = 0.046\, Re_g^{-0.2},\ Re_g \ge 2000 \tag{7.31}$$

$$Re_g = \frac{wLp}{\mu_g} \tag{7.32}$$

μ_g는 점성계수, w는 공기유속, L는 관 길이, f는 마찰계수이다.

연습문제

01 자동차 에어컨의 기본적인 에어컨 시스템의 구성에 대하여 설명하시오.

02 자동차 에어컨에 사용하는 스크롤 압축기의 작동 원리에 대하여 설명하시오.

03 TXV와 CCOT의 차이점을 설명하시오.

04 어큐뮬레이터와 리시버드라이어의 역할을 설명하시오.

05 2상류 증발 열전달계수에 대하여 공부해 보자.

CAHPTER 8.

차세대 자동차 냉난방 시스템

8.1 PTC 히터

8.1.1 개요

서미스터는 저항에 의존하는 온도를 가지는 전기적인 구성요소로 특성은 전기저항이온도에 따라 비선형적으로 증가하여 PTC(positive temperature coefficient)서미스터라 한다. 이는 온도와 저항곡선에서 트립영역(trip region)이 존재하며 이 영역 아래부분은 천천히 증가하고 윗부분은 빠르게 증가한다. 상수 온도계수(CTC)재료는 선형적으로 저항이 증가하고 제로 온도계수(ZTC)재료는 일정한 저항을 가지며 전도체는 온도계수가 작고 CTC 특성을 갖는다.

PTC 서미스터를 전기회로를 연결하여 가열하면 줄(Joule)효과에 의해 난방이 가능한 열을 생

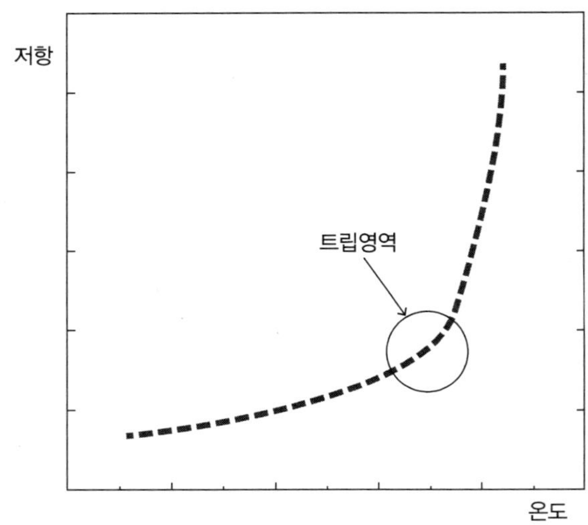

그림 8.1 PTC 재료의 저항과 온도

성하고 저항 R과 온도 T인 재료의 가열전력 P는 다음과 같다.

$$P(T) = \frac{V^2}{R(T)} \tag{8.1}$$

여기서 V는 인가전압이고 전원이 가해지면 재료는 가열되며 재료가 가열되면 대류, 전도, 복사로 인하여 주변에 더 많은 열을 발산하면서 시스템은 평형 가열전원 P_{eq}와 평형온도 T_{eq}로 되어 주위와의 열평형에 도달한다. 복사 및 대류 열전달을 무시하면 평형 가열전원은 다음과 같다.

$$P_{eq} = U\Delta T \tag{8.2}$$

$$\Delta T = T_{eq} - T_a \tag{8.3}$$

여기서 U는 총 열전달계수, ΔT는 온도차, T_a는 주위온도이다. 전압과 환경조건이 일정하면 온도는 일정하게 되고, 전압이 높아지면 온도가 높아지면서 다시 평형의 상태로 있게 된다. 따라서 U 값이 크면 보다 효율적인 냉각이 가능하고 저항(R)은 작으면 가열전력(P)가 큰 효율적인 난방이 된다. CTC와 ZTC 등의 히터 재료는 저항은 온도와는 무관하고 평형온도는 높게 되어 열 휴즈 등을 사용하여 과열 보호장치를 추가해야 한다. 그러나 PTC 재료는 저항(R)은 온도에 따라 증가하고 P는 온도증가에 따라 감소하기 때문에 낮은 온도에서도 가열전력(P)가 커져서 효율적인 난방이 가능하고 평형상태가 CTC와 ZTC와 비교하여 빨리 도달하여 평형온도는

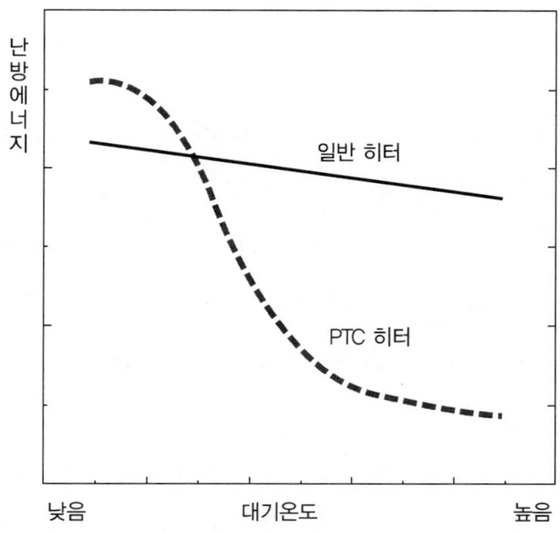

그림 8.2 PTC와 CTC 히터의 차이점

더 낮게 된다. 같은 원리로 외기온도가 일정한 시스템에도 적용할 수 있다. PTC와 CTC히터 사이의 주요 차이점은 그림 8.2와 같다.

PTC 서미스터는 많은 난방기기에서 사용된다. PTC 서미스터는 자기조절 온도제어와 자동온도 제한효과로 안전성을 증가되어 추가적인 열 보호장치는 필요가 없다. 세라믹의 반도체와 철(ferro)의 전기적 특성은 작은 온도범위에서 저항의 상승이 제한되는 자기한계(self-limiting) 특성이 있어 PTC는 미리 정해진 온도까지 스스로 조절되고 자동적으로 전력이 변한다. PTC 서미스터는 다결정 세라믹에 티탄산 바륨계($BaTiO_3$계)를 도핑한 후 혼합, 밀링, 건조 및 소결과정을 거쳐 표면에 전극을 넣어 만든다.

특정 온도이상에서 급격하게 저항이 증가하는 티탄산바륨 반도체에 전기를 통하여 발열시키면, 자신의 저항치가 증가하여 전류를 제한하여 외기의 온도나 전원전압의 변동에도 불구하고 온도는 거의 일정하게 유지되고 발열체, 온도센서, 제어장치의 3가지 작용을 겸비하여 과열되지 않는 전기 발열체 소자이다.

$BaTiO_3$ 서미스터는 모든 온도영역에서 전기저항이 상승하고 퀴리점 변화에 의하여 전기저항이 급격히 변하면 온도도 급격하게 변하는 특성을 이용하여 정밀도가 높은 온도센서에 사용한다. Si 단결정계 서미스터는 0.6~0.9%/℃까지의 온도계수를 가지므로 150℃ 정도의 온도센서로 사용되고 플라스틱 PTC는 폴리에틸렌 등에 흑연을 혼합시킨 것으로 등온히터로 사용된다.

8.1.2 PTC 원리

PTC 세라믹에서 온도증가에 따라 급격한 저항변화가 일어나는 점을 PTC 히터의 퀴리점이라 한다. 전압변화와는 관계없이 일정한 온도를 나타내며 작동전압이 증가하면, PTC는 초기에 더 많은 전력을 소비하지만, 온도는 빠르게 증가하여 전류는 빠르게 안정화된다. PTC에서 가열전력 P는 전압의 제곱에 비례하지 않으므로, 120V AC 또는 240V AC를 사용할 수 있고 동일한 출력을 발생한다. 그러므로 PTC 히터는 적은 비용으로 효율이 좋고 작은 히터를 설계할 수 있다.

전기자동차(EV), 플러그인 하이브리드 자동차(PHEV)에는 수냉식 PTC 반도체 히터를 사용하고 이들은 차량의 안전과 설계 요구에 맞는 히터이지만 PTC 히터는 난방에 따른 소비동력의 소모가 크고 누전에 의한 감전이나 이물질에 의한 화재 위험으로 공조기 설계의 제약이 있다. 그림 8.3은 PTC 히터의 효율을 나타내고 전기자동차 난방부하를 제거하는데 5kW 이상의 전력이 필요하다.

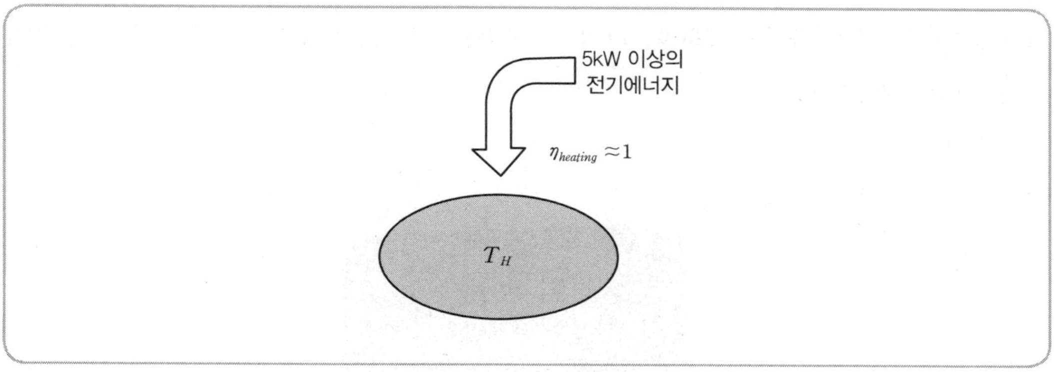

그림 8.3 PTC 히터 효율

8.1.3 자동차의 PTC

그림 8.4는 차량 난방 시스템의 구성을 나타낸다. 내연기관은 엔진폐열을 이용하고 EV와 PHEV는 엔진폐열로 가열하는 냉각수 대신에 PTC 히터로 냉각수를 가열하고 고온의 물은 전기펌프로 순환시킨다.

PTC 반도체는 일정 수준 이상의 온도에서는 공급전압이 바뀌어도 가열재료의 온도는 일정하게 유지되어 화재의 위험이 최소화된다. 열 발생용량도 배터리 전압변동과 상관없이 거의 일

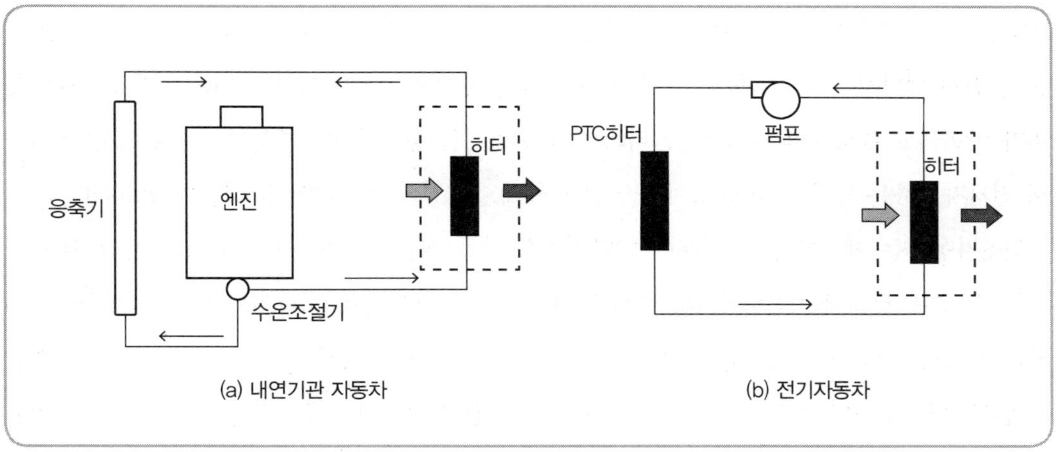

그림 8.4 자동차 난방방법

정하며 PTC 히터의 총 전력 소비량은 차량내부의 조건에 따라 다르지만 900W~5kW의 범위이다. PTC 히터 장착 자동차는 강력한 발전기가 장착되어야 하고 높은 전류로 인한 부하덤핑을 방지하고 유연한 제어를 위해, 200W, 300W, 400W의 작은 가열전력을 사용하고 릴레이를 이용하여 별도로 제어한다.

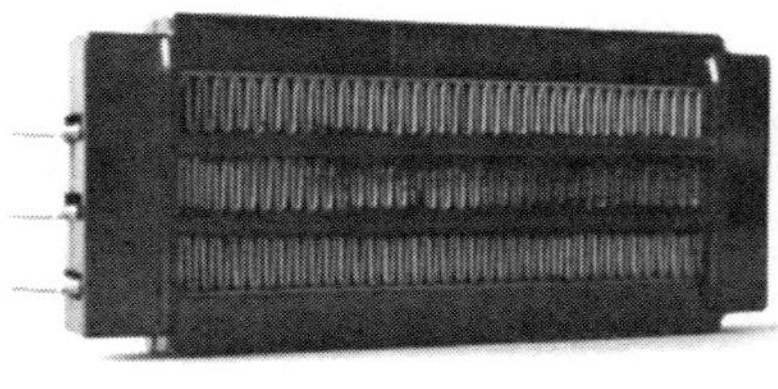

그림 8.5 PTC 엘리먼트

8.2 차세대자동차 냉난방 시스템

8.2.1 개요

내연기관 자동차는 내연기관의 폐열을 이용하여 난방을 하고 냉방은 엔진구동 압축기에 의해 냉매를 압축하여 냉방을 한다. 최근 자동차의 이산화탄소 저감을 위하여 하이브리드 자동차(HV), 플러그인 하이브리드(PHEV), 전기자동차(EV)등이 많이 보급되고 있다. 그러나 이러한 차들은 전체 에너지 소비에 대한 겨울철 난방 에너지의 비율이 50%이상이 되는 경우도 있어, 연비가 악화되고 특히 겨울철 난방을 위해 에너지 소비를 증가시키면 주행거리는 짧아진다. 따라서 전기자동차는 난방 등의 공조시 지금보다 더 효율적인 공조 시스템의 개발이 필요하다.

전기자동차는 폐열이 없기 때문에 난방열원을 만들어야 하는데 난방열원으로 가장 쉽게 사용할 수 있는 것은 전기히터이어서 현재 양산되고 있는 전기자동차는 거의 모두 전기히터를 이용하고 있다. 그러나 전기히터의 COP는 최대 1이어서 투입 에너지 이상의 난방 에너지를 얻을 수 없고, 연비를 고려하면 히트펌프에 의한 난방을 실시하는 것이 좋지만 시스템이 복잡해진다.

표 8.1은 내연기관과 전기자동차의 에어컨 시스템을 비교한 것이다. 히트펌프 시스템에서는 실

외 열교환기, 실내 증발기, 실내 응축기, 압축기를 사용하고 또한 기존 난방용 열교환기로서 사용되는 히터코어는 실내 응축기로 대체한다. 실외 열교환기 대해서는 증발기, 응축기 모두 고성능 설계방법이 필요하고 히트펌프 시스템은 배관의 구성이 복잡하고, 각종 체크밸브와 팽창밸브의 추가로 회로 내의 압력손실이 증가하므로 히트펌프에서는 압력손실을 적게 하는 설계기술이 필요하다. 그리고 실내 열교환기에서는 난방 운전시의 습기가 안전상 문제가 된다.

표 8.1 자동차 에어컨과 히트펌프의 차이

분류	내연기관 에어컨	하트펌프(전기자동차)
엔진 폐열	사용	사용하지 않음
구조	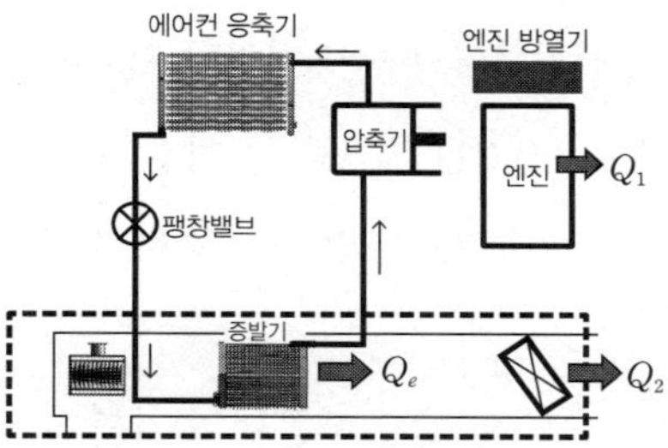	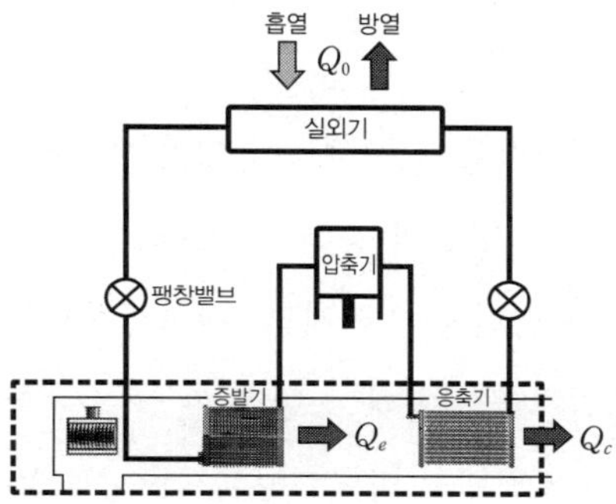
제습	냉동사이클	히트펌프
재가열	히트코어	

8.2.2 전기자동차 냉난방 시스템의 특징

(1) 전기자동차 냉난방 기술

내연기관 자동차는 공회전, 저속영역에서 엔진 회전수에 따라 압축기의 회전수가 결정되어 냉방성능이 저하하지만 엔진 폐열을 이용한 난방열원은 충분한 확보가 용이하다.

전기자동차 에어컨 시스템은 앞 유리창의 습기를 없애는 제습기능과 물방울이 맺히는 현상을 방지하는 방담(防曇)기능을 갖추어 운전 시야를 확보해야 하고 주행거리를 늘이기 위해서 공조기의 전력 절감이 반드시 필요하다. 전기자동차는 엔진 회전수와는 관계없이 압축기의 회전수가 결정되어 공회전, 저속영역에서도 냉방성능이 우수하고, 압축기 장착 위치가 자유롭고, 공간효율성 매우 우수하다. 겨울철 예열, 여름철 예냉각이 가능하여 쾌적한 실내와 연비향상이 동시에 실현 가능하지만 열원(heat Source)이 없어 난방에 문제가 있으며 이러한 열원 확보가 중요한 과제이다. 표는 전기자동차 에어컨 시스템의 특징을 나타낸다.

표 8.2 전기자동차 에어컨 시스템의 특징

분류	엔진 구동(IC)	모터 구동(EV)
냉방	엔진구동 에어컨, 벨트구동 에어컨	전동 압축기
난방	엔진폐열 이용, 히트코어	전기히터, 히트펌프
제습(시야 확보)	에어컨+엔진 폐열 이용한 제습, 방담	히트펌프, 내외기 2층 유닛을 이용한 제습, 방담
주행거리	연료 밀도가 높다. 난방은 폐열을 이용하여 난방에 의한 연비 감소는 적다.	배터리 에너지 밀도가 낮다. 난방도 배터리를 이용하여 주행 거리 영향이 크다.

전기자동차는 엔진이 없기 때문에 펌프와 전기히터의 난방열원이 필요하다. 정지시의 에어컨 가동은 별도의 동력이 필요하고 시야 확보는 내연기관 자동차는 증발기와 엔진 폐열을 이용하여 제습난방을 하지만, 전기자동차는 열원이 없어 제습난방은 곤란하다. 이의 해결을 위해 히트펌프를 사용해야 한다.

히트펌프의 방담기능은 겨울철에는 외기의 습도가 낮기 때문에 외기를 도입하면 방담 성능은 좋아지지만 환기손실이 증가하여 난방부하가 커진다. 따라서 환기손실에 의한 열부하 증대를 줄이기 위하여 외기도입이 가능한 내외기 2층유닛을 사용한다. 소비전력의 저감을 위해서 공조기를 고효율 설계를 하고 열부하의 저감도 필요하다. 전기자동차 에어컨 시스템은 다음의 요구조건이 필요하다.

① 겨울철에 고효율 열원이 필요(열원 기술)
② 열부하의 저감이 필요(열부하 저감 기술)
③ 전동 압축기를 이용

이러한 것은 내연기관 자동차와 비교하면 큰 변화이다. 히트펌프, 내외기 2층 유닛, 전동 압축기 등의 새로운 기술이 전기자동차에 적용이 되며 열원기술은 전기를 이용하는 PTC 히터, 글로우(glow) 히타, 오일의 전단력을 열로 바꾸는 히터, 연소식 히터, 냉매를 이용하는 가스히터, 히트펌프 등이 있지만 이 기술 중에서 COP가 1을 넘는 것은 히트펌프 기술 뿐이다. 열부하 저

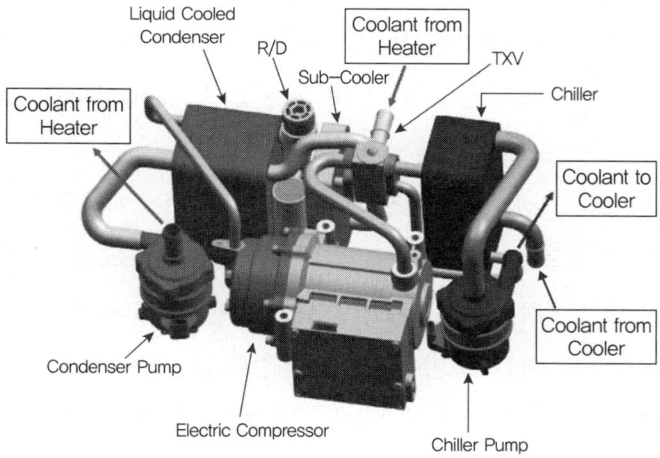

그림 8.6 전기자동차 에어컨(출처: 델파이)

감에는 내외기 2층 유닛, 환기량 제어에 의한 환기 손실저감 등이 있다.

(2) 하이브리드 전기 자동차의 압축기

하이브리드 자동차의 에어컨 압축기는 엔진의 동력을 사용하고 에어컨이 작동하는 동안 압축기에 의한 연료소모로 CO_2 배출이 많아지고 압축기는 차량의 전방에 위치하기 때문에 소음과 진동을 만든다.

자동차의 연료량 소비를 감소시키기 위해서는 효율적인 압축기 만들어야 하고, 라이프 사이클 관점에서 압축기의 제조시 CO_2 배출량은 사용시보다 낮지만, 제조단계에서 발생하는 CO_2의 대부분은 알루미늄 다이 캐스팅에 의해 발생한다. 압축기를 소형화, 경량화하면 제조공정에서 CO_2 배출량을 줄일 수 있고 압축기를 작고 경량으로 만드는 것이 CO_2와 연비 저감면에서 중요하다.

가솔린 하이브리드 자동차는 2000년대에 처음으로 생산되었는데 이때의 에어컨은 가솔린 엔진의 동력을 이용하는 벨트 구동식으로 이는 에어컨이 가동되면 연료가 많이 소비된다. 가솔린 하이브리드 자동차는 특성상 공회전 정지기능은 필수적이고, 공회전시 엔진이 정지하면 에어컨도 정지된다. 이러한 하이브리드 차량의 특징은 전기구동 압축기 개발의 원인이 되었다. 도요타는 2005년에 판매한 도요타 프리우스 2세대에서, 전기 구동 압축기를 구동하기 위해서 통합 인버터, 압축기를 제어하는 시스템을 적용하였고, 압축기는 고압의 3상 교류모터를 사용하였다.

혼다의 하이브리드 자동차는 병열식이기 때문에 도요타의 직병렬 타하이브리드 자동차보다 낮은 전압을 사용할 수 있다. 전압이 낮아서 고압의 전기구동 압축기 적용은 적절하지 못하기 때문에, 공회전 정지시와 압축기 구동을 하이브리드 듀얼 스크롤(dual scroll) 압축기를 개발하여 적용하였다.

현대자동차의 하이브리드 전기차는 엔진과 전기모터를 동시에 사용하는 자동차로 구동모터가 연결된 방식에 따라 소프트 타입과 하드 타입으로 구분한다. 소프트 타입은 구동모터가 엔진과 직접 연결되어 있어 엔진 또는 구동모터만 단독으로 구동할 수 없어 엔진의 구동력으로 냉매 압축기를 구동하는데 ISG 시스템이 적용된 엔진과 같은 방식으로 냉방장치가 작동한다. 하드타입은 구동모터가 변속기에 직접 연결되어 있고 엔진과는 엔진클러치를 통하여 동력이 전달되는 방식으로 엔진의 시동없이 전기모터만으로 차량의 운행이 가능한 방식으로 구동모터만으로 차량을 움직일 때 엔진의 정지로 인해 냉매 압축기를 구동할 수 없어 별도의 전기모터와 일체형으로 된 냉매압축기를 사용하여 냉방장치의 냉매를 순환시켜 차량의 냉방을 한다.

2006년 혼다 시빅과 어코드에는 2개의 압축기를 하나로 만들어 종래의 75cc 벨트 구동 압축기를 전면에, 작은 15cc 전기구동 압축기를 후면에 배치하였다. 전기구동 압축기는 3상의 교류모터를 사용하고 에어컨의 요구조건과 상황에 따라 벨트구동, 전기구동, 벨트와 전기구동을 사용하는 형태이다. 공회전 정지시 등 에어컨 부하가 크지 않을 때와 배터리의 잔량이 많지 않는 경우에는 전기구동 압축기를 사용하고 부하가 커지면 가솔린 엔진으로 벨트구동을 하여 전기구동을 보조한다. 그림 8.7은 혼다의 듀얼 스크롤 에어컨을 나타낸다.

그림 8.7 혼다의 듀얼 스크롤 에어컨

전기자동차의 냉방장치에서는 엔진이 존재하지 않아 별도의 구동모터를 이용하여 냉매 압축기를 구동한다.

그림 8.8 전기자동차 압축기(출처: Visteon)

(3) 연료전지 전기자동차 냉난방 시스템

배터리 전기 자동차와 마찬가지로 연료전지 전기자동차(FCEV)는 전기를 전기모터에 공급한다. 배터리 전기 자동차와 다르게 FCEV는 연료전지를 이용하여 전기를 만들고 수소를 원료로 사용한다.

수소 연료전지 전기자동차의 에어컨은 하이브리드의 하드타입과 같은 방식으로 전동식 압축

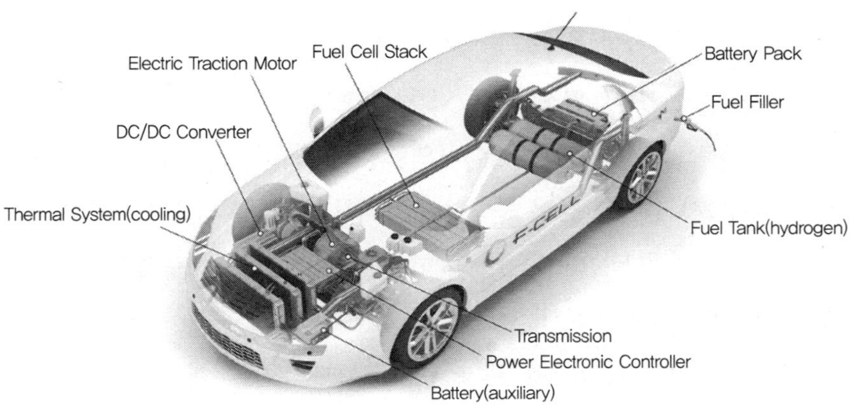

그림 8.9 연료전지 자동차(출처: afdc.energy.gov)

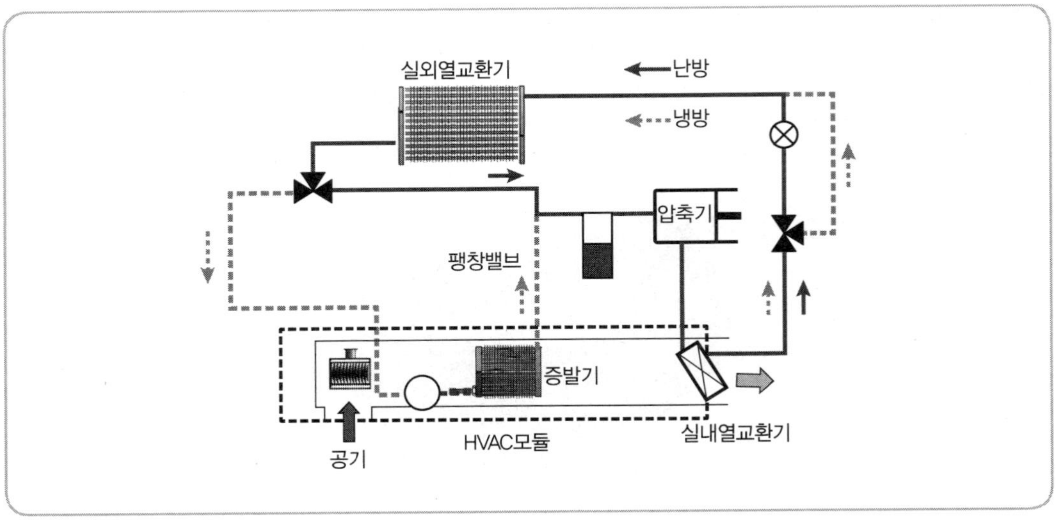

그림 8.10 히트펌프의 구성

기를 사용하고, 전기자동차와 수소 연료전지 전기자동차 모두 구동모터를 이용하기 때문에 압축기도 전동식을 채택하고 히트펌프 시스템을 사용한다.

그림 8.10은 자동차 히트펌프 에어컨의 개략적인 구성도를 나타낸다. 자동차 히트펌프는 자동차 실내에 고온의 열을 방열하는 응축기와 실내를 냉각하는 증발기, 조건에 따라 응축기 또는 증발기도 되는 실외 열교환기등 3개의 열교환기를 사용한다.

내연기관 자동차의 냉방은 엔진구동 압축기를 이용하고 난방은 히터코어라는 열교환기를 이용한다. 히트펌프는 자동차 실내에 응축기를 장착하여 난방열원으로 하고, 제습은 증발기로 냉각하여 제습한 후, 적정한 토출온도를 맞추기 위하여 공기의 재가열을 해야 하는데 응축기를 이용한다. 증발기로 냉각 제습한 공기를 응축기로 재가열하면 습도가 높아지는 것이 방지된다.

룸 에어컨용 히트펌프는 1개의 열교환기를 냉방시에는 증발기, 난방시에는 응축기로 같이 사용하지만 자동차용 히트펌프를 룸 에어컨 방식으로 하면 냉방운전을 한 후에 난방운전으로 변경되는 경우, 응축기에서 응축된 물이 증발하여 유리창에 순간적으로 습기가 차기 때문에 자동차 안전에 큰 영향을 미친다. 이는 자동차용 히트펌프에서 가장 큰 문제가 된다. 이의 방지를 위해 실내유닛에 2개의 열교환기를 사용하여 실내 응축기와 실내 증발기를 각각 배치하여 안전을 도모한다. 그리고 냉방용 및 난방용 전자식 팽창밸브를 사용하여 제습시 토출되는 온도를 세밀하게 제어한다.

히트펌프 시스템은 제습난방의 작동이 불가능하고 겨울철 외기온도가 −20℃ 이하에서는 난

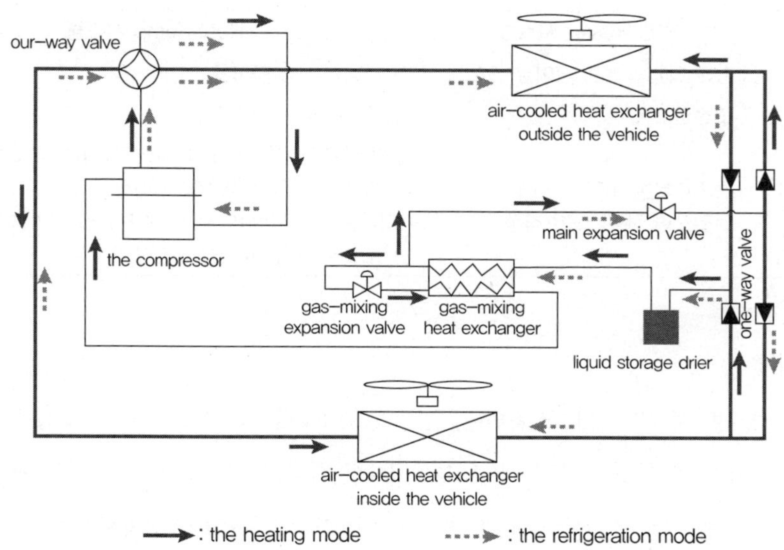

그림 8.11 히트펌프 시스템(출처: mdpi.com)

방성능이 낮아지는 단점이 있다. 히트펌프의 열효율은 COP가 2이상이면 난방 전기 에너지는 2.5kW 정도 필요하다.

8.2.3 아이오닉의 냉난방 시스템

(1) 시스템의 개요

전기 자동차의 냉난방 시스템은 30~50%의 주행거리를 적게 만든다. 주행거리 160km가 약 100km로 줄어든다. 전기자동차의 난방은 엔진이 없어 PTC를 이용하고, 이는 배터리의 소모가 과다하여 주행거리 단축의 원인이 된다. 따라서 전기자동차는 주로 히터펌프를 적용한다.

① 에어컨(냉방)

② 최대난방(히트펌프)

③ 최대난방과 실내제습

④ 난방

⑤ 난방과 실내제습

표 8.3 냉난방 시스템 작동모드

구 분	PTC Heater 시스템	Heat Pump 시스템
냉방	TXV 타입의 냉방 사이클	TVX 타입의 냉방 사이클
난방	고전압 PTC	Heat Pump + 고전압 PTC
난방 시스템 효율	• PTC효율 : 90%~95% • 필요한 전구간 PTC작동	• 난방열원이 필요한 구간 : Heat Pump + PTC 작동 → PTC 작동 구간 및 용량을 최소화 → 외기온도 0℃이하에서 Heat Pump 난방성능이 저하되어 PTC Heater 같이 사용

1) 냉방사이클

2가지의 냉·난방 제어방식이 사용된다. 난방으로 PTC 히터를 사용하는 경우에는 냉방은 TXV 타입의 냉방 사이클을 사용한다. 난방은 PTC 히터와 히트펌프를 같이 사용하고 냉방은 TXV 타입의 히트펌프를 적동한다. 히트펌프의 적용과는 상관없이 냉방사이클은 TXV 타입의 사이클이 적용된다. 이때 실내 응축기와 어큐뮬레이터는 작동을 하지 않는다. 냉매 흐름은 다음과 같다.

압축기 → 실내 응축기 → 2웨이 밸브 #1(By-pass) → 3웨이 밸브 #1(응축기로) → 실외 응축기 → 3웨이 밸브 #2 → TXV(팽창 밸브) → 증발기 → 압축기

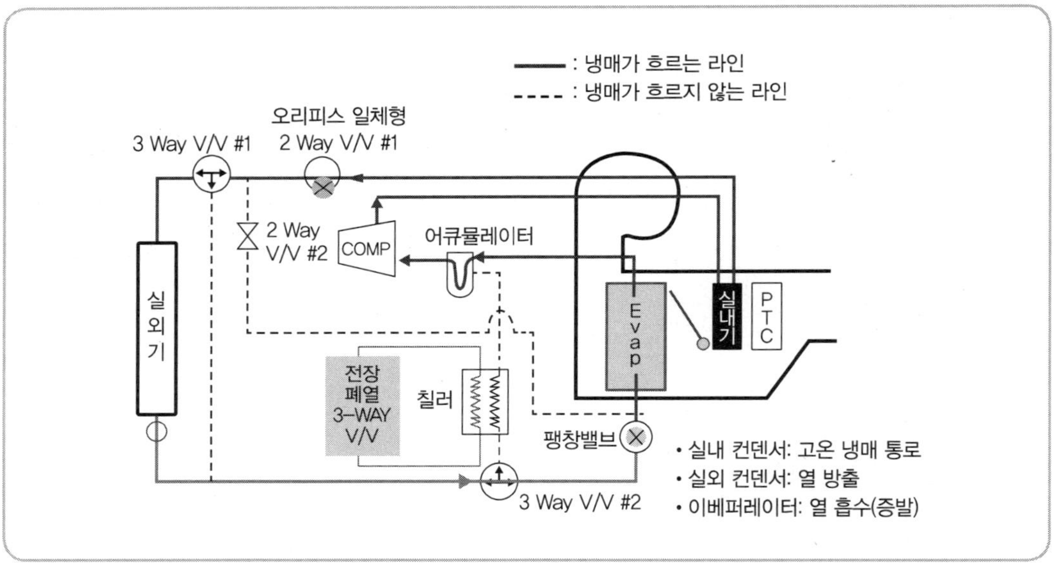

그림 8.12 냉방사이클(출처: hyundai.com)

2) 최대 난방 사이클

히트펌프를 구동하고 압축기를 나온 증기냉매는 실내 응축기를 거쳐 2웨이 밸브로 들어간다. 전자동 온도조절장치(FATC, Full automatic Temperature Control)가 2웨이 밸브 #1와 3웨이 밸브 #2 밸브를 구동하면, 냉매는 오리피스를 통과하여 액체상태의 냉매로 되어 응축기로 들어간다. 열교환을 끝낸 저온저압의 증기냉매와 아직 열교환을 하지 못한 액체상태의 냉매는 3웨이 밸브 #2를 통하여 칠러로 들어간 후, 어큐뮬레이터로 유입된다. 최대난방을 위해 PTC와 히트펌프가 같이 구동된다.

냉매 흐름의 흐름은 다음과 같다.

압축기 → 실내응축기 → 2웨이 밸브 #1(오리피스) → 3웨이 밸브 #1(응축기로) → 외부 응축기 → 3웨이 밸브 #2 동작 → 칠러 → 어큐뮬레이터 → 압축기

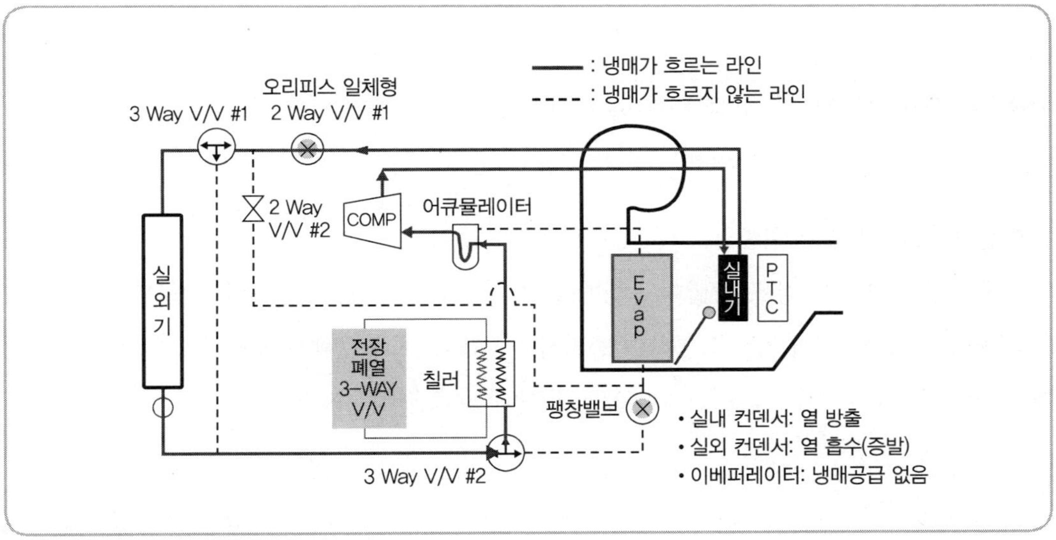

그림 8.13 최대 난방사이클(출처: hyundai.com)

3) 실외기 착상시 난방 사이클

실외 응축기가 착상이 된 경우에는, 압축기 토출량 조절을 위해 3웨이 밸브를 통하여 실외 응축기 출구측으로 냉매를 바이패스시킨다. 칠러에서 냉매의 증발이 발생하고 그리고 PTC가 구동되어 난방을 보조한다. 냉매 흐름은 다음과 같다.

압축기(냉매량 조절) → 실내 응축기 → 2웨이 밸브 #1(오리피스) → 3웨이 밸브 #1 작동(응축기 출구로 바이 패스)
→ 3웨이 밸브 #2 동작 → 칠러 → 어큐뮬레이터 → 압축기

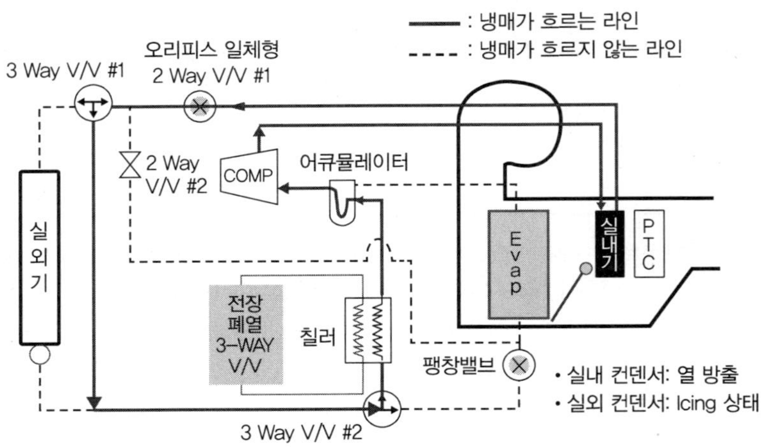

그림 8.14 실외기 착상시 난방 사이클(출처: hyundai.com)

4) 실내 제습시 난방 사이클

실내 제습이 필요한 경우, 증발기에 냉매를 보내어 제습 공기를 발생한다. 오리피스에서 팽창된 소량의 냉매를 2웨이 밸브를 통하여 증발기로 보내다. 이때 냉매는 오리피스에 의해 이미 팽창된 상태이므로 TXV는 작동을 하지 않는다. 냉매 흐름은 다음과 같다.

압축기 → 실내 응축기 → 2웨이 밸브 #1(오리피스) →① 2웨이 밸브 #2 → 증발기 → 어큐뮬레이터 → 압축기(제습)
② 3웨이 밸브 #1 (응축기로) → 외부 응축기 → 3웨이 밸브 #2 동작 → 칠러 → 어큐뮬레이터 → 압축기(난방)

5) 실외기 착상과 실내 제습시 난방 사이클

실외 응축기에 착상이 있고 실내 제습이 필요한 경우에는, 3웨이 밸브를 이용하여 실외 응축기 출구 측으로 냉매를 바이패스시킨다. 칠러에서 냉매가 증발하고 PTC가 작동되어 난방을 보조한다. 2웨이 밸브를 통과한 소량의 냉매는 증발기로 보내지고 냉매는 오리피스에 의해

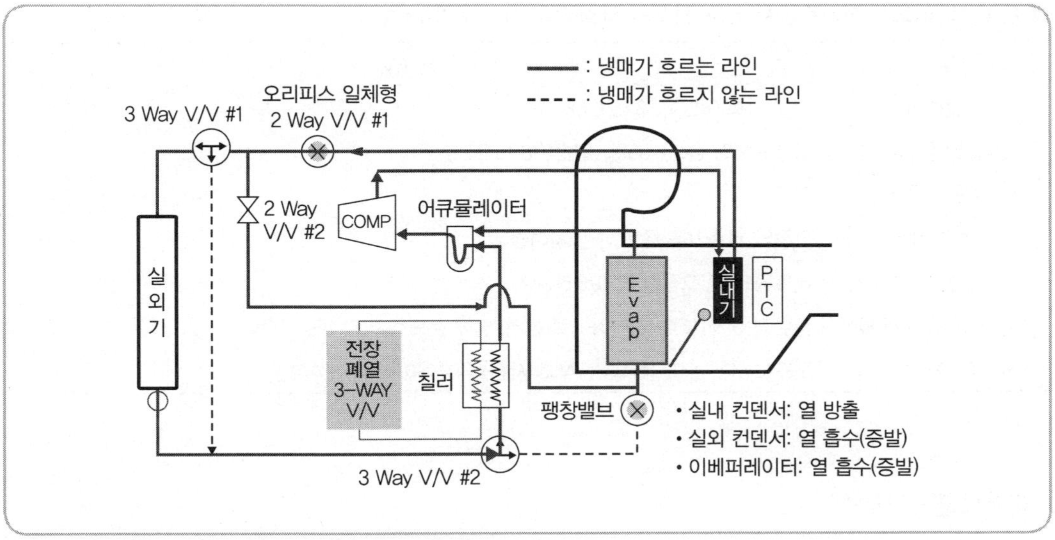

그림 8.15 실내 제습시 난방 사이클(출처: hyundai.com)

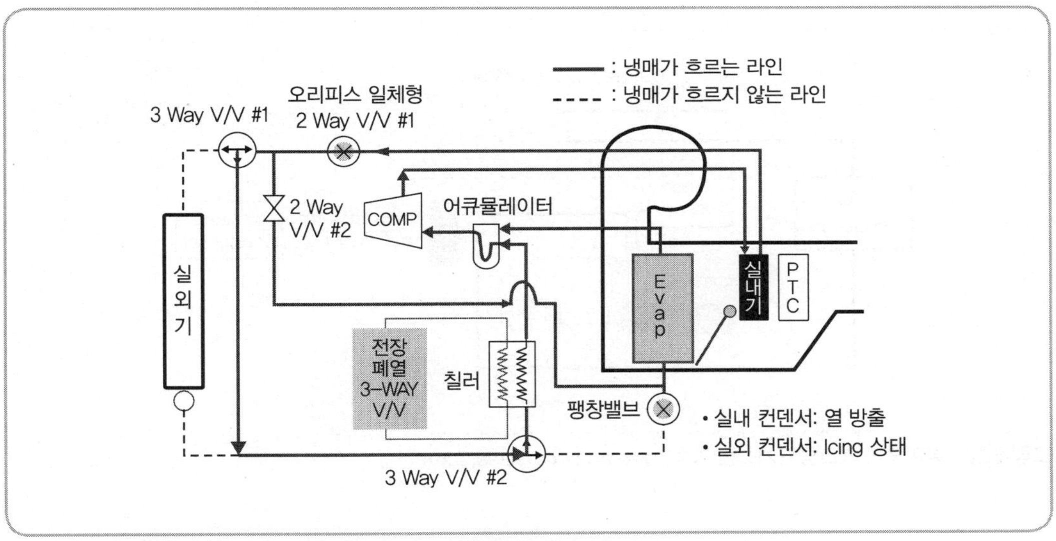

그림 8.16 실외기 착상과 실내 제습 시 난방 사이클(출처: hyundai.com)

팽창된다. 냉매 흐름은 다음과 같다.

압축기(냉매량 조절) → 실내 응축기 → 2웨이 밸브 동작(오리피스) → ① 2웨이 밸브 #2 → 증발기 → 어큐뮬레이터 → 압축기 ② 3웨이 밸브 #1 (응축기 출구로 By-pass) → 3웨이 밸브 #2 → 칠러 → 어큐뮬레이터 → 압축기

표 8.4 아이오닉 전기자동차 공조 시스템 사양(출처: hyundai.com)

항목	AE EV
압축기	전동 압축기(ESC33n)/6.6kg/7kW
냉매/냉동유량(g)	900g(히트 펌프), 550g(일반)/180±25g
냉동유 종류	POE
냉방 제어	고전압 압축기를 통한 냉방 사이클
난방 제어	히트펌프 및 고전압 PTC/5.5kw
주요 온도 센서 류	증발기 센서(1EA)/히터아웃렛 센서, 냉매 온도센서 각 2EA 적용
HVAC 액츄에이터	모드(2EA), 템프, 내/외기, ADS(제습) 액츄에이터 각 1EA적용

6) 히트펌프 시스템

냉매의 순환경로를 반대로 하면 난방 시스템이 된다.

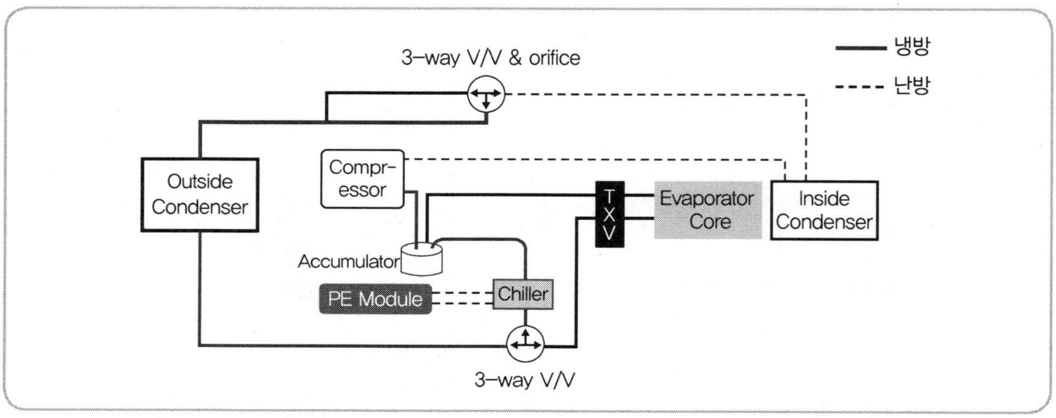

그림 8.17 아이오닉 히트펌프시스템(출처: greencarcongress.com)

(2) 히트펌프 난방 사이클

냉매 순환은 압축기, 실내 응축기, 오리피스, 실외 응축기 순으로 이루어지며 실내 응축기는 고온의 냉매와 차내 공기의 열교환을 통하여 난방 열을 실내로 공급한다. 오리피스를 나온 저온의 냉매는 실외 응축기로 들어가고 대기의 열을 흡수한다. 히트펌프를 사용하면 난방시 PTC사용을 최소화하여 소비전력이 저감되어 주행거리가 늘어난다.

표 8.5 히트펌프 작동온도

작동영역(외기온도)	비고
-20℃~15℃	작동영역 이외의 외기온도에서는 고전압 PTC를 활용하여 난방

8.2.4 덴소의 히트펌프 시스템

(1) 냉난방

그림 8.19는 덴소 전기 자동차용 히트펌프를 나타낸다. 냉방 모드시의 작동을 보면 실내 증발기에서 어큐뮬레이터, 압축기를 거쳐 실외 열교환기에 들어가서 응축이 된다. 냉방용 팽창밸브를 통과하여 저온, 저압이 되고, 실내 증발기에서 열을 흡수하여 차가운 공기를 만든다.

난방시의 작동을 보면 압축기에서 저온 저압의 냉매가스를 압축하여 고온, 고압으로 하여, 압

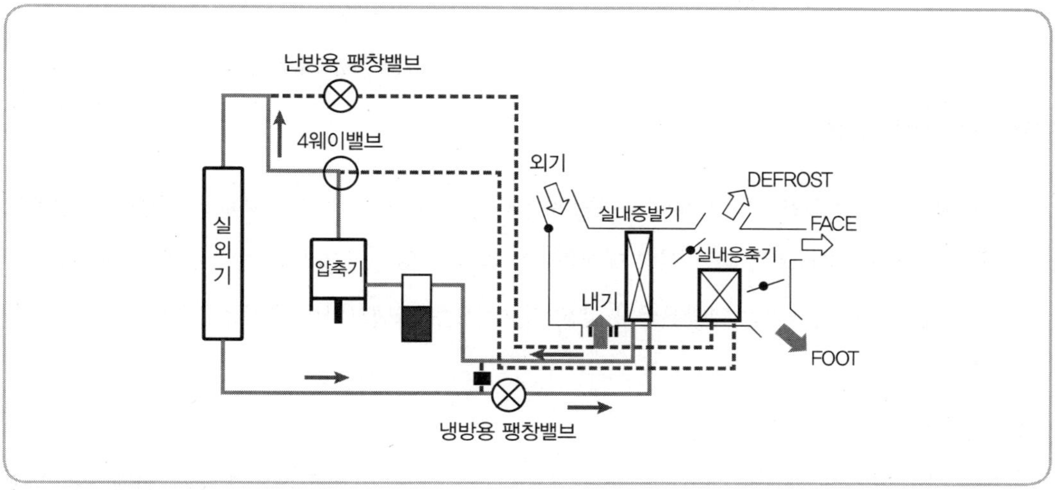

그림 8.18 냉방 모드시 냉매의 흐름

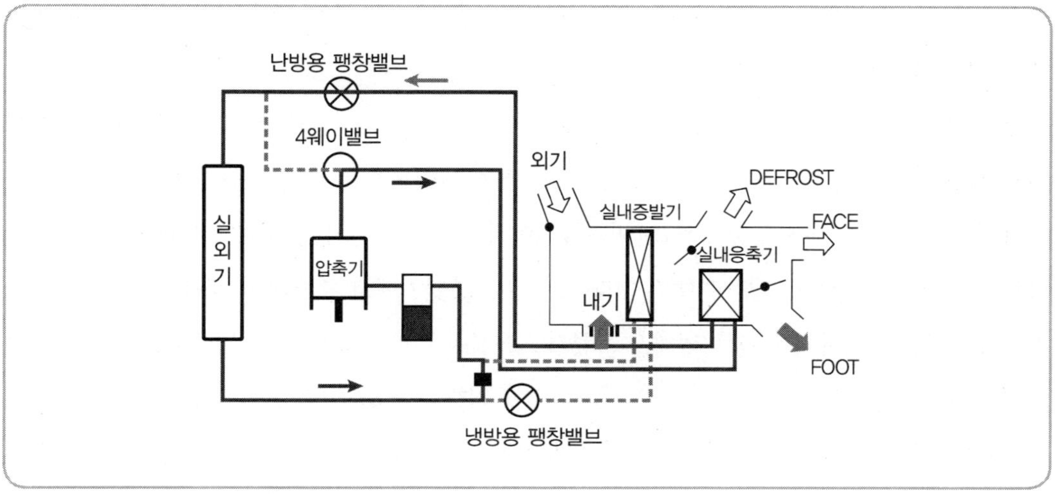

그림 8.19 난방 모드시 냉매의 흐름(출처: 덴소)

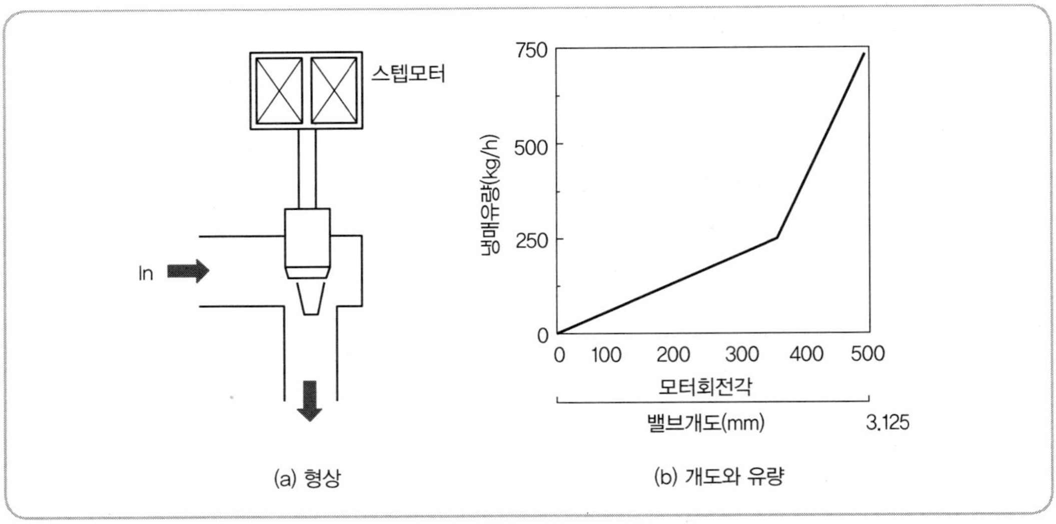

그림 8.20 전자식 팽창밸브

축된 냉매는 실내 응축기로 들어가서 응축열을 실내에 방출한다. 응축된 냉매는 난방용 팽창밸브를 통과하여 저온, 저압으로 되고 실외 열교환기에서 대기 열을 흡열하고 어큐뮬레이터를 거쳐 압축기로 들어간다. 팽창밸브는 **그림 8.15**와 같은 전자식으로 스텝모터로 냉매유량을 제어한다.

(2) 제습난방

그림 8.21은 제습 난방모드의 작동원리를 나타낸다. 제습 난방시에는 제습을 위해서는 냉방모드로 작동하고, 이때는 냉방용 팽창밸브를 통과하여, 실외 열교환기는 고압측에 있기 때문에 응축기로 작동하고 재가열하는 난방모드는 난방용 팽창밸브를 통과하여 실외 열교환기는 저압측이 되고 증발기로 작동한다.

제습 난방운전에서는 압축기 1개와 실내 응축기, 실내 증발기, 실외 열교환기의 3개의 열교환기를 사용하여 제습모드와 재가열 모드를 제어한다. 난방모드는 냉매는 난방용 팽창밸브를 통과하여 실외 열교환기에서 증발하고, 어큐뮬레이터, 압축기, 실내 응축기로 냉매가 흐른다. 냉방모드는 냉매는 냉방용 팽창밸브를 통과하여 실내 증발기에서 증발하여 냉각을 하고, 어큐뮬레이터, 압축기, 실외 응축기로 냉매가 흐른다. 공기는 실내 증발기로 유리창 제습에 필요한 온도까지 냉각, 제습되고 실내 응축기로 재가열되어 원하는 온도로 토출된다. 실내 증발기에서의 냉각량과 제습량은 압축기 회전수에 의해 제어되고 실내 응축기에서 재가열량은 사이클의 열균형에 의해 결정된다. 실외 열교환기는 냉매의 온도가 외기온도보다 높으면 응축기, 낮으면 증

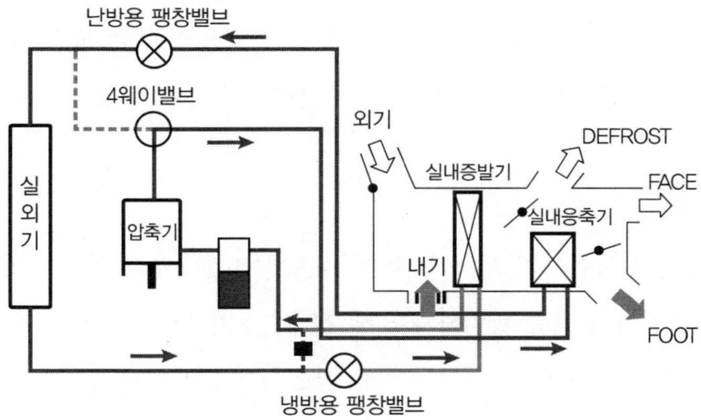

그림 8.21 제습 난방 모드시 냉매의 흐름

발기로 작동한다. 팽창밸브 2개를 동시에 사용하면 실외 열교환기는 중간 압력이 되고 냉난방용 팽창밸브의 유량을 가변하여 실내 열교환기의 방열량을 제어할 수 있고 이 제어에 의해 제습을 하고 원하는 온도가 얻어지기 때문에 2층류 유닛에 의한 난방에서도 유리창에 습기가 많은 고습도의 중간부분 이하에서도 제습운전을 할 수 있다.

(3) 가스분사

히트펌프는 −20℃정도의 저온이 되면 냉매밀도가 감소하여 압축기에서 압축하는 질량유량이 저하하여 성능이 떨어지므로 이러한 경우 그림 8.22와 같은 가스분사 사이클을 사용한다.

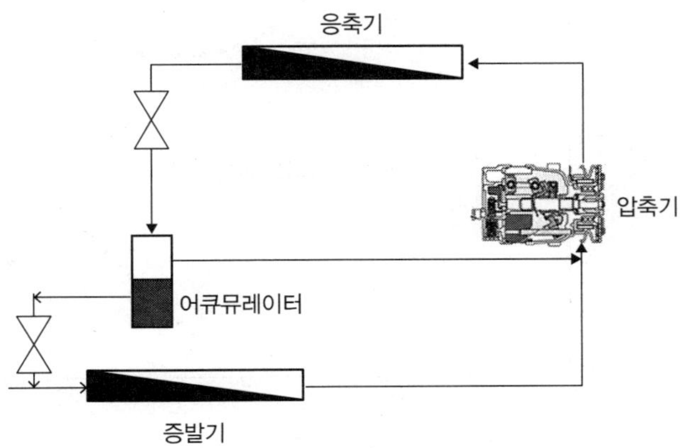

그림 8.22 가스분사

가스분사 사이클은 고온측인 응축기에서 2단계로 팽창하여 중간단계에서 기액분리하여 가스를 압축기 중간단계로 되돌린다. 중간단은 저온측인 증발기보다 냉매밀도가 높고 냉매의 유량을 증가시킬 수 있다. 압축기에 들어가는 냉매량이 증가하면 성능이 향상된다.

(4) 내외기 2층 유닛

일반적으로 차량의 부하는 난방부하가 냉방부하보다 커서 에어컨의 소비전력도 난방시가 더 크다. 난방시에는 유리창 습기를 방지하기 위해 절대습도가 낮은 외기를 도입하는 외기모드로 하여 환기부하의 비율은 약 60%로 많아져 이를 감소시키기 위해 내기모드로 하면 되지만 외기온도가 낮은 영역에서는 유리창에 습기가 발생하여 자동차 안전성이 떨어진다. 이의 해결은 유닛 내를 상부와 하부로 나누고 상부는 방습을 위해 절대습도가 낮은 외기를 도입하여 실내 응축기의 상부에서 가열한 후 유리창으로 토출(DEF)시키고 하부는 난방을 위해서 실내기를 도입하고 실내 응축기 하부에서 가열하여 발아래(FOOT)로 토출시키는 2층류 구조로 난방을 하면 방습과 환기부하를 저감할 수 있다.

그림 8.23은 습기 발생상태를 외기온도와 습도 상에서 비교한 것이다. 2층류 유닛방식의 사용으로 난방 열부하를 줄일 수 있고, 에어컨의 소비전력을 저감하는 것이 가능하고, 고습도의 중간이하 부분을 제외하고 난방운전으로 방습이 가능하다.

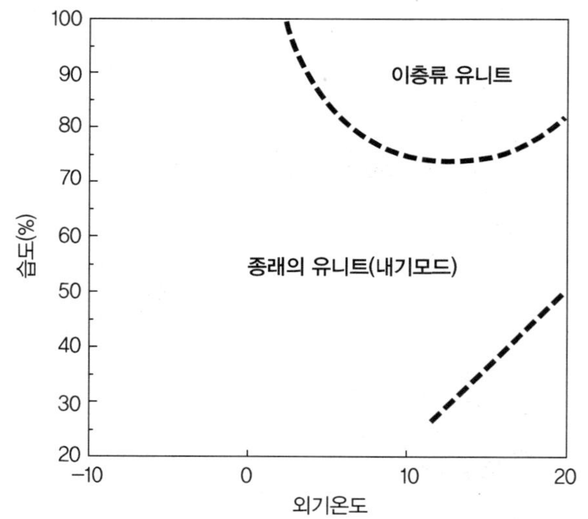

그림 8.23 2층류 유닛 작동 구간(출처: 덴소)

그림 8.24는 자동차 열부하를 나타낸다. 차량의 열부하의 60%는 환기에 의한 손실이고, 나머지 40%는 열전도에 의한 손실이다. 환기손실을 줄이기 위해 내기 순환속도를 증가시켜 내기 순환율이 20%를 넘으면 유리창 흐림이 발생한다. 이는 내기순환은 따뜻한 공기를 재가열하기 때문에 난방능력은 높아지지만, 탑승자의 호흡으로 인하여 실내습도가 상승하기 때문이다. 이 문제를 해결하기 위해서는 유리창 흐림이 발생하지 않을 정도로만 내기공기를 사용해야 한다. 이러한 방법으로 내외기 2층유닛을 사용한다.

그림 8.25는 내외기 2층 흐름을 나타낸다. 외기 도입 공기와 내기 도입 공기를 분리한 채로 히터로 가열하고 외기 도입측은 차량 실내의 상부에, 내기 도입측은 발 아래로 공기를 토출한다. 외기량과 내기량의 비율을 1/2정도로 설정하고, DEF 토출, 사이드, FACE 토출 공기는 외기측의 건조한 공기를 사용하여 유리창 흐림이 없고, 발 아래로의 공기는 내기공기를 사용하여 30%의

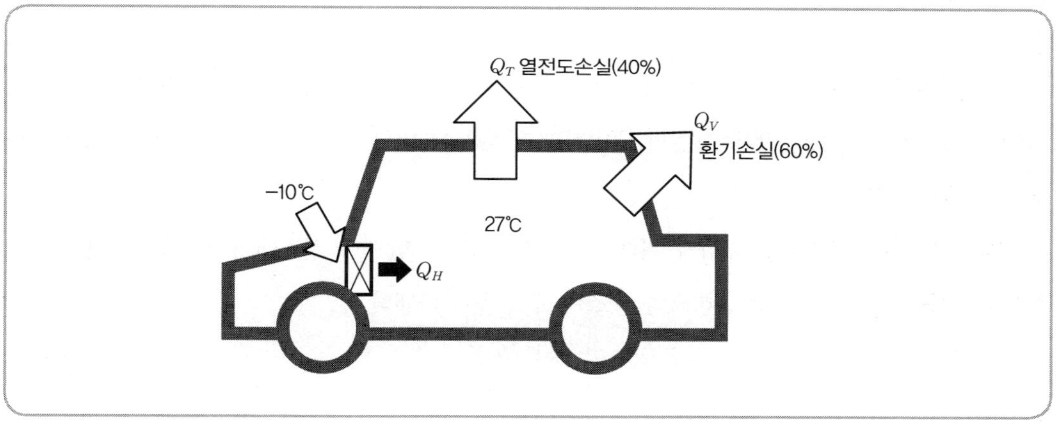

그림 8.24 자동차의 열부하

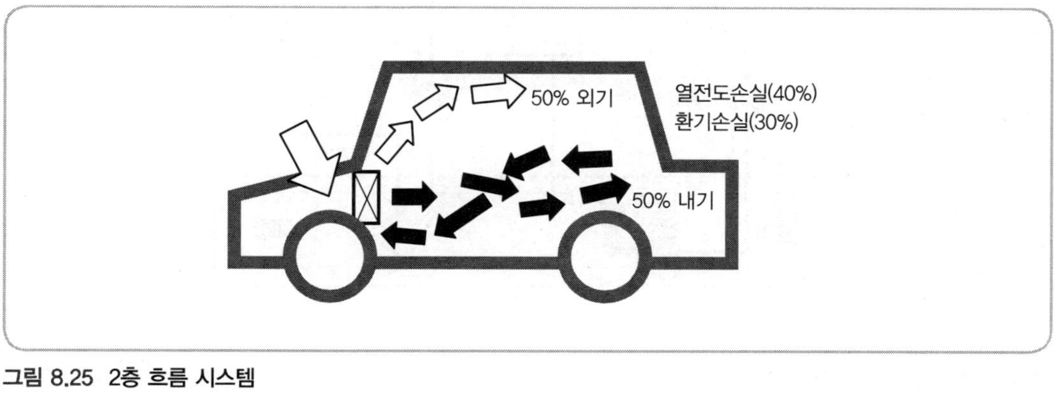

그림 8.25 2층 흐름 시스템

환기손실을 줄일 수 있다. 앞으로의 전기자동차에 필요한 에어컨 기술은 다음과 같다.

① 제상 제어기술

② 제습 난방기술

③ 극저온 대응 난방 기술

④ 히트펌프 기술 개발(공기 가열식, 온수 가열식)

⑤ 에너지 절약 기술 적용

⑥ 열부하 저감 기술 개발

⑦ 보조 열원 개발(PTC 히터, 수가열 히터)

8.2.5 미쓰비시의 히트펌프 에어컨

전기자동차는 제동 시에도 운동 에너지를 회생전력으로 회수하기 때문에 차량모터의 에너지 변환효율은 높지만, 배열량은 기존의 내연기관 자동차에 비하여 작고, 난방운전에 필요한 열량도 매우 부족하다.

현재는 부족한 열량을 보충하기 위해 전기 온수히터를 탑재한 시스템이 채용되는 것이 일반적이다. 그림 8.26은 전기 온수히터와 공조기 구성을 나타낸다.

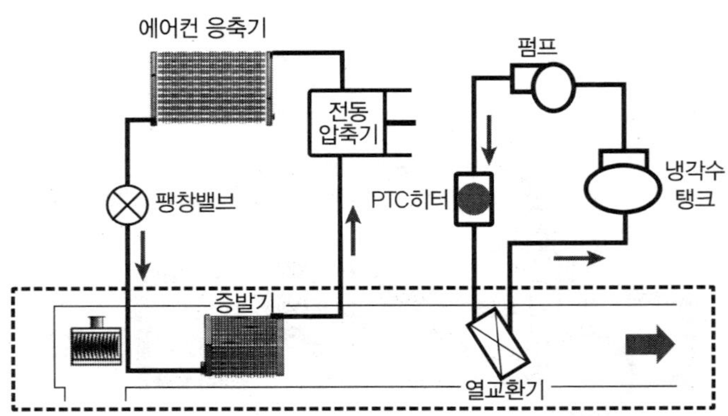

그림 8.26 전기 온수 히터

이 시스템의 특징은 전기 온수히터 이외의 부품은 기존 양산차 부품을 사용하고 높은 전압으로 구동되는 전기 온수히터를 차 밖에 설치하여 차량 충돌시 탑승자의 안전을 배려한 설계로 되어 있다. 전기 온수히터 시스템은 특성이 우수하지만 전기자동차의 경우 차량의 총 전기량에 비하여 난방운전에 필요한 전기량의 비율이 크고, 난방 운전시 주행거리가 감소하는 과제가 있다. 한편, 주행거리를 늘리기 위해 배터리 용량을 증가시키는 것은 배터리의 탑재 공간, 무게, 비용의 문제가 발생한다.

이와 같은 난방문제를 해결하기 위해서는 히트펌프를 자동차 에어컨 시스템에 사용한다. 히트펌프 시스템의 난방성능은 사용하는 열원에 의해 크게 영향을 받기 때문에 열원의 선정이 중요하고 히트펌프 시스템을 자동차 에어컨에 적용할 경우, 열원으로는 다음을 사용할 수 있다.

- 차외 공기에 포함된 열에너지
- 차내 환기공기에 포함된 열에너지

양산 보급을 목적으로 하는 경우, 중요한 요소인 간단한 구조, 저비용화를 고려하여 차외 공기에 포함된 열에너지를 열원으로 하는 것이 바람직하고 실외 공기를 열원으로 하는 히트펌프 시스템은 압축기, 실내 응축기, 전환 밸브, 수액기, 팽창밸브, 실외 증발기, 실내 증발기, 실외 응축기, 배관 등으로 구성된다.

따라서 외부온도, 자동차의 속도, 날씨 등의 실외공기의 상황에 따라 난방성능이 변화하기

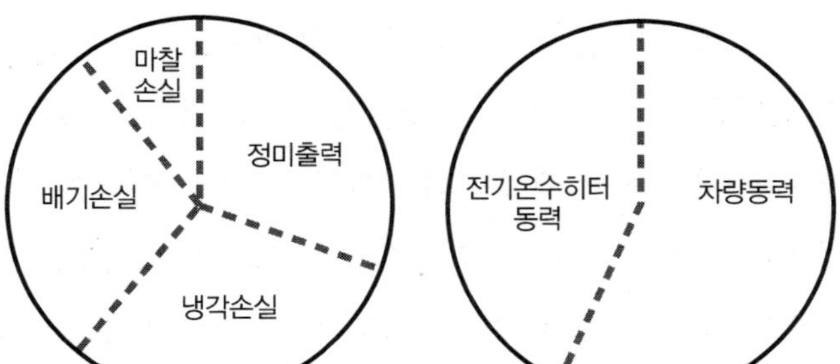

그림 8.27 자동차의 에너지 균형

때문에 자동차 에어컨 설계에 이러한 영향을 충분히 검토하는 것이 중요하다. 일반적인 히트펌프 시스템은 낮은 기온에서 난방 운전시 실외 증발기에서 공기 중의 수분이 부착하여 동결하는 현상이 발생하여 난방성능이 저하되고, 운전정지에 이르는 경우도 있기 때문에 실외 열교환기의 서리착상을 방지하는 설계를 해야 한다. 그림은 자동차의 에너지 균형을 나타내고 **그림 8.28**은 미쯔비시의 히트펌프 시스템을 나타낸다.

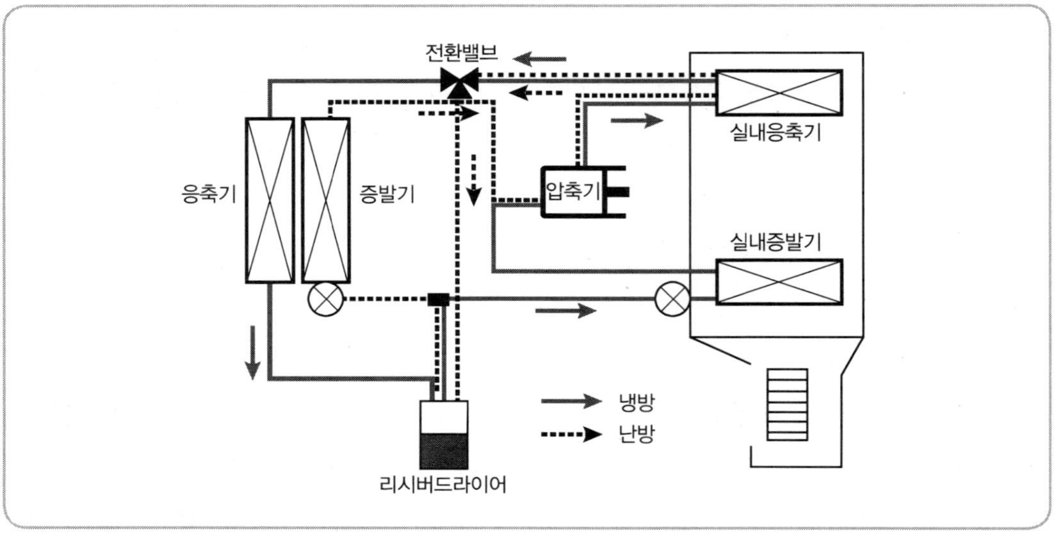

그림 8.28 미쯔비시 히트펌프 시스템

(1) 난방용 실외증발기

냉방용의 실내 증발기는 차량공간의 제약으로 단위 면적당 열교환량이 크게 되도록 냉매 유로를 2열 구조로 하여 소형화 설계를 하고, 열교환기 표면에 응축수 착상을 방지하는 특수 표면처리가 되어 있다. 난방용의 실외 증발기는 필요한 성능과 풍량을 확보하고, 단위 면적당의 열교환량을 실내 증발기보다 적게 설계해야 하기 때문에, 얇고, 압력강하를 적게 할 수 있다. 또한 난방용 실외 증발기는 난방 운전시의 착상(frost)를 고려하여 냉매유로를 구성하는 튜브를 수직으로 배치하여 배수성을 고려한 설계를 하기도 한다. **그림 8.29**는 난방용 실외 증발기의 성능을 나타낸다.

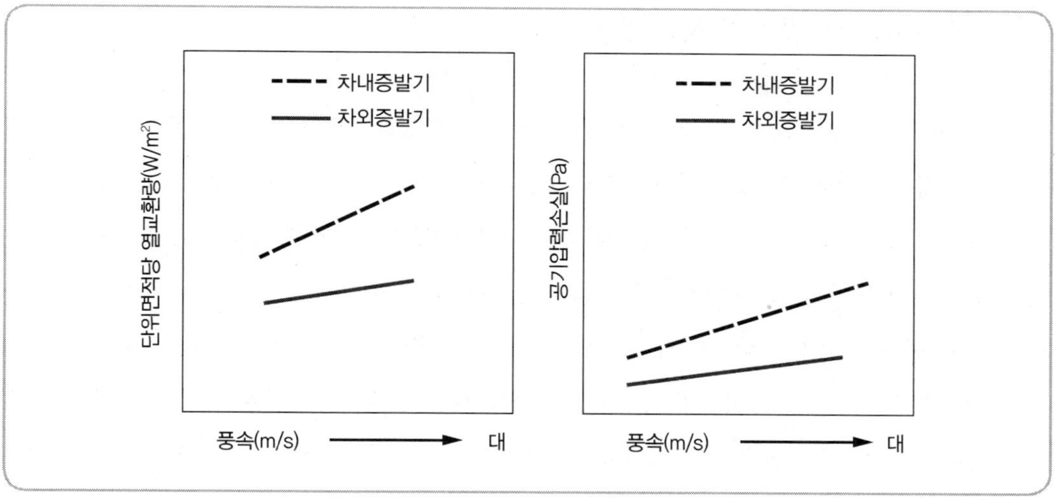

그림 8.29 난방용 차외 증발기 단위 성능

(2) 난방용 실내 응축기

난방용 실내 응축기는 적은 차량공간에 필요한 성능을 내기 위해서는 2열 구조로 하여 단위 면적당 열교환이 냉방용의 실외 응축기보다 크게 되도록 한다. 난방용 실내 응축기는 내연 기관으로의 폐열을 난방열원으로 하는 히터코어와 공용화를 고려하여 대체 가능한 크기와 구조로 되어 있다. 그림 8.30은 난방용 실내 응축기의 단위성능을 나타낸다.

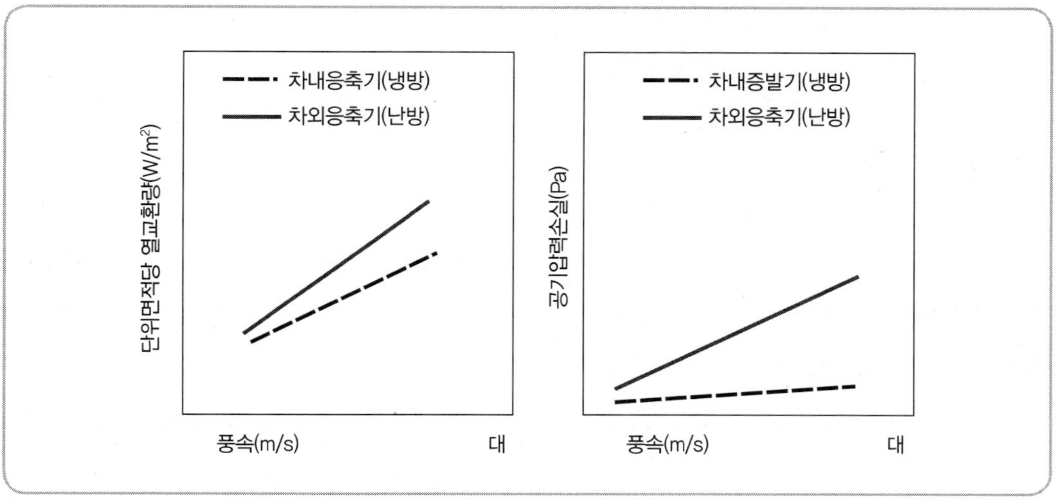

그림 8.30 난방용 실내 응축기 단위성능

8.2.6 아이미브의 냉난방 시스템

전기자동차는 내연기관이 없으므로 벨트 구동식 냉매 압축기를 사용할 수 없고 고전압의 전동식 압축기를 사용한다. 요구 냉방조건에 맞추어 압축기의 회전을 제어하므로 시스템 효율이 높고 주행, 공회전 상태에서도 엔진회전에 의존하지 않으므로 안정된 토출온도의 유지가 가능하다. 그러나 효율이 높고, 에너지 낭비가 적은 전기 자동차의 특성상 난방을 위한 열원이 부족하여 이의 해결을 위해 냉각수를 5kW의 PTC 히터로 가열하여 사용한다. PTC 소자로부터 냉각수로의 열전도 효율을 높이기 위하여 PTC 히터 내에는 3차원의 냉각수 유로로 설계를 한다. 저온에서도 안정적인 난방능력을 확보하기 위하여 각 소자들의 출력이 제어되고 PTC 히터는 고전압으로 작동하므로 안전 면에서 플로어 밑에 설치된다.

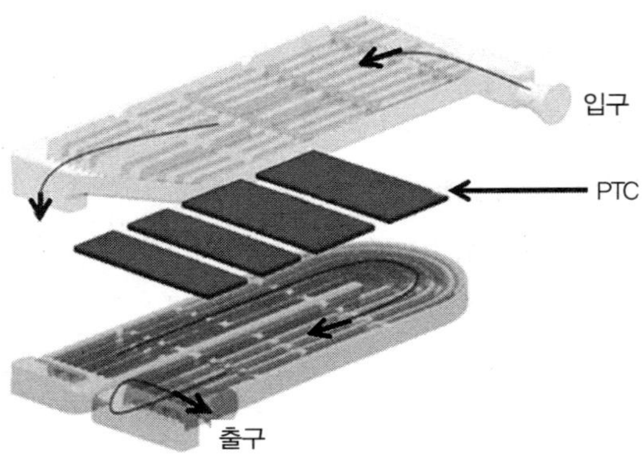

그림 8.31 PTC 히터의 3차원 유로

난방 시스템은 필요한 난방 용량만 최소한으로 제어하므로 전력소모를 줄일 수 있고 내연기관과 비교하여 냉각수의 양이 적어 웜업이 빨리 되고 그리고 안정적인 전력공급과 유량 제어가 가능하므로 공회전 상태에서도 난방성능이 뛰어나다.

주행 가능거리는 160km, 최대속도 130km/h, 냉방 가동시 주행 가능거리 108km, 난방 가동시 주행 가능거리 100km이며 에어컨은 냉매를 사용하는 4.5kW의 전동 압축기, 팽창밸브, 압축기 회전수 제어, PTC 히터를 사용하고 최대 난방의 경우 전체 전기용량의 60% 이상이 난방에 사용된다. 이는 에어컨 성능저하와 주행거리 단축을 초래하므로 히트펌프 등 새로운 개념의 난방설계가 필요한 상황이다.

그림 8.32는 아이미브 전기자동차의 공조기 구성을 나타낸다. 구성은 HVAC 모듈, 냉각수 응축탱크, 전동 압축기, 응축기, PTC 히터 등으로 구성된다. 냉매 사이클과 냉각수 순환 사이클로 구성되며 냉매 사이클은 냉방, 냉각수 순환 사이클은 난방을 한다.

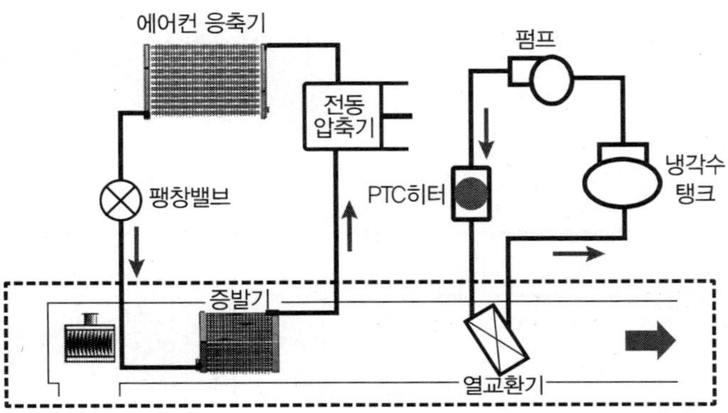

그림 8.32 아이미브 공조기의 구성

8.2.7 VW 히트펌프 시스템

히트펌프는 저항용 히터보다 자동차 내부를 난방하는데 에너지를 적게 사용하므로 전기 자동차에 탑재되고 있다. 히트펌프는 다양한 요소로 구성이 되고 일부는 내연기관 자동차의 기존 에어컨 구성 요소와 공유되며 소수만 추가하면 난방효율이 크게 향상된다. 각 제조업체에 따라 작동방법이 조금씩 다르다. 닛산 시스템과 르노시스템은 표준 에어컨 시스템에서 몇 가지 구성 요소를 추가하였고, 기아와 현대 시스템은 조금 더 복잡하지만 열교환기를 사용하여 모터, 충전기 및 인버터 냉각에 폐열을 사용할 수 있고 히트펌프가 자동차 내부를 동시에 냉각과 가열을 할 수 있다. BMW의 i3의 시스템은 히트펌프 회로가 비교적 단순하고 생성된 열은 액체를 가열하는 데 사용된다. 폭스바겐 골프(Volkswagen e－Golf)에 사용된 히트펌프 시스템은 다음과 같다. 냉매압력을 높이면 냉매온도가 올라가고 압력을 낮추면 온도가 낮아진다. 사용된 냉매는 일반적으로 HFC134a 또는 HFO1234yf이며 이는 적절한 비등점을 갖고 있다. 즉, 액체가 될 정도로 충분히 냉각시킨 다음 팽창시 냉매기체로 다시 되돌릴 수 있어 가스를 압축하고 팽창시키는 것은 전기 압축기가 한다. 전기 압축기는 압력을 높이고 회로 주변의 냉매를 펌핑하는 데 사용되고 이는 고압 시스템에서 작동한다.

시스템이 냉각 모드에 있을 때 컴프레서는 내부 응축기를 통해 냉매를 펌핑하고 자동차 전면의 응축기로 간다. 여기에서, 자동차 앞면을 통해 들어오는 공기는 냉매를 냉각시키고 그런 다음 냉매는 팽창밸브를 통해 다시 팽창되고 감압하여 온도가 낮아진다. 냉매는 증발기에서 열을 흡수한다. 자동차 히터박스의 플랩은 차가운 증발기를 통과하지만 내부 응축기는 통과하지 않

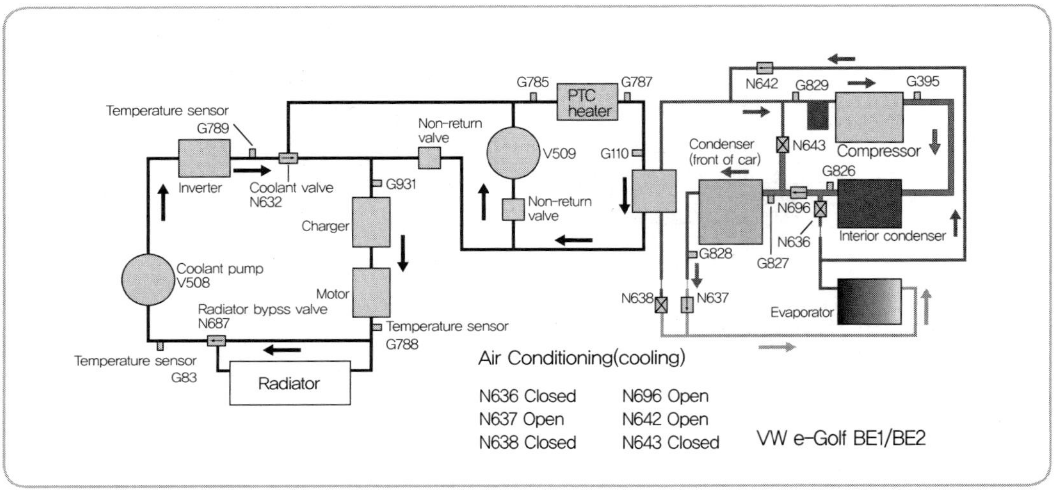

그림 8.33 공기소스 냉각모드(출처: speakev.com)

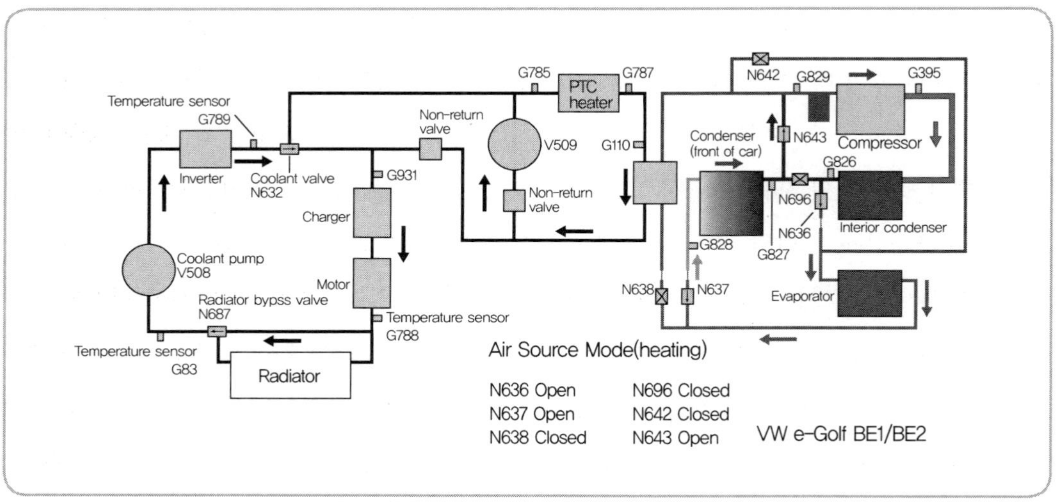

그림 8.34 공기소스 가열모드(출처: speakev.com)

고 그런 다음 냉매는 압축기로 돌아간다.

그림 8.35는 가열모드를 나타낸다. 밸브 중 일부가 변경되었고 항상 같은 방향으로 회전하는 압축기는 냉매를 내부 응축기로 밀어 보내고 있지만 증발기를 통과하여 반대 방향으로 응축기로 들어간다. 팽창밸브를 통과할 때 냉각된 후 압축기로 돌아간다. 고온의 냉매는 압축기에 의해 추가로 가열되고 내부 응축기를 통해 열이 방출된다. 히트펌프는 특정온도 제한 내에서만 효과적으로 작동하고 PTC 히터는 예열시간을 줄일 수 있는 장점이 있다.

추운 아침에 PTC 히터는 냉각수를 가열하고 히트펌프는 열을 자동차로 이동시킨다. 자동차가

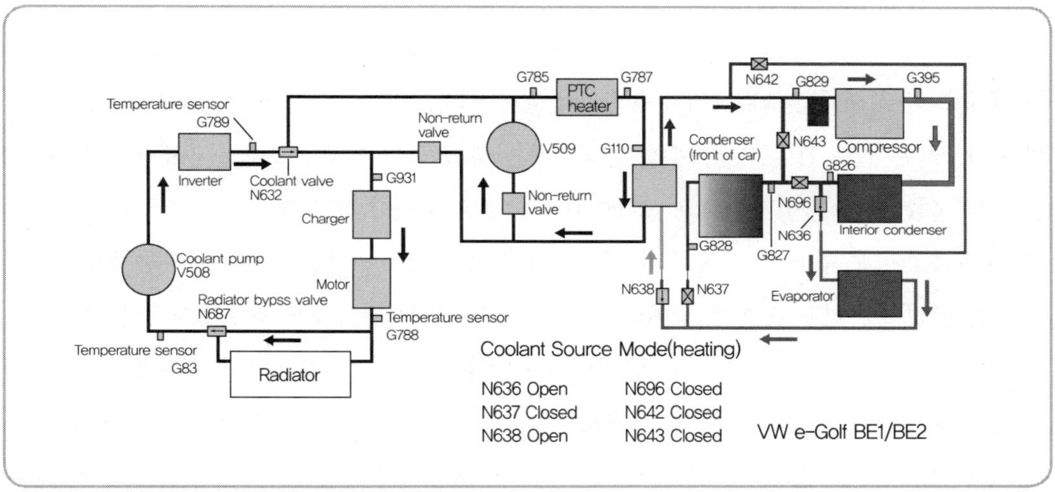

그림 8.35 냉각수소스 가열모드(출처: speakev.com)

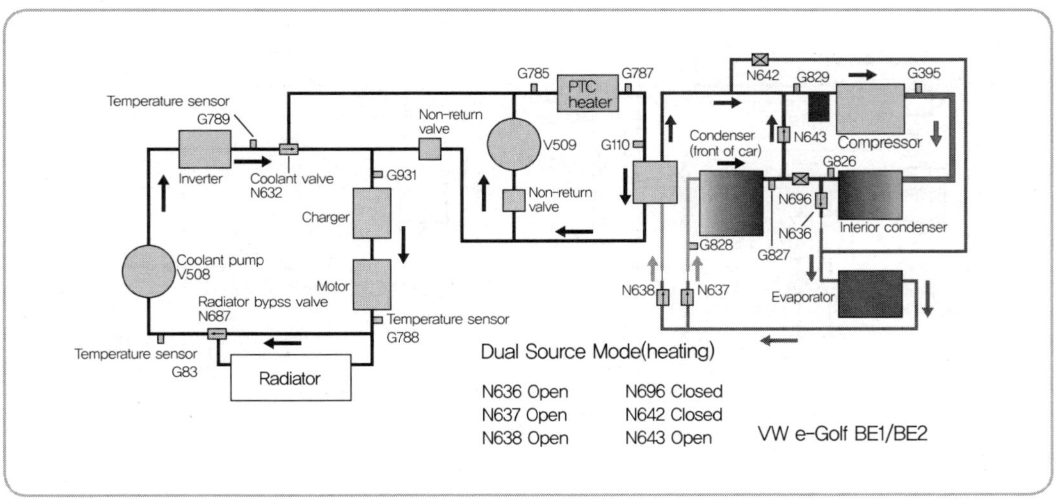

그림 8.36 이중소스 가열모드(출처: speakev.com)

일정 시간 운전을 한 경우, 냉각 시스템의 폐열을 사용한다. 라디에이터의 바이패스 밸브가 열리므로 라디에이터에 의해 열이 제거되는 대신 N632의 밸브는 따뜻한 냉각수가 고전압 냉각회로에서 히터회로로 순환되도록 하고 히트펌프, 폐열에 의해 냉각된다. 이 시스템은 결합모드에서 작동하여 외부 공기와 냉각수 회로에서 동시에 열을 수집할 수 있다.

8.2.8 닛산 X-trail CO_2 히트펌프 시스템

닛산은 2004년 연료전지 자동차 X-trail FCEV에 칼소닉 칸세이와 공동 개발한 이산화탄소를 냉매로 한 자동차용 에어컨을 탑재하였다. 일반적으로 사용되는 자동차용 에어컨은 R134a를 냉매로 하여 실내 열교환기에서 증발시켜 열을 빼앗는 방법으로 냉방을 하고, 난방은 엔진에서 발생하는 열로 가열한 냉각수를 순환시켜 난방을 하는 이중 시스템을 사용하고 있다. 내연기관이 없는 연료전지 자동차와 전기자동차의 경우, 열원이 없기 때문에 난방효과가 좋지 않다. 저온특성이 우수한 이산화탄소를 냉매로 하는 시스템은 냉방은 내연기관 자동차용 에어컨과 같은 방법으로 하고, 난방은 냉매의 유로를 반대로 하여 냉매를 압축하여 자동차 실내 열교환기에 보내어 방열시켜 하나의 시스템으로 냉난방을 하는 히트펌프 방식을 사용한다. 이 방법은 PTC 히터보다 난방효율이 높고 사용하는 이산화탄소 냉매는 기존에 사용되는 R134a 냉매에 비해 지구 온난화에 미치는 영향이 적기 때문에 연료전지 자동차의 친환경 효과를 더욱 증

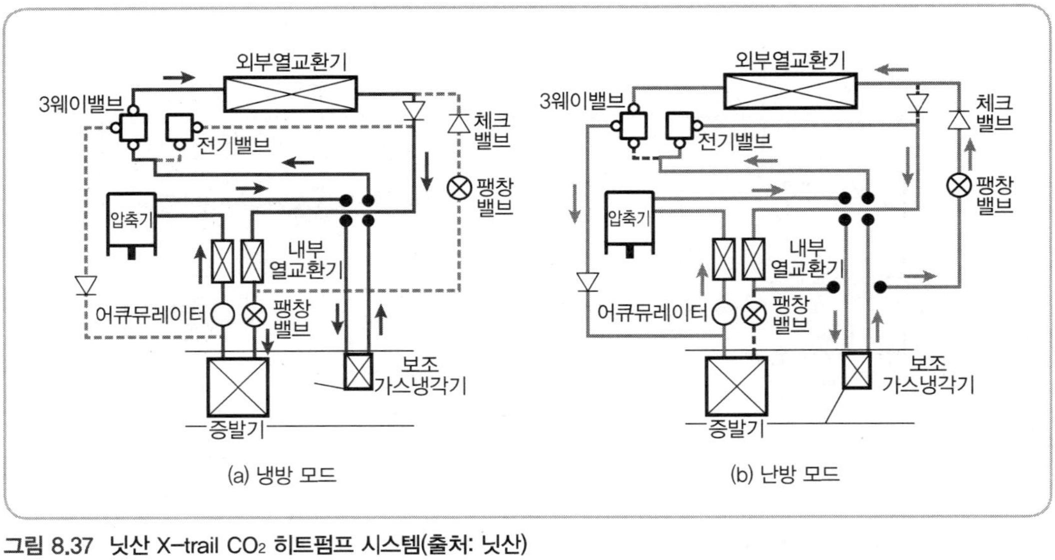

그림 8.37 닛산 X-trail CO_2 히트펌프 시스템(출처: 닛산)

대시킨다. 이산화탄소 냉매를 이용하는 에어컨의 특징은 다음과 같고 그림 8.37은 닛산 X-trail CO_2 히트펌프 시스템을 나타낸다.

① 종래의 대체 프레온에 비해 지구 온난화에 미치는 영향이 매우 작다.

② 자연계에 존재하는 냉매이며 불연성이다.

③ 저온의 냉매 밀도가 높아 난방효과가 높다.

④ 공장에서 배출되는 이산화탄소를 재사용하면 냉매의 생산공장이 불필요하고, 배출되는 이산화탄소량도 감소가 가능하다.

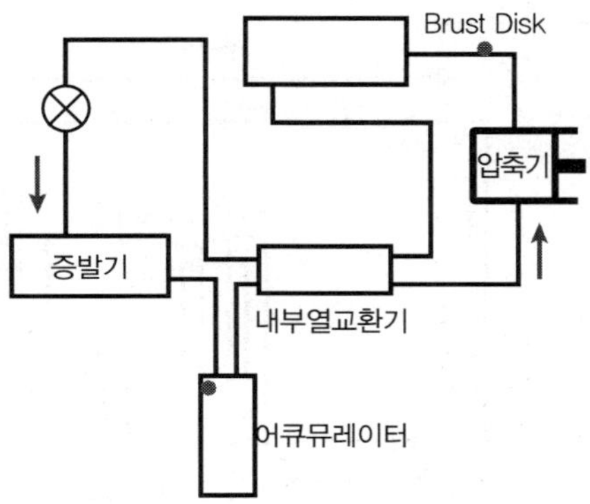

그림 8.38 닛산 CO_2 에어컨 시스템

8.2.9 도요타 FCHV-4 CO_2 히트펌프 시스템

CO_2는 임계온도가 낮고, 고압 측에서는 가스상태로 응축하지 않기 때문에 저압 측에 기액 분리기인 어큐뮬레이터를 설치하고 또한 열부하가 높으면 성능저하가 크기 때문에 고온측 냉매와 저온측 냉매를 열교환하는 내부 열교환기를 추가해야 한다.

그림 8.39는 히트펌프 시스템의 냉방모드를 나타낸다. 냉난방, 제습운전의 전환은 2개의 솔레노이드 밸브로 하고 압축기는 인버터로 회전수를 제어하는 모터 구동방식으로 압력을 냉방용, 난방용 전기식 팽창밸브에서 제어한다.

냉방 운전시에는 압축기에서 나온 고온, 고압의 냉매는 실내 가스 냉각기를 지나는데, 이때 에어 믹스 댐퍼를 닫아 공기가 가열되지 않도록 하고 그 후 냉매는 열린 냉방용 전자밸브를 통과하여 외기에 의해 외부 열교환기에서 저압냉매로 냉각되고, 냉방용 전기식 팽창밸브에서 단열팽창을 하고 실내 증발기에서 필요한 온도로 공기를 냉각한 후, 어큐뮬레이터에서 기액분리되어 가스 냉매만 압축기로 들어간다. 이 때 실내 증발기는 열리고 실내 가스 냉각기는 닫힌다.

그림 8.40은 히트펌프 시스템의 난방모드를 나타낸다. 난방 운전시는 냉방용 전자밸브는 닫히고 난방용 전기식 팽창밸브에서 단열팽창한 후, 실외 가스 냉각기에서 흡열을 하고 열린 난방 전자밸브를 통해서 어큐뮬레이터, 압축기로 들어가서 실내 가스 냉각기에서 난방을 한다.

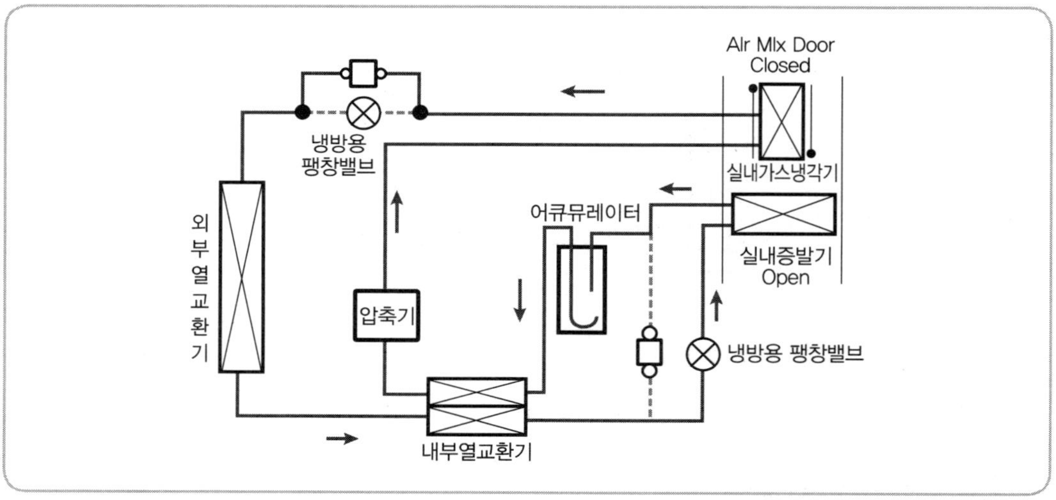

그림 8.39 히트펌프 시스템의 냉방 모드(출처: 덴소)

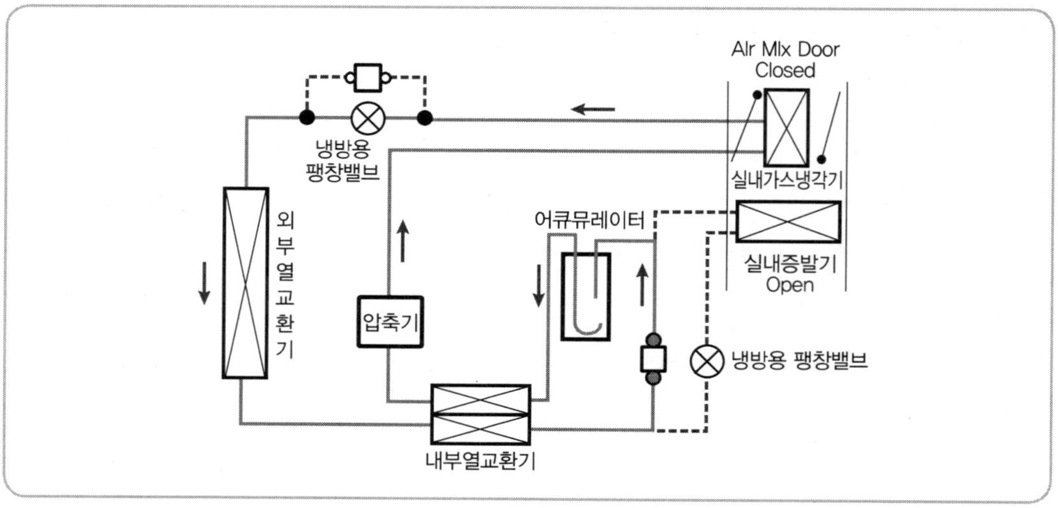

그림 8.40 히트펌프 시스템의 난방 모드

제습 운전시에는 냉난방 솔레노이드 밸브를 닫고 냉방용 전기식 팽창밸브와 난방용 전기식 팽창밸브를 흐르게 하여 압력을 제어하고 실내 증발기에서 제습하고 실내 가스냉각기에서 재가열한다. 이때 실내 가스냉각기, 실내 증발기를 동시에 사용한다.

연습문제

01 전기자동차의 냉난방에 대하여 기술하시오.

02 내연기관 에어컨과 전기자동차의 히트펌프를 비교 설명하시오.

03 히트펌프의 구성과 작동 원리를 설명하시오.

04 다음은 도요타 CO_2 히트펌프 시스템의 냉방모드를 나타낸 그림이다. 작동원리를 기술하시오.

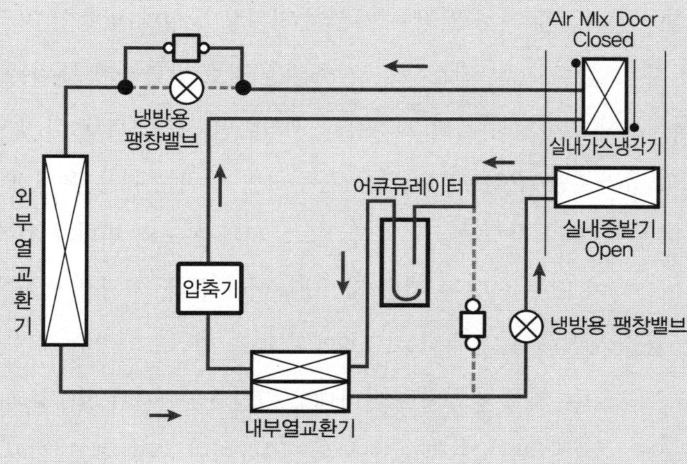

CAHPTER 9.

차세대 전자 냉동기술

9.1 자기 냉동법

9.1.1 자기 열량 효과와 자기 냉동

자성물질은 자기를 만드는 작은 자석의 집합체이다. 원자상태 자석의 N, S극의 방향은 초저온에서는 같은 방향을 갖지만 온도가 상승하여 상온이 되면 방향은 무질서해 진다. 무질서한 상태에서 자성물질에 자기장을 가하면 작은 자석이 자기장 방향에 맞추어 자기 모멘트가 일정한 방향이 되면서 자기 엔트로피는 감소하고, 감소분을 열로 방출하여 주위는 높은 온도가 된다. 반대로 단열상태를 유지하면서 가한 자기장을 제거하면 자기 모멘트의 방향은 불규칙해지고 자기 엔트로피의 증가분을 주위로부터 열을 흡수하여 주위는 낮은 온도가 된다. 자기 열량 효과는 자기장의 유무에 따라 자성물질의 자기 엔트로피와 온도의 변화가 일어나는 현상을 말한다. 이 효과를 이용하여 냉동을 하는 것을 자기냉동이라 한다. 자기장 변화에 따라서 발생하는 열과 제거하는 열을 사이클에 의해 낮은 열원에서 높은 열원으로 이동시키면 열을 이동시키는 냉동기가 된다. 그림 9.1는 자기 냉동법을 나타내고 그림 9.2는 자기 열량효과를 나타낸다.

엔트로피(entropy)는 계에 열량 Q가 주어지고 온도가 T이면 계의 엔트로피는 Q/T 만큼 증가하였다. 계는 많은 입자들이 모여 무질서하게 운동을 하는데 열량이 주어지면 무질서의 정도는 더 커진다. 즉 엔트로피는 증가한다. 엔트로피가 일정이면 단열상태이고 엔트로피가 증가 혹은 감소하면 항상 비가역성이 존재하게 된다. 엔트로피는 물질의 확산정도를 나타내는 상태량이고 엔트로피가 클수록 그 물질은 어지러운 상태에 있다. 자기상태가 무질서하면 엔트로피는 커지고 일정하면 엔트로피는 감소한다. 엔트로피가 증가하면 계는 열을 흡수하고 엔트로피가 감소하면 열은 버려진다. 자기 냉동법은 증기 압축식 냉동법과 비교하면 다음과 같은 특징이 있다.

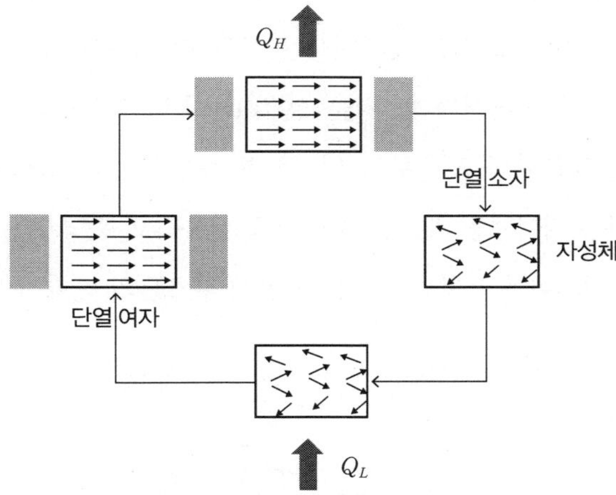

그림 9.1 자기 냉동법

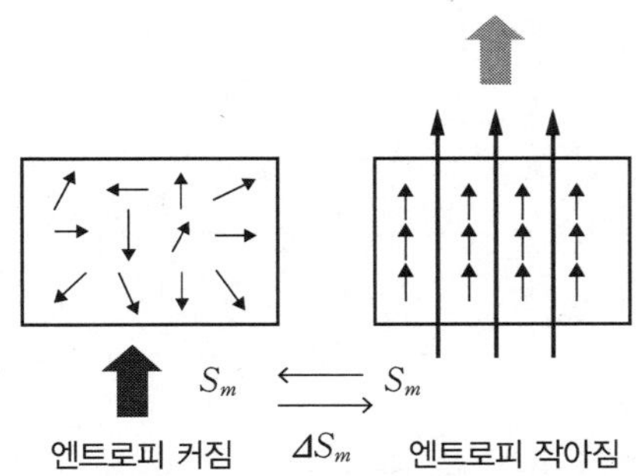

그림 9.2 자기 열량 효과

① 냉매로 프레온을 사용하지 않아 환경부하가 작다.

② 냉매가 고체이며 밀폐된 공간에서도 기체 유출 걱정이 없다.

③ 냉매가 고체이기 때문에 소형 고효율화가 가능하다.

그림 9.3은 상온에서의 자성물질의 엔트로피와 온도와의 관계를 나타낸 그림이다. 자기 열량 효과에 의해 자지장을 자화, 제거한다. A 상태에서 자기장 H_1을 가하면 자기장이 일정하게 배열이 되어 ΔS_m의 엔트로피가 감소하고 단열상태를 유지하면서 자기장을 제거하면 온도는 ΔT_{ad} 만큼 떨어진 A점에서 C점이 된다. A→B 는 등온변화, B→C는 등엔트로피 변화가 일어난다.

그림 9.3에서 $0 < H_0 < H_1$의 중간 자기장인 H_0를 이용하여 aBcD처럼 역카르노 사이클을 구성하면 냉각이 되고 이는 초저온 영역에서 사용된다. 고온이 되면 엔트로피가 열로 변하고 빼앗은 소스(source) 열을 이동시켜 이 열을 싱크(sink)처리하면 냉동 사이클이 된다. 축냉기(regenerator)를 이용하여 저온부와 고온부를 연결하면 능동적 자기 축냉기(active magnetic regenerator: AMR)가 된다. 이는 자기냉동 재료를 축냉기로 사용하고 축냉기는 용기에 자기냉동 재료를 넣어 열을 비축하는 장치이며 전환밸브에 의해 유체의 흐름의 방향이 변한다.

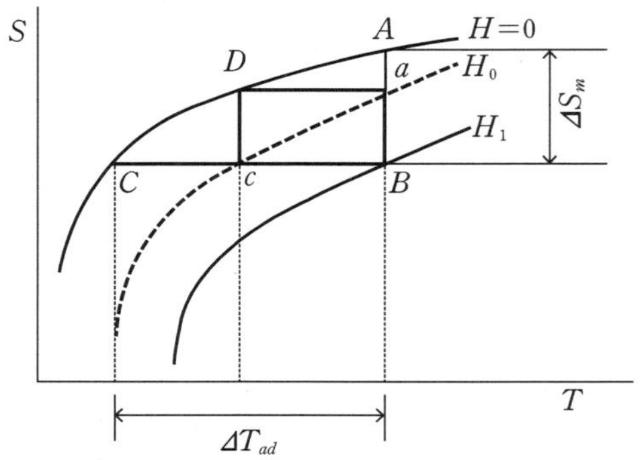

그림 9.3 자성 물질의 T-s선도

9.1.2 능동적 자기 냉동법(Active Magnetic Regenerator, AMR)

자기 열량효과를 이용한 냉동기는 초전도, 초저온 영역에서 많이 사용하지만 작동온도가 상온이 되면 자기 열량효과가 저하되어 냉동기의 역할을 하지 못한다. 이는 상온이 되면 극저온에서는 무시되는 자성물질의 격자 진동이 커져 자기장 변화에 의한 온도변화가 매우 작아지기 때문이다. 이러한 문제 해결을 위해 상온에서는 높은 자기장을 가지는 초전도 자석을 사용한다.

버클레이(Barclay)는 능동적 자기 재생법(Active Magnetic Regeneration, AMR)을 개발하여 상온 영역에서도 자기 열량효과를 이용하는 냉동기를 개발하였다. AMR은 자성물질이 자기장의 변화에 따라 흡열과 발열을 하고 자성 물질이 축열기와 재생기의 역할도 하여, 작은 온도변화를 크게 하는 냉동사이클이다. 축열기는 열을 비축하는 장치, 재생기는 용제, 촉매의 기능이 없어졌을 때 적절한 처리에 의해 기능을 회복하는 장치이며 자기 열량효과에 의해 생성된 열은 자성물질에 저장되고 사이클이 계속 가동되면 고온과 저온 사이에 서서히 큰 온도차가 발생한다. 자성 물질은 구(球)모양의 가돌리늄(Gd)을 사용하고 이 물질은 작은 자기장에도 큰 자기 열량효과가 있고 랜턴-철-실리콘(La-Fe-Si) 화합물을 사용하기도 한다. 현재는 강력한 영구자석인 네오디뮴으로 소형화가 가능하여 자기냉동 시스템의 급속한 발전이 이루어지고 있다.

① 네오디뮴 자석 등으로 외부 자기장을 인가.
② 작동유체에 의해 고온 측에 온열을 수송.
③ 네오디뮴 자석 제거로 자기장을 제거.
④ 작동유체에 의해 저온 측에 냉열을 수송.

자기장을 변화시키면 자성물질의 큰 온도 변화가 발생하고 이 열을 작동유체와 열교환을 하면 자기냉동이 되며 반복적으로 자성물질에 영구자석을 통과시켜 자기장의 변화를 주면 자기장 변화로 발생하는 자성물질의 작은 온도변화는 크게 된다. 이 자기장의 변화에 따라 자성물질로부터 냉열과 온열을 얻을 수 있고 이는 작동유체의 흐름의 방향을 반대로 해야 한다. 자성물질로 가돌리늄(Gd) 2kg을 사용하면 작동유체를 28℃에서 -1℃까지 냉각시킬 수 있고 이 장치의 성능을 COP로 환산하면 4.3 정도이다.

9.1.3 회전형 AMR식 자기 냉동기

(1) 원리

회전형 AMR식 자기 냉동기는 네오디뮴 자석을 회전으로 이동시키면서 자기장 인가와 제거를 반복한다. 자성물질은 자기장이 증가하면 자화되어 큰 자기 엔트로피 변화가 일어나고 무질서의 증가에 따라 큰 온도 상승이 이루어진다.

자성물질인 Gd이 충전된 용기사이로 네오디뮴 영구자석을 좌우로 이동하면 용기내의 Gd은 자화되어 큰 자기장의 변화가 발생하여 높은 온도로 되고 자성물질이 네오디뮴 영구자석을 나오면 Gd의 자기장은 제거되고 온도는 떨어한다. 온도의 변화량이 적기 때문에 이 사이클을 계속 반복하면 초저온을 얻을 수 있다. Gd 용기는 네오디뮴 영구자석에 의해 교대로 자화되고 저온 측에 물을 공급하여 차가운 열을 얻고 고온 측에서 열을 배출한다. 그림 9.4에서 네오디뮴 영구 자석이 위치 A에서 B로 이동하면 용기 A의 Gd의 온도가 내려가고, 용기 B의 Gd의 온도는 상승한다. 솔레노이드 밸브 1과 4를 열면 펌프로 가압된 냉각수는 화살표 방향으로 흐른다. 그 결과, 용기 A에서 냉각된 냉각수는 용기 B의 Gd를 냉각시키고 탱크로 들어간다. 그리고 영구자석을 위치 B에서 A로 이동하고 솔레노이드 밸브 2와 3을 열면 반대방향으로 냉각수는 흐르고 같은 방법으로 열교환이 발생하여 원하는 열을 얻을 수 있다. **그림 9.4**는 회전형 AMR식 자기 냉동기를 나타낸다.

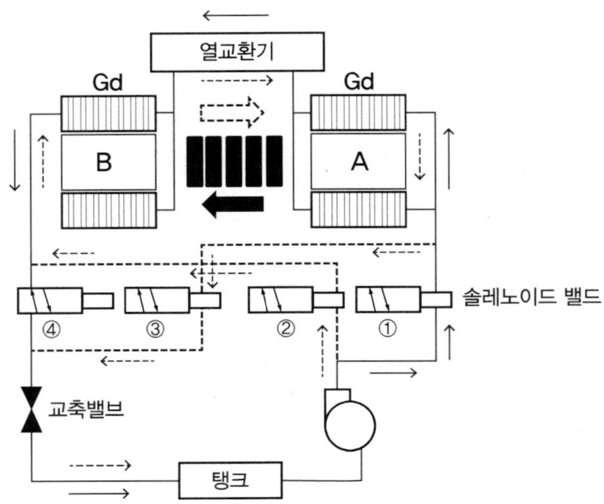

그림 9.4 회전형 AMR식 자기 냉동기

(2) MnAs 자기냉동

1998년에 미국 Astronautics사의 Zimm은 망간, 비소를 사용하는 AMR형의 실온 자기 냉장고를 개발하였다. 이 자기 냉동 냉장고는 자석 냉동재료로 MnAs를 사용하고 작동유체는 물을 사용한다. 5T의 초전도 자석에서 2개의 AMR 베드를 번갈아 이동하는 방법으로 상온에서 600W의 냉동능력을 얻을 수 있고 이는 가정용 대형 냉장고의 3배에 해당한다. 일본에서는 도시바에서 AMR형의 자기 냉동기를 개발하였다. 이는 실온에서 0℃ 이하로 온도를 낮추는 데 성공하였다. **그림 9.5**는 망간 비소(MnAs)를 사용하는 경우 자기장의 엔트로피 변화의 온도 의존성을 나타낸다. 엔트로피 변화는 맥스웰의 관계식에서 다음과 같다. 맥스웰 관계식에서 엔트로피 변화는 면적에 비례한다.

$$\Delta S_m = \int_0^{H} \left(\frac{\partial M}{\partial T} \right)_H dH \tag{9.1}$$

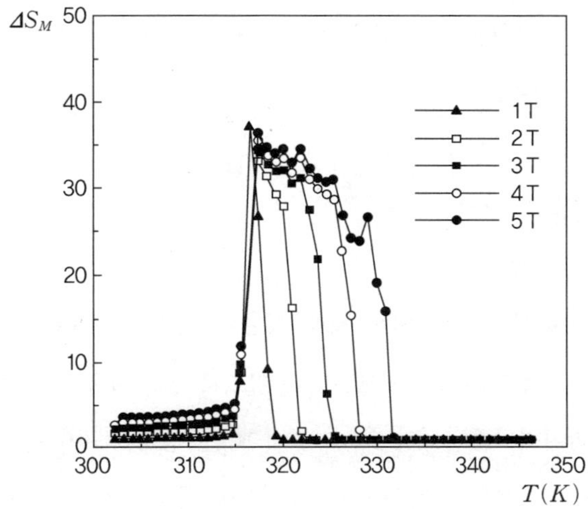

그림 9.5 망간, 비소의 자장과 엔트로피의 온도 의존성

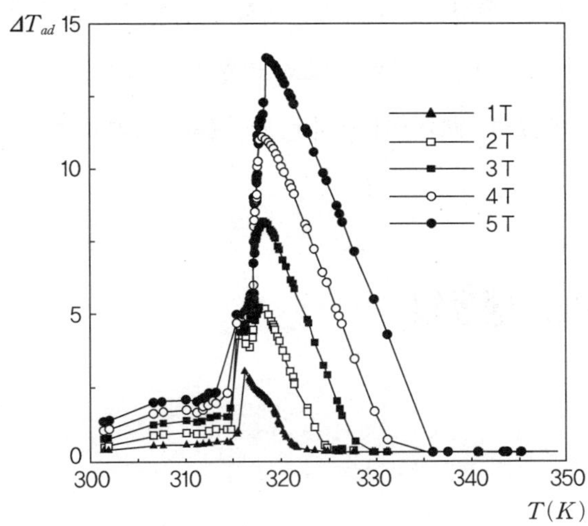

그림 9.6 망간, 비소의 자장과 ΔT_{ad}의 온도 의존성

이 식을 이용하여 자화에 의한 온도 변화를 구할 수 있다. ΔS_m은 (−)값이다. 그림에서 MnAs의 ΔS_m은 315K에서 가장 높고 그 후 감소한다. ΔS_m의 최대값은 32J/Kkg 정도이다. 이 값은 Gd의 2배여서 MnAs의 자기 열량효과는 매우 크다. 자기장이 커지면 ΔS_m의 최대값은 거의 변하지 않지만 그 온도 폭은 증가한다. 그림 9.6은 MnAs의 온도와 ΔT_{ad}의 관계를 나타낸다. ΔT_{ad}의 최대값과 폭은 자기장의 크기에 따라 변한다. 자기장이 5T일 때 ΔT_{ad}의 최대값은 13K이기 때문에, 자기장 1T당 2.6K이다. 이 값은 Gd의 3K/T에는 약간 미치지 못하지만 자기냉동 재료의 기준인 2K/T보다는 높다.

9.1.4 극저온 냉동기

미국의 퀀텀 디자인 회사는 실온에서 절대 영도 근처의 극저온(0.1K, −273℃)까지 세계 최고 속도로 냉각할 수 물성 측정용 냉동기(ADR, 단열소자 냉동기)를 개발하였다. 이는 자기장을 사용하여 냉각하는 방법이며, 종전보다 50~100배 빠른 냉각속도이다. 저온 작동 유체인 헬륨의 고갈이 예상되고 있는 싯점에서, 간편하고 저렴하게 극저온을 얻을 수 있는 냉동기이다. 이외 극저온를 단시간에 얻을 수 있는 기술로는, 초전도 물질 개발, 자성재료 개발 등이 있으며 물성 연구와 재료개발은 극저온 냉동에서 필수조건이며 초전도와 자성 등의 물질의 기본성질은 극저온 조건에서만 알 수 있다. 일반적으로 0.1K이하의 극저온을 얻기 위해서는 희석 냉동기라고 하는 고가의 대형 냉동기를 사용한다. 이는 실온에서 극저온까지 온도를 낮추는 데 1주일 정도의 시간이 걸린다. 이 냉동기는 액체 헬륨이 필요하고 현재 헬륨은 구하기 매우 어렵다. 한편, 초전도 재료개발과 자석성 재료의 개발만이 극저온 냉동을 가능하게 할 것으로 보인다.

9.2 펠티어(Peltier) 냉동법

9.2.1 개요

증기압축 냉동시스템은 많은 부품으로 무겁고 복잡하지만 펠티어 냉동법은 간단하게 전기 에너지를 직접 냉각에 이용하는 시스템이다.

(1) 제벡효과

1821년, 토마스 제벡(Thomas Seebeck)은 2개의 이종금속(구리 및 비스무트 또는 안티몬)을 접합한 회로에서 접합점의 한쪽을 가열하고 다른 쪽을 냉각시키면 회로에 전류가 흐르는 것을 발견했다. 이것을 제벡효과(Seebeck effect)라고 한다.

그림 9.7과 같은 제백효과(Seebeck effect)는 2개의 반도체 금속을 접합하고 한 면에는 높은 온도, 다른 면에는 낮은 온도를 가하면 두 금속 사이에는 전위차가 생겨 기전력(electromotive force)으로 전류가 생성이 된다. 서로 다른 온도가 계속 유지되면 2개의 서로 다른 금속이 폐회로를 이루어 전기가 연속적으로 흐른다. 즉 온도차에 의해 전기가 발생하는 현상이다. 이러한 금속에는 비스무트, 안티몬, 비스무트 텔루이드, 안티몬 텔루이드의 합금 등이 있다.

열전회로를 **그림 9.8**과 같이 분리하면 전류가 흐르지 않지만 단면에는 전위차(전압)가 발생한다. 열기전력의 크기는 금속의 종류와 접점의 온도차 ΔT에 의해서 정해진다.

구리와 콘스탄틴의 금속 와이어로 구성된 열전대에서는 1℃의 온도차당 약 40μV 전압 발생한다. 한 접점의 온도를 일정하게 유지하면 열기전력은 다른 접점 온도의 함수로 된다. 열전장치는 제백효과를 이용하여 온도 구배의 열에너지를 전기 에너지로 전환하는 장치이다. 온도차와 전압은 식 (9.12)와 같다.

$$V_s = \alpha(T_H - T_L) \tag{9.2}$$

$$\alpha = \frac{dV_s}{dT} = \alpha_A - \alpha_B \tag{9.3}$$

여기서 α는 두 금속 A, B의 미분 제백계수(열전 동력계수)이고 전류의 흐름방향과 열의 흐름방향과 같으면 +이고 반대이면 −이고 단위는 V/K이다. 제벡계수는 비례상수로 열을 전달하는

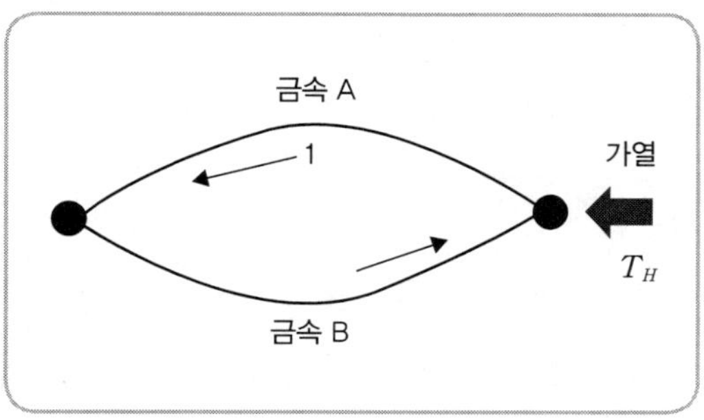

그림 9.7 제벡효과

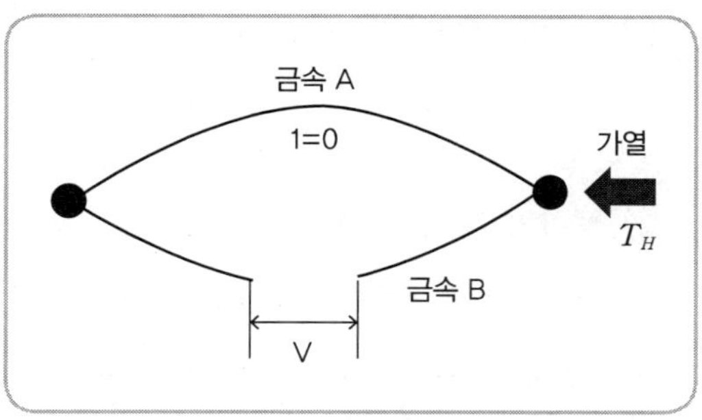

그림 9.8 제벡 효과에 의한 전압 발생

능력을 나타낸다. V_s는 출력전압이고 T_H, T_L은 고온과 저온 측의 온도이다. 제백계수는 다음으로도 표현된다.

$$\alpha = \frac{V_s}{\Delta T} \tag{9.4}$$

(2) 열전 발전기

제벡효과는 고온접점에서 고온열원 Q_H의 열이 가해지고 저온접점에서 저온열원 Q_L의 열이 방출되면, 열량의 차이로 전기 일 $W_{net} = Q_H - Q_L$이 만들어진다. 이는 전자를 작동유체로 하는 열기관 사이클과 같고, 금속선 내부의 주울 열과 같은 손실이 없으면 열전 발전기의 효율은 카르노 기관과 같지만 열전 발전기의 단점은 큰 전력을 얻을 수 없는 것이다. 실용화되어 있는 열전 발전기는 N형 반도체와 P형 반도체를 **그림 9.9**와 같이 직렬로 연결하여 사용한다.

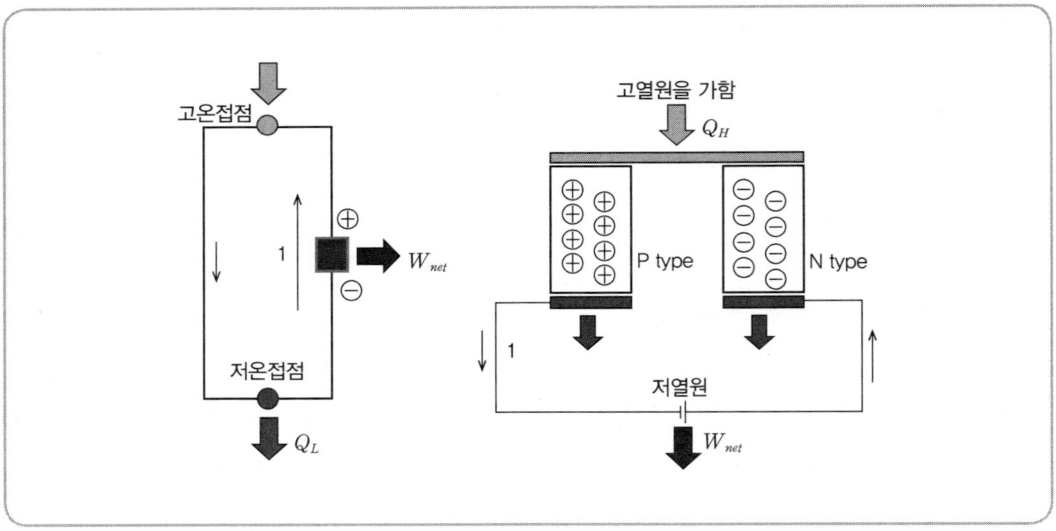

그림 9.9 열전 사이클, 열전 발전기

(3) 펠티어 효과(Peltier effect)

1834년, 펠티어(Athanase Peltier)는 서로 다른 도체의 접점에 전류를 가하면 접점에서 주울열(Joulian heat) 이외의 열 발생과 열 흡수가 일어나는 현상을 발견했다. 이 현상을 펠티어 효과(Peltier effect)라고 하고 전류의 방향을 역으로 하면 열 발생과 흡수는 반대된다. 이것은 자유전자가 운반하는 열류와 전류의 비가 도체의 종류에 따라 다르기 때문에 일어나는 현상으로 펠티어 효과는 제벡효과의 반대현상으로, 열전류는 항상 고온접점을 냉각시키고 저온접점을 가열하는 방향으로 흐른다. 펠티어 효과는 제백효과의 반대로 2개의 금속을 하나로 접합하여 만든 폐회로에 전기를 가하면 한 쪽은 열이 흡수되고 다른 쪽은 열을 버리는 현상을 의미한다. **그림 9.10**은 펠티어 효과를 나타낸다.

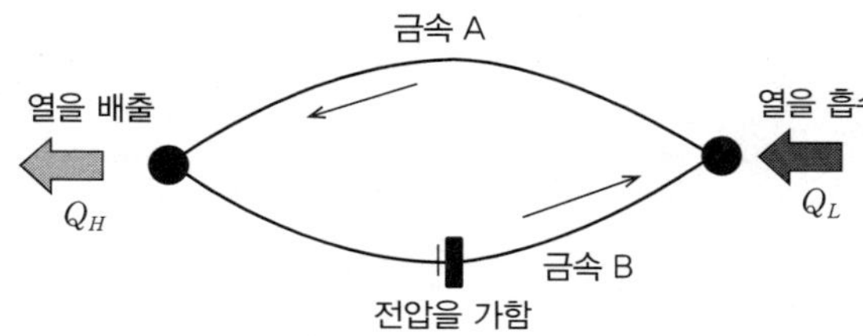

그림 9.10 펠티어 효과

열전대 전체가 일정 온도로 유지되고 있으면, 2접점의 한쪽에서 다른 쪽으로 운반되는 열량 Q는 전류 I에 비례한다.

$$Q = \Pi I \tag{9.5}$$

$$Q_H = \Pi \times I = \alpha T \times I \tag{9.6}$$

$$Q_L = \Pi \times I = \alpha T \times I \tag{9.7}$$

여기서 Π는 금속 A, B 사이의 미분 펠티어 계수, α는 제벡계수이고 I는 전류흐름이다. 전압(V_s)가 가해지면 전류(I)가 흐르고 T_H와 T_L의 온도차가 발생한다. 전류가 흐르면 열이 흡수되는 열전대 접합 A점에서는 냉각효과(Q_L)가 발생하며, 열이 발생하는 접점 B에서는 가열효과(Q_H)가 발생한다. 이러한 효과는 전류의 흐름이 바뀌면 열의 흐름방향도 바뀌고 $I^2 \times R$의 크기를 갖는 에너지가 발생한다. 다음 **그림 9.11**은 반도체를 이용한 열전 냉동의 회로를 나타낸다. 냉동공간에서 Q_L열을 흡수하여 외부로 Q_H의 열을 버린다. 공급되는 전기 일은 다음과 같다.

$$W_e = Q_H - Q_L \tag{9.8}$$

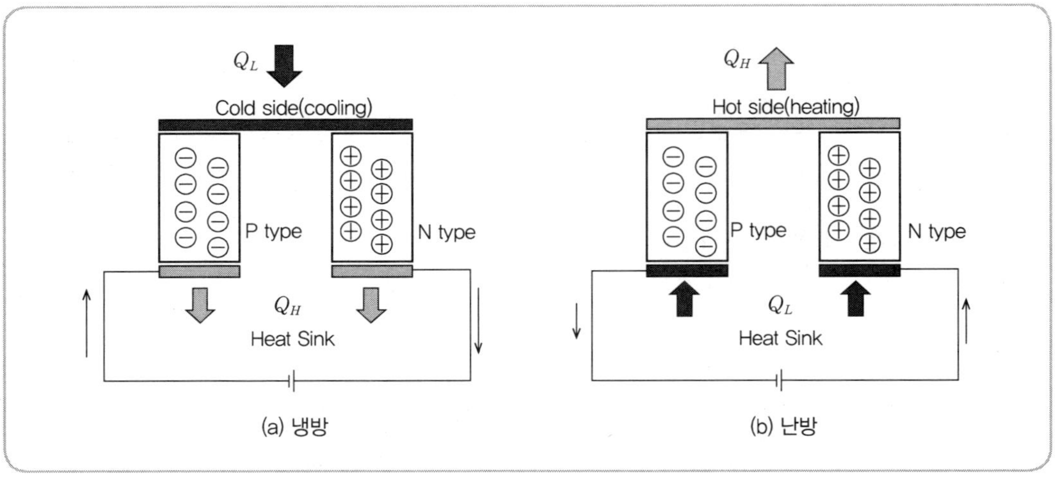

그림 9.11 열전 냉동의 회로

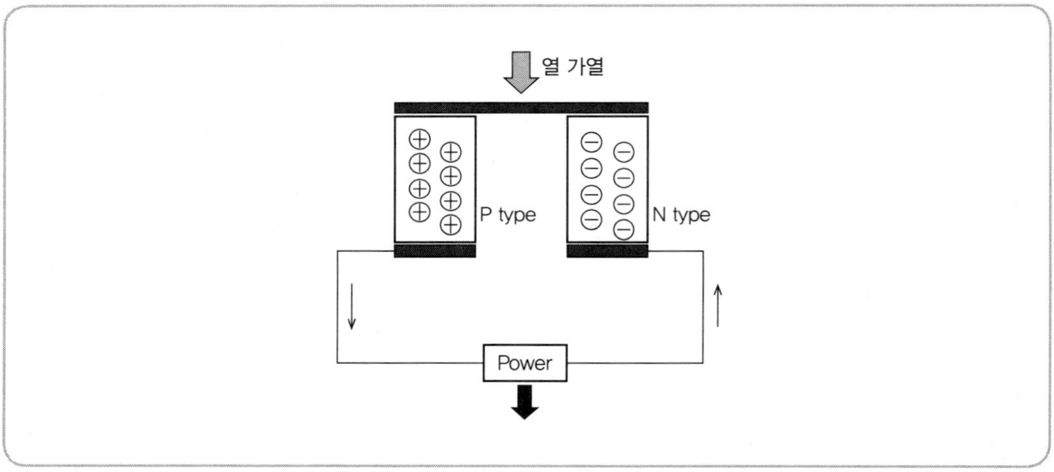

그림 9.12 제백 효과 회로(열전 발전기)

(4) 톰슨 효과

길이방향으로 온도 기울기를 갖는 전도체에 전류를 통과하면 열은 전도체에 흡수되거나 빠져나가고 열의 흡수 또는 방출 여부는 전류의 방향과 온도구배에 달려 있다. 이를 톰슨효과라 한다. 제벡계수와 펠티어 계수의 관계는 톰슨효과로 설명된다. 식 (9.9)를 톰슨 식이라고 한다.

$$\alpha = \frac{\Pi}{T} \tag{9.9}$$

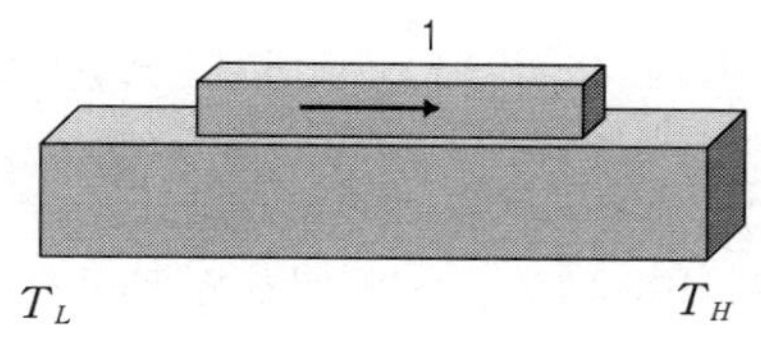

그림 9.13 톰슨효과

9.2.2 펠티어 냉동

(1) 원리

일반적으로 열전냉동은 **그림 9.14**와 같은 비스무트-텔루라이드 반도체 물질이 도핑된 P형과 N형 반도체의 상하로 2개의 얇은 세라믹 웨이퍼를 붙여 만든다. 열전의 양쪽에 있는 세라믹 소재에는 필요한 강도와 전기 절연장치를 추가한다. N형 반도체는 전자가 많고 P형 반도체는 전자가 부족하므로 1개의 P와 1개의 N은 커플을 구성하고 이러한 열전모듈이 수백 개로 구성된다. 이는 전기적으로는 직렬이고 열적으로는 병열구성이다.

반도체 금속이 접합된 그림과 같은 회로에서 전류(I_P)를 가하면 펠티어 효과로 인하여 양쪽에는 열이 발생한다. 반도체를 사용하는 펠티어 냉동은 현재는 전자제품 냉각에 많이 사용하고 충분히 크면 움직임이 없는 냉동장치에 사용도 가능하다.

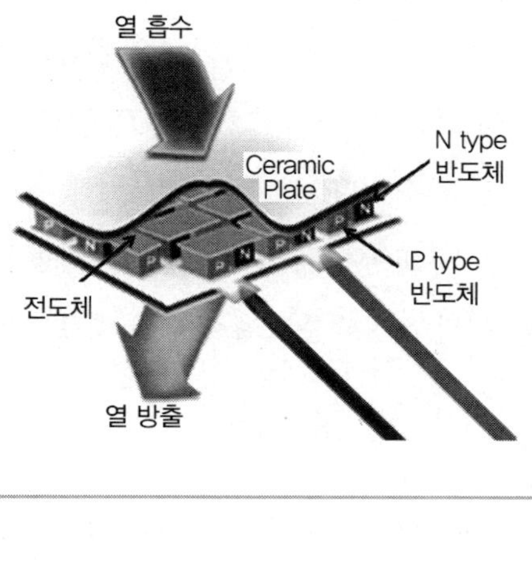

그림 9.14 펠티어 소자의 구성

전자는 전류의 반대 방향인 P형에서 N형으로 움직이기 때문에 열에너지를 흡수하면서 더 높은 에너지 상태로 올라간다. 냉각측은 더 낮은 에너지 상태로 떨어지면서 열을 고온 측인 히트 싱크로 에너지를 방출한다. 열전은 전류의 흐름방향에 따라 가열이나 냉각면이 발생한다. 가열과 냉각을 모두 사용 가능하지만 부품설계는 냉각을 주안점으로 사용한다. 그리고 내부가열(Joulian heating)과 저온측의 부하는 고온측으로 공급되기 때문에 난방모드에서 열전을 사용하면 매우 효율적이고 필요한 전력을 줄일 수 있다.

(2) 펠티어 냉동 성능계수

전류 I는 공통의 접점으로 부터 열을 공급하여 $\Delta T(\Delta T = T_H - T_L)$의 양만큼 냉각시킨다. 펠티어 냉각효과는 정상적인 열전도로 전달된 열과 전류에 의한 주울 열에 의해 감소한다. 냉각접점에서 제거되는 열과 가열접점에서 가열된 열은 다음과 같다.

$$Q_L = \alpha T_L I - C(T_H - T_L) - \frac{1}{2} I^2 R = \Pi \cdot I - C(T_H - T_L) - \frac{1}{2} I^2 R \qquad (9.10)$$

$$Q_L = \alpha T_H I - C(T_H - T_L) - \frac{1}{2} I^2 R \qquad (9.11)$$

$$C = (K_A + K_B) \frac{A}{L} \qquad (9.12)$$

여기서 Q_L는 저온측에서 제거된 열, Q_H는 고온측에서 발생한 열이고, $R = R_A + R_B$은 반도체의 전기적 저항, α는 제백계수, Π는 펠티어 계수이다.

펠티어 셀에서 **그림 9.15**과 같은 ΔT에 대한 최적의 전류가 존재한다. 낮은 전류에서 펠티어 효과는 작고 큰 전류에서 냉각효과(ΔI)도 크지만, 가열은 전류의 제곱으로 증가하기 때문에 전류가 커서 주울난방이 냉각효과보다 더 크다. 그림의 ΔT, $I_p(V_s)$는 실험으로 ΔT가 최대로 되는 $I_p(V_s)$를 결정하여 제벡계수를 계산한다.

펠티어 셀의 냉각성능은 성능지수(FOM, figure of merit)로 설명이 가능하다. FOM은 전자냉각에 사용하는 재료의 적합성을 판단하는 기준으로 우수한 재료는 $3 \times 10^{-3}/K$의 값을 갖는다.

$$\text{FOM:}\ Z = \frac{\alpha^2}{RK} = \frac{\alpha^2 \sigma}{K},\ \ \Pi = \alpha T \qquad (9.13)$$

여기서 K는 열전도도, α는 제백계수, Π는 펠티어 계수이다. 제백계수와 전기 전도도는 크고

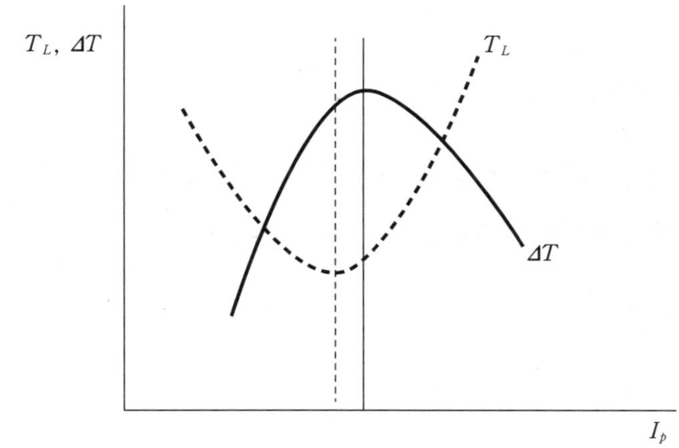

그림 9.15 펠티어셀의 전류와 온도와의 관계

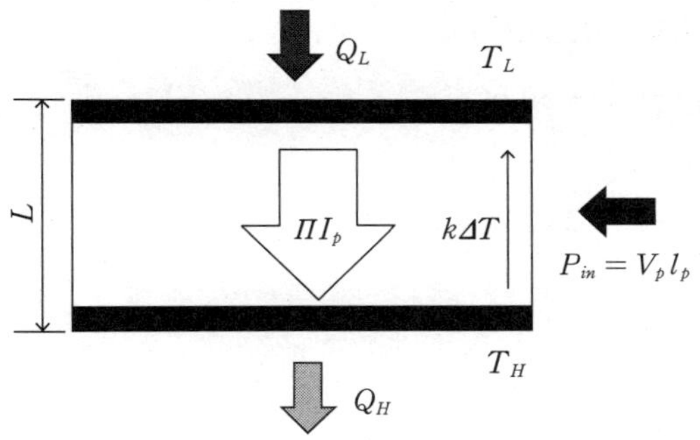

그림 9.16 펠티어 셀의 성능계수

열전도도는 작으면 좋은 재료이다.

실제 열전냉동 해석에는 고온측 온도(T_H), 저온측 온도(T_L), 그리고 저온측에서 흡수된 열(Q_L), 전력의 데이터가 필요하다. 열전의 고온 측은 DC 전원이 가해지면서 방출되는 열로 열전달을 하기 위해 히트싱크를 부착한다. 대류 열전달을 이용하는 공기로 냉각되는 히트싱크를 부착하면 고온측 온도와 열은 다음 식으로 전달된다.

$$T_H = T_{amb} + \theta Q_H \tag{9.14}$$

여기서 T_H는 고온측 온도(℃)이고 T_{amb}는 외기 온도(℃), θ는 열교환기(히트싱크)의 열저항(℃/W)이다.

$$Q_H = Q_L + P_{in} \tag{9.15}$$

여기서 Q_H는 열전의 고온측이 방출한 열이고 Q_L는 저온측이 흡수한 열이고 P_{in}은 열전으로 들어가는 전력(W)이다. 펠티어 셀의 COP는 다음과 같다.

$$COP = \frac{Q_L}{P_{in}} \tag{9.16}$$

연습문제

01 자기열량 효과와 제벡효과를 설명하시오.

02 펠티어 효과와 톰슨효과를 설명하시오.

CAHPTER 10.
차세대 자동차와 희토류

10.1 하이브리드 전기 자동차

10.1.1 개요

하이브리드 자동차는 포르쉐(Ferdinand Forche)박사가 100여 년 전에 설계한 자동차로 지금 최첨단 자동차로 발돋움하고 있다. 이 자동차는 환경부하가 적은 자동차로 이산화탄소가 지구온난화에 미치는 영향을 감소시키기 위하여 현재에도 계속 개발되고 있다. 하이브리드는 라틴어에서 온 말이며 의미는 혼합(mixing)이다. 현재 운행되는 하이브리드 자동차는 소나타, 프리우스, 에스티마, 해리어, 크루거, 인싸이트, 에스케이프, 908 HY 등이 있다. 미국의 CARB는 처음으로 자동차회사에 ZEV(zero level emission vehicle)차량의 제조를 요구하였다. ZEV 요구에 대한 유일한 해답은 전기자동차(BEV)이었다. 전기자동차의 배기는 무공해이고 하이브리드 자동차도 전기자동차로 분류되기 때문에 비교적 배출물이 적다. 전기자동차는 순수 배터리에 저장된 전기로만 차량을 구동하고 주행거리가 짧은 단점이 있다. 내연기관 자동차의 개발 목표는 테일파이프에서 이산화탄소 성분이 적게 나오게 하는 것이었고 하이브리드 자동차 역시 같은 목표로 개발되었다. 따라서 주행 시에는 엔진을 구동하고 배기가스 규제영역에서는 전기로 구동한다는 발상이 하이브리드 자동차의 핵심적인 개념이다.

배기가스를 줄이고 연비를 향상시키는 기술은 다양하다. 예를 들면 가변밸브 액츄에이션(VVA), 배기가스 재순환장치(EGR), 가솔린 직분식(GDI), 디젤 직분식(CRDI), 차량의 하이브리드화 등이다.

하이브리드 기술은 내연기관을 좀 더 효율적으로 구동하는 것이 핵심 포인트이다. 하이브리드 기술은 내연기관을 다운 사이징하여 배터리와 전기모터의 무게와 상쇄시키는 것이 원래의 목적이지만 내연기관의 다운사이징이 어려워 무게만 늘어난 하이브리드 자동차도 있다. 하이브리드 전기자동차(hybrid electric vehicle, HEV)에서 가장 크게 효율이 증가하는 곳은 시내주행이고 고속도로 주행에서는 전기모터의 동력은 필요가 없고 자동차의 무게만 늘어나고 실내 공간이 줄어든다. 따라서 HEV의 연비향상은 차량의 평균 속도가 낮은 영역에서만 해당되는 단점이 있다. 현재의 배터리 기술은 에너지를 저장하는데 한계가 있고 내연기관과 비교하여 효율 면에서 큰 이득은 없지만 배출물은 큰 저감이 있다. 저속에서 배터리로만 갈 수 있는 거리는 최대 20km 이하이다. HEV는 가솔린 엔진이 작아 효율적이다. 대부분의 자동차는 차를 빨리 구동하기 위하여 큰 엔진을 필요로 한다. 그러나 작은 엔진은 최대부하로 작동시키기 쉽고 효율도 높아진다.

10.1.2 정의

HEV는 가솔린 엔진, 디젤 엔진과 전기모터를 동력원으로 사용한다. 즉 소형 엔진의 연비로 대형 엔진의 성능을 얻기 위하여 내연기관에 전기모터를 결합시킨 것이다. 이 자동차의 특징은 주행조건에 따라 내연기관과 전기모터를 적절하게 사용하여 연료소비와 배출가스를 개선한다. HEV의 장점은 공회전 정지, 모터를 이용한 시동, 모터에 의한 출발, 모터에 의한 저속주행의 4가지이다.

가솔린 엔진은 바퀴를 구동하고 발전기를 돌려 전기를 만드는 역할을 한다. 배터리의 전기는 주로 저속 주행시 사용되며 제동시 전기모터는 배터리에 전기를 충전한다. HEV는 **그림 10.1**과 같이 출발 시, 저속 주행 시에는 전기모터를 사용하고 가속, 정속 주행시에는 내연기관을 사용한다. 최고속도에서는 전기모터와 가솔린 엔진이 함께 사용되며, 정지할 때는 전기모터가 사용된다. 정지 상태에서는 시동이 꺼져 공회전이 없어 연비가 향상된다. 공회전 정지는 차량이 정지 후 일정시간이 지나면 자동으로 시동이 꺼지는 것을 의미한다. HEV는 출발, 가감속, 정속, 정지를 반복하므로 조건에 맞는 제어 시스템으로 구동한다. 감속시 운동에너지를 전기에너지로 회수하는 회생제동을 갖추어 회수율을 높인다. 또한 내연기관으로 전기모터를 구동시켜 전기에너지를 만들어 배터리에 충전하기도 한다. HEV의 장점은 공회전 정지 후 재시동시 이론공연비에서 시동이 가능한 것이다. 가솔린자동차는 항상 농후한 상태에서 시동이 걸리는 것과 비교할 때 큰 장점이다. 배출물 발생이 많은 저속시에는 전기모터로 주행한다.

평균속도 80km/h가 넘는 고속에서는 HEV의 장점은 없어지고 30km/h의 저속에서는 연비

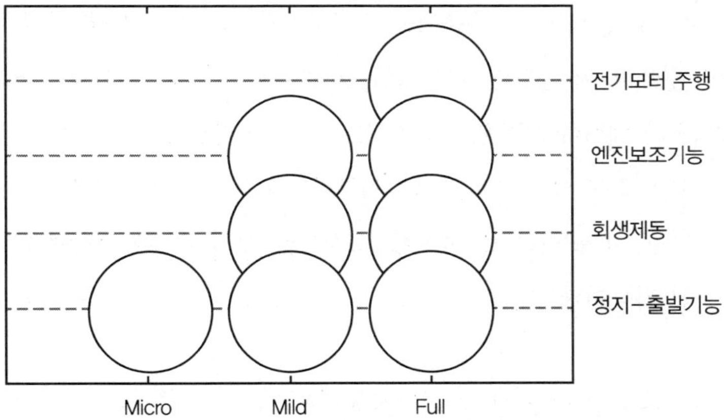

그림 10.1 하이브리드의 구분

가 10km/L가 되지 않아 앞으로 개선과 개발이 많이 필요한 자동차이다. HEV는 힘의 균형이 필요하고 열효율이 높은 영역을 잘 이용하여 개발해야 하며 하이브리드 자동차는 30~50km/h의 속도에서 연비가 가장 좋은 자동차이다. 가솔린 자동차와 비교하여 모터와 배터리에 강한 전기가 흐르고 분해, 회수에 이르는 라이프 사이클의 시작과 끝에 있어서 에너지 소비나 환경부하 측면에서 개선이 많이 된 자동차이다.

10.1.3 종류

하이브리드 자동차는 다양한 종류가 있다. 기차와 버스는 디젤-전기하이브리드, 잠수함은 원자력-전기하이브리드이다. 전기 하이브리드(HEV), 공기증기 하이브리드(ASHV), 가솔린공기 하이브리드(PHV), 질소유압 하이브리드(HHV), 내연기관 공기자동차(PV, Pneumatic Vehicle), 전기공기자동차(EPV), 플라이브리드(FBHV), 플러그인 하이브리드(PHEV), 연료전지 자동차(FCEV) 등이 있다. 하이브리드 자동차는 버려지는 에너지를 회수하여 연비를 높이고 엔진도 부하와 속도에 따라 가장 최적인 상태에서 작동한다. HEV의 단점은 주행거리가 짧은 무거운 배터리, 여분의 추진 체계(power-train)가 필요하고 이는 차량가격을 상승시키는 점이다. 가솔린공기하이브리드(PV)는 값이 비싼 다른 추진체계가 필요가 없고 HEV와 유사하게 작동한다. 차량이 감속할 때 엔진은 차륜의 운동에너지로 공기를 압축하여 압력탱크에 저장한다. 가속 시에는 엔진은 압축공기를 사용하여 바퀴를 구동하고 공회전정지 기능도 있다. 엔진은 정지하면 시동이 꺼져 공회전이 없다. HEV의 종류에는 전기모터의 크기와 역할에 따라 마이크로(micro), 마일드(mild, soft), 풀(full, strong), 플러그인(plug in)의 4종류가 있다. HEV는 전기발전기와 모터를 사용하고 에너지를 배터리에 저장한다. 아직 전기를 저장할 수 있는 양이 많지 않아 소·중형차량에만 적용한다. 기본적으로 마일드 하이브리드는 모터가 엔진보조(boost only)만 하고 전기로 주행은 불가(no e-drive)하고 풀 하이브리드는 전기모터 주행이 가능하다. 다음은 하이브리드 자동차의 주된 기능이다.

① 정지-출발(Start-stop), 공회전 정지 시스템(ISS)

② 엔진보조(Boost to engine power)

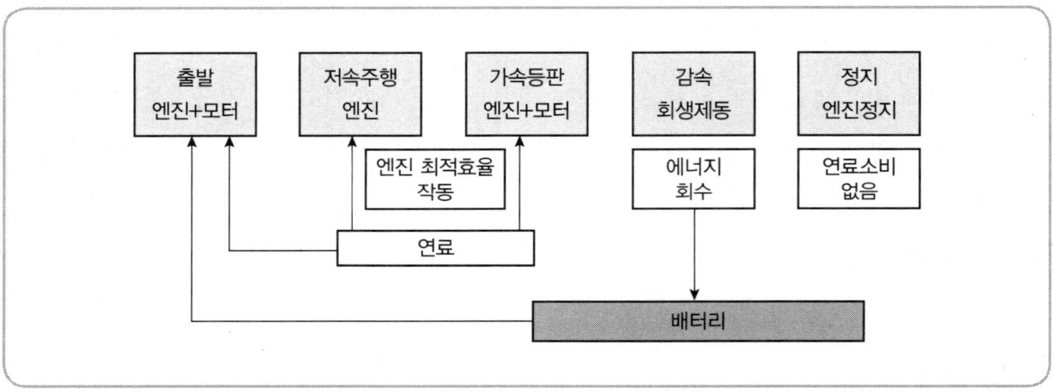

그림 10.2 마일드 하이브리드

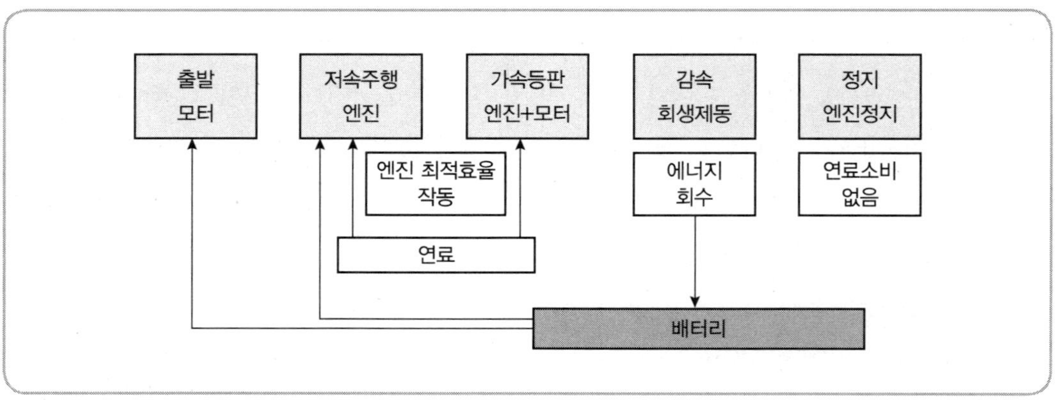

그림 10.3 풀 하이브리드

③ 전기모터 주행(Electric driving)

④ 회생제동(Regenerative braking)

마이크로 하이브리드는 **그림 10.2**처럼 출발-정지(start-stop)기능만을 기본적으로 가지는 자동차이다. 마일드 하이브리드는 마이크로기능에 회생제동과 엔진보조 기능이 추가된다. 전기모터는 출발시, 가속, 등판시에 엔진을 보조한다. 이 자동차의 장점은 배터리가 작아도 되고 전기모터, 발전기가 있고 풀 하이브리드와 비교하여 가격이 싸다. **그림 10.3**의 풀 하이브리드는 전기모터가 주요 구동력이고 엔진은 보조 역할을 한다. **표 10.1**는 HEV의 분류를 나타낸다. 에너지가 많으면 저장능력이 크고, 출력이 많으면 차의 속도가 빨라진다. **표 10.2**는 HEV의 기능에 의한 분류를 나타낸다. 마일드 하이브리드와 풀 하이브리드의 차이점은 전기모터의 주행 능력이다.

표 10.1 HEV의 분류

type	micro hybrid	mild(soft) hybrid	full(hard, strong) hybrid	PHEV	
battery type	납축전지, 커패시터	medium	high	high	
power	–	5~20kW	20~60kW	40~80kW	15~150kW
energy	–	0.6~1.8kWh	0.6~1.8kWh	5~15kWh	15kWh 이상
효율	–	20~35%	25~50%	10~15%	

표 10.2 HEV의 기능에 의한 분류

종류	정지/출발기능	회생제동	엔진(전기모터보조)	전기모터(엔진보조)
마이크로	○			
마일드 (소프트타입)	○	○	○ 출발(엔진+모터) 저속주행(엔진) 가속/등판((엔진+모터) 고속(엔진)	
풀(하드타입)	○	○	○ 고속(엔진)	○ 출발(모터) 저속주행(모터) 가속/등판((모터+엔진)

표 10.3 하이브리드 자동차의 종류(출처: SMMT)

대분류	중분류	소분류	
석유-하이브리드 전기자동차	병렬 하이브리드	마이크로 병렬 하이브리드	시동, 공회전정지, Citroen C2
		마일드 병렬 하이브리드 20kW 이하의 전기모터 보조	Sonata, K5, Honda insight
	직렬 하이브리드	엔진으로 발전하여 전기모터로 구동	GM Volt
	풀 직병렬 하이브리드	엔진과 전기모터로 구동	Toyota prius
	플러그인 전기자동차 (PHEV)	외부전기로 충전	미쯔비시 아웃랜더, Toyota prius
	연료전지 전기자동차	수소사용	FCX, FCHV-adv
유체 동력 하이브리드	석유-공기하이브리드 (petro air hybrid)	HEV와 같은 원리임	MDI 하이브리드, 푸조 Scuderi
	석유-유압하이브리드 (petro hydraulic hybrid)	HEV와 같은 원리임 유압으로 질소기체를 사용함	AHP
	석유-공기증기 하이브리드 (petro air stream hybrid)	물의 증발열을 이용	FTA의 BARSH
	전기-공기하이브리드	압축기를 전기로 작동함	Tata의 압축공기자동차
	압축공기자동차	압축공기를 내연기관으로 압축공기 발생	

10.1.4 전기 하이브리드의 구조

1896년 벨기에의 Pieper 회사가 납축전지가 보조하는 전기모터와 가솔린 엔진으로 병렬 하이브리드 전기자동차를 만들었다. 또한 1901년 엔진 60hp, 전기모터 40hp의 전기하이브리드를 개발하였다. 1902년 Krieger는 직렬하이브리드를 개발하고 포르쉐가 그 차량을 제조하였다. 그러나 내연기관의 급격한 발전으로 세계 1차 대전 이후 사라졌다. 1990년대에 들어서 도요타는 1997년 처음으로 프리우스, 1999년 혼다는 인사이트를 양산하였다. 2001년 도요타는 엔진 76hp, 전기모터 67hp의 풀 하이브리드를, 혼다는 엔진 67hp, 전기모터 13hp의 마일드 하이브리드를 개발하였다. 프리우스의 연비는 시내주행 4.5L/100km, 고속주행 4.9L/100km, 혼다의 연비는 시내주행 5.9L/100km, 고속주행 5.5L/100km이었다. 이러한 하이브리드는 가솔린과 비교하여 시내주행 55%, 고속주행 45%의 연비가 늘어났다. 대부분 가솔린-전기 하이브리드이고 프랑스의 푸조는 디젤-하이브리드를 가지고 있다.

일반적으로 HEV는 전기모터와 엔진을 같이 사용한다. 전기자동차의 환경에 유리한 점, 엔진의 주행에 유리한 점을 조합한 것이다. 전기는 엔진에 의해 충전되거나 회생제동시스템으로 회수되는 전기에너지를 배터리에 저장된 것을 사용한다. 엔진은 저부하 작동 시 스로틀밸브의 손실이 너무 커서 효율이 떨어진다. HEV에서 엔진은 크기가 작고 마력이 작은 것을 사용한다. 도요타 1세대 프리우스 엔진은 1500cc로 76hp를 가진다. 엔진을 다운사이징하여 출력밀도를 증가시키고 엔진은 부하가 클 때 가동되어 이렇게 하면 펌핑 손실이 낮아져 평균 체적효율이 커진다. 이렇게 엔진의 감소된 출력은 전기모터에 의한 출력으로 보상한다. 그리고 하이브리드 차량의 장점은 회생제동이고 단점은 전기모터와 리튬이온 배터리가 필요한 점이다. 또한 배터리의 제한된 수명은 차량 가격을 올린다.

하이브리드의 모터 배열 방식으로 직렬방식과 병렬방식, 직병렬방식이 있다. 직렬하이브리드는 엔진은 발전기를 구동하여 전기를 만들고 배터리에 저장하고 바퀴구동은 전기모터가 담당한다. 발전기와 전기모터의 2 모터 방식이다.

병렬하이브리드는 엔진과 모터가 구동축을 구동하고 엔진이 전기를 만들지는 않는다. 제동시 에너지를 회수한다. 그러나 이 에너지의 저장은 납축전지로는 용량이 적어 리튬이온 배터리가 필요하고 공간을 많이 차지하여 차량의 무게가 증가된다. 엔진과 전기모터사이에는 클러치가 연결되어 있다. 추진력은 엔진, 전기모터 단독으로 하거나 둘 다 사용할 수 있다. 병렬방식이 직렬방식보다 좋은 점은 엔진을 추진력으로 사용하기 때문에 에너지 전환손실이 작은 것이고 단점은 장시간 저속운행을 하면 배터리가 방전되는 것이다.

직병렬 방식(dual mode)은 동력을 나누어 담당한다. 엔진은 바퀴를 구동시키거나 발전기를 돌려 배터리에 전기를 저장한다. 전기모터와 엔진이 구동을 하고 엔진이 전기를 만드는 이 방법은 좀 더 효율이 높지만 가격이 비싸고 시스템이 복잡하다.

- 가솔린 엔진 하이브리드 시스템: 가솔린 엔진의 장점은 배기가스의 문제가 없고 조용한 것이다. 디젤 엔진과 비교하여 제작비가 싸고 조용하고 차량 품질이 좋다.
- 디젤 엔진 하이브리드 시스템: 가솔린 엔진보다 효율이 좋은 디젤 엔진과 모터를 조합한 시스템이다. 디젤 엔진은 가솔린 엔진과 비교하여 배기가스에 문제가 있었지만 지금의 CRDI 엔진은 이런 문제를 해결하였다. 따라서 이 시스템은 배기가스가 좋아지고 연비가

매우 우수하다.

(1) 직렬(시리즈) 하이브리드 시스템

그림 10.4의 직렬하이브리드 시스템은 바퀴의 구동을 전기모터로 하고, 엔진은 전기모터에 전기를 공급한다. 엔진으로 발전기를 돌려 전기를 만들고 그 에너지로 전기모터를 구동하여 자동차를 움직인다. 즉 엔진과 모터가 직렬로 연결된다. 엔진과 구동바퀴 사이에 기계적 전달은 없다. 엔진으로 발전한 전기를 배터리에 충전하고 그 전기로 전기모터를 구동한다. 전기모터는 바퀴를 구동할 때 동력의 전달 순서가 직렬로 되어 있다. 일반적으로 발전기로 발전하여 배터리에 충전하고 그 배터리에 저장된 전기를 꺼내어 바퀴를 구동하면 효율이 떨어진다. 발전기에서 발전된 전기로 직접 모터를 구동하면 효율이 좋아진다. 이 방법은 전기모터

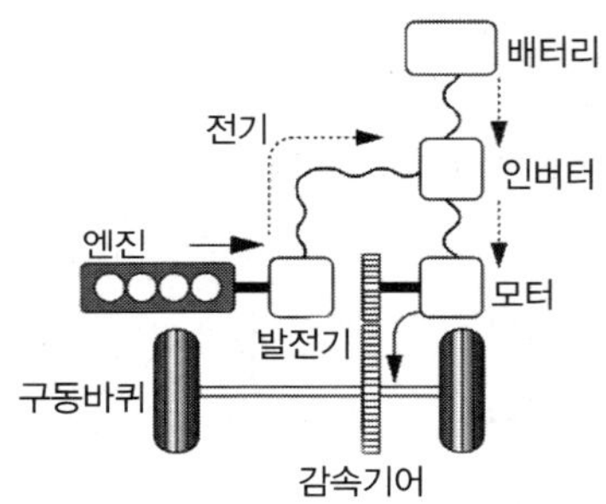

그림 10.4 직렬 하이브리드 시스템

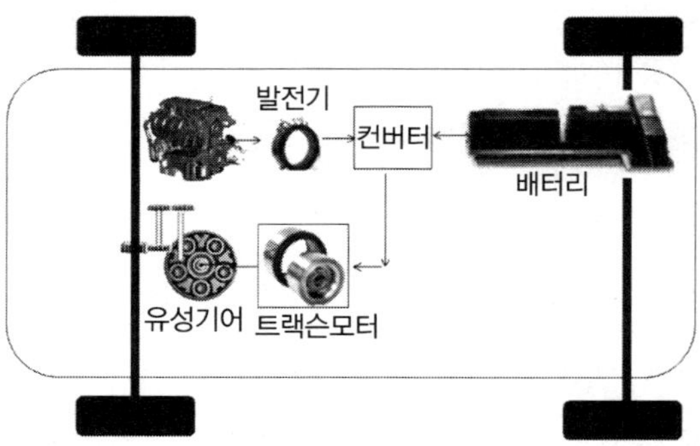

그림 10.5 GM Volt 직렬 hybrid

로만 바퀴를 구동하기 때문에 전기모터와 배터리의 용량이 커야 한다. 배터리를 사용하지 않고 엔진으로 발전기를 돌리고 그 에너지로 전기모터를 기동하면 간단한 주행은 가능하지만 가속이 어렵다. 감속시 회생제동으로 전기에너지를 회수한다. 엔진은 다운사이징되어 출력과 배기량이 작아지고 다운사이징 엔진도 큰 동력을 발휘한다. 이 방식은 하이브리드 자동차의 기본이 되는 자동차이다. **그림 10.5**는 GM Volt 직렬 하이브리드를 나타낸다.

(2) 병렬(패러럴) 하이브리드 시스템

병렬하이브리드 시스템은 엔진과 전기모터가 동시에 바퀴를 구동한다. 따라서 엔진과 전기모터가 병렬로 구성된다. 전기모터는 엔진 보조로 바퀴를 구동하고 발전기 전기는 배터리에 충전한다. 병열하이브리드 동력은 엔진, 전기, 단독으로 혹은 2 동력 같이 자동차를 구동할 수 있다. **그림 10.6**은 병렬 하이브리드 시스템을 나타낸다.

방법에는 전기모터에서 나오는 구동력을 변속기 후방에서 합류시키는 방법과 변속기 전방에서 합류시키는 방법이 있다. 2가지 방법 중 어떻게 구성하는가에 따라 모터의 회전과 출력 특성이 변한다. 가장 널리 보급되어 있는 방식이다.

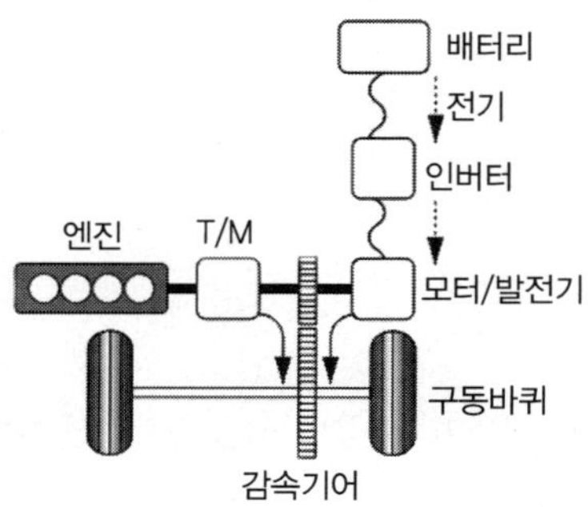

그림 10.6 병렬 하이브리드 시스템

(3) 직병렬(dual) 하이브리드 시스템

직렬과 병렬 2가지를 모두 사용하는 혼합 하이브리드 시스템이다. 직렬방식과 병렬 방식의 장점을 따서 혼합시킨 방식이다. 전기모터 또는 엔진 만으로 바퀴를 구동하기도 하고 전기모터와 엔진을 함께 휠을 구동하기도 하는 복잡한 구조를 가진다. 이는 연비개선과 배출가스 저감에 매우 유리하다. 엔진의 효율을 높이기 위해 모터의 사용영역을 확대하고 앳킨슨 사이클 엔진을 적용하여 연비를 향상시켰다. 높은 토크영역에서는 가솔린 엔진을 사용하고 낮은 토크 영역은 전기모터를 사용한다. 2종류의 동력을 자유롭게 분할, 혼합하여 사용하고 엔진, 전기모터, 발전기의 3가지 요소로 구성된다. 각각의 작동과 토크 특성을 유지하면서 다른 종류의 동력을 자유롭게 혼합하여 구동력을 만든다. 병렬방식은 개별구동, 결합구동이 가능하고, 직렬방식은 전기발전, 전기모터 구동이 동시에 가능하다. 변속장치는 동력분할기구, 유성기어 작동에 발전기 전기를 사용하고 기구는 간단하지만 작동은 복잡하다. **그림 10.7**은 직병렬 하이브리드 시스템을 나타내고 **그림 10.8**은 하이브리드 자동차의 모터와 엔진 사용량을 나타낸다.

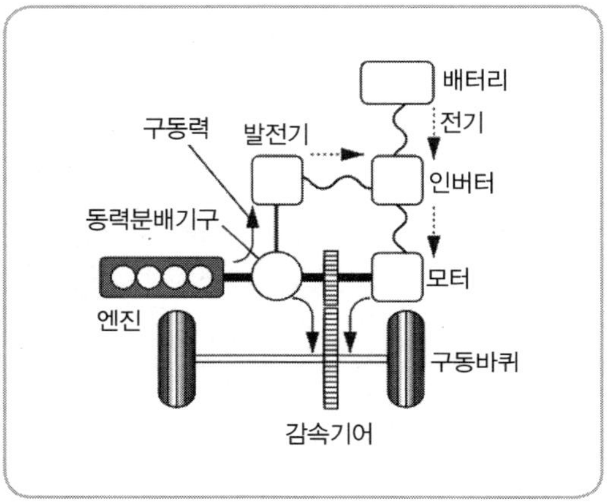

그림 10.7 직병렬 하이브리드 시스템

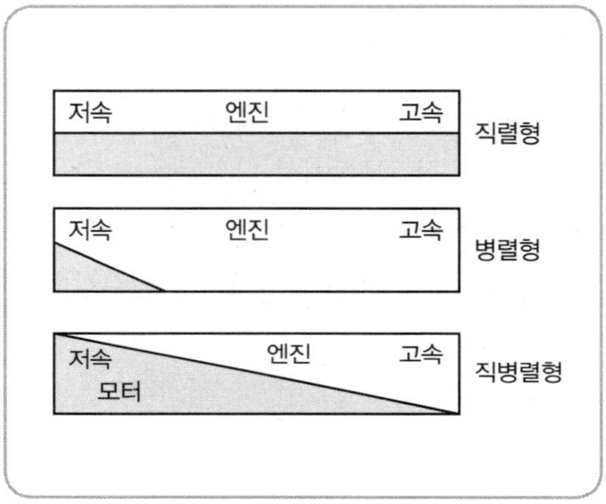

그림 10.8 하이브리드의 모터와 엔진 사용량

(4) 모터보조방식

하이브리드 자동차 중 가장 간단하며 가격도 저렴하다. 엔진의 출력 부분에 모터를 직접 연결하여 토크상승과 감속시 에너지를 회수한다. 병렬 하이브리드와 비슷하지만 기능면에서 차이가 있다. 기구적으로 가장 간단해서 플라이 휠 부분에 끼우는 모터, 배터리와 제어계통을 추가하여 연비 개선을 한 것이 있다. 감속시 엔진이 전기모터와 같이 계속 돌기 때문에 연소를 멈추고 있어도 엔진 브레이크 만큼 에너지 회수가 줄어든다. 모터의 토크가 구동력에 더해지고 빠질 때 구동에 문제가 발생할 수 있어 운전성능의 최적화가 어렵다.

10.2 플러그인 하이브리드 전기 자동차

PHEV의 의미는 Plug-in Hybrid Vehicle의 약어로, 플러그 인 하이브리드 자동차이다. PHEV는 외부 전원을 이용하여 자동차 배터리를 충전할 수 있는 형태의 하이브리드 자동차이다. 주행시에 CO_2나 유해 배기가스를 내지 않는 전기 모터와 가솔린 엔진과 디젤 엔진의 내연기관을 같이 사용하여 원거리 주행을 할 수 있는 하이브리드 자동차로 친환경 자동차중 가장 유망한 자동차이다. 이 자동차는 주행을 전기모터로 하고 가능한 내연기관은 사용하지 않아 배기가스를 내지 않고 전기 또한 저렴한 심야 전력을 이용하여 집에서 충전할 수 있도록 하여 연비도 높다. 그리고 전기자동차의 문제점인 주행거리에 대한 염려가 없다. 2020년 정도에 가장 많이 판매되는 친환경 자동차가 될 것으로 예측된다. PHEV가 차지하는 비율은, 2020년에 20%, 2030년에 30~40%가 될 것으로 예측된다. 주행 상황에 따라 최적인 모드에 제어하는 전기 자동차를 기본으로 시내주행의 저· 중속 주행 시에는 전기모터 주행모드를 사용하고 배터리의 용량이 저하하거나 강력한 가속이 필요한 경우에는, 내연기관의 엔진이 자동적으로 기동하여 발전기를 돌려 전기를 만들어 모터와 배터리에 전기를 공급하는 직렬 주행모드가 된다. 정속의 고속 주행 시에는 엔진을 이용하여 바퀴를 구동하고 모터가 보조하는 병렬 주행모드가 된다. 감속 시에는 모터는 발전기로 되어 감속 에너지를 회생하여 배터리에 충전한다.

플러그인 하이브리드 전기 자동차는 가솔린 엔진, 고전압 배터리, 전기 모터의 완전한 조합으로 자동차의 최대 연비 효율을 나타낸다. 이것은 내연기관은 보조역할을 하고 전기모터가 주 역할을 한다. PHEV는 가정용 120V와 240V를 사용하여 배터리를 충전한다. 이렇게 하여 전기모터로 계속 주행을 하다가 상당한 거리 주행 후 엔진이 작동을 시작한다. 그것도 엔진의 효율이 가장 좋을 때만 사용한다. 배터리는 고전압 리튬 이온 전지을 사용하여 효율이 높다. PHEV는 에너지를 회수하여 배터리에 저장시키고 회생 제동하는 동안 전기모터는 발전기 역할을 한다. 외부 전원 연결은 꼭 필요한 것은 아니지만 심야전기를 이용하여 최적의 연비를 제공할 수 있다. 저속일 때는 전기모터, 고속일 때는 엔진이 작동한다.

PHEV는 배터리를 사용하여 전기 모터를 구동하고 가솔린, 디젤, 가스 등의 연료를 사용하는 엔진으로 구동하기도 한다. 이 자동차는 하이브리드 전기자동차보다 배터리가 더 크다. 이렇게 하면 전기 모터로 주행할 수 있는 거리를 늘릴 수 있다. 전기자동차와 같이 매일 충전하는 것이 아니라 가끔 충전해도 되는 장점이 있다. 전기모터와 엔진을 병렬 및 직렬로 연결하는 방식도 있다. 주행에 따라 병렬 또는 직렬 방식 중 하나로 작동할 수 있고 동시에 작동하는 혼합모드가 있다. 혼합모드는 전기모터와 엔진이 직접 바퀴를 구동한다. 직렬 플러그인 하이브리드는 바퀴 구동에 전기 모터만 사용내고 엔진은 모터에 전기를 공급하는데 사용한다. 배터리가 소진되면 병렬 하이브리드로 전환하기도 한다.

자동차 배출물은 스모그와 연무와 같은 공기오염물질과 이산화탄소, 메탄과 같은 온실가스이다. 이러한 것은 테일파이프 CO_2와 WTW CO_2로 나누어 고려해야 한다. 직접 배출가스은 테일파이프에서 배출되는 가스와 연료 주입동안 차량에서 배출되는 증발가스가 해당된다. 전기자동차는 직접 배출가스는 0이다. PHEV는 전기모터로만 구동할 때는 0이지만 연료 주입시와 엔진을 구동할 때는 직접 배출가스는 생산된다. 그러나 기존 차량과 비교할 때 낮은 수준이다. WTW CO_2는 연료생산, 처리과정, 운반, 사용 시 발생하는 모든 배출가스를 의미한다. 가솔린의 경우 배출가스는 땅에서 원유를 채취할 때, 정제할 때, 운반할 때, 연소할 때 등 모든 과정에서 발생한다. 전기에너지의 경우 대부분의 전기 발전소는 배출가스를 발생한다.

미쯔비시 PHEV는 구동용 배터리를 탑재하고 있기 때문에, 배터리의 전기만으로 50km 이상의 주행을 할 수 있다. 즉, 일상의 대부분을 전기자동차로서의 주행이 가능하다. 또한 주행 중에는 엔진으로 발전하여 배터리 전기을 충전할 수 있는 배터리 충전모드가 있다. 충전한 전기는 차내의 콘센트와 연결하여 외부에서 전기제품을 이용하거나 비상시의 전원공급 등에 이용할 수 있어 한층 더 편리하다.

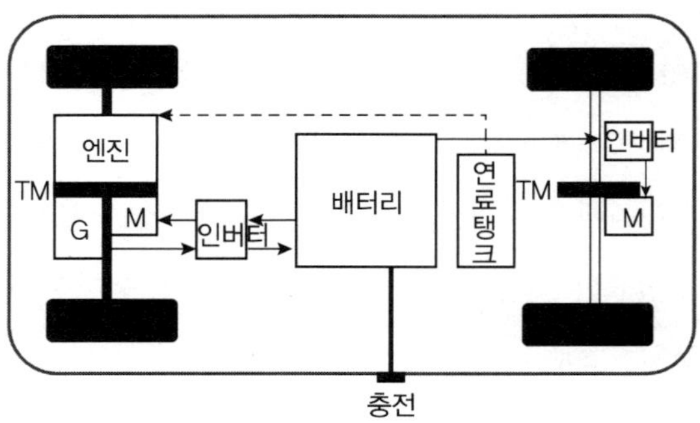

그림 10.9 미쯔비시 PHEV의 구성

(1) 전기모터 주행모드

구동용 배터리에 의한 전기모터로 주행한다. 일상의 대부분의 주행은 전기 자동차로서 사용이 가능하다. 그림 10.10은 전기모터 주행 원리를 나타낸다.

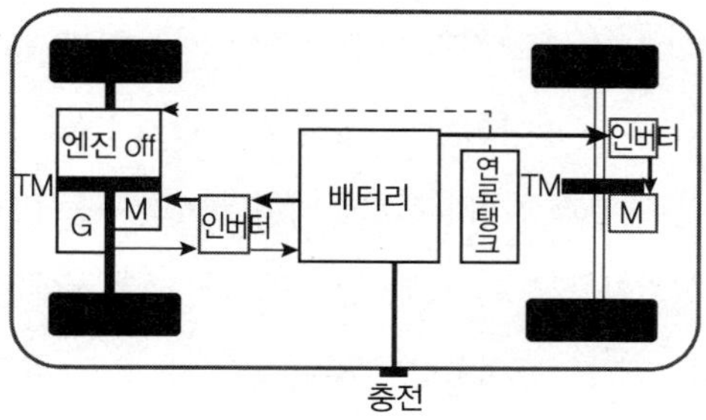

그림 10.10 전기모터 주행

(2) 직렬 주행 모드

구동용 배터리의 용량이 저하했을 때, 가속시 등 고에너지를 필요로 하는 경우, 구동용 배터리와 엔진 충전 전기를 이용하여 전기모터로 주행한다. 그림 10.11은 직렬 주행 원리를 나타낸다.

(3) 병렬 주행 모드

엔진의 효율이 가장 좋은 고속영역은 엔진으로 구동하고 모터가 보조한다. 그림 10.12는 병렬 주행 원리를 나타낸다.

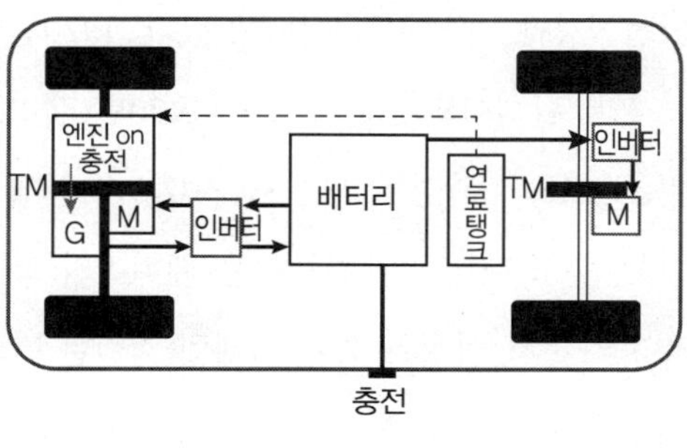

그림 10.11 직렬 주행

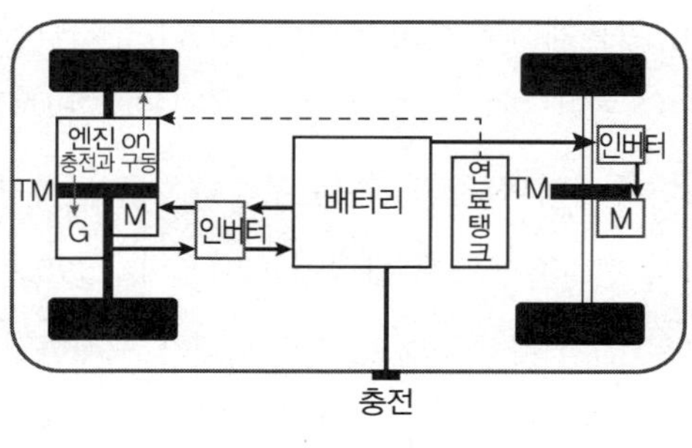

그림 10.12 병렬 주행

BMW가 2014년 4월에 양산에 들어간 i8의 플러그인 하이브리드는 전륜을 전기모터로, 후륜 엔진으로 구동한다. 엔진은 후륜에 장착되고 1.5리터 직렬 3기통 가솔린 터보로 최고출력 231ps, 최대토크 32.6kg·m이다. 전륜에 탑재된 모터는 최고출력 131ps, 최대토크 25.5kg·m로 전기모터와 엔진을 합한 구동 출력은 362ps, 토크는 510.1kg·m이다. 0~100km/h의 가속성능은 4.4초, 최고속도 250km/h이다. 배터리는 축전용량 5kW의 리튬이온 배터리로 모터 단독으로 최대 37km, 최고속도 120km/h로 전기보터 주행이 가능하다. i8은 EV모드의 효과도 있어 유럽 복합모드 연비가 47.6km/L, 이산화탄소 배출량은 49gTTWCO_2/km이다. 미쯔비시 아웃랜더는 2.0L MIVEC 가솔린 엔진과 2개의 전기모터이다. 4륜구동 PHEV시스템으로, 최대 주행가능거리는 824km, 순수 전기차 모드는 52km를 구동한다. 충전에는 4시간이 걸리며, 급속 충전일 경우 30분에 배터리의 80%를 충전할 수 있다. 전기차 모드 효과로 유럽 복합모드 연비가 52.6km/L이고 이산화탄소 배출량은 km당 44gTTW CO_2/km이다. 2015년에는 현대자동차가 LF소나타 플러그인 하이브리드(PHEV)를 출시할 예정이다.

10.3 배터리 전기자동차(BEV)

10.3.1 전기자동차의 역사

1830년경, 영국에서 연구가 시작되어, 1873년에 세계 최초의 납축전지를 사용한 전기 자동차가 제조되었다. 1900년경의 미국에서는 생산 대수의 40%가 전기 자동차였으며 1,600대가 생산되었다. 1912년, 미국에서는 3~4만대 생산되었지만, 포드의 가솔린차에 의해 밀려났다. 1949년, 일본에서도 전기 자동차의 점유는 3% 정도로 발전했지만, 미국처럼 쇠퇴해 갔다. 1970년대에 중동의 오일 쇼크로 전기자동차의 관심이 높아졌지만, 활성화되지는 않았다. 1990년 캘리포니아주에서 신차의 1%는 무공해차로 판매해야 하는 CARB의 완전무공해자동차(ZEV) 규제로 다시 전기자동차에 관심이 모아졌다. 1990년대에는 니켈수소 배터리나 리튬이온 배터리의 등장으로 전기 자동차의 새로운 시대가 도래하였다. 그러나 자동차 업계와 석유 업계의 격렬한 반대로, ZEV 규제는 다시 쇠퇴하였다. 1997년의 교토 의정서에 의해, CO_2 삭감이 큰 문제가 되어, 전기자동차는 환경면에서 큰 주목받기 시작하였다. 1990년 LA 모터쇼에서 GM의 EV1이 발표

되었다.

2011년에는 미쯔비시 아이미브(i-Miev), 닛산 리프(Leaf), 현대 레이(Ray)의 판매를 시작으로 전기자동차 보급 원년이 되었다. 그리고 2012년은 세계적으로 하이브리드 자동차, 플러그인 하이브리드 자동차, 전기 자동차 등의 상용화가 진행되었다. 하이브리드 자동차로는 도요타의 아쿠아, 포드의 C-MAX, 혼다의 피트, 프라이드도 양산되었다. 전기자동차는 초기 단계이지만, 닛산, 미쓰비시이외에 르노, PSA 등이 전기자동차를 발매하였고, 다임러, BMW, 포드, GM은 시험 목적으로 한정 판매를 하고 있고, 현대의 블루온, 폭스바겐의 e-UP, 도요타의 iQ, EQ, BYD의 E6 등이 주목받고 있다.

미국의 ZEV규제로 인하여 2020년경에는 전기자동차가 상당히 증가하고, 2030년경에는 고성능 배터리 탑재가 예상되므로 조금씩 장거리 주행이 가능해 보이지만, 시내주행, 통근용 등으로 한정될 것으로 보인다. PHEV는 전기자동차의 주행거리 문제를 보완한 자동차로 전기자동차가 완전히 개발될 때까지 상당기간 양산될 것으로 보인다. PHEV는 도요타의 프리우스 PHEV, 미쓰비시의 아웃랜더 PHEV 등이 양산 판매되고 있다. 표 10.4는 주요 회사 전기자동차의 제원을 나타낸다.

표 10.4 회사별 전기자동차의 제원

	BlueOn	I-Miev	Leaf	르노 블루언스
최고속도	130km/h	130km/h	140km/h	130
주행거리	140km	160km	160km	140
출력(kW)	61	47	80	61
토크(Nm)	210	180	280	210
배터리종류	리튬이온	리튬이온	리튬이온	리튬이온
충전시간	220V 6시간	220V 7시간	220V 8시간	220V 6시간
양산년도	2011	2009	2010	2011

10.3.2 전기 자동차의 구성

전기 자동차는 배터리에 축적된 전기를 에너지원으로 모터를 회전시켜 바퀴를 구동한다. 감속 시에는 모터는 발전기로 작동하여 전기를 배터리에 충전한다. 연료전지 자동차는 전기자동차의 배터리를 연료 전지로 대체한 것이다. 전기자동차의 주요 부품은 다음과 같다.

- 에너지원: 전기 충전 배터리
- 파워 컨트롤 유닛(PCU): 모터, 인버터, 컨버터, VCU(Vehicle Control Unit)
- 드라이브 트레인: 동력을 바퀴에 전달한다.

처음의 전기자동차는 직류모터에 납축전지를 탑재한 자동차이고 지금의 전기자동차는 교류

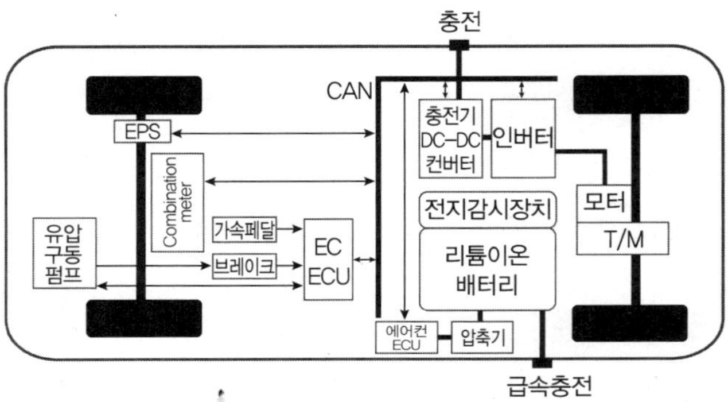

그림 10.13 iMive 전기자동차의 구성

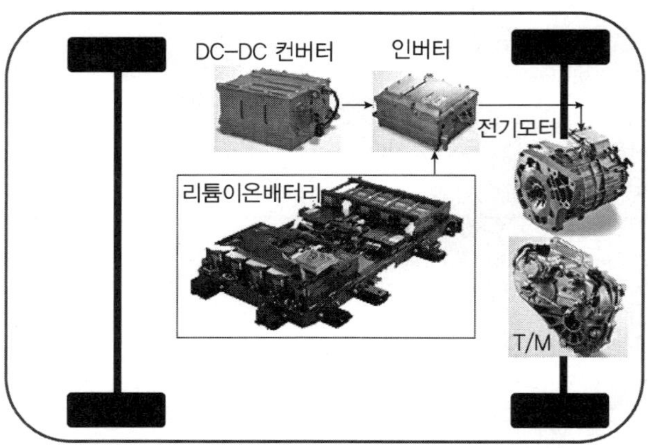

그림 10.14 iMive 부품의 구성

모터, 리튬이온 배터리 사용, 모터제어 기술이 향상되었고 리튬이온 배터리의 개발로 경량화가 가능하고, 파워 웨이트비(power weight ratio, 1마력이 담당하는 차량무게)가 나타내는 가속성능이 지금까지 50kg/ps이던 것이 20kg/ps로 개선되어 가솔린 자동차와 비슷한 차량성능이 가능하다. 그리고 전기자동차는 고전압이므로 절연 안전시스템을 필요로 한다. 배터리 내의 휴즈는 고전압을 차단하고, 충돌감지시스템은 충돌시의 고전압을 차단하고, 차체 구조 최적화로 고전압 부품을 보호한다. **그림 10.13**은 iMive 전기자동차의 구성을 나타내고 **그림 10.14**는 iMive 전기자동차의 구성 부품을 나타낸다. 주요 구성 부품은 전기모터, 변속기, 배터리, 인버터, DC-DC 컨버터 등이다.

(1) 전기모터

전기자동차에서 구동력은 고전압 리튬이온 배터리에서 나오는 전기이다. 배터리는 외부에서 120V 혹은 240V를 공급받아 충전된다. **표 10.5**는 전기자동차에 사용하는 모터의 용량을 나타내고 **그림 10.15**는 전기모터의 종류를 나타낸다. 현재 사용되는 모터의 종류는 다음과 같다.

표 10.5 전기자동차에 사용하는 모터 용량

Type	Strong Hybrid	PHEV	EV
battery type	High	High	High
power	20~60kW	15~150kW	70~300kW
energy	0.6~1.8kWh	15kWh 이상	20kWh 이상

(a) iMiev

(b) K5

(c) FCX의 트랙션 모터

그림 10.15 전기모터의 종류

① 66kW급 DC permanent magnet brushless

② 80kW급 DC permanent magnet brushless

③ 110kW급 DC permanent magnet brushless

④ 107kW급 AC induction

⑤ 206kW급 AC induction

(2) 인버터

인버터는 배터리와 전기 모터 사이에 위치한다. 인버터는 직류를 교류로 전환하여 모터의 회전수와 토크를 자유롭게 제어할 수 있도록 하는 장치이다. 자동차의 발전기는 교류로 만들어진 전기를 다이오드가 직류로 만들어 배터리에 저장한다. 전기 모터를 작동하는 데 필요한 교류전압은 인버터를 사용하여 배터리의 직류전압으로 부터 만들어 낸다. 이러한 이유는 전기는 직류로만 저장이 가능하고 전기 모터는 교류를 사용하기 때문이다. 직류 모터를 사용하면 인버터가 필요하지 않지만 교류 모터보다 고성능을 내기가 어렵다. 전기 모터의 출력 제어는, 직류 전류를 사용하면 비교적 쉽지만 교류 전류를 사용하면 제어기가 필요하다.

전기자동차에 3상 브러시리스 전기모터를 사용하면 배터리는 직류 전원이기 때문에 3상 교류전원으로 변환해야 한다. 이때는 3상 인버터를 이용하여 가속 시에는 직류를 교류로, 감속인 회생제동 시에는 교류를 직류로 변환한다.

엑셀 페달을 밟으면 차속과 부하 등의 조건에 따라 모터의 토크와 회전속도를 제어한다. 페달의 위치에 따라 직류전류를 제어하며 직류모터는 전류의 크기를 제어하고 교류모터이면 직류를 교류로 바꾸어야 하고 다시 진폭이나 주파수, 위상을 변경해야 한다.

직류모터의 제어 방법은 회로의 저항의 크기 변화로 전류 값을 변화시킨다. 전류의 크기는 단계적으로 변하고 토크도 단계적으로 변한다. 트랜지스터나 싸이리스터의 반도체를 사용하여 전류를 on－off하여 고주파 펄스 상태의 전류를 만든다. 통전시간으로 펄스수를 제어하여 전류의 크기를 결정한다. 이 통전시간을 듀티비라고 한다. 제어 결과는 아날로그가 되고 펄스폭을 제어하는 PWM방식이 많이 사용된다.

교류모터의 제어는 가속페달의 크기에 따라 교류 전류의 진폭을 변화시키면 자계강도가 변하여 토크를 제어 할 수 있고 교류 전류의 주파수를 변화시키면 모터의 회전속도를 제어할 수 있다. 인버터를 이용하여 직류를 3상 교류로 전환하여 진폭과 주파수를 제어하여 모터를 제어한

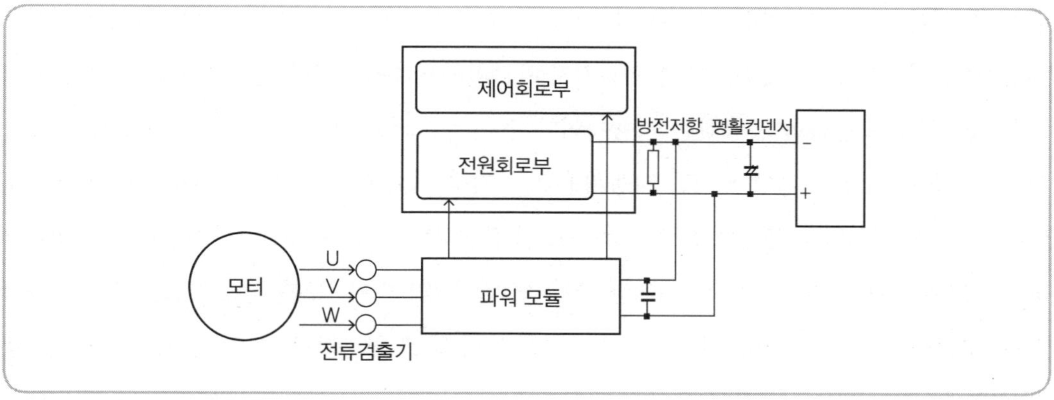

그림 10.16 인버터의 구조

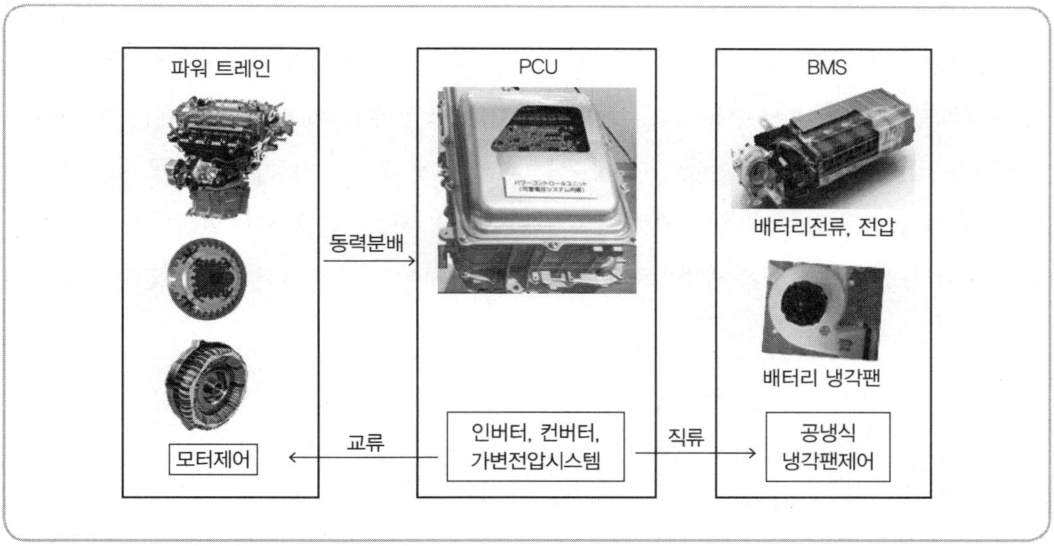

그림 10.17 고전압 배터리시스템

다. 모터제어기는 인버터를 의미한다. 그림 10.16은 인버터의 구조를 나타낸다. 파워모듈, 제어회로부, 전원회로부, 배터리로 구성되고 모터 제어를 담당한다.

10.4 연료전지 하이브리드 전기 자동차

수소는 내연기관이나 연료전지를 사용하여 동력으로 전환된다. 수소는 매우 많은 방법으로 얻을 수 있다. 연료전지 자동차는 수소가 포함된 화학에너지를 전기로 전환하는 데 연료전지를 사용한다. 전기자동차에서 배터리를 연료전지로 교환하고 수소가 포함된 에너지를 공급하여 전기를 자체적으로 만들어 사용하는 자동차이다. 전기는 모터를 구동하고 모터는 바퀴를 구동한다. 여러 종류의 연료 셀이 있지만 자동차용으로 가장 적합한 것은 PEM(proton exchange membrane)인 고체 폴리머 막을 전해질로 사용하고 이 셀은 부분적으로 충전되면 비교적 효율적이고 60~100℃부근에서 가장 잘 작동하지만 냉각시스템이 필요하다. 보통 연료전지는 직렬 구동식이다. 연료전지의 장점은 연료전지의 크기, 무게, 부피 등을 최소화할 수 있다. 최적화된 시스템에서 연료전지의 효율은 최대가 된다.

연료 전지는 (−)극에 수소를 사용하고 수소는 수소탱크에서 공급한다. 수소가 포함된 연료로 수소가스, 천연가스, 메탄올 등의 연료를 사용한다. 전지 반응의 원리는 1차 전지와 같지만 연료를 계속 공급하면 계속 전기를 만들 수 있는 점은 2차 전지와 같다. 연료 전지는 물의 전기 분해의 반대 반응이다. 수용액에 금속의 전극을 넣고 전류를 흘리면, (−)극에는 수소 가스, (+)극에는 산소 가스가 발생한다. 연료 전지는 전지 내에 전기를 저장은 하지 못하고, 단순한 화학반응만을 하므로, 효율을 좋게 반응시키는 방법의 개발이 중요하다. 발생하는 열로 온수를 만들어 사용하는 열병합 방법으로 전기와 열을 동시에 만들면 효율이 높아진다. 연료전지

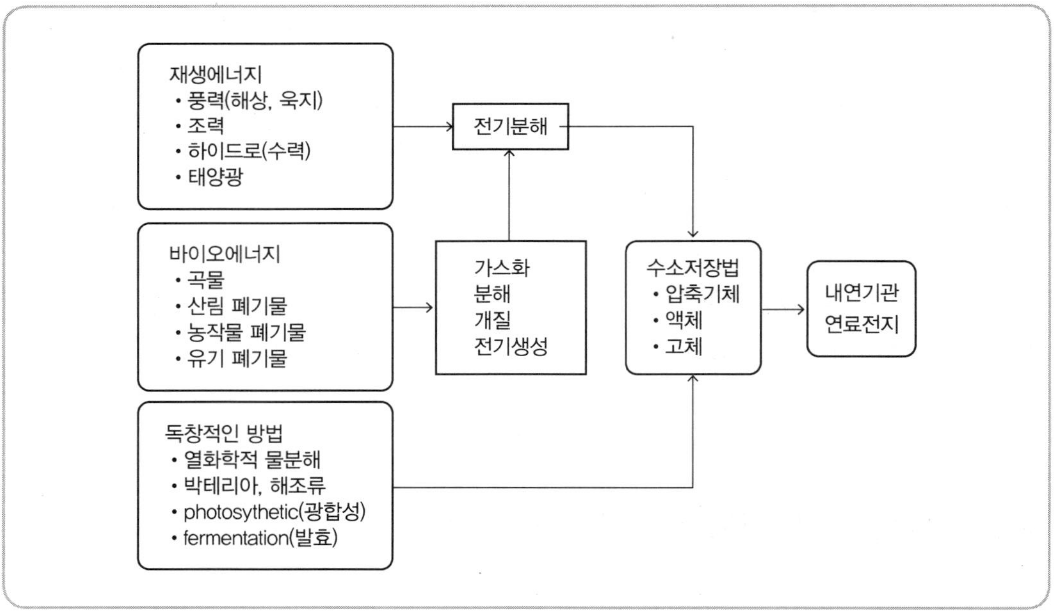

그림 10.18 수소제조법

는 음극, 전해질, 양극으로 구성된다. 연료는 양극으로 가압된 상태로 공급되어 양극의 촉매층과 반응을 하면 전자와 양성자로 해리된다. 양성자는 전해물질을 통과하여 음극으로 가는 반면에 전자는 음극으로 가지 못하고 전자는 외부 회로를 따라 양극으로 향하여 전기는 흐른다.

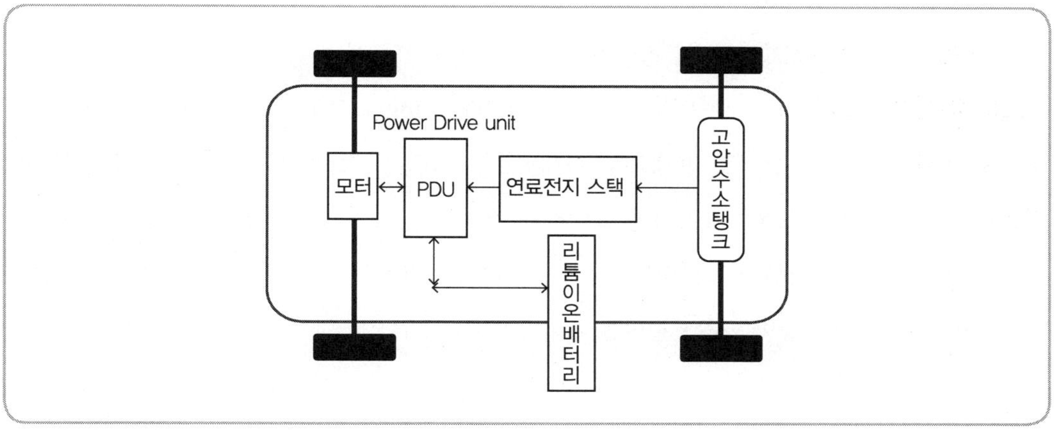

그림 10.19 연료전지 자동차의 구성

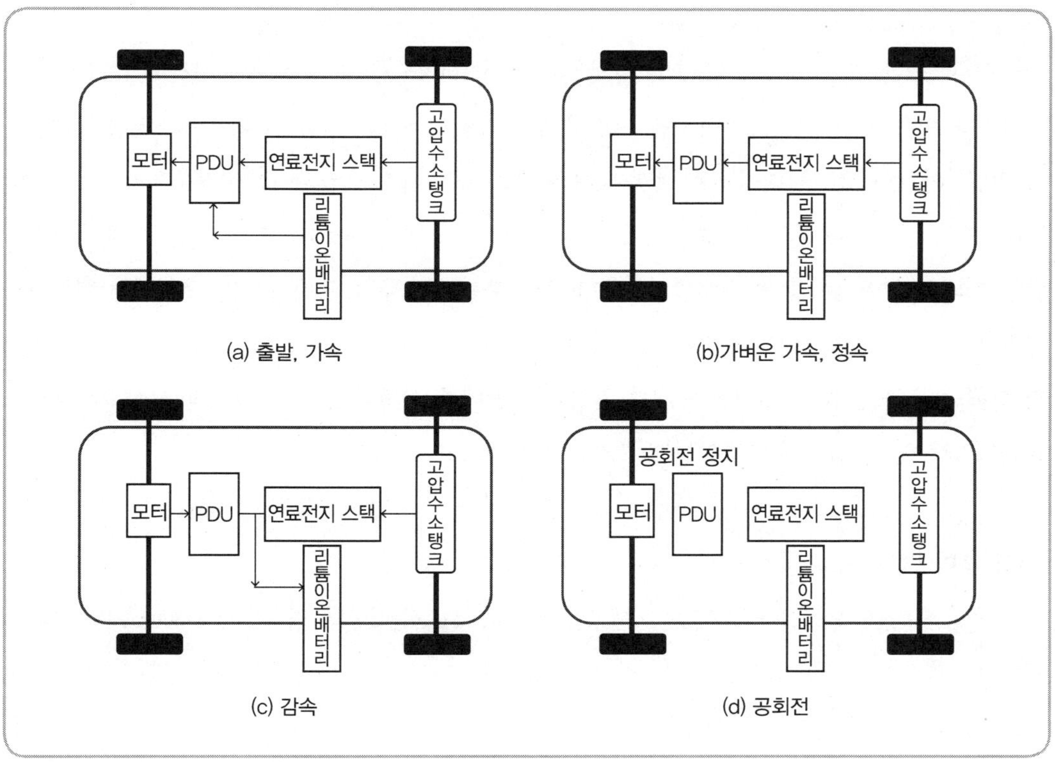

그림 10.20 연료전지 자동차의 작동원리

가압된 산소는 음극으로 공급되고 산소가 촉매 층과 양성자와 반응하면 전자, 물, 열을 생산한다.

PEM 연료전지의 연료는 순수 수소, 산화제로 공기나 산소를 사용하고 에너지 밀도가 높고 연료전지의 크기가 작다. SOFC(solid oxide fuel cell)는 작동온도가 1000℃를 넘어 이는 자동차 안전에 문제가 있고 고온에 의해 연료전지가 가열되고 연비가 나빠진다.

그림 10.19는 연료전지 자동차의 구성을 나타낸다. 700bar의 고압수소탱크, 동력구동유닛(PDU), 연료전지 스택, 트랙션 전기모터, 배터리로 구성된다. 그림 10.20은 연료전지 자동차의 작동원리를 나타낸다. 출발, 가속시는 배터리와 스택에서 모터로 전기를 공급하고, 가벼운 가속시는 스택에서만 전기를 공급한다. 감속시는 모터의 회생제동과 스택에서 만들어지는 전기를 배터리에 저장을 하고 공회전시는 공회전을 하지 않는다.

(1) 현대 투산 iX35 연료전지차

투싼 연료전지 자동차는 현대자동차가 독자 개발한 100kW 연료전지 스택과 100kW 구동모터, 24kW 고전압 배터리, 700기압(bar) 수소저장 탱크를 탑재하고 −20℃ 이하에서도 시동이 가능하다. 또한 최고속도 160km/h, 정지 상태에서 100km/h에 도달하는 시간이 12.5초로 내연기관과 비슷한 가속과 동력성능을 가진다. 1회 충전시 주행거리는 415km이고 파열, 극한 반복 가압, 화염, 충격, 낙하 등 총 14개 항목의 테스트를 거쳐 내압용기(수소저장탱크) 인증을 받았다. 또한 정면과 후방, 측면 충돌시험 및 고전압, 수소 누출 등 13개 항의 안전성 인증을 받은 만큼 신뢰성과 안전성을 동시에 확보하였다. 현대자동차는 주요 부품을 국내 200여개 협력사와 개발했는데 95% 이상 국산화율을 달성하여 미래 환경자동차 분야의 핵심 기술력을 국내 기업과 함께 보유하고 있다. 2014년 40대를 지자체에 판매를 시작하였고 가격은 1억 5000만 원이다. 2014년 4월 현재, 전국에 11기의 수소충전소가 운영되고 있다.

(2) 혼다 FCX 연료전지차

1999년 혼다는 도쿄 모터쇼에 FCX를 발표하였다. FCX는 PEM 연료전지 86kW, 80kW의 전기모터, 최고속도 150km/h, 주행거리 430km이다. 2007년 혼다는 FCX의 개선된 차량으로 FCX Clarity를 개발하였다. 이는 PEM 연료전지 100kW, 주행거리를 30% 증가시켰다. 그림 10.21은 혼다 FCX의 구성부품을 나타낸다.

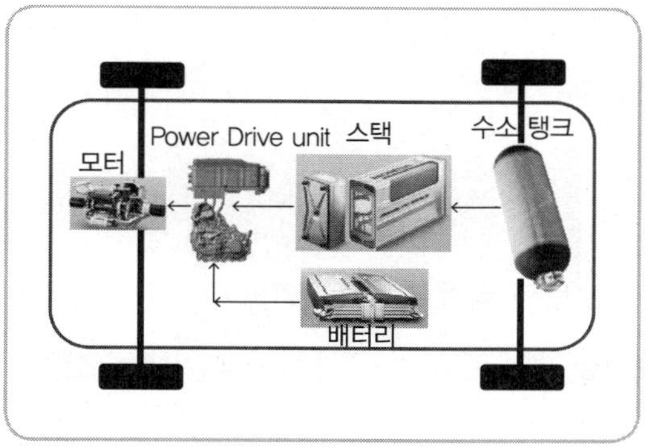

그림 10.21 혼다 FCX의 구조

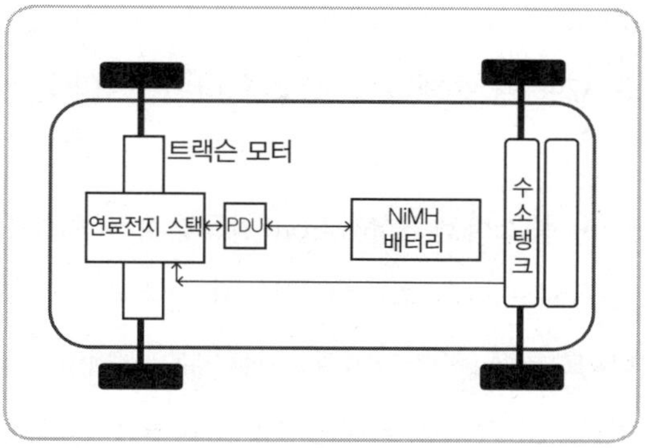

그림 10.22 도요타 FCHV의 구조

(3) 도요타 FCHV-adv 연료전지차

1999년 도요타는 FCHV-1의 연료전지 하이브리드 자동차를 개발하였다. PEM 연료전지 90kW, 90kW의 전기모터, 최고속도 155km/h, 주행거리 330km이다. 2008년에는 FCHV-adv를 개발하였다. 이는 연비효율, 수소저장 압력을 높여 주행거리를 880km로 늘렸다. FCHV-adv는 새로운 설계의 고성능 연료전지인 FC스택을 탑재하고 저온 시동성 불량 개선과 주행거리를 향상시켰다. 고성능 연료전지의 최소 구성 단위인 MEA가 PEM 내부에 있고, 셀 내부를 가시화하여, 생성수의 양과 유동을 파악하고, MEA의 최적설계와 제어 시스템을 개발하여 생성수를 제어하여 -30℃의 저온 하에서도 생성된 물이 동결되지 않아 발전을 저해하지 않는다. 연료전지의 성능 향상을 위해 소비전력 저감과 회생제동 시스템의 개선으로 약 25%의 연비를 향상시켰다. 70MPa의 고압 수소 탱크를 탑재하여 1회의 수소 충전으로 주행 거리는 약 830km로, 종래 보다 2배 이상의 향상을 달성했다. 그림 10.22는 도요타 FCHV의 구조를 나타낸다.

(4) 닛산 X-trail 연료전지 하이브리드차

2007년에 개발된 X-trail은 전기모터 95kW이며 700기압의 고압 수소를 장착하여 많은 수소 저장으로 500km 이상 주행이 가능하다.

(5) GM Sequel 연료전지차

Sequel은 연료전지의 출력은 73kW이고 전기 모터는 115kW, 100km/h 가속시간은 10초이고 최고시속은 145km/h이다. 2개의 탱크에 최대 6kg씩 저장되는 수소는 급속 충전이 가능하고

65kW의 리튬이온 배터리를 외부에서 충전할 수 있는 플러그 인 기능까지 있고 전기모터 모드로 32km를 운행할 수 있고 최대 주행거리는 480km이다.

(6) 폭스바겐 HyMotion 연료전지 하이브리드

HyMotion은 소형 SUV로 107마력의 출력, 6.8Ah 용량의 리튬이온 배터리도 장착된 연료전지 하이브리드 자동차이다. 리튬이온 배터리는 회생제동 에너지 또는 연료전지에 의해 충전되고 연료전지 시스템과 리튬이온 배터리가 전기모터를 모두 작동하는 경우, 출력은 134마력으로 높아지고 최고속도 150km/h, 정지 상태에서 100km/h 도달시간이 14초이고 주행거리는 250km이다. 700bar의 수소탱크는 3.2kg의 수소를 저장할 수 있다.

표 10.6은 주요 연료전지(하이브리드) 차량의 제원 비교를 나타낸다.

표 10.6 주요 연료전지차량제원 비교(출처: KISTI)

구분	현대 · 기아	혼다	벤츠	도요타
모델명	투산ix	FCX 클래리티	B클래스 F-Cell	FCHV(2008)
연료전지 출력	100kW	100kW	100kW	90kW
토크	-	189 lb-ft		260Nm
수소연료탱크 충전압력	700bar	350bar	700bar	700bar
연비	30km/L	25.5km/L	30.3km/L	
주행거리	300km	386km	385km	660km
최대속도	160km/h	160km/h	170km/h	155km/h

10.5 희토류

10.5.1 개요

희토류라는 금속원소는 약 200년 전 1794년에 핀란드 J. Gadolin에 의해 채취 된 광물 중에서 산화이트륨(Y_2O_3를 발견하고 희귀 토양류를 의미하는 희토류(rare earth)라는 이름을 명명하였다. 1907년에 루테튬이라는 마지막 원소가 발견되고 17개 원소를 발견하는데 무려 100년 이상이 소요되었다. 이는 희토류 원소는 서로 매우 유사한 성질을 가지고 있어 분리하는 것이 어려웠기 때문이다. 그러나 실제로 희토류는 희귀한 원소가 아니고 지구상에는 세륨(Ce)이 주석(Sn)보다 많고, 이트륨(Y)과 네오디뮴(Nd)은 코발트(Co)와 납(Pb)보다 많지만 제련 방법이 어렵다. 희귀금속의 정의는 다음과 같다.

① 천연에서 존재량이 적은 원소
② 존재량이 많아도 응집하기 어려운 원소
③ 존재량이 많아도 순수하게 제련하기 어려운 원소
④ 앞으로 수요가 기대되는 원소

지구상에는 철, 금, 은, 구리, 백금 등 많은 금속이 있으며, 다양한 용도로 사용되고 있다. 금속은 다음과 같이 분류된다.

(1) 비금속

철, 구리, 아연, 납, 알루미늄 등과 같이 생산량이 많고, 다양하게 사용되는 재료로 일반적으로 베이스 메탈이라고 한다.

(2) 귀금속

금, 은, 백금, 팔라듐 등 8개 원소를 의미하고 희귀하고 내식성이 강한 금속이다.

(3) 희귀금속(rare metal)

지구상의 존재량이 희소하든지, 기술적, 경제적인 이유로 추출이 어려운 금속으로 소요가 많아 안정적으로 공급 확보가 필요한 금속이다. 희귀 비철금속을 의미하며, 재료에 첨가하여서 부품의 특성을 향상시키고, 전자재료, 자성재료 등 기능성 재료로 많이 사용되고 있다. 희귀금속은 매장량이 적거나, 채굴과 정제 비용이 높다. 일반적으로 **표** 10.7의 원소를 나타낸다. 희귀금속 희토류(17원소)를 1종으로 계산해서 31개의 종류가 있다. 이 희토류는 다른 원소와 합금을 구성하여 새로운 성능과 기능을 가지고 하이브리드 자동차, 선박, 스마트폰, TV, 전자기기, 고층빌딩 건설 등에 사용되고 있다.

희귀금속은 강도, 내식성이 강한 첨가제로 발광 다이오드, 배터리, 영구자석 등의 전자, 자석

표 10.7 희귀금속의 종류

리튬(Li)	베릴륨(Be)	붕소(B)	(희토류)	티탄(Ti)
바나듐(V)	크롬(Cr)	망간(Mn)	코발트(Co)	니켈(Ni)
갈륨(Ga)	게르마늄(Ge)	셀레늄(Se)	루비듐(Rb)	스트론튬(Sr)
지르코늄(Zr)	니오브(Nb)	몰리브덴(Mo)	팔라듐(Pd)	인듐(In)
안티몬(Sb)	텔루르(Te)	세슘(Cs)	바륨(Ba)	하프늄(Hf)
탄탈(Ta)	텅스텐(W)	레늄(Re)	백금(Pt)	탈륨(Tl)
비스무트(Bi)				

표 10.8 희토류 원소

원자 번호	원자 기호	원자 이름	원자 번호	원자 기호	원자 이름
21	Sc	스칸듐	64	Gd	가돌리늄
39	Y	이트륨	65	Tb	테르븀
57	La	랜턴	66	Dy	디스프로슘
58	Ce	세륨	67	Ho	홀뮴
59	Pr	프라세오디뮴	68	Er	에르븀
60	Nd	네오디뮴	69	Tm	툴륨
61	Pm	프로메튬	70	Yb	이테르븀
62	Sm	사마륨	71	Lu	루테튬
63	Eu	유로퓸			

재료, 광촉매, 기능성 재료로 널리 사용되고 리튬은 리튬배터리와 합금, 환원제로 사용하며 바닷물에 2300억 톤의 리튬이 존재한다. 희귀금속(rare metal) 중 희토류는 17개 원소가 있다. 17개 희토류 원소는 스칸듐, 이트륨, 란탄 족(랜턴에서 루테튬까지)의 원소를 의미한다. 강력한 영구자석에 사용되는 네오디뮴이나 디스프로슘, 고체 레이저와 TV 형광체에 사용되는 이트륨 등이 중요한 원소이다. 표 10.8은 희토류 원소를 나타낸다.

(4) 형태

① 가벼운 희토류

란탄늄(La), 세륨(Ce), 프라세디뮴(Pr), 네오디뮴(Nd), 사마리움(Sm)

② 무거운 희토류: 좀 더 비싸고 매우 희귀하다.

유로퓸(Eu), 가돌리늄(Gd), 테르븀(Tb), 디스프로슘(Dy), 홀뮴(Ho), 에르븀(Er), 툴륨(Tm), 이테르븀(Yb), 루테튬(Lu), 이트륨(Y)

10.5.2 용도

과거에는 희토류 원소는 거의 사용하지 않았지만 산업의 발전과 더불어 주목받고 있는 원소이다. 라이터의 부싯돌, TV 브라운관에도 희토류 원소가 들어있다. 차세대 자동차에 필수적인 희토류 자석의 재료인 네오디뮴, 디스프로슘, 자동차 배기가스 촉매에 사용되는 세륨, 란탄 등이 있다. 그 외에 의료용품(엑스레이 필름), 영구자석(전기모터)유리 연마제, 유리 발색제, 초소형

표 10.9 희토류 원소의 용도

스칸듐	Scandium	Sc. 스칸디아 반도에서 처음으로 발견, 스칸듐은 알루미늄-스칸듐 합금, 축전지의 전극 등에 사용
이트륨	Yttrium	Y. 스웨덴 Ytterby에서 처음으로 발견, 이트륨은 고온의 초전도체, 콘덴서, 레이저 발진용 등에 사용
랜턴	Lanthanum	La. 세라믹 합금, 광학 렌즈, 수소 흡착 매체, 배기가스 흡착촉매, 세라믹 콘덴서, 형광체 재료 등에 사용
세륨	Cerium	Ce. 그리스어로 I am hidden을 의미, 세륨은 유리의 연마제, 수소저장금속, 배터리 전극, 카메라 렌즈 등에 사용
프라세오디뮴	Praseodymium	Pr. 프라세오디뮴은 녹색유리, 자석, 세라믹 타일의 발색제 등에 사용
네오디뮴	Neodymium	Nd. 네오디뮴은 자석, 보라색 유리, 세라믹, 커패시터 등에 사용
프로메튬	Promethium	Pm. 프로메튬은 핵 배터리에 사용
사마륨	Samarium	Sm. 사마륨은 사마륨 코발트 자석, 레이저 등에 사용
유로퓸	Europium	Eu. 유로퓸은 반도체, 발광 다이오드, 형광체 등에 사용
가돌리늄	Gadolinium	Gd. 가돌리늄은 원자로의 제어재료, X선 튜브, 메모리 등에 사용
테르븀	Terbium	Tb. 테르븀은 TV 브라운관, 레이저, 광 자기디스크 등에 사용
디스프로슘	Dysprosium	Dy. 디스프로슘은 영구자석, 레이저, 합금 등에 사용
홀뮴	Holmium	Ho. 홀뮴는 레이저 첨가제 등에 사용
에르븀	Erbium	Er. 에르븀은 광섬유, 레이저 첨가제 등에 사용
툴륨	Thulium	Tm. 툴륨은 X-ray, 증폭기 등에 사용
이테르븀	Ytterbium	Yb. 이테르븀은 프로젝터용 광학유리, 배터리 극판 등에 사용
루테튬	Lutetium, Lutecium	Lu. 루테튬은 주로 연구용으로 사용되고 만드는 데 시간이 걸리기 때문에 매우 고가임

렌즈, 형광체, 자기디스크, 인공보석, 수소흡장합금, 세라믹 칼, 광섬유, 레이저 등 다양한 곳에 사용이 된다. 희토류 원소의 주요 용도는 표 10.9와 같다. 표 10.10은 저탄소 자동차에 사용되는 희토류 원소를 나타내고 표 10.11은 중요한 희귀금속의 용도를 나타낸다.

전기하이브리드 자동차는 9~11kg의 희토류를 가지고 이는 가솔린 차량의 2배에 해당한다. 배터리 자체는 거의 희토류로 만들어지고 희귀금속은 회생제동시스템, 전기구동 모터 등에도 사용된다. 모터는 네오디뮴과 디프로슘으로 만들어진다. 그림 10.23은 15년 이내 고갈이 예상되는 희귀금속을 나타낸다.

표 10.10 자동차에 사용되는 희토류

저탄소 자동차					
고기능재료		부품의소형화, 에너지절약, 환경대책			
소형모터	IC, 반도체, 전조등	액정	소형2차전지	초경공구	배기가스
희토류	갈륨, 란탄	셀륨	리튬, 코발트	텅스텐	이트륨, 셀륨

표 10.11 중요 희귀금속의 용도

사용처	희귀금속
철강의 고기능화(스테인리스, 고장력강, 내열강, 고속도강)를 위한 첨가물	니켈(Ni), 크롬(Cr), 텅스텐(W), 코발트(Co), 몰리브덴(Mo), 망간(Mn), 바나듐(V), 미슈메탈(MM: 혼합 희토류)
초경공구	니켈(Ni), 크롬(Cr), 텅스텐(W), 코발트(Co), 바나듐(V), 탄탈륨(Ta)
형광등용 형광재료	이트륨(Y), 란탄(La), 세륨(Ce), 유로퓸(Eu), 테르븀(Tb)
자동차 배기가스 정화용 촉매	백금(Pt), 팔라듐(Pd), 로듐(Rh)
소형 콘덴서	탄탈(Ta), 이트륨(Y), 이테르븀(Yb), 랜턴(La)
액정 TV, 플라즈마 TV, PC 디스플레이	인듐(In, 투명 전도체 전극용)
리튬이온 이차전지	리튬(Li), 코발트(Co)
모터용 영구자석(희토류 자석 고성능 페라이트 자석)	네오디뮴(Nd), 프라세오디뮴(Pr), 디스프로슘(Dy), 테르븀(Tb), 랜턴(La), 코발트(Co)
납 대체물질	비스무트(Bi)
발광 다이오드	갈륨(Ga), 인듐(In)
갈륨-비소(GaAs)반도체	갈륨(Ga)
연료전지	백금(Pt, 촉매), 팔라듐(Pd, 수소 분리막)
색소 증감형 태양전지, 유기 태양전지	인듐(In, 투명 전극용)
열전 변환 소자	비스무트(Bi), 텔루르(Te), 안티몬(Sb)

금, 은 등은 귀금속으로 희귀금속이라 하지 않는다. 희토류 원소는 특성이 비슷하고 분리가 어렵기 때문에 혼합물로 처리하는 경우가 많았다. 원소주기율 표에서 희귀금속인 스칸듐, 이트륨, 란탄은 희토류로 분류한다. 생산량은 적지만 희귀금속은 자동차, 전자산업 등의 기간산업에서 중요한. 네오디뮴은 하이브리드 자동차의 전기모터, 하드 디스크의 회전모터, 리튬과 코발트는 휴대전화의 충전지, 백금은 자동차의 배기가스 정화장치, 텅스텐은 공구와 금형 초경합금 등에 사용되고 있다. 따라서, 베이스 메탈과 함께 희귀금속은 현대 산업을 이끄는 가장 중요한 재료가 되었다. 자동차에서 희토류를 사용하는 곳은 센서류, 전기모터, 점화코일, 오디오 스피커, 내비게이션 HDD, 시트벨트, 파워스티어링, 압축기, 워터펌프 등이다. 배기머플러의 배기가스 정화 촉매용으로 백금, 팔라듐, 이트리움, 하이브리드 자동차의 전기모터에는 희토류, 차체에는 스테인리스강체용으로 크롬, 니켈, 부품제조용 공구로 텅스텐이 사용된다. 희토류 중 가장 많이 사용되는 것은 Ce, Nd, Mn, La, Y, Li의 순서이다. 그림 10.24는 네오디뮴을 나타낸다.

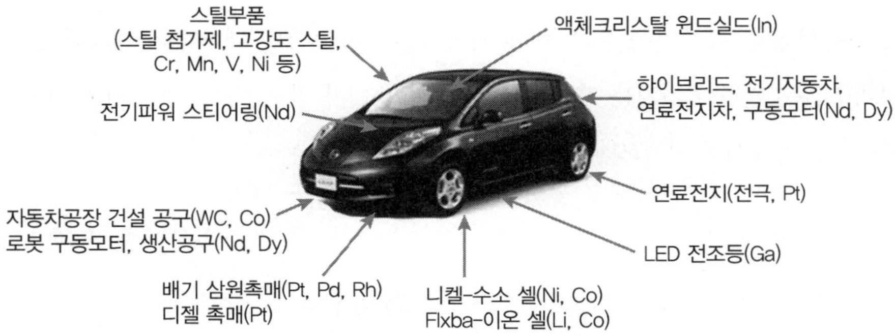

그림 10.23 15년 내 고갈이 예상되는 희귀금속

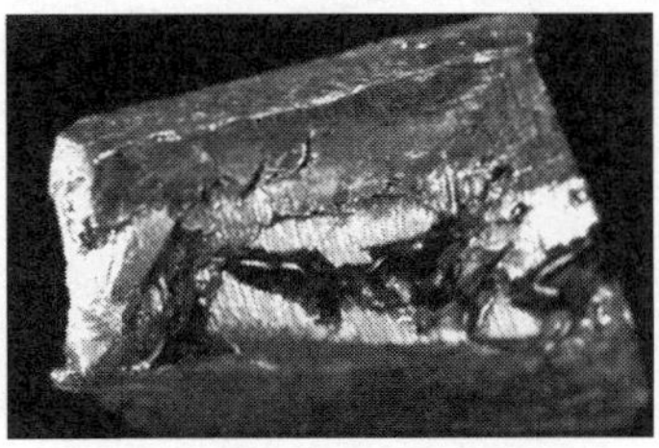

그림 10.24 네오디뮴

10.5.3 특성

(1) 자성체의 기본 구조

그림 10.25와 같이 원자는 핵과 전자로 구성된다. 전자는 자기모멘트를 가지므로 모두가 작은 자석이다. 이러한 물질이 자석으로 되기 위해서는 N, S극이 일정한 방향을 가져야 한다. N극과 S극을 가진 자기 쌍극자의 집합체를 자성체라고 한다. 모든 물질은 원자와 분자 등 자기적인 작용을 받는 입자로 이루어져 있으며, 이것이 자기 쌍극자가 되므로, 결국 모든 물질은 자성체이다. 이 중에서 특히 강한 자기쌍극자를 가지고 있고, 또한 특수한 자기적 성질이 가능한 것을 자성재료라 한다. 자기적 성질은 포화자화, 투자율, 보자력으로 설명된다. 자성 재료가 될 수 있는 물질은 자기 쌍극자 배열 방법에 달려있다. **그림** 10.26(a)는 일반 물질의 자기 쌍극자 배열을 나타낸 그림이다. 자기 쌍극자는 등방성이면 여러 착좌방향으로 가해도 강한 자성재료가 되지 못하고 **그림** 10.26(b)와 같이 자기 쌍극자가 한 방향으로 되면 자화방향을 한 방향인 좌에서 우로 하면 강한 자성을 가지는 물질이 된다. 강자성을 나타내는 물질에는 페로(ferro)자성체와 페리(ferri)자성체의 2종류가 있으며, 현재 사용되는 자성재료는 대부분이 페라이트이다. 강한 자석의 구비조건은 원자가 가지는 자기모멘트가 크고, 원자 간에 자기모멘트의 방향을 같게 하는 힘이 크고, 고온에서도 자기모멘트가 유지되어야 한다.

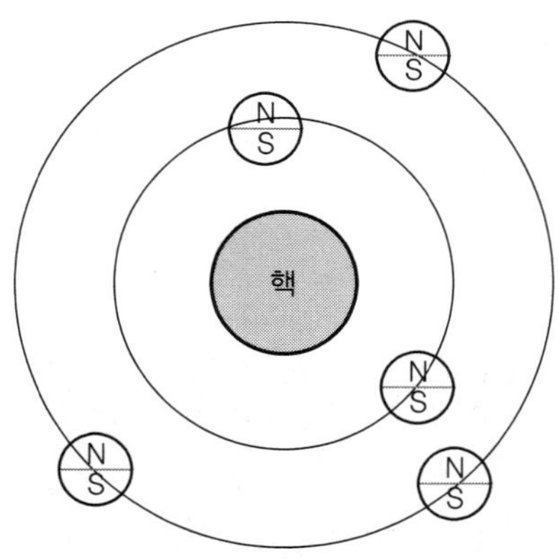

그림 10.25 원자와 자성

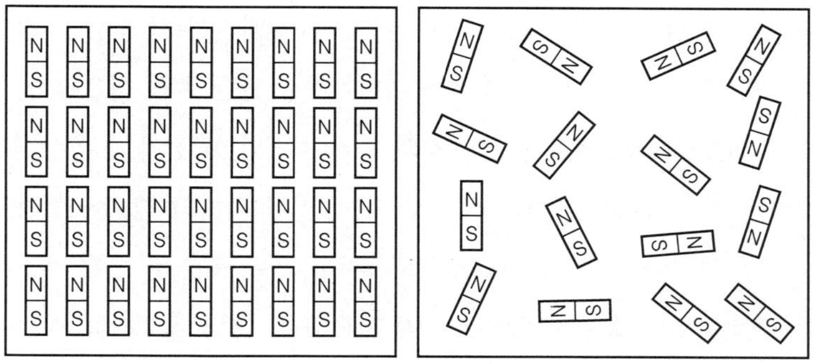

그림 10.26 자기 쌍극자

① 등방성(isotropic)

모든 방향에서 자화시켜도 동일한 강도의 자석으로, 모든 방향에 대하여 같은 자기 특성을 가지고 있다. 자석 내부의 결정 방향은 흩어져서 어느 방향으로도 자화시킬 수 있지만 이방성 자석보다 낮은 자성을 갖는다.

② 이방성(anisotropic)

일정한 방향에서 자화시키는 자석이다. 성형 시에 자기장 내에서 가압하여 내부의 결정 방향을 일직선으로 한다. 자화하기 쉬운 방향에서 착자하여 등방성 자석보다 자성이 강하다.

(2) 자석의 종류

① 합금자석

철을 주성분으로 하는 합금으로 영구자석으로는 가장 오래된 역사를 가지고 있다. 합금 자석은 Al－Ni－Co 자석과 Fe－Co－Cr 자석이 있다.

② 페라이트 자석

철의 산화물을 페라이트이라고 한다. 이를 원료로 만든 영구자석을 페라이트 자석이라 한다. 산화철이 주성분이고 값이 싸고 내식성도 좋아 많이 사용되는 영구자석이다. 페라이트 자석은 Fe, Ba, Sr의 산화물을 주성분으로 하고 비전기저항이 높고 내식성이 뛰어난 특징이 있다.

③ 희토류 자석

1960년대 후반부터 개발된 희토류 자석은 다른 영구자석과 비교하여 높은 자기 특성을 가지고 있다. 철이나 코발트 등의 천이 금속원소와 마찬가지로 란탄 족의 희토류 원소는 자성을 가지고 있다. 원소에 의해 자성의 유무는 홀전자와 관련이 있다. 홀전자는 홀수전자를 가지는 원소 또는 짝수전자를 가진 경우에도 전자 궤도의 수가 많아 하나의 궤도에 전자가 하나밖에 들어가지 않는 경우를 말한다. 철이나 코발트 등의 천이 금속 원소는 3d궤도에 홀전자가 있다. 그림 10.27과 같이 희토류 원소는 4f궤도에 홀전자가 있다. 특히 네오디뮴(Nd)과 사마륨(Sm)을 사용하는 자석은 강력한 자석이다. 희토류 자석은 SmCo계 자석과 NdFeB계 자석이 있다. 페라이트 자석과 달리 딱딱하고 부서지기 쉬운 단점이 있지만 강력하고 가장 많이 사용되는 것이 $Nd_2Fe_{14}B$자석이다. 이보다 강력한 것은 $Sm_2Fe_{17}N_3$자석이지만 질화물로, 소결할 수 없기 때문에, 본드자석으로 사용된다. 하이브리드 자동차가 증가함에 따라 NdFeB 자석의 수요도 많아지고 자석에는 디스프로슘(Dy)의 첨가가 필수적이다. 단점인 내식성도 Ni 도금을 이용한 각종 표면 처리에 의해 개선되어 최고의 성능을 발휘한다.

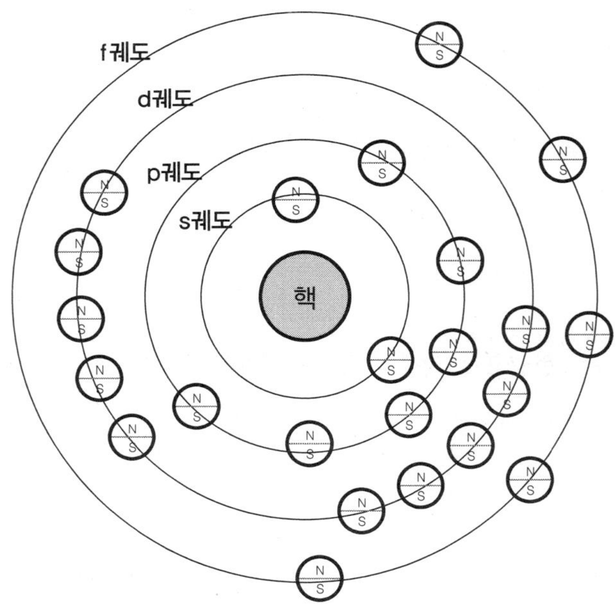

그림 10.27 희토류원소 f궤도의 전자

희토류 자석의 특징은 강력한 것으로, 힘을 나타내는 최대 에너지는 페라이트 자석의 10배 이상이다. 강한 자력을 이용하여 에어컨의 압축기, 하이브리드 자동차의 모터, MRI의 자기장 발생, 하드 디스크 드라이브 모터 등에 사용된다. 또한 자력이 강한 것은 자석을 작게 할 수 있는 특징이 있다. 따라서 전기모터, 헤드폰, 휴대전화의 진동 모터 등을 소형화할 수 있다. 희토류 자석이 페라이트 자석보다 훨씬 강력한 것은 자기 특성이 크기 때문이다. 영구자석의 성능을 결정하는 요소로서 자화의 크기와 보자력(保磁力)이 있다. 희토류 자석은 산소를 포함하지 않는 상태에서 Fe, Co를 함유하기 때문에 자화가 크고, 희토류 원소에 의해 자화를 한 방향으로 가지런히 놓는 힘이 강하여 페라이트보다 훨씬 강력하다. 지금까지 생각할 수 없었던 강력한 자기 회로, 에너지 절약 회로, 공간 절약의 자기 회로 등에 희토류 자석이 사용된다. 그림 10.28은 강력한 NdFeB자석의 구성 원소를 나타낸다.

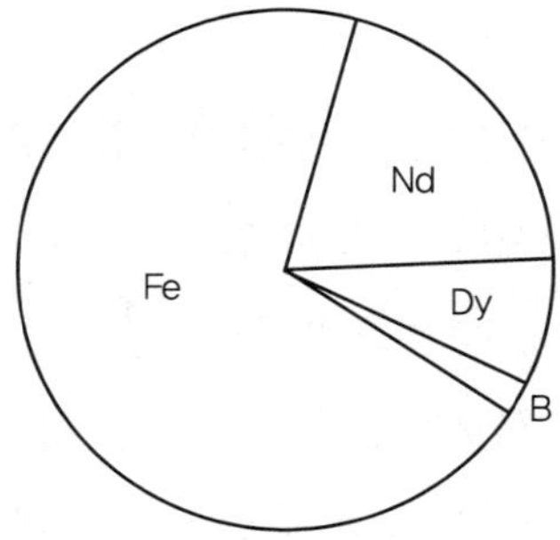

그림 10.28 강력한 NdFeB자석의 구성

표 10.12 자석의 특성

항목	참조값	약	중약	중강	강
자력	자속밀도	페라이트	Alnico	코발트	네오디뮴
흡착력	유지력	Alnico	페라이트	코발트	네오디뮴
강도	–	코발트	페라이트	네오디뮴	Alnico
내식성	–	네오디뮴	Alnico	코발트	페라이트
고온안정성	최고사용온도	네오디뮴	코발트	페라이트	Alnico

④ 본드 자석

영구 자석 재료를 사용하는 경우 자석 재료를 단독으로 사용하는 것 외에, 이러한 재료를 플라스틱이나 고무와 혼합하여 성형한 것을 사용할 수 있다. 이러한 자석을 본드 자석이라 한다. 본드 자석은 자유로운 형상으로 가공할 수 있고 다른 부품과 일체로 성형할 수 있는 특징이 있지만 자석 재료의 비율이 감소되기 때문에 그만큼 자력은 약해진다.

10.5.4 자원대책

희귀금속을 비롯한 비철금속은 자동차, IT제품을 비롯한 고부가가치, 고기능 제품 생산의 필수 소재이며 안정적인 공급은 우리나라 제조업의 국제 경쟁력의 강화 관점에서 매우 중요하다. 희귀 금속의 소비량은 21세기 들어 아시아를 중심으로 급성장을 계속하고 있으며 희귀 금속의 공급 확보를 둘러싼 환경은 격변하고 있다. 21세기는 첨단 제조업이 세계 경제를 이끌어 나갈 것으로 생각되며 고성능 부품 제조에 필요한 희귀금속의 수요는 대폭 증대될 것으로 보인다. 특히 희귀 금속의 공급은 중국, 미국, 인도, 남아프리카공화국 등으로 한정되어 있고, 대체자원 개발의 가능성도 낮아 대책을 수립하지 않으면 경제에 미치는 영향은 매우 클 것으로 보인다. 희귀 금속 수급을 둘러싼 국내외 환경의 변화를 감안하여 향후 중장기적인 대책으로 희귀금속 탐사, 재활용 대책, 대체자원을 개발 연구해야 한다. 세계 생산 점유율을 보면 중국은 희토류의 93%, 텅스텐 90%, 남아프리카 공화국은 백금 78%, 크롬 43%를 생산한다. 따라서 생산국이 한정되면 소비국은 생산국의 생산 계획 및 전략에 따라 크게 좌우된다. 실제로 중국은 2006년부터 현재까지 희토류의 수출 규제를 실시하고 있고 남아프리카 공화국도 희귀금속의 국제 가격 상승에 따라 세액을 높이고 있다.

희토류와 더불어 대부분의 희귀금속의 수요가 아시아 지역을 중심으로 급격히 늘어나고 있고 이는 희귀금속을 많이 사용하는 자동차, 휴대폰, TV 등이 이 지역을 중심으로 대폭 증가했기 때문이다. 우리나라의 경우 희귀금속은 생산이 되지 않으며 전량 수입에 의존하고 있는 실정이다. 희귀금속의 공급 불안은 우리 경제에 큰 영향을 미치며 우리나라가 스스로 해결해야 하는 문제이기도 하다.

① 대체재료 개발: 대체 재료로 희귀금속의 기능을 대체하고 사용량을 줄인다.

② 리사이클 기술 개발: 소형가전, 자동차 등에서 희귀금속 재활용 기술과 비용저감기술을 개발한다.

③ 해외자원 확보: 새로운 희귀금속을 탐사하고 공급원을 확보한다.

④ 희귀금속 비축

참고문헌

자동차차세대엔진공학, 김철수, 동명사, 2019

차세대자동차공학, 김철수, 동명사, 2018

자동차엔진공학, 김철수, 홍릉과학출판사, 2016

자동차저탄소공학, 김철수, GS 인터비전, 2015

최신 자동차기관, 김철수, 동명사, 2006

자동차공학, 김철수, 희중당, 2000

자동차기관, 김철수, 희중당, 1999

Automotive heating and air conditioning, fourth edition Tom Birch, pearson prentice hall

Automotive heating and air conditioning, Thomson, Russel and John

Automotive engine performance, Thomson, Russel and John

제2장

[2-1] Heat Transfer, Holman, 10th Edition, McGrawHill

[2-2] Introduction to Heat Transfer, Incopera, 5th Edition, Wileyl

[2-3] Heat Transfer, OZISK, McGrawHill

[2-4] 琦玉工業大学、電熱講義ノート(第8版)

http://www.sit.ac.jp/user/konishi/JPN/Lecture/HeatTransfer/HeatTransfer_8thAll.pdf

Heat transfer, Ozisic

제3장

http://www.meti.go.jp/policy/chemical_management/ozone/files/report/report_h17_gijutsu-housei/report6-1.pdf

http://www.env.go.jp/earth/ozone/non-cfc/pamph_products/2010/integration_full.pdf

http://www.kz.tsukuba.ac.jp/~abe/ohp-energy/en2013-07.pdf

http://www.threebond.co.jp/ja/technical/technicalnews/pdf/tech28.pdf

http://www.tcichemicals.com/ja/jp/support-download/chemistry-clip/

http://www.jsrae.or.jp/annai/yougo/7.html

http://pub.nikkan.co.jp/uploads/book/pdf_file4ce5cf1e26d92.pdf

http://www.mihama.com/work/refrigerant.html

http://www.nedo.go.jp/news/press/AA5_101109.html

제4장

http://fnorio.com/0106heat_engine(refrigeration_cycle)1/heat_engine.htm#5

http://fnorio.com/0106heat_engine(refrigeration_cycle)1/heat_engine1.htm#4

http://www.kz.tsukuba.ac.jp/

http://www.sato.sd.keio.ac.jp/lectures/old/SD_exe/solution

http://www.sit.ac.jp/user/konishi/JPN/Lecture/Thermodynamics/Thermodyanmics_7thAll.pdf

http://pubcouncil.kuniv.edu.kw/jer/files/18Jun201302225615_Thermodyn.pdf

http://www.sss.fukushima-u.ac.jp/saiene/system/pdfs/attachments/

https://pub.nikkan.co.jp/uploads/book/pdf_file

http://www2.panasonic.biz/es/air/abs/principle.html

http://www.echoland-plus.com/1keisan/1h11-19t1.html

http://www.jsrae.or.jp/E-learning/saikuru3/saikuru3.html

제5장

[5-1] Air-side thermal hydraulic performance of multi-louvered fin aluminum heat exchangers, Man-Hoe Kim, Clark W. Bullard, International Journal of Refrigeration, Vol. 25 2002

[5-2] An experimental study of flow boiling characteristics of carbon dioxide in multiport mini channels, Shigeru Koyama(小山), Ken Kuwahara, et al, International Journal of Refrigeration, Vol 24, 2003

[5-3] New equations for Heat and Mass Transfer in Turbulent Pipe and Channel Flow, V. Gnielinski, International Journal of Chemical Engineering, 16, 1976

[5-4] Correlation for boiling heat transfer of R-134a in horizontal tubes including effect of tube diameter, Shizuo Saitoh, Hirofumi Daiguji, Eiji Hihara(飛原), International Journal of Heat and Mass Transfer, 50(25-26), 2007

[5-5] Heat transfer and pressure drop correlations for the multi-louvered fin compact heat exchangers, Junqi Dong, Jiangping Chen, Zhijiu Chen, Wenfeng Zhang, Yimin Zhou, Energy Conversion and Management, Vol.48, No.5, p.p. 1506-1515, 2007

[5-6] 空調機用熱交換器の高性能化における研究開発, 正柴田豊, 日本機械学会熱工学コンファレンス 2007 講演論文集[2007.11.23-24, 京都,Vol 7. No 5,]

http://www.kz.tsukuba.ac.jp/~abe/ohp-energy/en2014-04.pdf

http://www.jsme.or.jp/conference/tedconf07/backuphp/conf07proc/A13-shibata.pdf

http://www.slideshare.net/taufiqatan1/automotive-air-conditioning-training-manual

http://www.kobelco.co.jp/technology-review/pdf/50_3/099-103.pdf

http://www.denso.co.jp/ja/aboutdenso/technology/dtr/v04_2/files/dissertation3.pdf

제6장

[6-1] Akers, W. W. and H.F. Rosson (1960). "Condensation inside Horizontal Tubes," Progress Symposium Series, V56, No. 30.

[6-2] Altman M., et al. (August 1960) "Local and Average Heat Transfer and Pressure Drop for

Refrigerants," ASME Transactions

[6-3] Dukler, A.E. (1969). "Gas Liquid Flow in Pipelines,"AGA / API Research

[6-4] An Investigation of R152a and Hydrocarbon Refrigerants in Mobile Air Conditioning Mahmoud Ghodbane Delphi Harrison Thermal Systems SAE TECHNICAL PAPER SERIES 1999-01-0874

[6-5] Dittus, F. W. and Boelter, L. M. K., 1930, "Heat transfer in automobile radiators of the tubular type", University of California Publication in Engineering 2

[6-6] Cooper, M. G., 1984, "Heat flow rates in saturated nucleate pool boiling-a wide-ranging examination using reduced properties", In: Advances in Heat Transfer. Academic Press 16

[6-7] Transcritical Refrigeration Systems with Carbon Dioxide (CO2), REFRIGERATION & AIR CONDITIONING DIVISION, ,July 2008, Danfos

[6-8] S. Jribi, B.B. Saha, S. Koyama, A. Chakraborty, K.C. Ng Study on activated carbon/ HFO-1234ze(E) based adsorption cooling cycle Appl. Therm. Eng., 50 (2013), pp. 1570-1575

[6-9] An Investigation of R152a and Hydrocarbon Refrigerants in Mobile Air Conditioning, SAE TECHNICAL PAPER SERIES,1999-01-0874, Mahmoud Ghodbane.

[6-10] Altman M., et al. (August 1960) "Local and Average Heat Transfer and Pressure Drop for Refrigerants," ASME Transactions

[6-11] Alternative Refrigerant Winter Meeting (2008) (Saalfelden, Salzburg, Austria),B. Minor, M.A. Spatz, HFO-1234yf: a low GWP refrigerant for MAC)

[6-12] 世界初 エジェクタサイクル®冷凍機の 開発, 武内裕嗣, デンソ¥ーテクニカルレビュー, Vol. 14, 2009, DENSO

[6-13] 自然冷媒 CO2 カーエアコン, 足立知康, 三菱重工技報 Vol.39 No.2 pp80-83, 2002.3

[6-14] 空調機用熱交換器の高性能化における研究開発,正柴田豊,日本機械学会熱工学コンファレンス 2007 講演論文集〔2007.11.23-24, 京都〕, Vol 7. No 5, ダイキン工業

[6-15] 地球温暖化対応カーエアコンの開発, 平田敏夫, Denso, デンソーテクニカルレビュー, Vol.4 No.21999

[6-16] 自動車空調用熱交換器の高性能化に関する研究, 早稲田大学大学院環境·エネルギー研究科 博士学位論文, 金子智

http://fluid.web.nitech.ac.jp/Gotoh_Home_page/Edu/Public_course/

http://www.daikin.co.jp/chm/products/pdf/catalog/HFC-32.pdf/

https://www.toshiba.co.jp/tech/review/2004/01/59_01pdf/

http://www.ijeit.com/vol%202/Issue%2010/IJEIT1412201304_26.pdf

http://tkkankyo.eng.niigata-u.ac.jp/hp/HP/

http://www.media.hosei.ac.jp/bulletin_archives/

http://www.media.hosei.ac.jp/bulletin_archives/vol24_04.pdf

http://anale-ing.uem.ro/2014/37.pdf

http://www.nt.ntnu.no/users/skoge/book-cep/diagrams/

http://hychill.com.au/content/3-info/cpohcr.pdf#search='R600a+pdf'

http://www.ijeit.com/vol%202/Issue%2010/IJEIT1412201304_26.pdf

http://www.sato.sd.keio.ac.jp/lectures/autumn/SD_exe/solution

http://www.mizuyama.co.jp/book/image/4/pdf/book_186.pdf

http://www.denso.co.jp/ja/aboutdenso/technology/dtr/v14/files/11.pdf

http://www.jsme.or.jp/conference/tedconf07/backuphp/conf07proc/A13-shibata.pdf

http://am.delphi.com/pdf/techpapers/1999-01-0874.PDF

http://www.sciencedirect.com/science/article/pii/S0140700709002291

http://www2.dupont.com/Refrigerants/en_US/assets/downloads/201207_2197

http://www.ijera.com/papers/Vol4_issue4/Version%207/V4408114122.pdf

http://heat.mech.kumamoto-u.ac.jp/htsj_kyushu/event24-1_ppt.files/24_6.pdf

http://repository.dl.itc.u-tokyo.ac.jp/dspace/bitstream/2261/48986/1/K-02851-a.pdf

http://www.nedo.go.jp/content/100548080.pdf

http://docs.lib.purdue.edu/

http://www.diva-portal.org/smash/get/diva2:529641/FULLTEXT01.pdf

http://docs.lib.purdue.edu/cgi/

http://www.daikin.co.jp/chm/products/pdf/catalog/HFC-32.pdf

https://www.toshiba.co.jp/tech/review/2004/01/59_01pdf/a13.pdf

http://tkkankyo.eng.niigata-u.ac.jp/hp/HP/sympo2RP/sympo2RP/PDFfiles/

http://www.media.hosei.ac.jp/bulletin_archives/vol24_04.pdf

http://anale-ing.uem.ro/2014/37.pdf#search='R600a+pdf'

http://www.nt.ntnu.no/users/skoge/book-cep/diagrams/additional_diagrams/

http://hychill.com.au/content/3-info/cpohcr.pdf#search='R600a+pdf'

http://www.ijeit.com/vol%202/Issue%2010/IJEIT1412201304_26.pdf

http://www.sciencedirect.com/science/article/pii/

http://www.es-refrigerants.com/resources/docs/PERFORMANCE

http://www2.dupont.com/Refrigerants/en_US/assets/downloads/

http://www.ijera.com/papers/Vol4_issue4/Version%207/V4408114122.pdf

http://heat.mech.kumamoto-u.ac.jp/htsj_kyushu/event24-1_ppt.files/

http://repository.dl.itc.u-tokyo.ac.jp/dspace/bitstream/2261/48986/1/

http://www.nedo.go.jp/content/100548080.pdf

http://www.ijeit.com/vol%202/Issue%2010/IJEIT1412201304_26.pdf

http://docs.lib.purdue.edu/

http://www.ebara.co.jp/company/rd/jihou/pdf/224/224_P03.pdf

제7장

[7-1] カーエアコン用熱交換器の最新技術, 大原敏夫, 山本{道泰, 神谷定行, デンソ¥ーテク ニカルレビュー, 4(2), 1999

[7-2] 東芝レビュー, Vol62 No.9 (2007), フロントレース実現する自己冷凍機

[7-3] Air-side thermal hydraulic performance of multi-louvered fin aluminum heat exchangers, Man-Hoe Kim, Clark W. Bullard, International Journal of Refrigeration, Vol. 25, p.p. 390-400, 2002

[7-4] Heat transfer and pressure drop correlations for the multi-louvered fin compact heat exchangers, Junqi Dong, Jiangping Chen, Zhijiu Chen, Wenfeng Zhang, Yimin Zhou, Energy Conversion and Management, Vol.48, No.5, p.p. 1506-1515, 2007

早稲田大学大学院環境·エネルギー研究科,博士学位論文, 自動車空調用熱交換器の高性能化に関する研究, 金子智, 2013

http://fnorio.com/0106heat_engine(refrigeration_cycle)1/heat_engine

http://www.neomag.jp/mailmagazines/200803/letter200803.html

http://repository.kulib.kyoto-u.ac.jp/dspace/bitstream/2433/153115/1/LTM-3_21.pdf

http://www.jsme.or.jp/publish/kaisi/090103t.pdf

http://www.sciencedirect.com/science/article/pii/S0140700708001217

http://www.niit.ac.jp/lib/contents/kiyo/genko/10/4_KANAI.PDF

http://ac.els-cdn.com/S0140700705001039/1-s2.0-S0140700705001039-main.pdf

http://www.nedo.go.jp/koubo/EV2_100074.html

http://www.tohoku.ac.jp/japanese/newimg/pressimg/tohokuuniv-press

제8장

http://www.denso.co.jp/ja/aboutdenso/technology/dtr/v01/files/dissertation09.pdf

http://www.denso.co.jp/ja/aboutdenso/technology/dtr/v16/files/12.pdf

http://www.mhi-global.com/company/technology/review/pdf/482/482026.pdf

http://www.mhi.co.jp/technology/review/pdf/512/512049.pdf

https://www.mhi.co.jp/technology/review/pdf/392/392080.pdf

https://www.denso.co.jp/ja/aboutdenso/technology/dtr/v10_1/files/

http://www.env.go.jp/council/06earth/y067-06/ref04.pdf

http://www.waseda.jp/weri/pub/bulletin2009/13reibai.pdf

http://www.jsrae.or.jp/annai/yougo/187.html

http://www.sankikeiso.co.jp/TechnicalInformation/Informationrefrigeratingcycle.html

http://astamuse.com/ja/published/JP/No/2009281610

http://dspace.wul.waseda.ac.jp/dspace/bitstream/2065/37754/6/Honbun-5780_03.pdf

http://www.calsonickansei.co.jp/company/technology/pdf/vol.10/p6_12.pdf

http://www.habilis.co.jp/WRV4Refgaidans.pdf

http://www.denso.co.jp/ja/aboutdenso/technology/dtr/v14/files/11.pdf

http://www.coolstore.jp/20130425124707.pdf

http://www.denso.co.jp/ja/aboutdenso/technology/product/airsupply/files/

http://www.denso.co.jp/ja/aboutdenso/technology/environment/story/no1/2par.html

http://www.jsme.or.jp/conference/tedconf07/backuphp/conf07proc/A13-shibata.pdf

http://fluid.web.nitech.ac.jp/Gotoh_Home_page/Edu/Public_course/Text/

http://www.eurammon.com/sites/default/files/attachments/

http://www.scribd.com/doc/156945410/UBA-Natural-Refrigerants-for-Mobile-Air-Conditioning-in-Passenger-Cars

http://www.r744.com/knowledge/papersView/carrier_report_by_shecco

http://www.atmo.org/presentations/files/352_Panasonic_J.pdf

http://www.meti.go.jp/committee/sankoushin/kagaku_bio/ondanka_fron/pdf

http://www.denso.co.jp/ja/aboutdenso/technology/dtr/v04_2/files/dissertation6.pdf

http://dspace.wul.waseda.ac.jp/dspace/bitstream/2065/40180/1/Honbun-6183.pdf

http://www.sciencedirect.com/science/article/pii/S0140700708001217

http://www.niit.ac.jp/lib/contents/kiyo/genko/10/4_KANAI.PDF

http://ac.els-cdn.com/S0140700705001039/1-s2.0-S0140700705001039-main.pdf

http://www.nedo.go.jp/koubo/EV2_100074.html

http://www.tohoku.ac.jp/japanese/newimg/pressimg/

http://www.htsj.or.jp/heat-page.html

http://articles.sae.org/11718/

https://www.greencarcongress.com/2012/04/hpac-20120427.html

http://www.speakev.com/threads/

https://afdc.energy.gov/vehicles/

https://www.mdpi.com/1996-1073/9/4/240)

https://www.greencarcongress.com/

아이오닉 서비스 매뉴얼

http://gsw.hyundai.com/

제9장

http://fnorio.com/0106heat_engine(refrigeration_cycle)1/heat_engine(refrigeration_cycle)1.htm#5

https://www.neomag.jp/mag_navi/glossary/glossary_main.php

https://repository.kulib.kyoto-u.ac.jp/dspace/bitstream/2433/153136/1/LTM-5_41.pdf

제10장

자동차저탄소공학, 김철수, GS 인터비전, 2015